Schnittpunkt 2

Mathematik
Baden-Württemberg

Joachim Böttner
Rainer Maroska
Achim Olpp
Rainer Pongs
Claus Stöckle
Hartmut Wellstein
Heiko Wontroba

Ernst Klett Verlag
Stuttgart · Leipzig

Schnittpunkt 2, Mathematik, Baden-Württemberg

Begleitmaterial:
Lösungsheft (ISBN 978-3-12-740363-3)
Arbeitsheft mit Lösungsheft (ISBN 978-3-12-740366-4)
Arbeitsheft mit Lösungsheft inklusive Lernsoftware (ISBN 978-3-12-740365-7)
Mathetrainer, Einzellizenz (ISBN 978-3-12-114824-0)
Schnittpunkt Kompakt, Klasse 5/6 (ISBN 978-3-12-740358-9)
Kompetenztest 1, Klasse 5/6 (ISBN 978-3-12-740467-8)
Formelsammlung (ISBN 978-3-12-740322-0)

1. Auflage 1 12 11 10 9 8 | **15 14 13 12 11**

Alle Drucke dieser Auflage sind unverändert und können im Unterricht nebeneinander verwendet werden. Die letzten Zahlen bezeichnen jeweils die Auflage und das Jahr des Druckes.

Internetadresse: www.klett.de

Autoren: Joachim Böttner, Rainer Maroska, Achim Olpp, Rainer Pongs, Claus Stöckle, Prof. Dr. Hartmut Wellstein, Heiko Wontroba
Redaktion: Annegret Weimer; Elke Linzmaier

Zeichnungen / Illustrationen: Uwe Alfer, Waldbreitbach;
Rudolf Hungreder, Leinfelden-Echterdingen, Dennis Mertz, Kornwestheim
Bildkonzept Umschlag: SoldanKommunikation, Stuttgart
Umschlagfoto: Klaus Mellenthin, Stuttgart

Reproduktion: Meyle + Müller, Medien-Management, Pforzheim
DTP / Satz: topset Computersatz, Nürtingen
Druck: Firmengruppe APPL, aprinta druck, Wemding
Printed in Germany

ISBN 978-3-12-740361-9

9 783127 403619

Liebe Schülerin, lieber Schüler,

der Schnittpunkt soll dich in diesem Schuljahr beim Lernen begleiten und unterstützen. Damit du dich jederzeit zurecht findest, wollen wir dir ein paar Hinweise geben.

Jedes neue Kapitel beginnt mit einer **Doppelseite**, auf der es viel zu entdecken und auszuprobieren gibt und auf der du nachlesen kannst, was du in diesem Kapitel lernen wirst. Innerhalb der Kapitel wirst du vor allem die **Aufgaben** bearbeiten – gemeinsam mit anderen oder allein.

Auf vielen Aufgabenseiten findest du immer wieder bunt hervorgehobene Kästen, die Verschiedenes bieten:

- Wichtige mathematische Methoden und Vorgehensweisen, die du immer wieder brauchen wirst.
- Informationen, Daten und Diagramme zu einem interessanten Thema sowie einige Fragestellungen, zu denen du Antworten und Fragen finden kannst.
- Den Anstoß zu einer ausführlichen Beschäftigung mit einem Thema, bei dem es einiges zu entdecken gibt.
- Wissenswertes aus alter Zeit.
- Schaufenster in die Mathematik mit Interessantem, Staunenswertem, mit Spielen, Bastelideen, Gedankenexperimenten und echten Knobelnüssen.

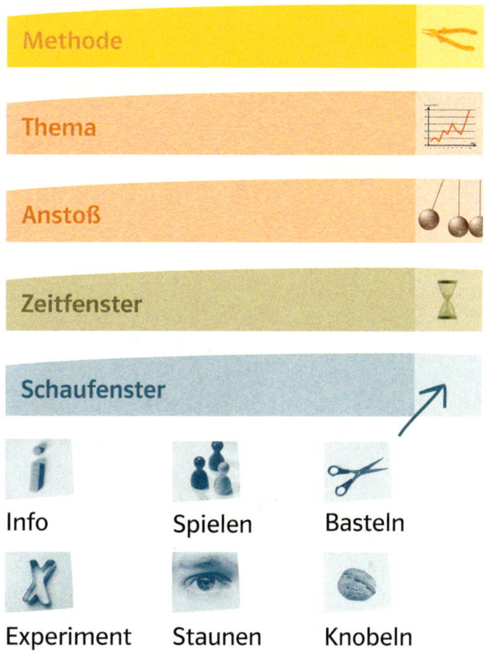

Am Ende jedes Kapitels findest du in der **Zusammenfassung** noch einmal alles, was du dazugelernt hast. Hier kannst du dich für die anstehenden Klassenarbeiten fit machen und jederzeit nachschlagen.

Unter **Üben • Anwenden • Nachdenken** sind Aufgaben zum Üben, Weiterdenken und Anknüpfen an früher Gelerntes zusammengestellt.

Die letzte Seite des Kapitels, der **Rückspiegel**, bietet dir eine Aufgabenauswahl, mit der du dein Wissen und Können testen kannst. Links findest du die leichteren, rechts die schwierigeren Aufgaben. Wenn du einen Aufgabentyp schon sehr gut beherrschst, kannst du nach rechts springen, wenn dir eine Art von Aufgaben noch Schwierigkeiten bereitet, wechselst du auf die linke Seite. Die Lösungen zu diesen Aufgaben findest du alle am Ende des Buches.

Im **Sammelpunkt** sind noch einmal Aufgaben zusammengestellt, die aufgreifen, was du in Klasse 5 und 6 gelernt hast. Auch zu diesen Aufgaben findest du Lösungen am Ende des Buches.

Im **Rechentraining** findest du zusätzliches Übungsmaterial.

Und jetzt wünschen wir dir viel Spaß und Erfolg!

Inhalt

2,25
0,33
0,47
0,40
0,62

40
60
80
km/h

Jetzt gehts rund

Kreise

Könnt ihr Kreise zeichnen?

Welche Hilfsmittel kann man dabei nutzen?
Das geht auch im Freien!

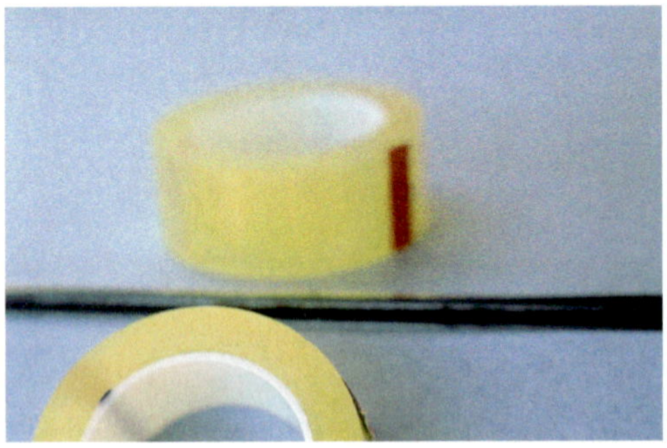

Entsteht ein Kreis, wenn sich alle Schüler der Klasse an den Händen fassen?
Wie kann man das überprüfen?

Könnt ihr die Größe des Klassenkreises bestimmen? Bildet nun Gruppen. Wie viele Schüler benötigt man mindestens für einen Gruppenkreis?

Gesichtsfelder

Verschiedene Lebewesen haben unterschiedliche Gesichtsfelder. Sie sind von oben betrachtet als Kreisteile gezeichnet.

Beschreibt ihre Größe. Welche Gründe sind für die unterschiedlich großen Gesichtsfelder verantwortlich?

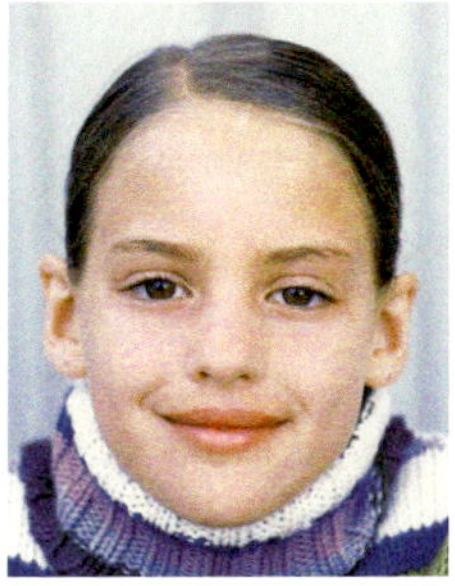

Gelenke

Mit den Gelenken von Armen und Beinen lassen sich Winkel erzeugen.

Prüft die Beweglichkeit verschiedener Gelenke und zeichnet die Kreisteile.

In diesem Kapitel lernst du,

- wie man Kreise, Kreisteile und Winkel zeichnet,
- wie man die Größe von Winkeln bestimmt und angibt,
- dass es verschiedene Arten von Winkeln gibt,
- dass man durch Messung eines einzigen Winkels die Größe von mehreren Winkeln bestimmen kann.

1 Kreis

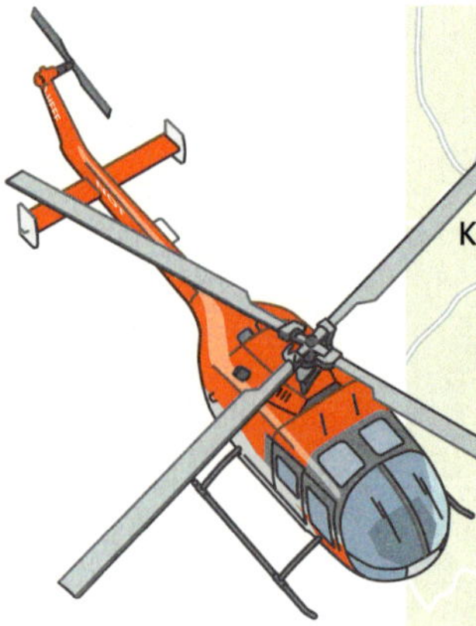

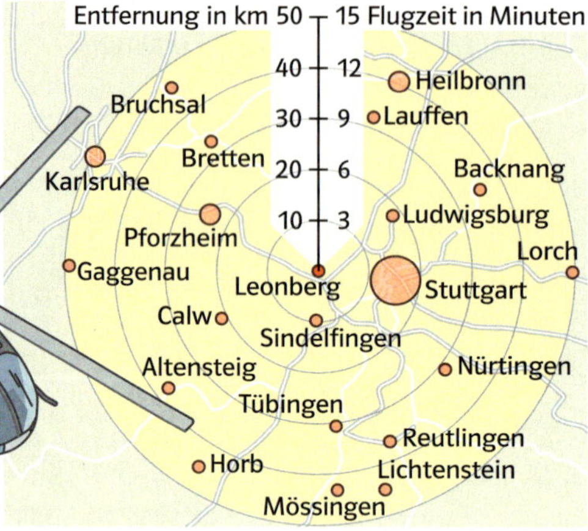

Bei der medizinischen Versorgung von Menschen nach Unfällen ist Zeit sehr kostbar. Rettungshubschrauber sind in ganz Deutschland so stationiert, dass jeder Ort innerhalb von 15 Minuten erreicht werden kann.
Leonberg ist der Standort des Rettungshubschraubers „Christoph 41".

→ Nenne Städte, die in 6; 9; 12 oder 15 Minuten erreichbar sind.
Gib ihre Entfernung von Leonberg an.

→ Bestimme die Entfernungen Gaggenau–Lorch, Ludwigsburg–Calw und Sindelfingen–Tübingen ohne Messung.

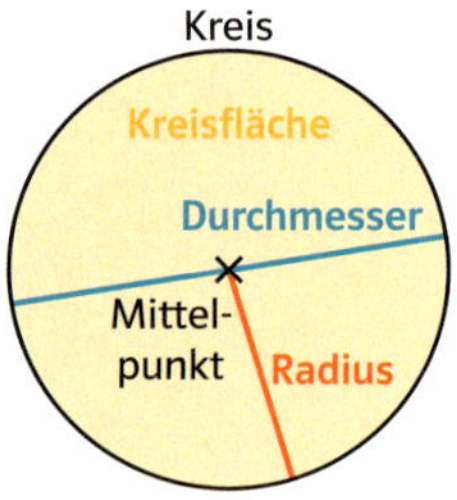

Alle Punkte des Kreises haben vom Mittelpunkt dieselbe Entfernung. Die Kreisfläche wird vom Kreis eingeschlossen.
Kreise zeichnet man mit dem Zirkel. Zuerst wird der Mittelpunkt markiert. Der Radius des Kreises wird zwischen Spitze und Mine des Zirkels eingestellt.

Jede Strecke vom Mittelpunkt zu einem Punkt auf dem Kreis heißt **Radius** r.
Jede Strecke, die zwei Punkte auf dem Kreis verbindet und durch den Mittelpunkt geht, heißt **Durchmesser** d.
Der Durchmesser ist doppelt so lang wie der Radius.

Beispiele

a) Um den Mittelpunkt M(5|5) ist ein Kreis mit dem Radius 4 Kästchen eingezeichnet. Der Radius wird zwischen zwei Gitterpunkten oder auf dem Lineal mit dem Zirkel abgegriffen.

b) Um den Mittelpunkt M(11|2) ist ein Kreis gezeichnet, der durch den Punkt P(11|0) geht.
Auf diesem Kreis liegen außerdem die Gitterpunkte Q, R und S.

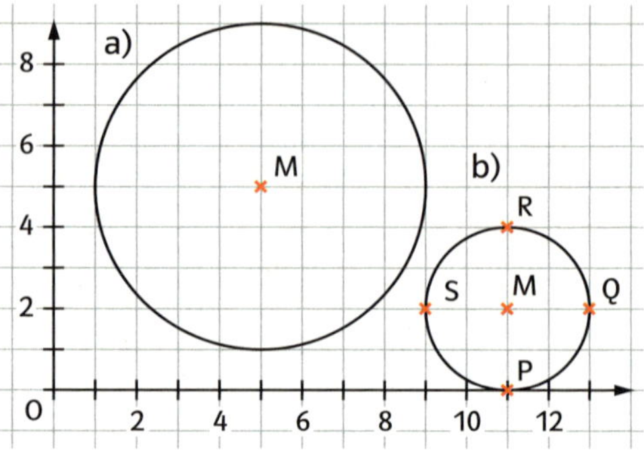

Aufgaben

1 Nenne kreisförmige Gegenstände aus deiner Umgebung. Skizziere.

2 Zeichne Kreise mit
a) Radius: 3 cm; 5 cm; 40 mm; 3,5 cm.
b) Durchmesser: 80 mm; 64 mm; 1 dm.

3 a) Zeichne den Kreis um M mit Radius r bzw. Durchmesser d.

M(4|8); r = 2 cm   M(14|16); r = 3,5 cm
M(7|9); d = 60 mm   M(5|5); d = 50 mm

b) Zeichne den Kreis um M durch P.

M(8|10); P(15|10)   M(13|8); P(10|10)
M(12|10); P(7|6)   M(7|7); P(3|3)

4 a) Zeichne die Kreisfiguren vergrößert ins Heft und färbe sie.

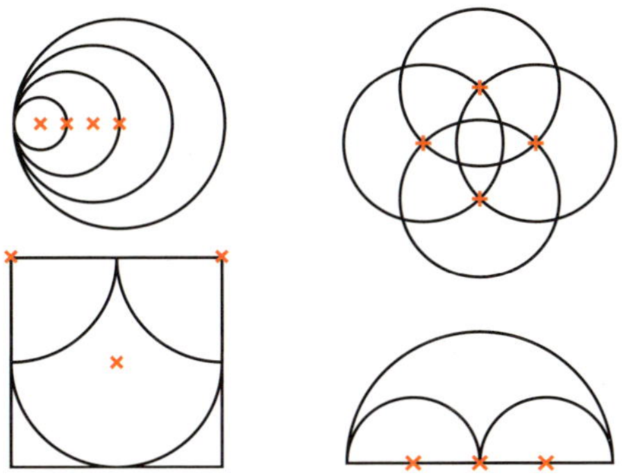

b) Gestalte selbst schöne Kreisfiguren.

5 Für viele Sportarten braucht man kreisförmige Spielfeldmarkierungen.
Zeichnet auf dem Pausenhof mit Kreide ein Basketball-Freiwurffeld.
Welche besonderen Spielregeln gelten auf dem Freiwurffeld?

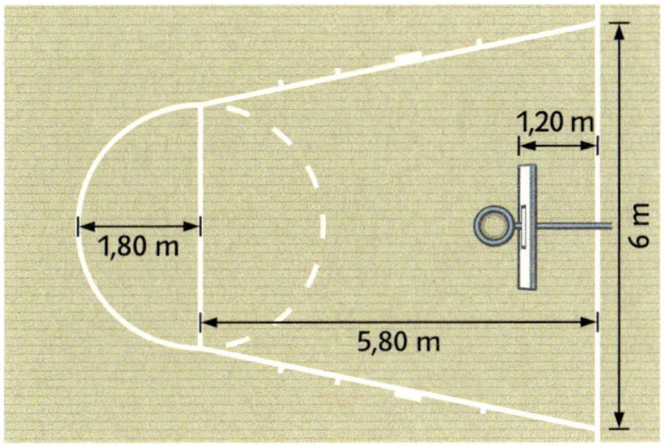

6 Zeichne eine Spirale aus Halbkreisen und schneide an den Kreislinien entlang. Mit Fäden und kleinen Stäbchen lassen sich interessante Mobile herstellen.

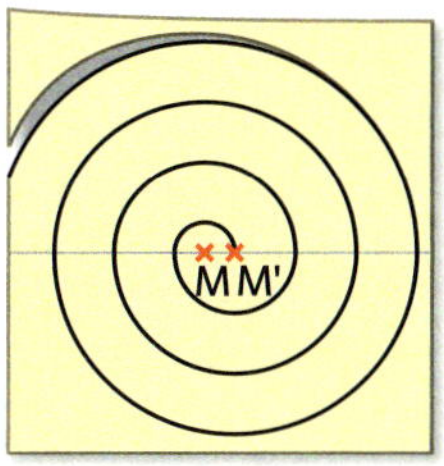

7 Die 32 Fünfer passen nicht in das Rechteck. Wie viele musst du wegnehmen, damit die übrigen hineinpassen? Probiere oder zeichne.

Kreispuzzles

Wenn ihr die Figuren sinnvoll zerschneidet, könnt ihr aus dem Kreis ein Windrad und aus den Fischen Quadrate legen.

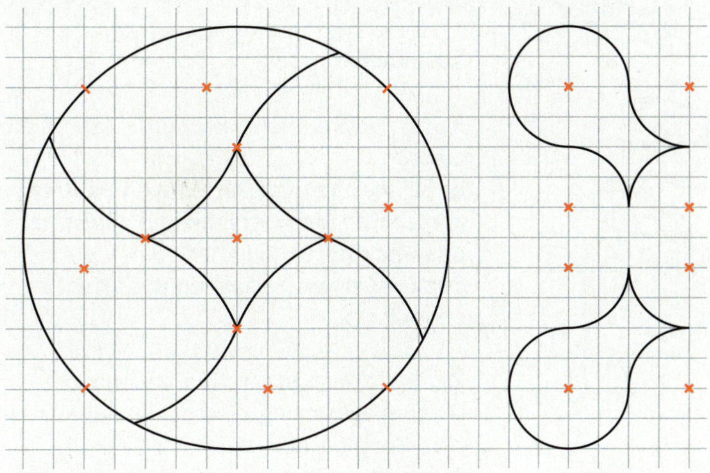

2 Kreisausschnitt

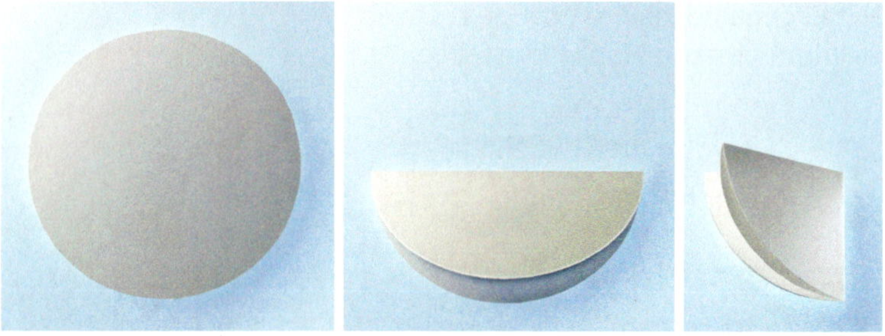

Falte eine ausgeschnittene Kreisfläche immer wieder in der Mitte.
→ Wie werden die entstehenden Teile genannt?
→ Erkläre die Bezeichnungen.
→ Wie oft muss man falten, um einen „Sechzehntelkreis" zu erhalten?
→ Wer von euch kann den kleinsten Kreisteil falten?

Zwei Radien teilen eine Kreisfläche in zwei **Kreisausschnitte**.

Ein von zwei Punkten begrenztes Stück des Kreises heißt **Kreisbogen**.
Ein von zwei Radien und einem Kreisbogen begrenztes Stück der Kreisfläche heißt **Kreisausschnitt**.

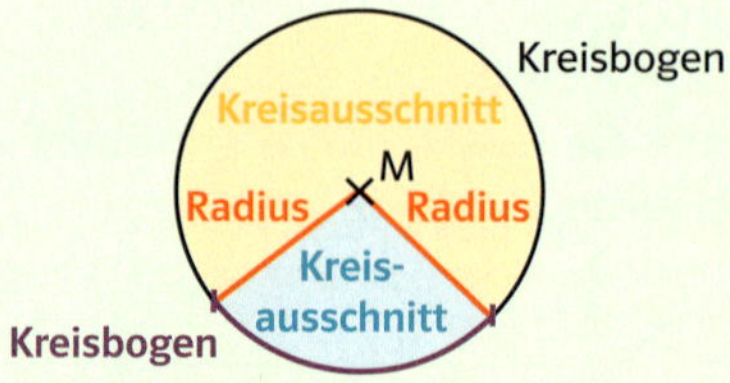

Beispiel
Die Kreisfläche wurde in vier gleich große Kreisausschnitte zerlegt. Davon wurden drei gefärbt.
$\frac{3}{4}$ der Kreisfläche sind also gefärbt, das entspricht einem Dreiviertelkreis.

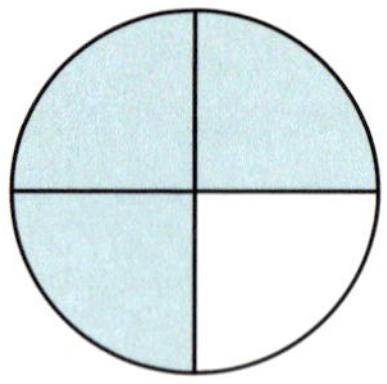

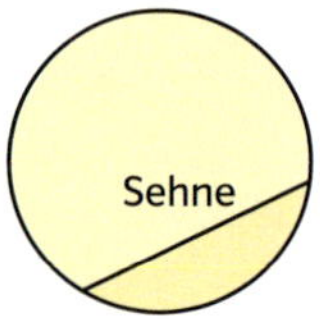

Bemerkung
Faltet man eine Kreisfläche einmal, entstehen zwei Kreisabschnitte.
Die Trennlinie muss dabei nicht durch den Kreismittelpunkt gehen. Sie heißt Sehne.

Aufgaben

1 a) Welche Kreisausschnitte kannst du essen?
b) Bei welchen Sportarten werden Kreisausschnitte auf dem Spielfeld abgestreut oder markiert?
Denke auch an Disziplinen der Leichtathletik.

2 Mit Kreisausschnitten lassen sich schöne Figuren legen. Legt die Figuren auf dem Rand nach.
Sammelt weitere Ideen in der Klasse.

3 Welche der abgebildeten Kreisteile sind Kreisausschnitte?

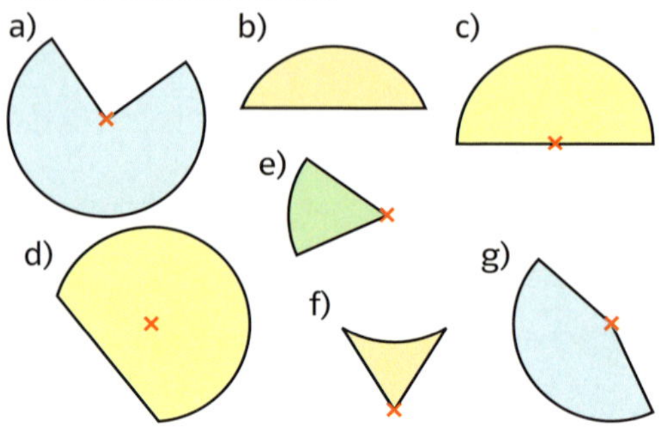

4 Falte einen Kreisausschnitt, der viermal, achtmal, sechzehnmal in einen Kreis passt. Wie erhältst du einen Sechstel- bzw. einen Drittelkreis?

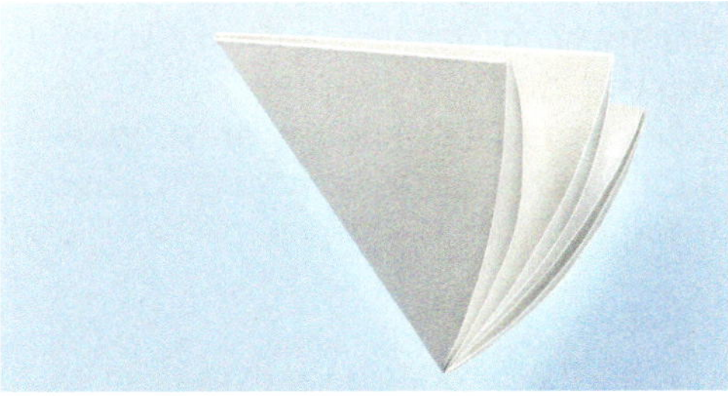

5 In wie viele Teile wurde zerlegt? Benenne jeweils den Kreisausschnitt und den gefärbten Anteil der Kreisfläche.

a)

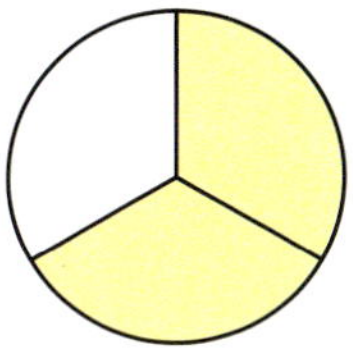

b)

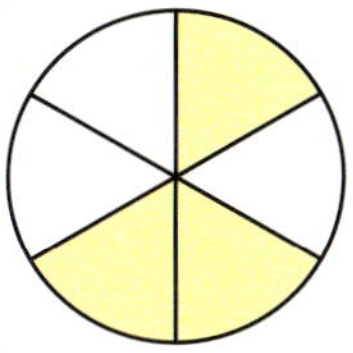

c)

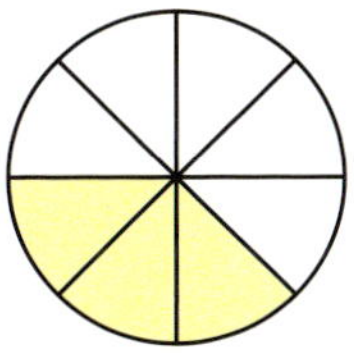

d)

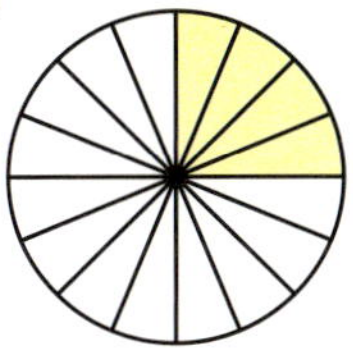

6 Falte Kreisausschnitte, die $\frac{3}{4}$; $\frac{1}{12}$ bzw. $\frac{5}{8}$ eines Kreises ausmachen.

7 Zeichne einen Kreis mit dem Radius r = 4 cm. Wie oft kannst du den Radius auf dem Kreis abtragen?
Welche Figur entsteht, wenn du die abgetragenen Punkte verbindest?

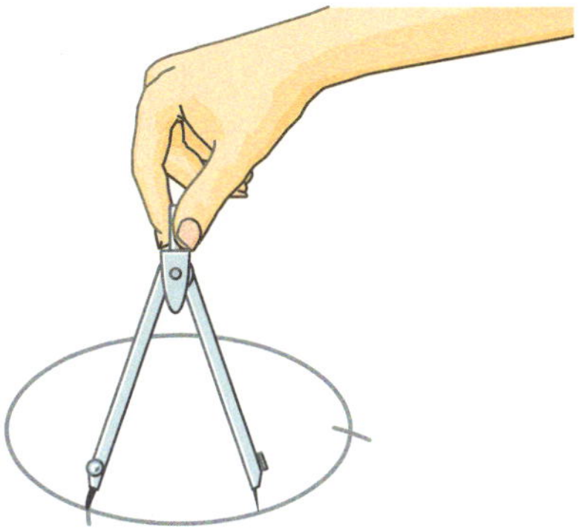

8 An Autofelgen kannst du Kreisausschnitte entdecken.
Stelle deiner Partnerin oder deinem Partner Fragen.

a)

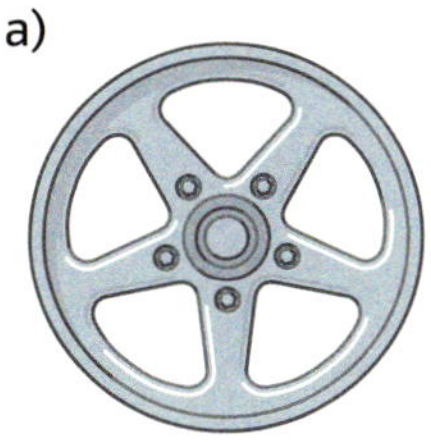

b)

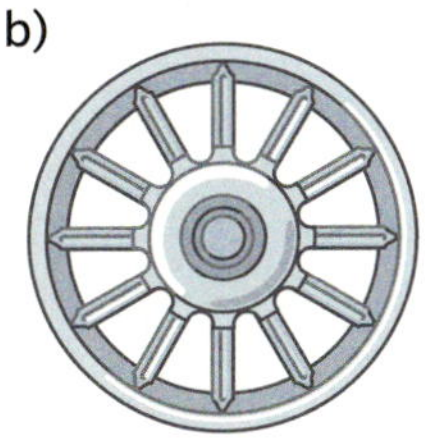

9 Welche Bruchteile sind gegessen?

a)

b)

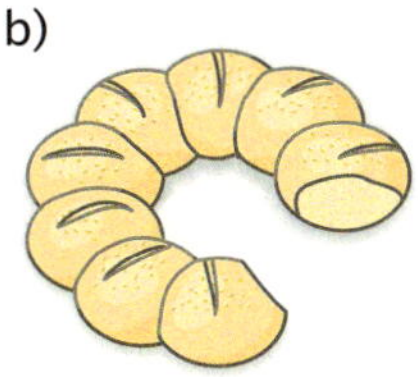

c)

d)

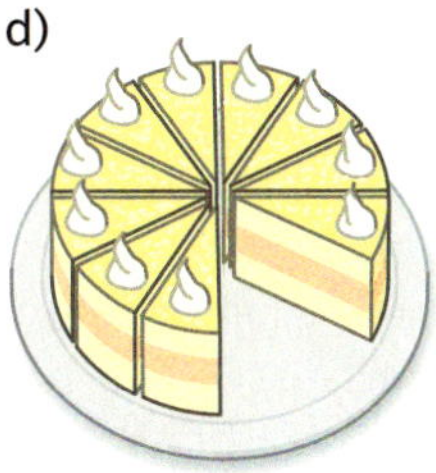

10 Welche Kreisausschnitte überstreicht
a) der große Zeiger einer Uhr in 45 min; 30 min; 10 min; 5 min; 20 min?
b) der kleine Zeiger einer Uhr in 6 h; 3 h; 12 h; 1 h; 5 h?

11 Hier wurden Diagramme verwendet, um die Wahlergebnisse in Parlamenten darzustellen.
Hat eine Partei die absolute Mehrheit?
Welche Parteien müssen zusammenarbeiten, um eine Zweidrittelmehrheit zu erreichen?

a)

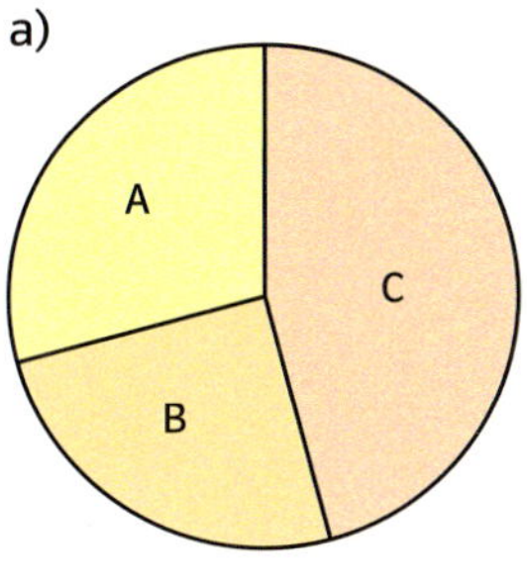

b)

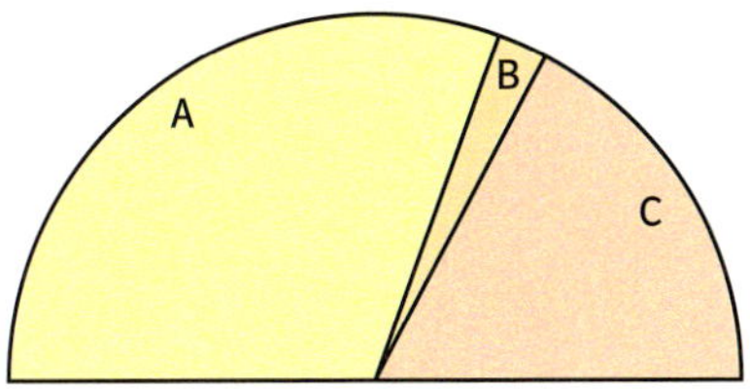

3 Winkel

Die Zeiger von Messgeräten können auf ihren Skalen unterschiedliche Bereiche überstreichen.
→ In welchem Bereich darf sich die Tachonadel im Stadtverkehr bewegen?
→ Lies den zulässigen Bereich des Wasserdrucks am Manometer einer Warmwasserheizung ab.

Ein auf zwei Seiten begrenzter Bereich, in dem sich ein Zeiger drehen kann, heißt in der Mathematik **Winkel**.

Ein **Winkel** wird von zwei **Schenkeln** mit gemeinsamem Anfangspunkt S begrenzt. Der Punkt S heißt **Scheitel** des Winkels.

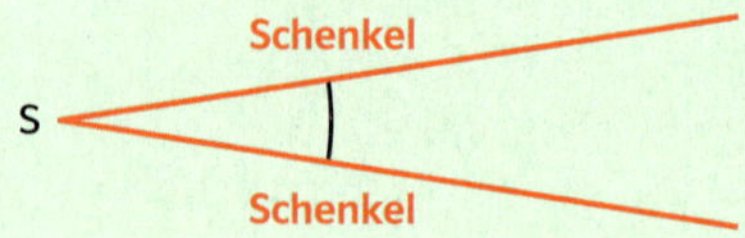

Beispiele

a) Winkel werden mit einem Bogen markiert und mit kleinen griechischen Buchstaben bezeichnet.

α	β	γ	δ	ε
Alpha	Beta	Gamma	Delta	Epsilon

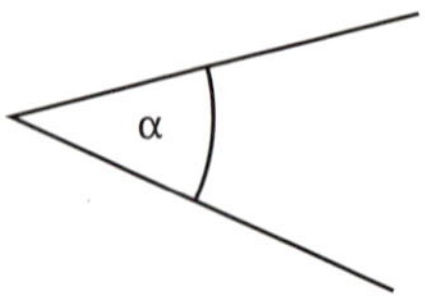

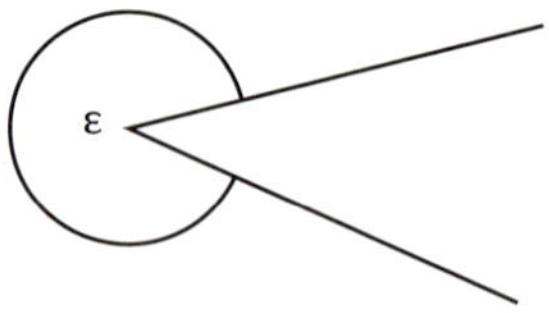

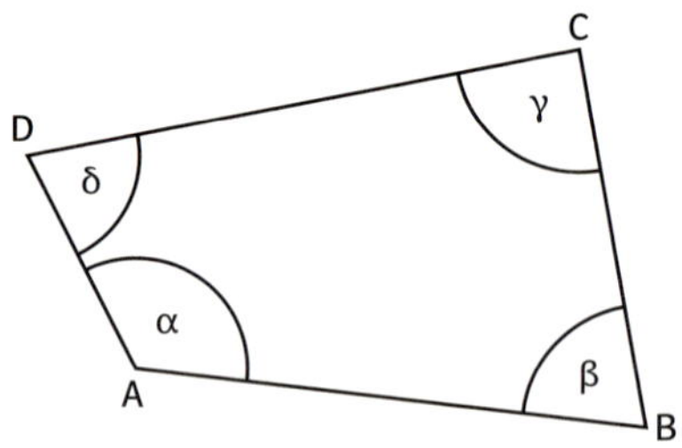

b) Die Größe eines Winkels hängt weder von der Lage noch von der Länge der gezeichneten Schenkel ab.

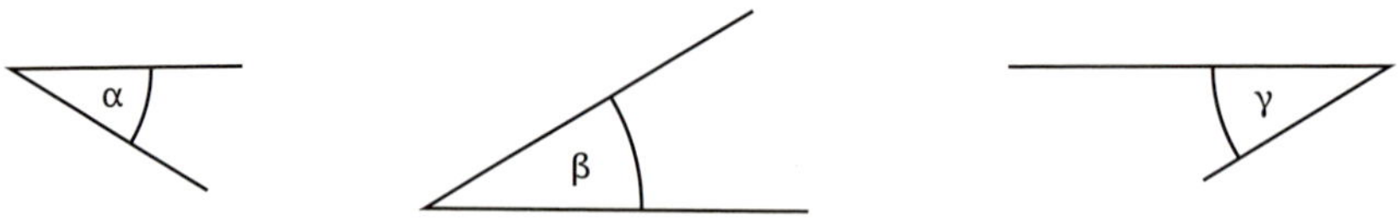

$\alpha = \beta = \gamma$

Aufgaben

1 Kennst du die Bedeutung folgender Redewendungen?
„Das angewinkelte Bein …“
„Die verwinkelten Gassen …“
„Ein geschickter Winkelzug …“
„Im toten Winkel …“

2 Beschreibe die Schenkel und den Scheitelpunkt der Winkel.
a) die Schaukel auf dem Spielplatz
b) die Schranke im Parkhaus
c) der Lichtkegel eines Scheinwerfers
d) das Gesichtsfeld eines Menschen

3 Skizziere ins Heft und zeichne die Winkelbögen ein. Gibt es mehrere Möglichkeiten? Benenne die Winkel mit griechischen Buchstaben.

a) 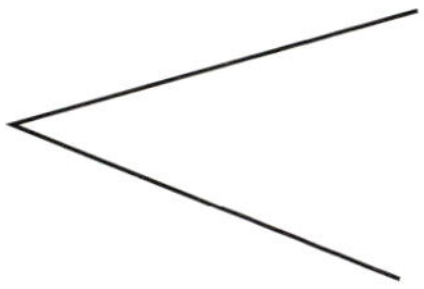

b) 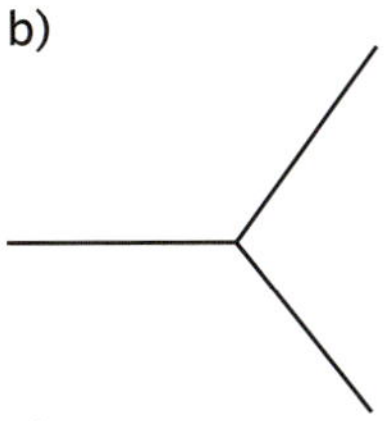

c) 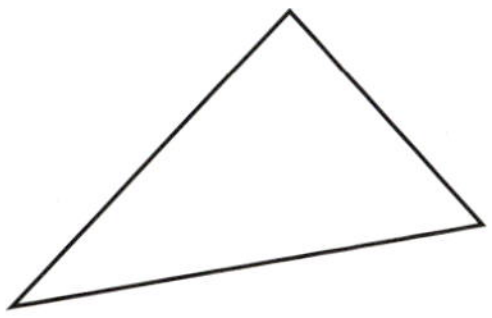

d) 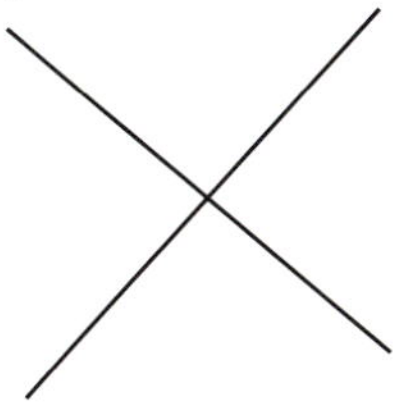

4 Es entstehen jeweils zwei Winkel. Welcher ist der größte?
a) Der Scheitel liegt im Punkt A(6|4). Ein Schenkel geht durch den Punkt B(10|12), der andere durch C(12|6).
b) Die Schenkel gehen durch die Punkte D(2|10) und E(14|2). F(2|2) ist der Scheitelpunkt.

5 Zeichne drei Geraden, die sich in einem gemeinsamen Punkt schneiden. Bezeichne alle entstehenden Winkel.

6 Der Stunden- und der Minutenzeiger einer Uhr bilden um 3:00 Uhr einen besonderen Winkel.

a) Gibt es diesen Winkel auch zu weiteren Uhrzeiten?
b) Nenne Uhrzeiten und skizziere dazu den Winkel, den die Zeiger bilden.
Wenn du mit einer Partnerin oder einem Partner arbeitest, könnt ihr euch gegenseitig Aufgaben stellen.

7 Welchen Schatten wirft die Baumkrone im Scheinwerferlicht an die Hauswand? Zeichne ins Heft.

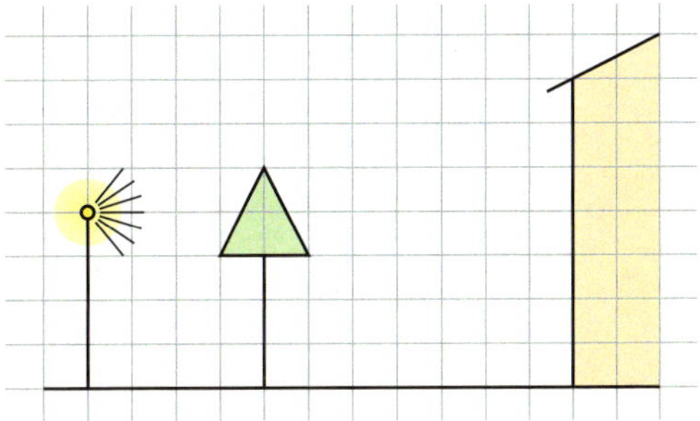

8 In manchen Verkehrssituationen kannst du als Radfahrer von anderen Fahrzeugführern leicht übersehen werden. Der Pkw-Fahrer kann den Radfahrer nicht sehen, wenn dieser durch die Dachholme des Autos verdeckt wird.
Skizziere.

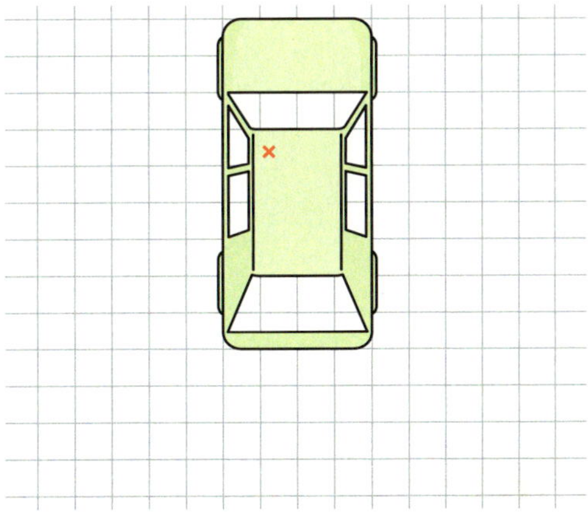

9 Ordne die Winkel nach ihrer Größe. Dafür kannst du Transparentpapier verwenden.

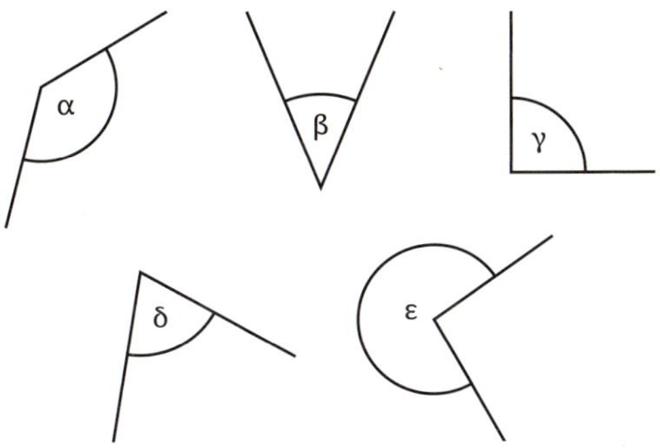

4 Winkelmessung. Einteilung der Winkel

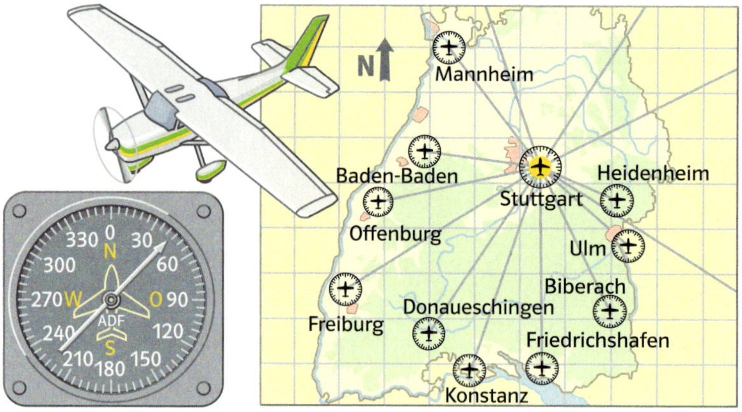

Ein Pilot kann sich nicht nur mithilfe von Straßen, Flüssen oder Bergen orientieren. Für ihn sind Karte und Kompass wichtige Hilfsmittel, um einen gewünschten Ort zu erreichen.
Dabei ist die Angabe der Himmelsrichtung nicht immer ausreichend.
Es gibt eine noch genauere Einteilung.

→ Welchen Flughafen erreicht ein Flugzeug, welches von Stuttgart aus Südkurs steuert?

→ Auf welchem Kurs erreicht ein Flugzeug Ulm, Freiburg oder Offenburg?

Zum Messen von Winkeln verwendet man eine Maßeinheit. Sie entsteht durch Zerlegung eines Kreises in 360 gleiche Teile. Man nennt diese Einheit **1°**, gelesen **ein Grad**.

Mithilfe des Geodreiecks kann man einen gegebenen Winkel messen oder einen Winkel mit vorgegebener Größe zeichnen.

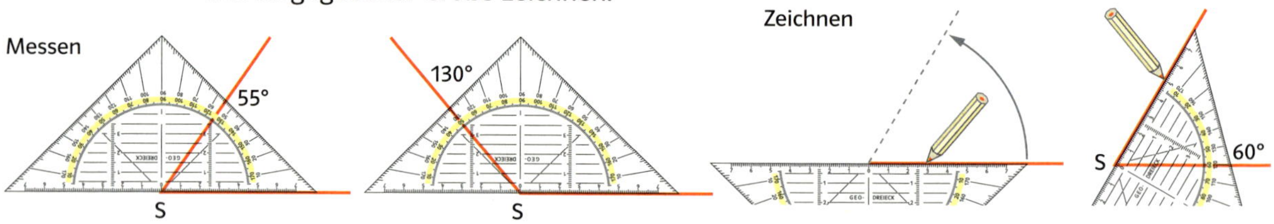

Die Maßeinheit für die Größe eines Winkels heißt **1 Grad** (kurz: 1°).
Winkel werden nach ihrer Größe eingeteilt.

spitze Winkel (kleiner als 90°)	**rechte** Winkel (90°)	**stumpfe** Winkel (zwischen 90° und 180°)	**gestreckte** Winkel (180°)	**überstumpfe** Winkel (zwischen 180° und 360°)	**volle** Winkel (360°)

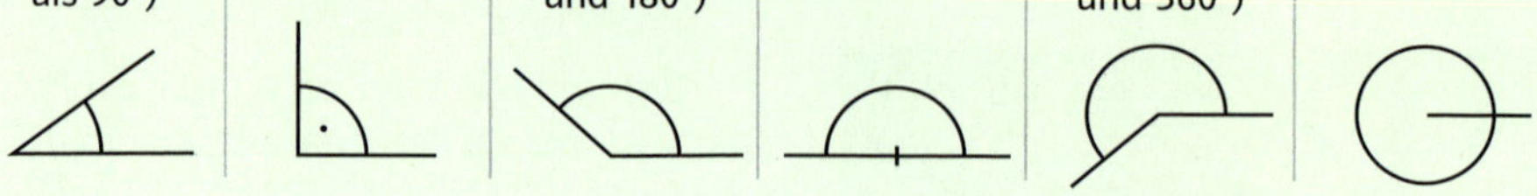

Beispiele

a) Manchmal muss man die Schenkel verlängern, um den Winkel ablesen zu können.

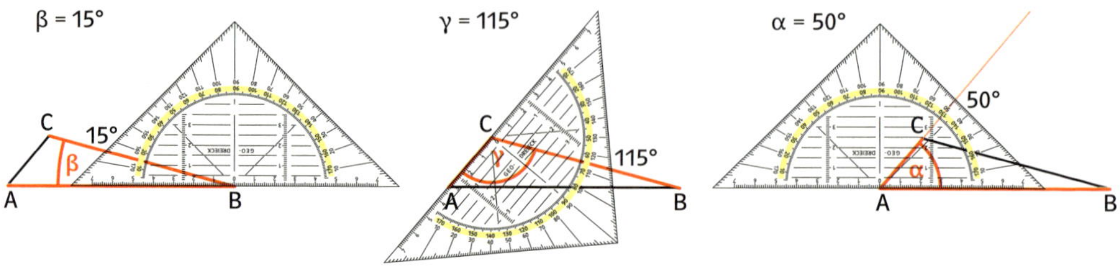

! *Das Geodreieck hat zwei Skalen, die links bzw. rechts mit 0° beginnen.*

b) Um einen überstumpfen Winkel zu zeichnen, wird er in 180° und den fehlenden Rest zerlegt.
210° = 180° + 30°
Man zeichnet zuerst den gestreckten Winkel von 180° und trägt dann den spitzen Winkel von 30° an. Entsprechend geht man beim Messen von überstumpfen Winkeln vor.

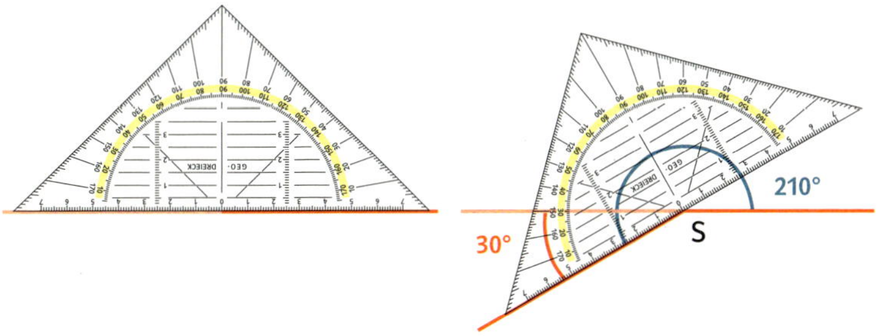

Bemerkung
Für sehr kleine Winkel und für genaue Messungen benutzt man die Maßeinheiten 1′ (1 Winkelminute) und 1″ (1 Winkelsekunde). Die Umrechnung ist: 1° = 60′ und 1′ = 60″.

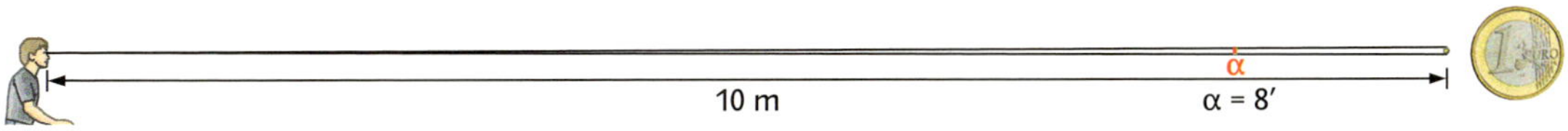

Aufgaben

1 Stelle auf der am Rand abgebildeten Kreisscheibe zunächst nach Augenmaß die Winkel ein und miss nach. Gib die Winkelart an. Du kannst auch mit einer Partnerin oder einem Partner arbeiten.

a)	b)	c)	d)
90°	30°	45°	190°
180°	80°	150°	250°
270°	130°	220°	300°

2 a) Schätze die Größen der Winkel.

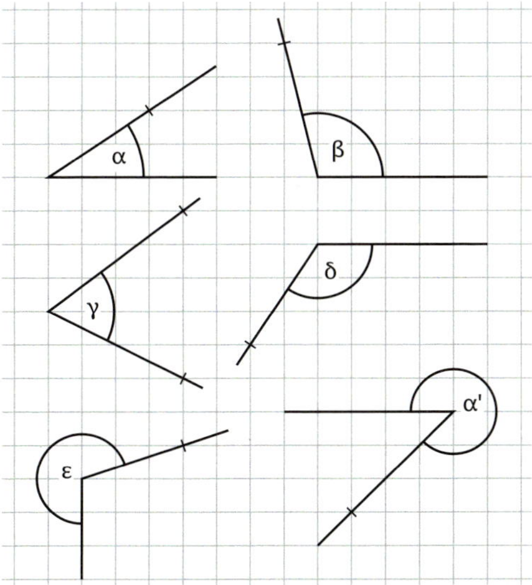

b) Übertrage die Winkel ins Heft und gib ihre Größe in Grad an. Verlängere die Schenkel vor dem Messen falls nötig.

3 Zeichne Winkel der angegebenen Größen. Der erste Schenkel soll nicht immer waagerecht verlaufen. Welche Winkelarten erkennst du?

a)	b)	c)	d)
30°	60°	45°	90°
15°	155°	89°	190°
75°	230°	290°	340°

4 Übertrage die Figur in doppelter Größe. Schätze zunächst und miss die Winkel.

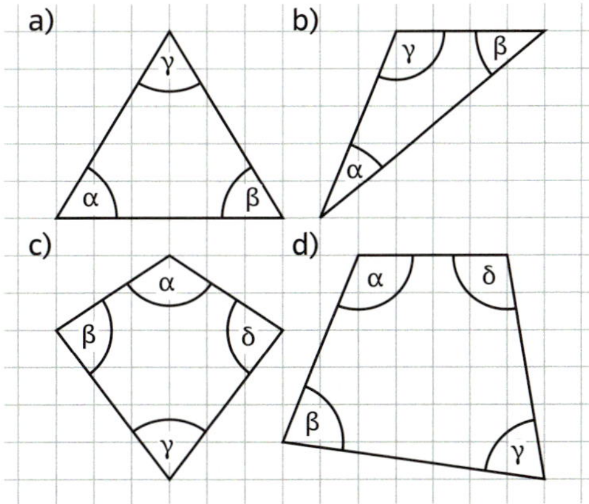

Hast du eine Vermutung, wie groß die Summe der Innenwinkel von Dreiecken bzw. Vierecken ist?

5 Wie lange braucht der Minutenzeiger, um diese Winkel zu überstreichen?
a) 180° b) 90° c) 30° d) 60° e) 12°

Schneide zwei Kreise aus Pappe aus und schneide sie wie im Bild ein. Wenn du sie jetzt ineinander steckst, kannst du Winkel darstellen.

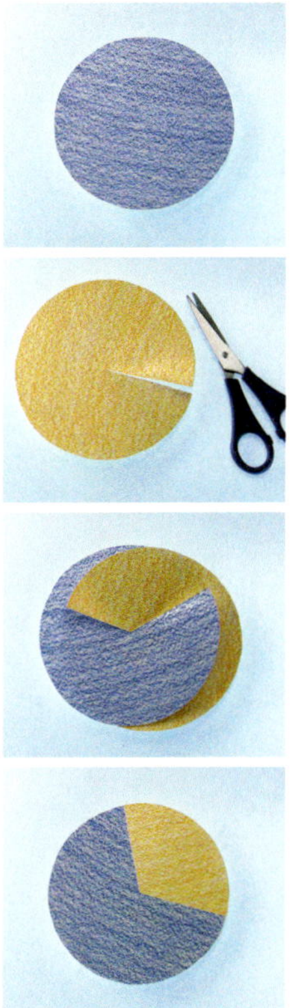

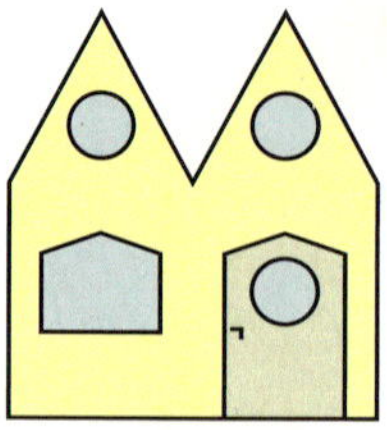

6 Wie viel Grad überstreicht der Minutenzeiger in diesen Zeiträumen?
a) 20 min b) 15 min c) 6 min d) 5 min
e) 1 min f) 15 s g) 45 s h) 50 min

7 Wie viele spitze, rechte, stumpfe, überstumpfe und volle Winkel findest du im abgebildeten Haus?

8 Arbeitet zu zweit. Legt auf dem 5 × 5-Nagelbrett einen Schenkel fest. Einer von euch verändert den zweiten Schenkel, der andere gibt die Winkelart an und misst die Größe.

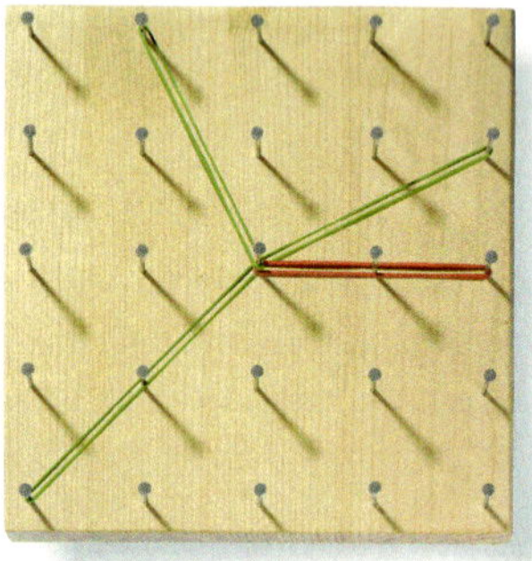

Wenn ihr die Rollen tauscht, könnt ihr die Lage des ersten Schenkels neu festlegen.

9 Bestimme die Größe der Winkel, die durch die gleichmäßige Zerlegung des Kreises entstanden sind.

a)
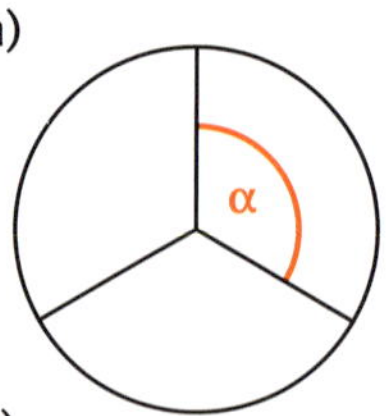

b)
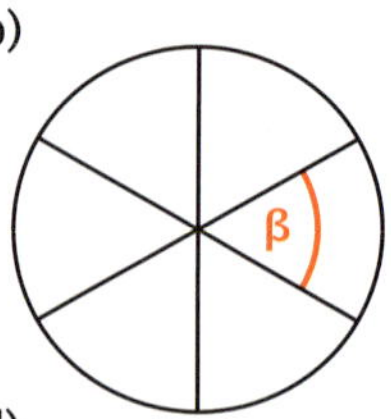

c)
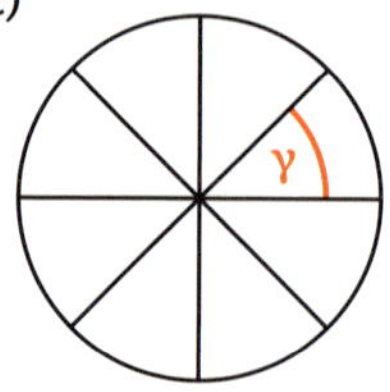

d)
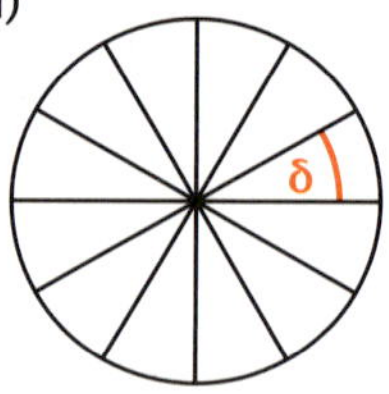

10 Bestimme die Größe
a) $\frac{1}{3}$ des gestreckten Winkels.
b) $\frac{3}{4}$ des Vollwinkels.

Formuliere weitere solche Aufgaben.

11 Berechne den Winkel α mithilfe des gestreckten Winkels.

Beispiel: α = 180° − 50°
α = 130°

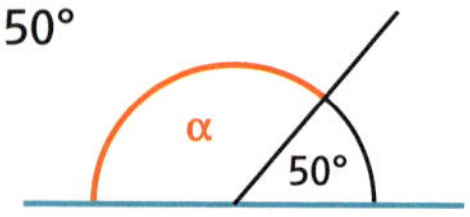

a)
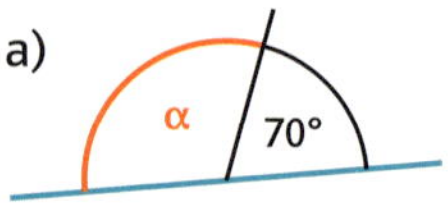

b)
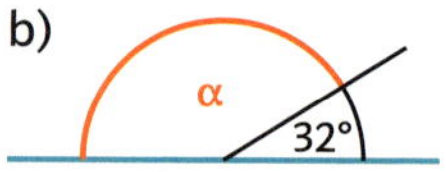

c)
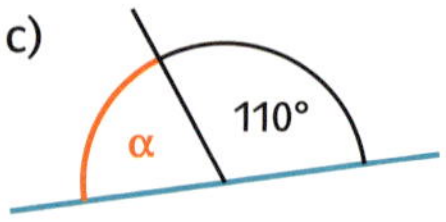

d)
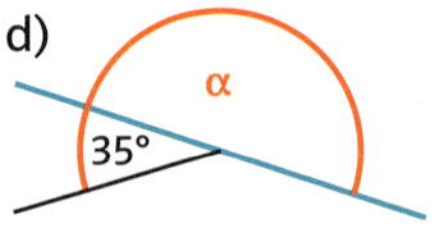

12 Berechne den Winkel α mithilfe der Winkeldifferenz.

Beispiel: α = 30° − 10°
α = 20°

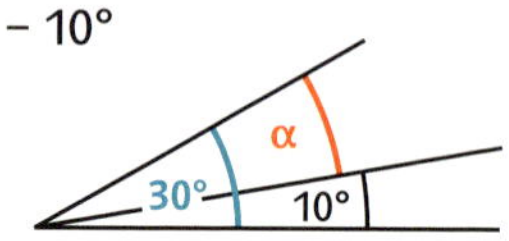

a)
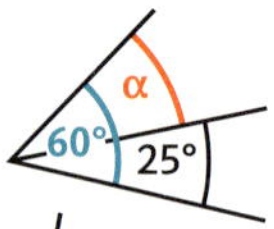

b)
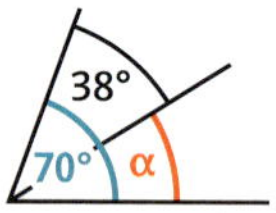

c)
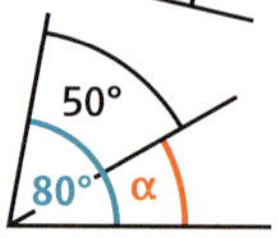

d)
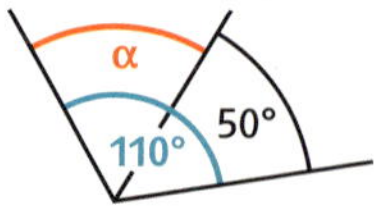

13 Steuert ein Schiff einen bestimmten Kurs, so kann dieser als Himmelsrichtung, aber auch als Winkel angegeben werden.

a) Welche Winkel gehören zu den Richtungen Ost, West, Nordost, Südwest?
b) Welche Richtungen gehören zu den Winkeln 180°; 135°; 0°; 315°?

14 Zeichne ein Dreieck
a) mit einem rechten Winkel.
b) mit einem stumpfen Winkel.
c) mit drei spitzen Winkeln.

5 Winkel im Schnittpunkt von Geraden

→ Falte einen Papierausriss zunächst so, dass zwei parallele Faltlinien entstehen, und klappe das Papier wieder auf. Wenn du jetzt schräg dazu noch einmal faltest, erhältst du 8 Winkel.

→ Musst du alle Winkel messen, wenn ihre Größe gesucht wird?

Schneiden sich zwei Geraden, so entstehen vier Winkel mit besonderen Eigenschaften. Gegenüberliegende Winkel nennt man **Scheitelwinkel**. Es gilt: $\alpha = \gamma$ und $\beta = \delta$.
Bilden zwei nebeneinander liegende Winkel einen gestreckten Winkel, so nennt man sie **Nebenwinkel**. Es gilt: $\alpha + \beta = 180°$; $\beta + \gamma = 180°$; $\gamma + \delta = 180°$; $\delta + \alpha = 180°$.

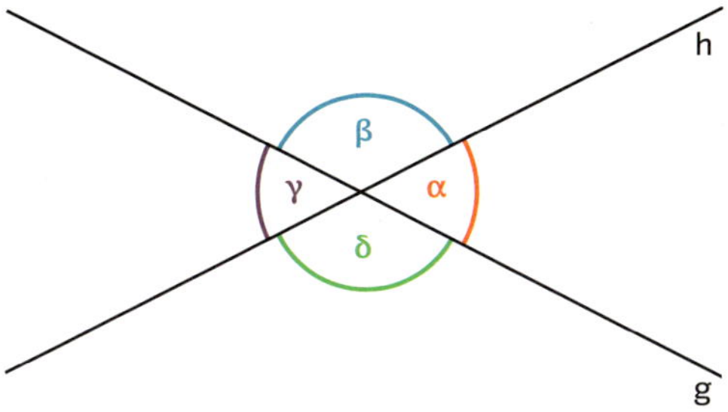

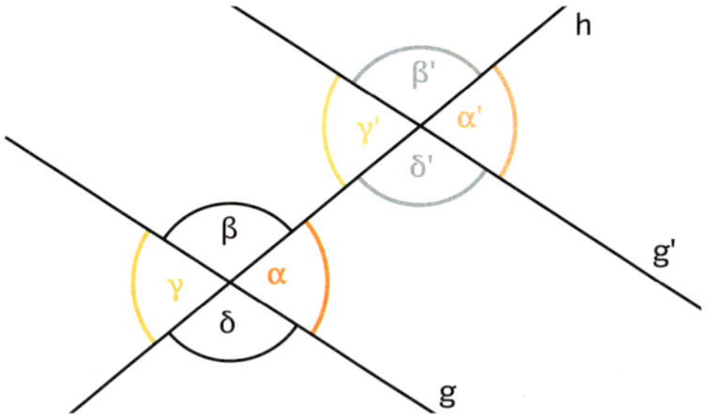

Werden zwei Parallelen von einer Geraden geschnitten, so entstehen acht Winkel.
Zu jedem Winkel an der einen Parallelen entsteht ein gleich großer Winkel an der anderen Parallelen. Man nennt sie **Stufenwinkel**. Es gilt beispielsweise $\alpha = \alpha'$.
Darüber hinaus betrachtet man oft Paare von **Wechselwinkeln** wie α und γ'.
Aus $\alpha' = \gamma'$ und $\alpha' = \alpha$ folgt $\alpha = \gamma'$.

Scheitelwinkel sind gleich groß.
Nebenwinkel ergänzen sich zu 180°.

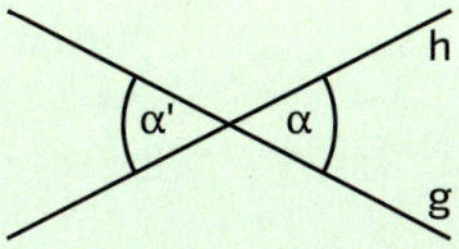

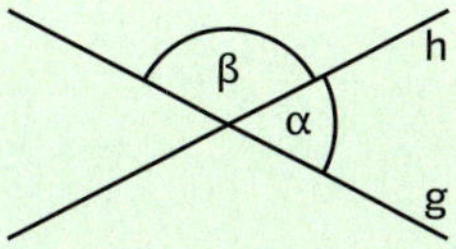

Stufenwinkel an geschnittenen Parallelen sind gleich groß.
Wechselwinkel an geschnittenen Parallelen sind gleich groß.

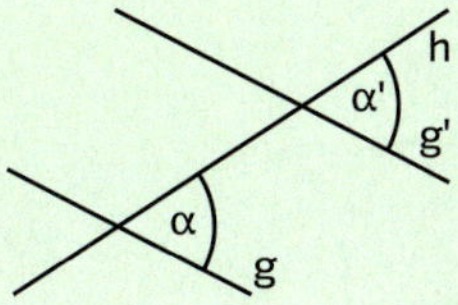

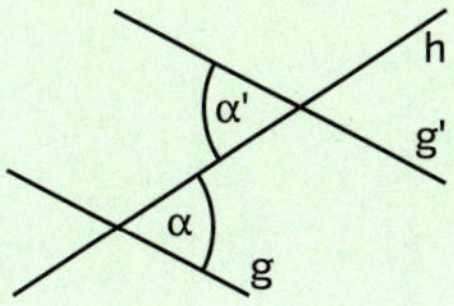

Beispiel

Die Winkel α, β, γ und δ lassen sich aus dem gegebenen Winkel $\varepsilon = 120°$ berechnen.

Stufenwinkel zu ε: $\alpha = 120°$
Wechselwinkel zu ε: $\beta = 120°$
Nebenwinkel zu α: $\gamma = 180° - 120° = 60°$
Nebenwinkel zu α: $\delta = 180° - 120° = 60°$

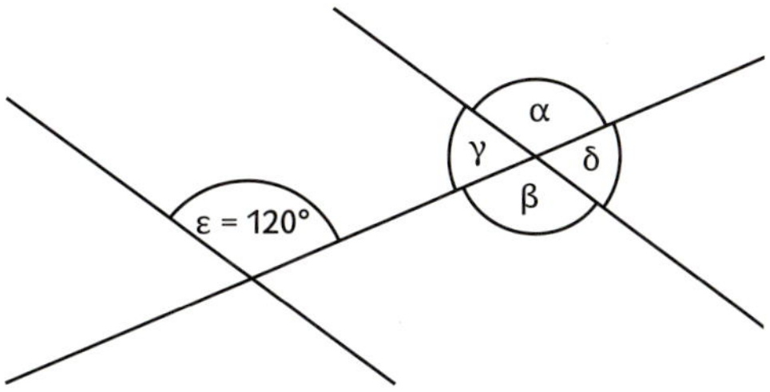

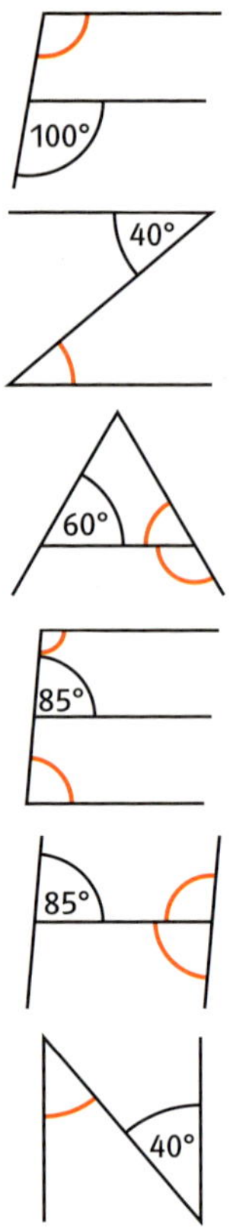

Bemerkung
Eine Stufenwinkelfigur erinnert an den Buchstaben „F". Man spricht daher auch von F-Winkeln. Die Wechselwinkelfigur sieht aus wie der Buchstabe „Z". Daher nennt man solche Winkel auch Z-Winkel.

Aufgaben

1 Wie groß sind die Winkel α und β an den Parallelen g und h? Welche Winkelsätze hast du angewendet?

a)

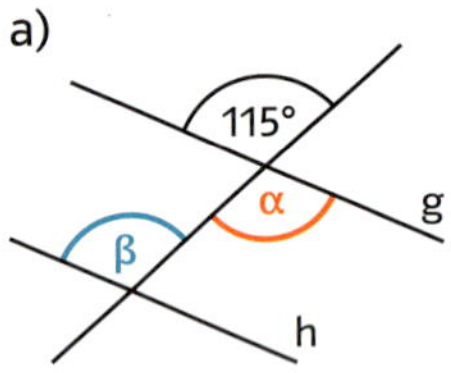

b)

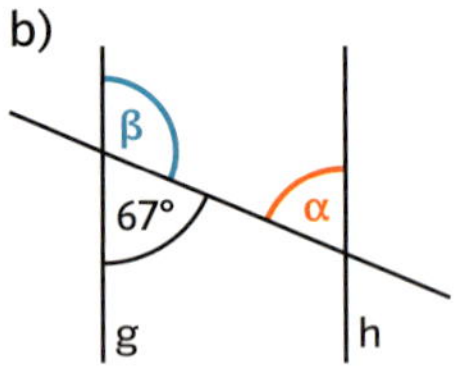

2 Welche der Winkel an den parallelen Geraden sind ebenso groß wie der angegebene Winkel?

a)

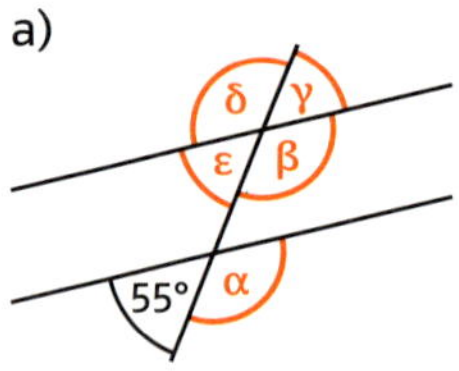

b)

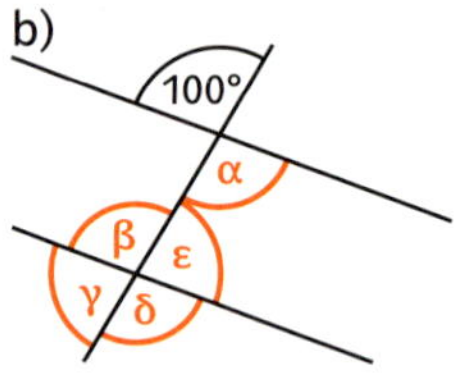

3 Bestimme die Winkel. Die Geraden g und h bzw. i und k sind parallel.

a)

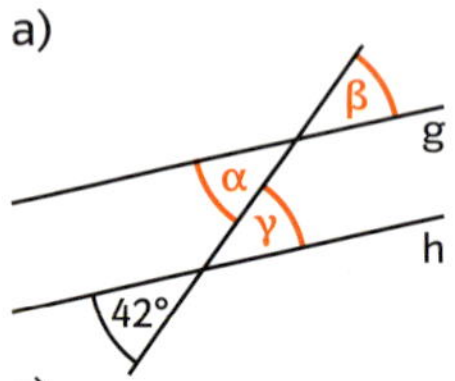

b)

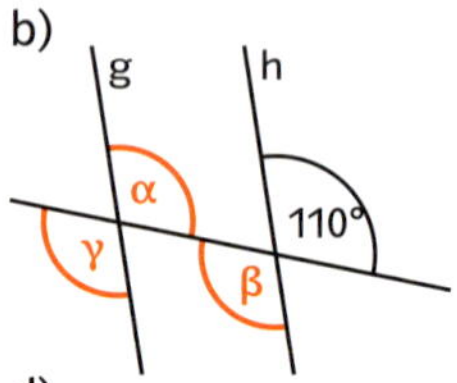

c)

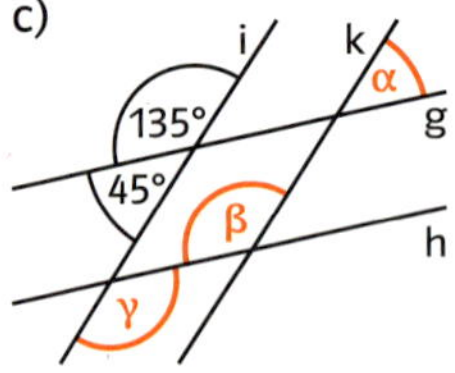

d)

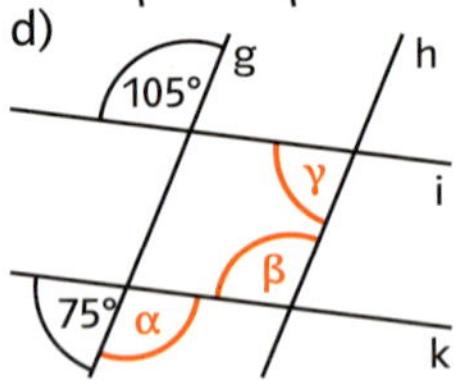

4 Wie groß sind die markierten Winkel in den Buchstaben vom Rand? Zeichne.

5 Zwei Parallelen g und h werden von i unter einem Winkel von 49° geschnitten.
a) Zeichne Stufenwinkel.
b) Zeichne Wechselwinkel.

6 Wie viele verschieden große Winkel gibt es am Scherenarm der Lampe und am Treppengeländer?

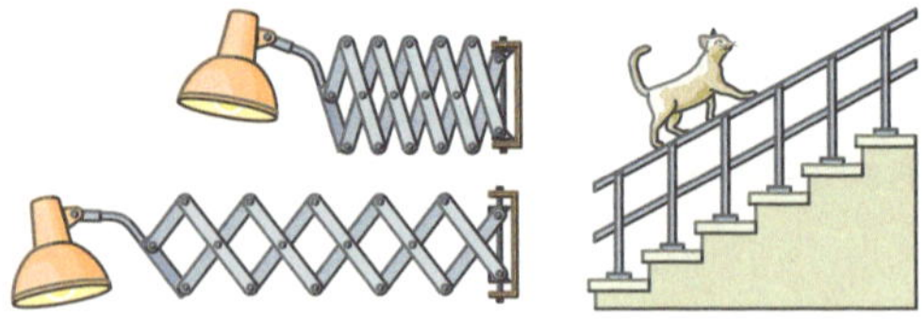

7 Sind die Geraden g und h parallel? Falls nicht: Auf welcher Seite der Geraden i schneiden sie sich?

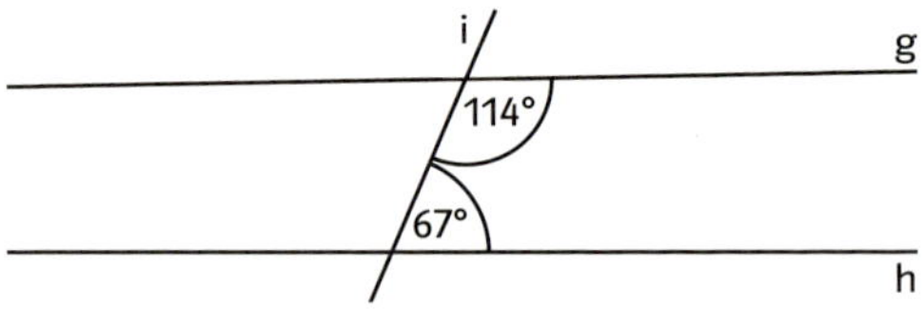

8 a) Was gilt für die Summe von benachbarten Winkeln im Parallelogramm?
b) Findest du auch eine Regel für die gegenüberliegenden Winkel?

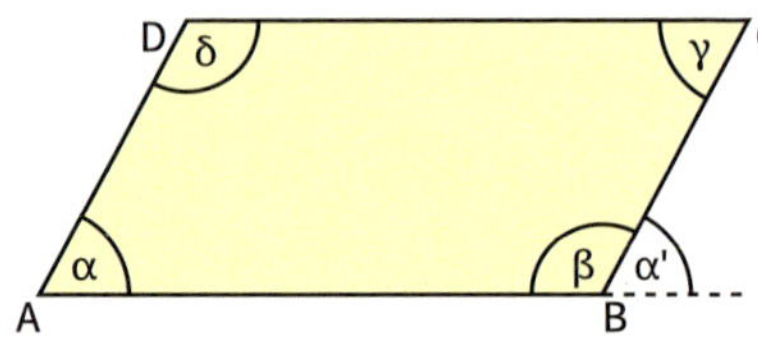

9 Die Geraden g und h sind parallel. Eine geschickt gewählte weitere Gerade hilft dir α zu bestimmen.

a)

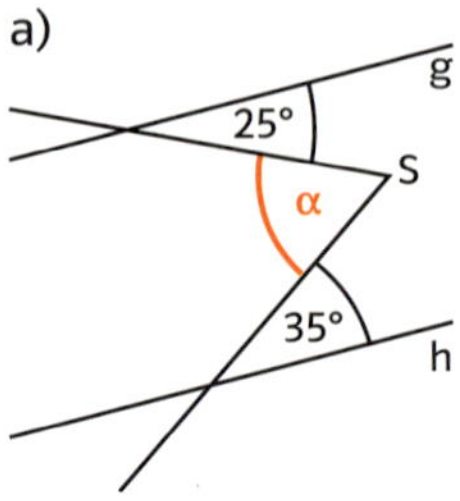

b)

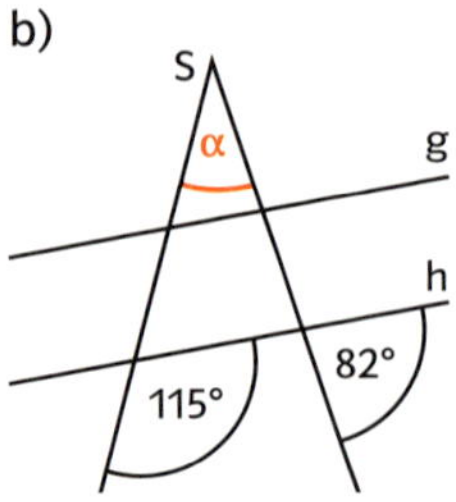

Zusammenfassung

Kreis

Alle Punkte des Kreises haben vom Mittelpunkt dieselbe Entfernung.
Jede Strecke vom Mittelpunkt zu einem Punkt auf dem Kreis heißt **Radius** r.
Der **Durchmesser** d ist doppelt so lang wie der Radius.

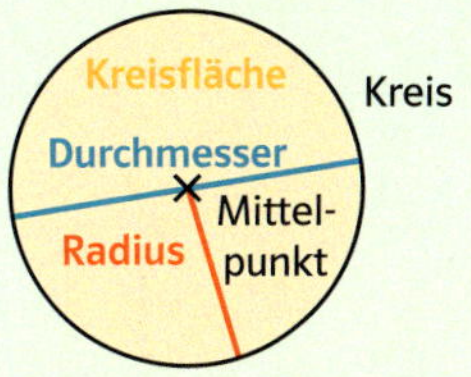

Kreisbogen

Ein von zwei Punkten begrenztes Stück des Kreises heißt **Kreisbogen**.

Kreisauschnitt

Ein von zwei Radien und einem Kreisbogen begrenztes Stück der Kreisfläche heißt **Kreisausschnitt**.

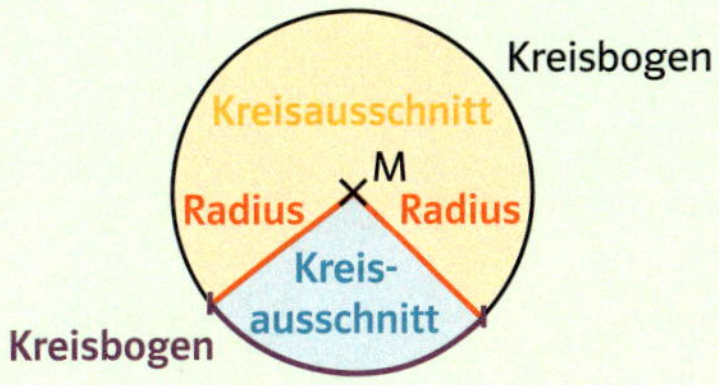

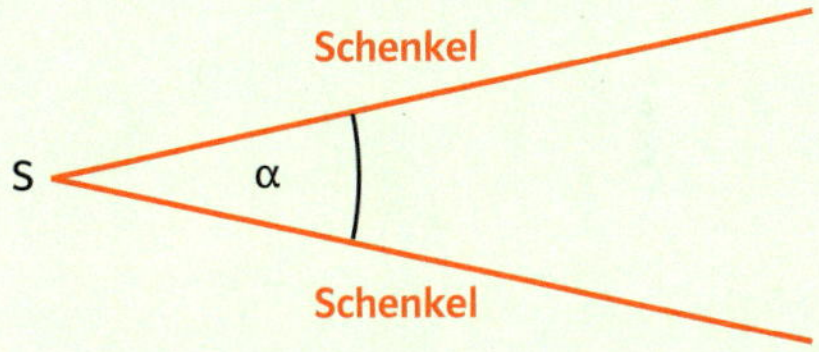

Winkel

Ein **Winkel** wird von zwei **Schenkeln** mit gemeinsamem Anfangspunkt S begrenzt.
Der Punkt S heißt **Scheitel** des Winkels.
Winkel werden mit einem Bogen markiert und können mit kleinen griechischen Buchstaben bezeichnet werden.

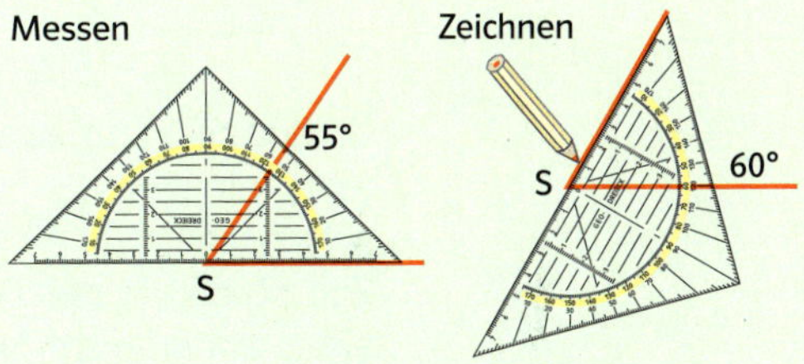

Winkelmessung

Die Maßeinheit für die Größe eines Winkels heißt **1 Grad** (kurz: **1°**).
Sie entsteht durch Teilung eines Kreises in 360 gleiche Teile.

Einteilung der Winkel

Winkel werden nach ihrer Größe eingeteilt.

spitze Winkel	kleiner als 90°
rechte Winkel	90°
stumpfe Winkel	zwischen 90° und 180°
gestreckte Winkel	180°
überstumpfe Winkel	zwischen 180° und 360°
volle Winkel	360°

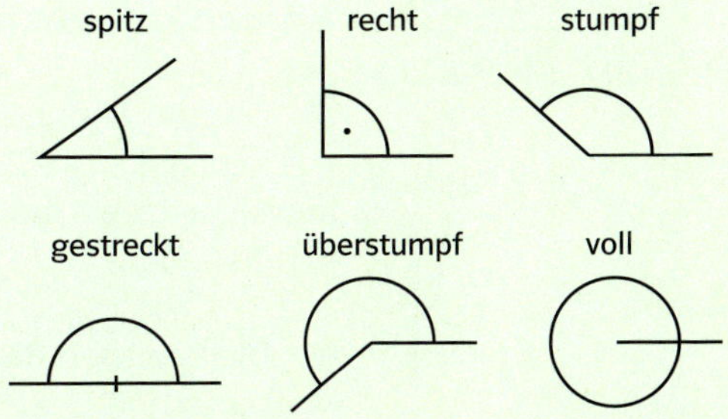

Winkel in Schnittpunkten von Geraden

Scheitelwinkel sind gleich groß.
Nebenwinkel ergänzen sich zu 180°.

Stufenwinkel an geschnittenen Parallelen sind gleich groß.
Wechselwinkel an geschnittenen Parallelen sind gleich groß.

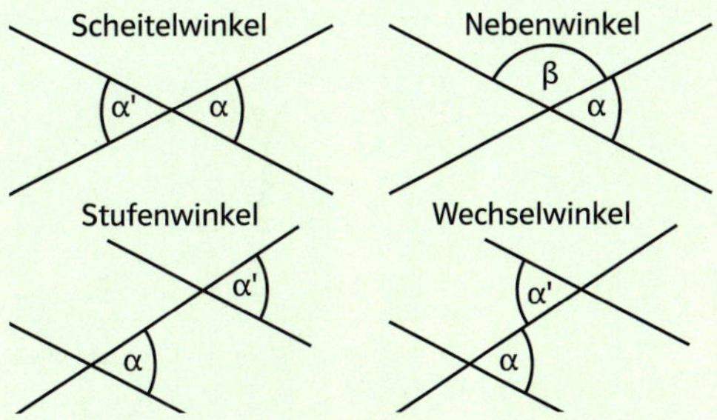

Üben • Anwenden • Nachdenken

1 Mandalas haben eine lange Tradition. Das Wort kommt aus der altindischen Sprache und bedeutet „Kreis". Manche Menschen meditieren auch heute noch mit Mandalas.
Ihr könnt die Figuren abzeichnen oder neue erfinden.

a)

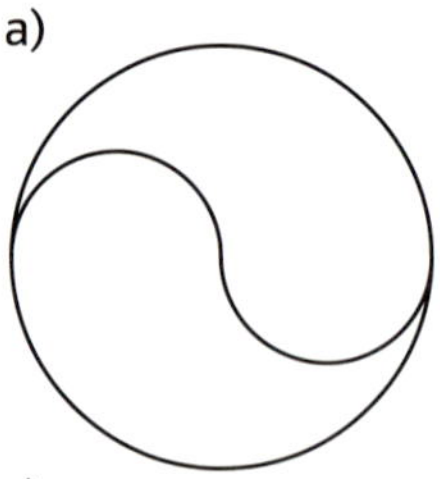

b)

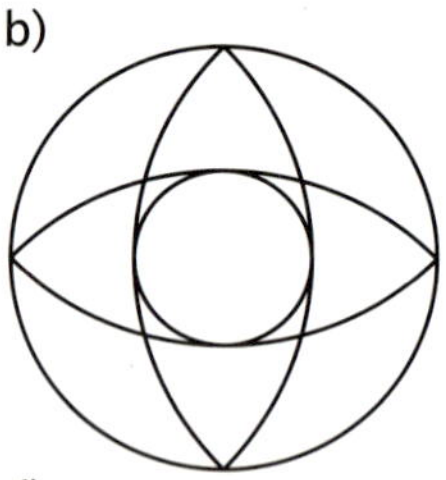

c)

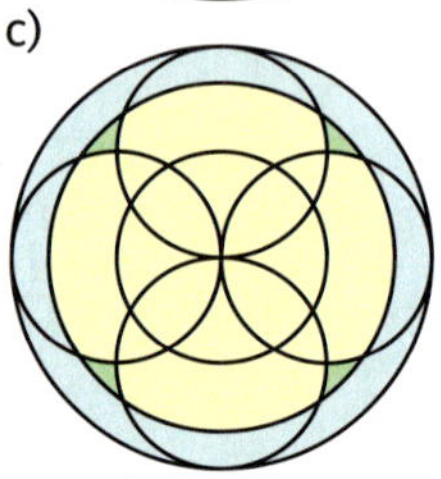

d)

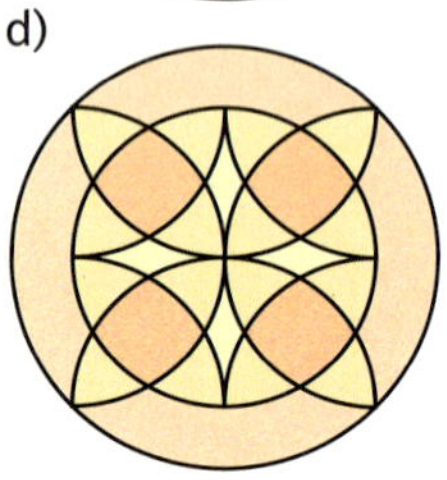

2 Ein Spiel für zwei: Das Spielfeld ist ein Kreis mit 10 cm Radius.
Nun zeichnet ihr abwechselnd Kreise mit 2 cm Radius in das Feld. Kein Kreis darf einen anderen treffen.
Wer als Erster keinen solchen Kreis mehr zeichnen kann, hat leider verloren.

3 Zeichne zwei Kreise mit den Radien $r_1 = 4\,\text{cm}$ und $r_2 = 25\,\text{mm}$.
In welcher Lage zueinander können sie sich befinden?

4 Die Speichen der Wagenräder bilden Kreisausschnitte. Benenne sie mit Bruchteilen und begründe deine Bezeichnung.
Beim Zeichnen der Räder helfen Winkel.

a)

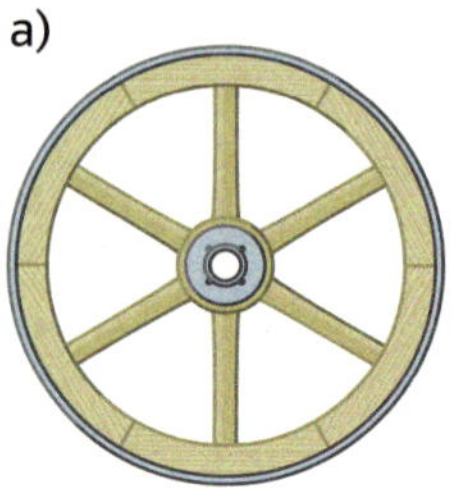

b)

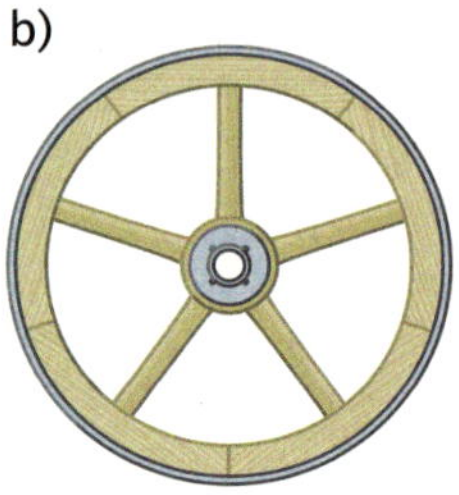

So kann man sich täuschen

- Zeichne die Figuren nach.

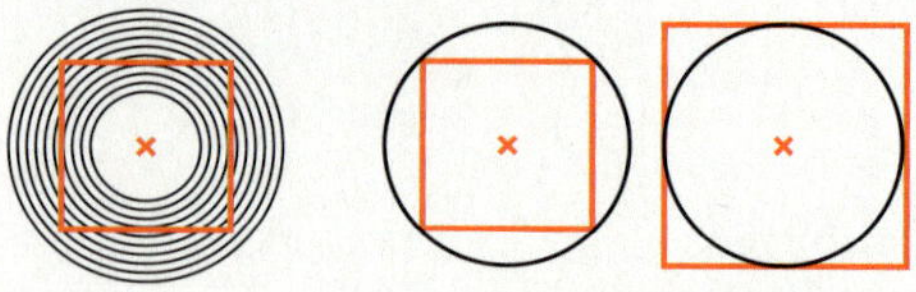

- Gibt es große und kleine 1-€-Stücke?

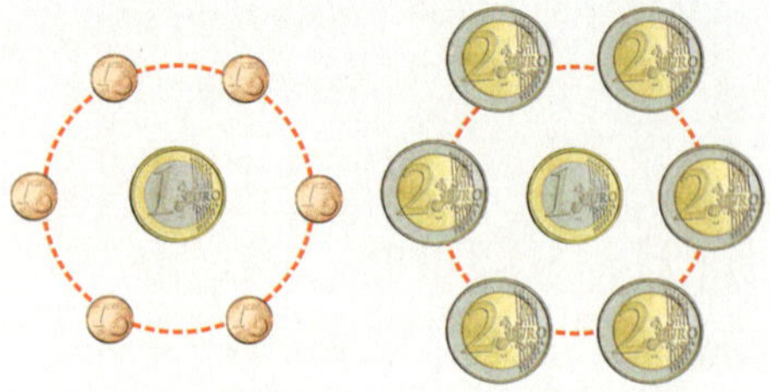

5 Die Chancen, dass das Glücksrad beim Drehen auf einem bestimmten Feld zum Stehen kommt, lassen sich mit Brüchen ausdrücken.
Sind die Chancen für alle Zahlen gleich?
Sind sie für alle Farben gleich?

6 Wer schätzt besser?
Zeichne mit einer Partnerin oder einem Partner je einen Winkel. Jeder schätzt die Größe des Winkels, den der andere gezeichnet hat. Wer besser geschätzt hat, bekommt einen Punkt.

7 Zeichne die Winkel und nenne die Winkelart.

a)	b)	c)	d)
55°	27°	123°	190°
240°	325°	5°	199°
333°	175°	185°	360°

8 Übertrage die Figur in doppelter Größe in dein Heft.
Schätze zuerst die Größe der Winkel und miss dann nach.

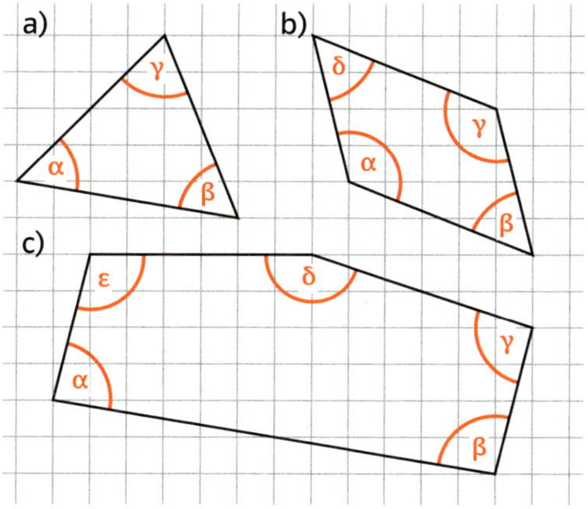

9 Warum kann man kein Dreieck mit zwei rechten oder zwei stumpfen Winkeln zeichnen?

10 Aus einem dünnen Karton kannst du ein Messgerät für Steigungswinkel herstellen. Miss verschiedene Winkel an Gegenständen.

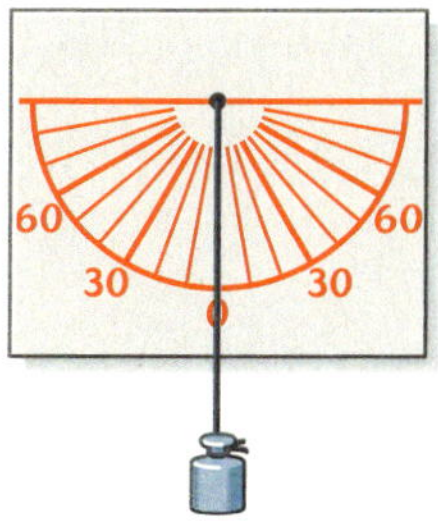

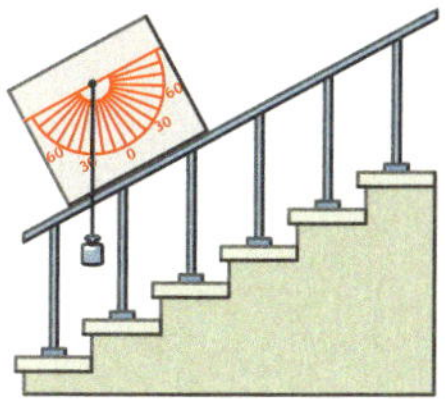

11 Wie groß sind die Winkel α und β an den geschnittenen Parallelen g und h?

a)

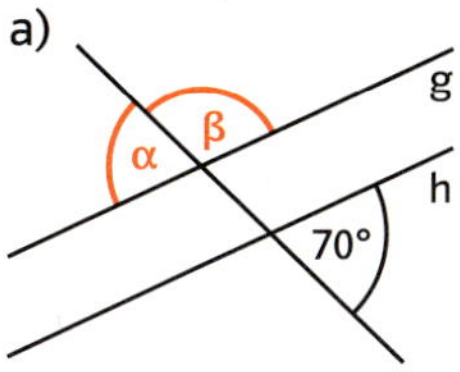

b)

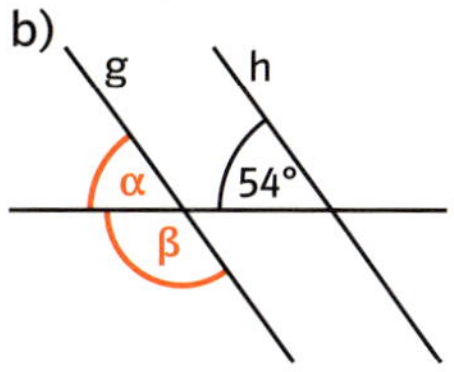

12 Je zwei Geraden sind parallel. Wie groß sind die Winkel α, β und γ?

a)

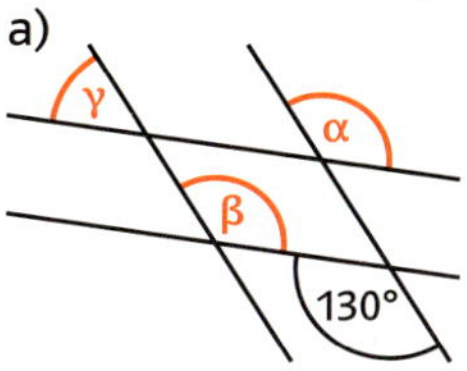

b)

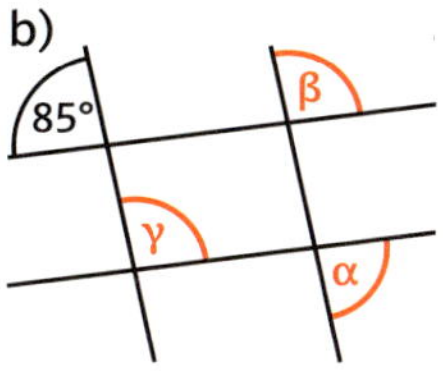

Geometrie-Diktate

Auch in der Geometrie gibt es Diktate.
Zeichne…
- die Strecke $\overline{AB}$ = 5 cm,
- einen Kreis um A, dessen Radius r größer als die halbe Länge von $\overline{AB}$ ist,
- einen Kreis mit dem gleichen Radius r um B. (Die Schnittpunkte der Kreise sind sind die Punkte P und Q.)
- die Gerade m durch die Schnittpunkte P und Q.

- Wie verläuft die Gerade m zur Strecke $\overline{AB}$?

Versuche es auch mit anderen Lagen und Streckenlängen.

Zeichne…
- einen Winkel mit dem Scheitel S,
- einen Kreis um S mit dem Radius r. (Die Schnittpunkte des Kreises mit den Schenkeln des Winkels sind A und B.)
- Kreise mit dem gleichen Radius r um A und B,
- die Gerade w durch den Schnittpunkt P der beiden Kreise sowie durch den Scheitelpunkt S.

- Wie verläuft die Gerade w im Winkel?

Versuche es auch mit anderen Lagen und Winkelgrößen.

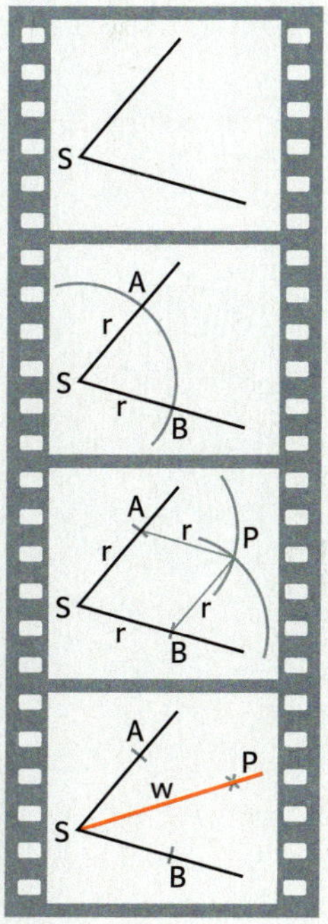

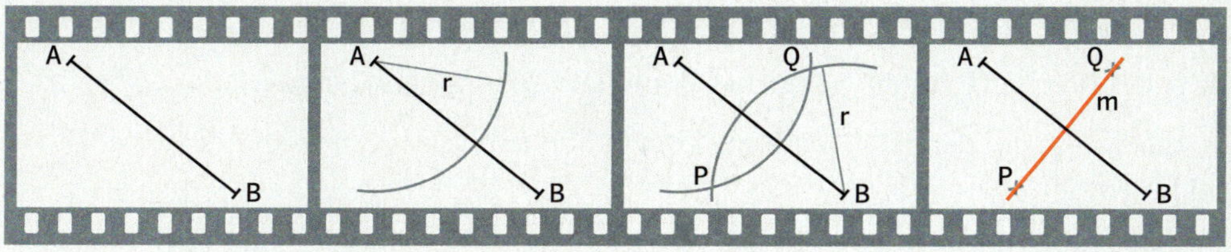

13 Ein Segelboot fährt 600 m weit mit Kurs 90°, dann 450 m mit Kurs 45°, dann 900 m mit Kurs 315°.
Mit welchem Kurs könnte es geradlinig zum Ausgangspunkt zurückkommen?

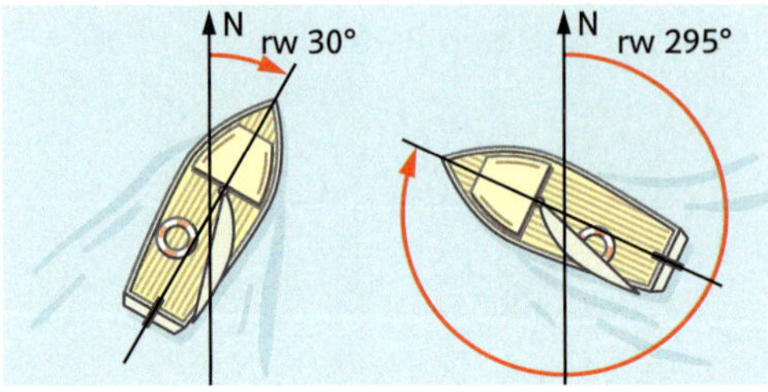

Zeichne. In der Abbildung kannst du erkennen, wie die Fahrtrichtung bestimmt wird. (rw bedeutet rechtsweisend.)
Nimm 1 cm für 100 m.

14 Auf der Seekarte ist die Fahrstrecke eines Schiffes eingetragen.

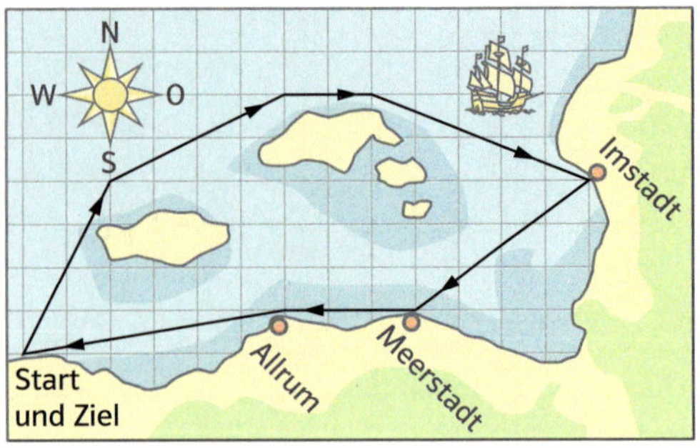

Übertrage die Karte und miss die Winkel der Fahrtrichtung an den Punkten, an denen eine Richtungsänderung stattfindet. Miss die Länge der Fahrstrecke. 1 cm im Heft entspricht 20 sm (Seemeilen).

Das Gradnetz der Erde

Um sich auf der Erde zu orientieren denkt man sie sich mit einem Gradnetz überzogen. Auf dem Globus und im Atlas sind diese Linien eingetragen.

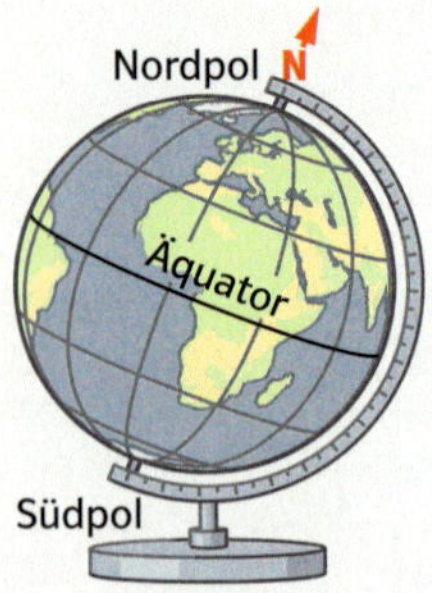

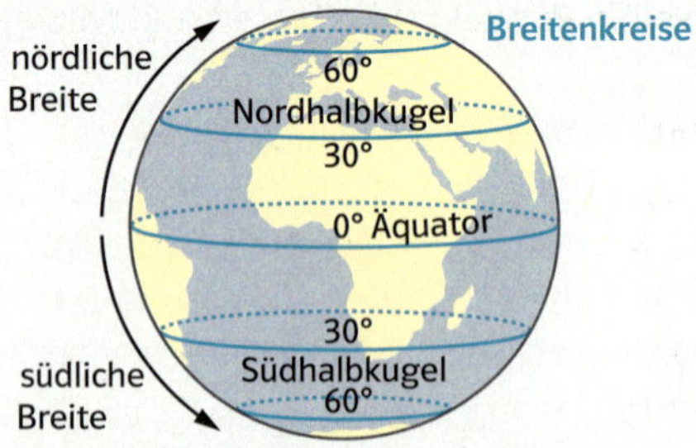

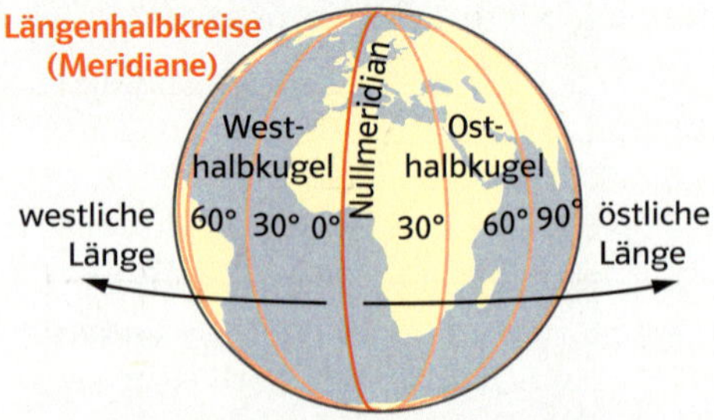

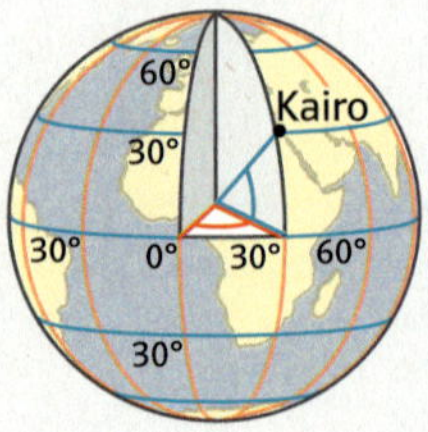

Parallel zum **Äquator** verlaufen die **Breitenkreise**. Sie bestimmen die geografische Breite eines Ortes. Ihre Lage wird durch den Winkel beschrieben, den sie mit dem Erdmittelpunkt und der Äquatorebene bilden. An der aufgeschnittenen Erdkugel kannst du das erkennen. Auf der Nordhalbkugel spricht man von nördlicher Breite, auf der Südhalbkugel von südlicher Breite.

Die **Längenhalbkreise** oder Meridiane verlaufen von Pol zu Pol. Als Nullmeridian hat man den Längenhalbkreis durch Greenwich, eine Stadt bei London, festgelegt. Die Längenhalbkreise bestimmen die geografische Länge eines Ortes. Ihre Lage wird durch den Winkel bestimmt, den sie mit dem Erdmittelpunkt und dem Nullmeridian auf dem Äquator bilden.

Beispiel: Kairo liegt auf 30° nördlicher Breite und 30° östlicher Länge.

- Mainz liegt auf dem 50. Breitenkreis. Ist es von dort aus weiter zum Äquator oder zum Nordpol?
- Welcher Punkt hat 90° nördlicher Breite, welcher hat 90° südlicher Breite?

Rückspiegel

1 Zeichne je einen Kreis mit dem Radius 2 cm; 35 mm und 5,5 cm.

2 Zeichne den Kreis um M mit r bzw. d.
M(5|6); r = 2 cm   M(18|14); r = 4,5 cm
M(6|18); d = 6 cm   M(20|10); d = 70 mm

3 Zeichne die Kreisfigur und färbe sie.

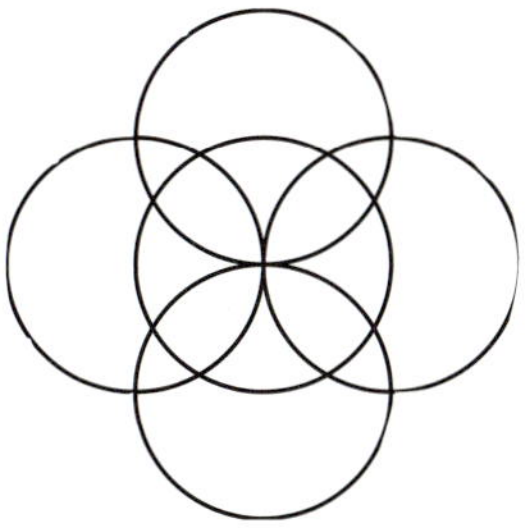

4 Zeichne je einen Winkel mit 35°; 105°; 210° und 310°.
Um welche Winkelarten handelt es sich?

5 Schätze die Winkel. Übertrage sie ins Heft und gib ihre Größe in Grad an.

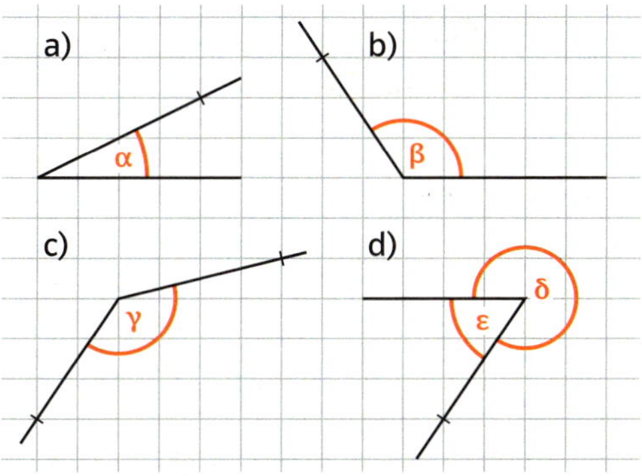

6 Bestimme die fehlenden Winkel an den geschnittenen Parallelen g und h.

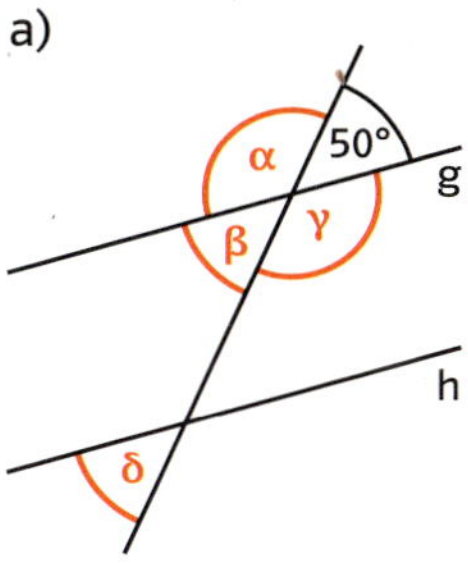

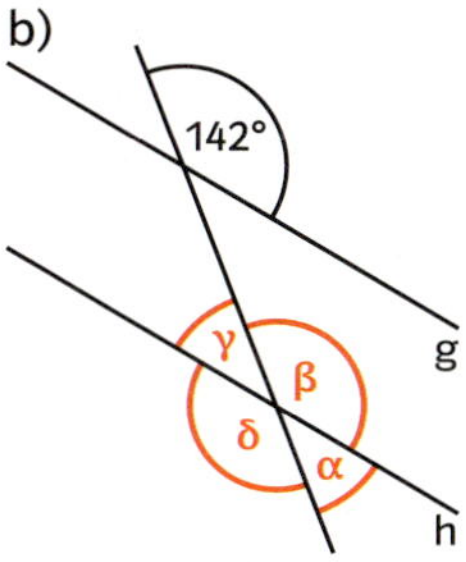

Rückspiegel

1 Zeichne je einen Kreis mit dem Durchmesser 6 cm; 80 mm und 0,9 dm.

2 Zeichne den Kreis um M durch P.
Gib jeweils Radius und Durchmesser an.
M(10|8); P(5|8)   M(18|16); P(18|7)

3 Zeichne die Kreisfigur und färbe sie.

4 Zeichne $\frac{1}{2}$; $\frac{1}{6}$; $\frac{2}{3}$ des rechten, des gestreckten und des vollen Winkels.

5 Schätze die Winkel. Zeichne ins Heft, miss die Winkel und gib die Winkelart an.

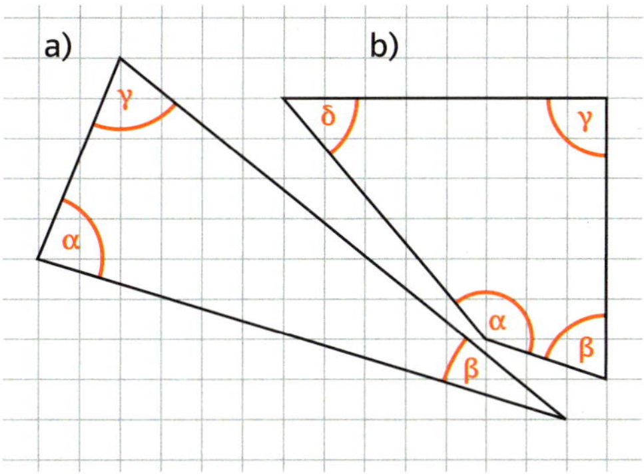

6 Wie groß sind die Winkel α, β, γ und δ?
Es ist g ∥ h und i ∥ k.

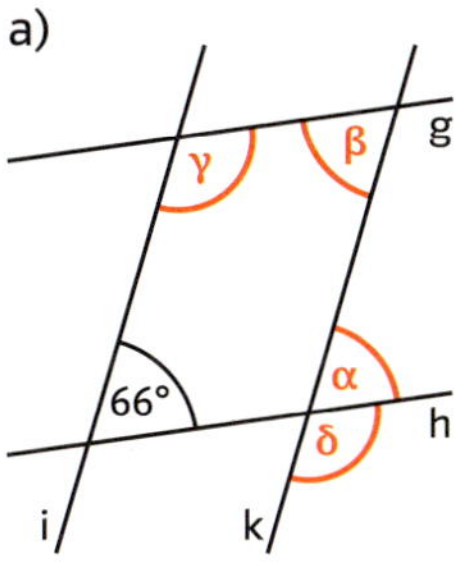

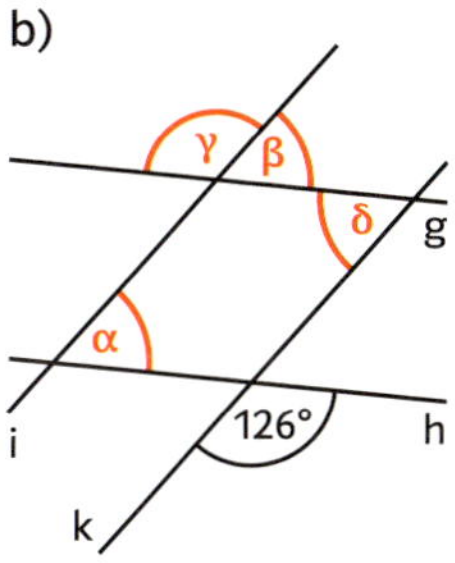

Zahlen zu verteilen

1 2 3 4 5 6 7 8 9 10 11 12 13 14 15 16 17 18 19 20 21 22 23 24 25 26 27 28 29 30
2 4 6 8 10 12 14 16 18 20 22 24 26 28 30
3 6 9 12 15 18 21 24 27 30
4 8 12 16 20 24 28
5 10 15 20 25 30
6 12 18 24 30
7 14 21 28
8 16 24
9 18 27
10 20 30
11 22
12 24
13 26
14 28
15 30
16
17
18
19
20
21
22
23
24
25
26
27
28
29
30

Zahlenharfe

- Kannst du den Bauplan der Zahlenharfe links enträtseln?
- Sortiere die Zahlen nach der Häufigkeit, mit der du sie findest.
- In welchen Zeilen kommt die Zahl 12 vor?
- Schreibe selbst eine solche Zahlenharfe bis 50 und sortiere wieder.
- Ein geduldiger Schüler hat eine 100er-Harfe aufgeschrieben. Wie oft findet er die Zahl 10, die Zahl 29, die Zahl 30?
- Versuche zu erklären, warum eine Zahl 2-mal, 3-mal, 4-mal, … vorkommt.

Gerecht teilen

Hier siehst du eine Tafel *NumberOne*-Schokolade.

- An wie viele Personen kannst du die Tafel gerecht verteilen?
- Welchen Bruchteil bekommt jede Person bei den verschiedenen Möglichkeiten?
- Zeichne wie im Beispiel das Bild verschiedener Bruchteile.

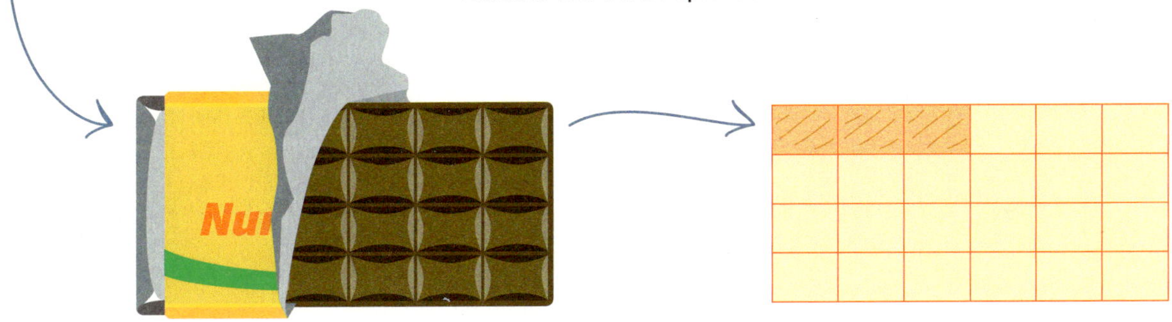

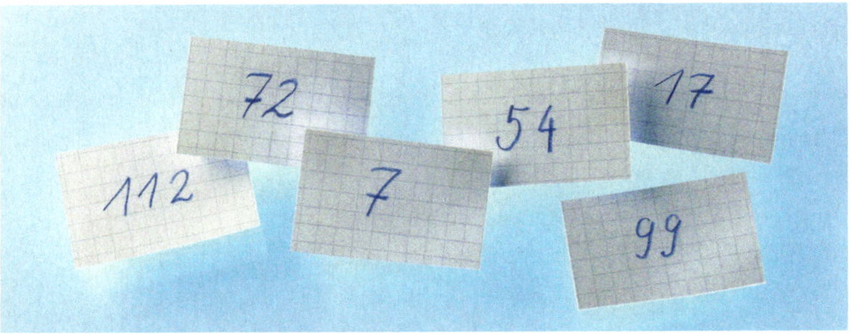

Zahlenspiel für 3 bis 5 Spieler

- Schreibt die Zahlen von 2 bis 121 auf 120 Karten. Mischt die Karten, verteilt sie gleichmäßig und legt sie offen vor euch hin.
- Wer die 2 hat, ruft „2“ aus und legt die Karte verdeckt vor sich hin. Alle anderen Spielerinnen und Spieler legen die Karten, auf denen eine gerade Zahl steht, verdeckt in die Mitte des Tischs.
- Wer die 3 hat, ruft sie aus und legt sie verdeckt vor sich hin. Alle Karten mit Zahlen, die ohne Rest durch 3 teilbar sind, werden verdeckt in die Mitte gelegt.
- Immer mit der kleinsten noch offenen Zahl geht es so lange weiter, bis alle Karten verdeckt sind.
- Wer am Ende die meisten verdeckten Karten besitzt, hat Glück gehabt und soll erklären, welche Art von Zahlen auf seinen Karten steht.

In diesem Kapitel lernst du,

- was Teiler und Vielfache sind,
- wie man Zahlen auf Teilbarkeit prüft,
- was eine Primzahl ist,
- wie man Brüche am Zahlenstrahl darstellt,
- wie man Brüche erweitert und kürzt,
- wie man Brüche der Größe nach ordnet,
- wie Brüche und Prozentzahlen zusammenhängen.

1 Teiler und Vielfache

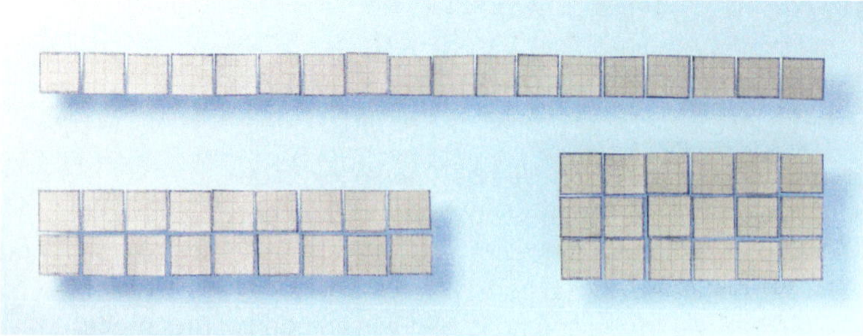

Aus 18 Quadraten lassen sich drei unterschiedliche Rechtecke legen.
→ Wie viele Möglichkeiten gibt es mit 12; 13; 14; 15; 16 Quadraten?
→ Wann gibt es erstmals fünf Möglichkeiten?

Zu jeder Multiplikationsaufgabe gehören zwei Divisionsaufgaben mit Rest 0.

$1 \cdot 18 = 18$	$18 : 1 = 18$	und	$18 : 18 = 1$
$2 \cdot 9 = 18$	$18 : 2 = 9$	und	$18 : 9 = 2$
$3 \cdot 6 = 18$	$18 : 3 = 6$	und	$18 : 6 = 3$

Die Zahl 18 kann also durch 1; 2; 3; 6; 9; 18 geteilt werden.

Die Zahl 18 hat die **Teiler** 1; 2; 3; 6; 9; 18.
Jede der Zahlen 1; 2; 3; 6; 9; 18 **teilt** 18.
Die Zahl 18 ist ein **Vielfaches** der Zahlen 1; 2; 3; 6; 9; 18.

Beispiele

a) Alle Teiler von 48 werden gesucht. Man schreibt 48 auf alle möglichen Arten als Produkt von zwei Zahlen. Dazu probiert man, ob 2; 3; 4; … ein Teiler von 48 ist. Produkte, in denen der erste Faktor größer ist als der zweite, muss man nicht mehr aufschreiben. Die Teiler werden in der **Teilermenge** zusammengefasst.

48	90	25	31
$1 \cdot 48$	$1 \cdot 90$	$1 \cdot 25$	$1 \cdot 31$
$2 \cdot 24$	$2 \cdot 45$	$5 \cdot 5$	
$3 \cdot 16$	$3 \cdot 30$		
$4 \cdot 12$	$5 \cdot 18$		
$6 \cdot 8$	$6 \cdot 15$		
	$9 \cdot 10$		

$T_{48} = \{1; 2; 3; 4; 6; 8; 12; 16; 24; 48\}$
$T_{25} = \{1; 5; 25\}$
$T_{90} = \{1; 2; 3; 5; 6; 9; 10; 15; 18; 30; 45; 90\}$
$T_{31} = \{1; 31\}$

b) Die Vielfachen der Zahl 6 sind $1 \cdot 6$; $2 \cdot 6$; $3 \cdot 6$; … Man fasst sie in der **Vielfachenmenge** zusammen. Es genügt, die ersten 3 oder 4 Vielfachen aufzuschreiben.

$V_6 = \{6; 12; 18; 24; \ldots\}$ $V_9 = \{9; 18; 27; \ldots\}$ $V_{18} = \{18; 36; 54; 72; \ldots\}$

Aufgaben

1 Setze ein: „teilt" oder „teilt nicht".

a)	b)	c)
4 ☐ 64	6 ☐ 666	16 ☐ 64
9 ☐ 108	15 ☐ 1515	15 ☐ 60
11 ☐ 121	22 ☐ 222	15 ☐ 75
12 ☐ 112	18 ☐ 198	16 ☐ 76
12 ☐ 84	13 ☐ 312	15 ☐ 55
15 ☐ 90	13 ☐ 313	22 ☐ 110

2 Welche der Zahlen sind Vielfache
a) von 8?
24; 36; 28; 104; 164; 72; 88; 84; 799
b) von 12?
24; 32; 48; 124; 132; 148; 97; 111; 240
c) von 16?
32; 48; 50; 160; 154; 96; 112; 108; 1616

3 Bestimme die Teilermenge.

a) T_4 b) T_6 c) T_8
d) T_5 e) T_9 f) T_{10}
g) T_{18} h) T_{22} i) T_{27}

4 Die Zahlen werden größer. Bestimme die Teilermenge.

a) T_{36} b) T_{63} c) T_{81}
d) T_{56} e) T_{85} f) T_{243}
g) T_{100} h) T_{37} i) T_{225}

5 Bestimme die Vielfachenmenge.

a) V_3 b) V_{10} c) V_4
d) V_9 e) V_{20} f) V_8
g) V_{12} h) V_{15} i) V_{17}

6 Die Zahlen werden größer. Bestimme die Vielfachenmenge.

a) V_{18} b) V_{13} c) V_{16}
d) V_{40} e) V_{28} f) V_{24}
g) V_{100} h) V_{56} i) V_{48}

7 Welche Vielfachenmenge ist das? Setze die fehlenden Zahlen ein.

a) $V_{□}$ = {□; 18; □; 36; □; □; …}
b) $V_{□}$ = {□; □; □; 28; □; 42; …}
c) $V_{□}$ = {□; □; 36; □; □; …}
d) $V_{□}$ = {□; □; 27; □; …}
e) $V_{□}$ = {□; 36; □; 72; …}
f) $V_{□}$ = {□; □; □; □; 55; □; …}
g) $V_{□}$ = {□; □; □; □; □; □; 91; □; 117; □; …}

8 Welche Teilermenge ist das? Setze die fehlenden Zahlen ein.

a) $T_{□}$ = {□; 5}
b) $T_{□}$ = {1; 2; □; □; 6; □}
c) $T_{□}$ = {□; □; 17; 51}
d) $T_{□}$ = {1; 2; 5; 10; □; □}
e) $T_{□}$ = {□; □; □; □; 6; □; 15; □}
f) $T_{□}$ = {□; 7; □}
g) $T_{□}$ = {□; 2; 3; 4; □; □; 12; 18; □}

9 Bestimme die beiden Teilermengen und die beiden Vielfachenmengen der folgenden Zahlenpaare.

a) 4; 12 b) 6; 36
c) 21; 63 d) 11; 44
e) 12; 24 f) 16; 48

Was fällt dir auf? Suche ähnliche Zahlenpaare.

10 Welche Teilermenge könnte das sein? Es gibt mehr als eine Möglichkeit.

a) $T_{□}$ = {□; □; 5; □}
b) $T_{□}$ = {□; □; 11; □}
c) $T_{□}$ = {□; □; □; □; 11; □; □; □}
d) $T_{□}$ = {□; □; □}
e) $T_{□}$ = {□; □; □; □}

Stelle selbst solche Aufgaben.

11 Jedes zweite Vielfache von 2 ist auch ein Vielfaches von 4.

V_2 = {2; 4; 6; 8; 10; 12; 14; 16; … }
V_4 = { 4; 8; 12; 16; … }

Formuliere solche Sätze auch für diese Paare.

a) V_4 und V_8 b) V_4 und V_{16}
c) V_2 und V_6 d) V_4 und V_6
e) V_4 und V_5 f) V_5 und V_4

12 Solche und ähnliche Sätze helfen dir, wenn du die Teilermengen größerer Zahlen bestimmen sollst und nicht Schritt für Schritt alle Zahlen ausprobieren willst.

Hat eine Zahl nicht den Teiler 2, dann hat sie auch nicht die Teiler 4; 6; 8; …

Hat eine Zahl nicht den Teiler 3, dann hat sie auch nicht die Teiler 6; 9; 12; …

a) Bestimme T_{125}; T_{375}; T_{110}; T_{217}.
b) Versuche die oben aufgeschriebenen Regeln zu begründen.
c) Schreibe weitere solche Regeln auf.

Teiler würfeln

- Jeder wirft zweimal mit drei Würfeln.
- Die Augenzahlen des ersten Wurfs werden multipliziert.
- Aus den Augenzahlen des zweiten Wurfs werden möglichst viele Zahlen ausgerechnet, die das Produkt aus dem ersten Wurf teilen.
Alle Rechenoperationen sind erlaubt.
- Für jeden Teiler gibt es einen Punkt.
- Wer die volle Teilermenge herstellen kann, bekommt fünf Punkte extra.

1. Wurf:

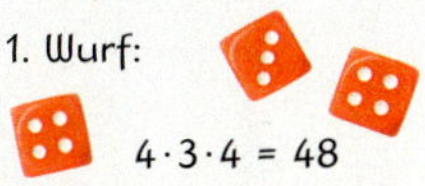

4 · 3 · 4 = 48

2. Wurf:

1; 2 = 5 + 1 − 4;
3 = 4 − 1; 4;
6 = 5 + 1;
8 = 5 + 4 − 1;
16 = (5 − 1) · 4;
24 = (5 + 1) · 4

13 In beiden Teilermengen kommen die Zahlen 1; 2; 5; 10 vor. Sie sind die **gemeinsamen Teiler** von 20 und 30.

T_{20} = {1; 2; 4; 5; 10; 20}
T_{30} = {1; 2; 3; 5; 6; 10; 15; 30}

Bestimme die gemeinsamen Teiler von:

a) 15 und 25 b) 6 und 9
c) 18 und 24 d) 25 und 70
e) 48 und 60 f) 26 und 39
g) 28 und 63 h) 150 und 225

Suche den größten und den kleinsten gemeinsamen Teiler.

14 In beiden Vielfachenmengen kommen die Zahlen 60; 120; 180; … vor. Sie sind die **gemeinsamen Vielfachen** von 20 und 30.

V_{20} = {20; 40; 60; 80; 100; 120; 140; … }
V_{30} = {30; 60; 90; 120; 150; 180; 210; … }

Bestimme die gemeinsamen Vielfachen von:

a) 15 und 25 b) 6 und 9
c) 18 und 24 d) 25 und 70
e) 48 und 60 f) 26 und 39
g) 28 und 63 h) 150 und 225

Gibt es ein kleinstes gemeinsames Vielfaches, gibt es ein größtes?

15 Bestimme die gemeinsamen Teiler und die gemeinsamen Vielfachen. Was fällt dir auf? Schreibe deine Beobachtung auf.

a) 6 und 12 b) 15 und 30
c) 20 und 100 d) 15 und 45
e) 9 und 27 f) 7 und 21

Kim	Tim
18	42
36	42
54	42
54	84
72	84
…	…
…	…
…	…
…	…

16 Kim und Tim suchen Vielfache.
- Kim schreibt 18 auf, Tim 42.
- Kims Zahl ist kleiner. Sie erhöht um 18 auf 36. Tim bleibt bei 42.
- Kims neue Zahl ist immer noch kleiner. Sie erhöht um 18 auf 54. Tim bleibt bei 42.
- Jetzt ist Tims Zahl kleiner. Er erhöht um 42 auf 84. Kim bleibt bei 54.
- Jetzt ist Kim wieder an der Reihe.

Kommen Kim und Tim schließlich zu einem gemeinsamen Ergebnis? Spielt das Spiel mit eigenen Zahlen, auch zu dritt.

17 Ein Riesenblech Streuselkuchen ist 144 cm lang und 120 cm breit. Die Stücke sollen quadratisch sein.
a) Welche Möglichkeiten gibt es?
b) Wie wird der Bäcker teilen?

18 Der Bus, die Straßenbahn und die S-Bahn fahren um 8:00 Uhr am Willy-Brandt-Platz ab.
Alle 8 Minuten fährt der nächste Bus, alle 12 Minuten die nächste Straßenbahn, alle 15 Minuten die nächste S-Bahn. Zu welchen Zeiten fahren alle drei Verkehrsmittel gleichzeitig ab?

19 Eichhörnchen, Frosch und Springmaus hüpfen gleich schnell nebeneinander her.

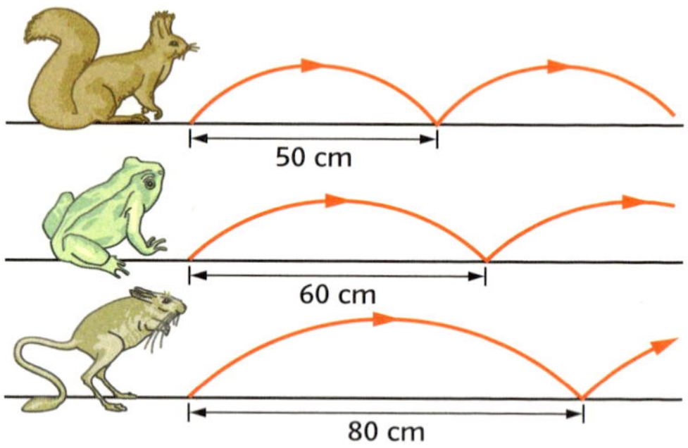

a) Nach welcher Strecke springen Eichhörnchen und Frosch wieder genau nebeneinander ab?
b) Nach welcher Strecke springen alle drei Tiere wieder genau nebeneinander ab?

20 Das große Zahnrad hat 30 Zähne, das kleine 12.

a) Wo steht der rote Zahn des kleinen Zahnrads, nachdem sich das große Zahnrad um 360° gedreht hat?
b) Nach wie vielen vollen Umdrehungen des großen Zahnrads steht der rote Zahn des kleinen Zahnrads wieder wie anfangs?
c) Überlege dir selbst Zahnrad-Aufgaben.

2 Endziffernregeln

→ Sortiere die Kärtchen in jeder Zeile so um, dass die neuen Zahlen durch 2 teilbar sind.
→ Sortiere dann so, dass sie durch 2, aber nicht durch 4 teilbar sind.
→ Kannst du auch lauter durch 5 teilbare Zahlen erhalten?
→ Gelingt es dir, die 16 Kärtchen so zu legen, dass alle Zahlen in den Zeilen und den Spalten durch 4 teilbar sind?

Durch geschickte Zerlegung kann man prüfen, ob eine Zahl durch 2; 5 oder 4 teilbar ist. An der Beispielzahl 5738 ist das Verfahren gut zu sehen.

	5 · 1000	+	7 · 100	+	3 · 10	+	8	=	5738
teilbar durch 2?	ja		ja		ja		ja		ja
teilbar durch 5?	ja		ja		ja		nein		nein

10; 100; 1000 und alle Vielfachen dieser Zahlen sind durch 2 teilbar. Daher ist auch die Summe 5 · 1000 + 7 · 100 + 3 · 10 durch 2 teilbar. Es kommt also nur auf die letzte Ziffer an. Bei 5738 ist sie 8, also durch 2 teilbar. Damit ist auch 5738 durch 2 teilbar.

Genauso prüft man die Teilbarkeit durch 5. Weil 8 nicht durch 5 teilbar ist, ist auch 5738 nicht durch 5 teilbar.
100 und 1000 sind durch 4 teilbar. Also kommt es nur auf die letzten beiden Ziffern an.

100 = 4 · 25
1000 = 4 · 250

	5 · 1000	+	7 · 100	+	38	=	5738
teilbar durch 4?	ja		ja		nein		nein

Die Zahl 38 ist nicht durch 4 teilbar, also auch die Zahl 5738 nicht.

Eine Zahl ist nur dann
- durch 2 teilbar, wenn die Endziffer 0; 2; 4; 6 oder 8 ist.
- durch 5 teilbar, wenn die Endziffer 0 oder 5 ist.
- durch 4 teilbar, wenn die zwei letzten Ziffern eine durch 4 teilbare Zahl bilden.

Beispiele
a) 8276 ist durch 2 teilbar, da die Endziffer 6 ist.
b) 8276 ist durch 4 teilbar, da 76 durch 4 teilbar ist.
c) 8274 ist nicht durch 4 teilbar, da 74 nicht durch 4 teilbar ist.
d) 8276 ist nicht durch 5 teilbar, da die Endziffer weder eine 0 noch eine 5 ist.
e) 8760 ist durch 5 und 4 teilbar, weil die Endziffer 0 ist und 60 durch 4 teilbar ist.

Aufgaben

1 Ist die Zahl durch 2, durch 5 teilbar?
a) 908 b) 752 c) 645 d) 998
e) 1005 f) 3332 g) 35 891 h) 129 454
i) 1 234 567 890 j) 987 654 321

2 Ist die Zahl durch 4 teilbar?
a) 112 b) 336 c) 824 d) 714
e) 666 f) 668 g) 876 h) 554
i) 1560 j) 1722 k) 4548 l) 5598

3 52□ 79□ 51□4 45□
875□ 449□ 56□2 97□4
a) Setze Ziffern so ein, dass die Zahl den Teiler 2, aber nicht den Teiler 4 hat.
b) Setze Ziffern so ein, dass die Zahl den Teiler 4 hat.
c) Wie viele Möglichkeiten gibt es? Erkläre die unterschiedlichen Ergebnisse.

4 Du hast 15 Zahlenkärtchen und einen Joker.

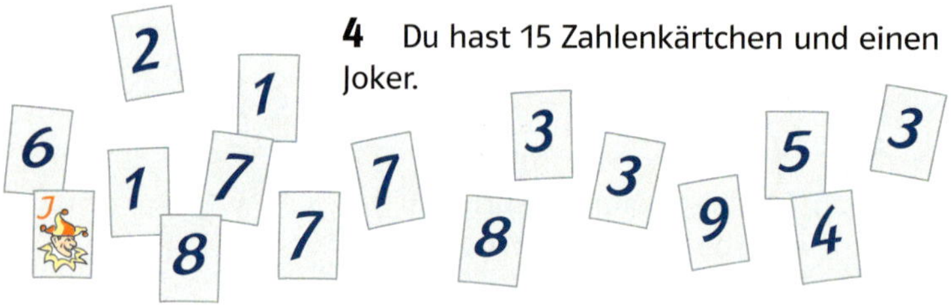

Bilde daraus vier vierstellige durch 4 teilbare Zahlen. Den Joker darfst du für jede beliebige Ziffer setzen.

5 Welche zwei Endziffern können die durch 4 teilbaren Zahlen haben?
Beachte, dass auch Zahlen, die auf 00 enden, durch 4 teilbar sind.

6 a) Welche zwei Endziffern muss eine Zahl haben, damit sie durch 25 teilbar ist?
b) Prüfe mit der gefundenen Regel, ob die folgenden Zahlen durch 25 teilbar sind.
2375 6980 7225 2572
8550 1600 7576 9775

7 Dividiere mit Rest: 9175 : 4
Dividiere ebenso: 75 : 4
Probiere dasselbe mit anderen Zahlen.
Formuliere eine Regel über die Divisionsreste einer Zahl und der Zahl, die aus ihren zwei letzten Ziffern gebildet ist.

8 Gilt die Regel, die du in Aufgabe 7 für die Division durch 4 gefunden hast, auch für die Division durch 5?
Prüfe an Beispielen.

9 Welche Endziffern haben die Vielfachen von 125? Woran erkennt man also eine durch 125 teilbare Zahl?

10 Die Teilbarkeit durch 8 kannst du in fünf Schritten prüfen:
- Prüfe mit der Vierer-Regel, ob die Zahl durch 4 teilbar ist.
- Ist die Zahl nicht durch 4 teilbar, so auch nicht durch 8.
- Ist die Zahl durch 4 teilbar, so dividiere die aus ihren letzten drei Ziffern gebildete Zahl durch 4.
- Ist das Ergebnis durch 2 teilbar, ist die Ausgangszahl durch 8 teilbar.
- Ist das Ergebnis nicht durch 2 teilbar, ist die Ausgangszahl nicht durch 8 teilbar.

a) Prüfe nach dieser Regel:
1136; 2728; 5412; 6936; 7402; 92 424
b) Begründe.

11 Schaltjahre sind Jahre, in denen es einen zusätzlichen Tag gibt. Man hat ihn auf den 29. Februar festgesetzt. Ein Jahr ist ein Schaltjahr, wenn seine Jahreszahl durch 4 teilbar ist. Ausgenommen sind die vollen Jahrhunderte, deren Jahreszahl nicht durch 400 teilbar ist.
a) Welche Jahre sind Schaltjahre?
1648; 1716; 1800; 1814;
1992; 2000; 2030; 4000

b) Karin hat am 29. Februar Geburtstag. Wie oft feiert sie in den nächsten 20 Jahren am richtigen Datum?

3 Quersummenregeln

Marc hat neun Plättchen in die Stellenwerttafel gelegt. Er schiebt das Plättchen aus der Hunderterspalte in die Einerspalte. Dann schiebt er das Plättchen aus der Tausenderspalte ist die Einerspalte.

→ Um wie viel ändert sich die Zahl im ersten Schritt, um wie viel im zweiten?

→ Um wie viel ändert sie sich insgesamt?

→ Welchen Teiler haben daher alle Zahlen aus neun Plättchen? Gib eine Begründung.

→ Dann probiert Marc es mit 10 Plättchen, dann mit 18 Plättchen.

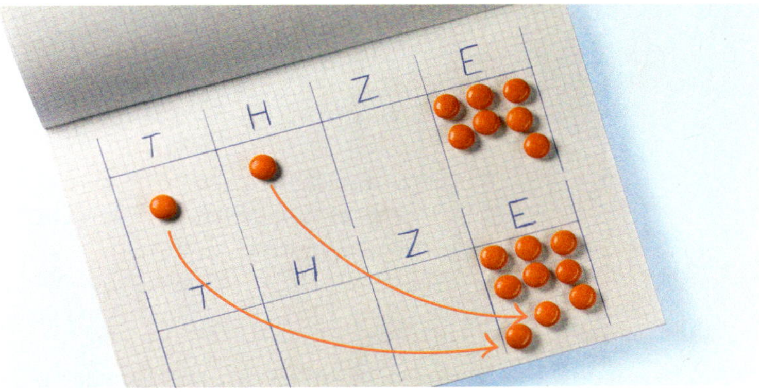

Die Teilbarkeit einer Zahl durch 9 und durch 3 lässt sich an einer geschickten Summenzerlegung überprüfen.

$$8274 = \underbrace{8 \cdot 1000}_{} + \underbrace{2 \cdot 100}_{} + \underbrace{7 \cdot 10}_{} + 4$$
$$= 8 \cdot 999 + 8 + 2 \cdot 99 + 2 + 7 \cdot 9 + 7 + 4$$
$$= 8 \cdot 999 + 2 \cdot 99 + 7 \cdot 9 + (8 + 2 + 7 + 4)$$

Die Zahlen 999; 99; 9 und ihre Vielfachen sind alle durch 9 und durch 3 teilbar. Es kommt also nur auf die Summe in der Klammer an: (8 + 2 + 7 + 4) = 21.
Da 21 durch 3, aber nicht durch 9 teilbar ist,
ist auch 8274 durch 3, aber nicht durch 9 teilbar.

Die Summe der Ziffern einer Zahl heißt **Quersumme**.
Eine Zahl ist nur dann
- durch 3 teilbar, wenn ihre Quersumme durch 3 teilbar ist.
- durch 9 teilbar, wenn ihre Quersumme durch 9 teilbar ist.

Beispiele

a) 1728 ist durch 3 und durch 9 teilbar, da die Quersumme 1 + 7 + 2 + 8 = 18 durch 3 und durch 9 teilbar ist.
b) 7467 ist durch 3, aber nicht durch 9 teilbar, da die Quersumme 7 + 4 + 6 + 7 = 24 durch 3, aber nicht durch 9 teilbar ist.
c) 2615 ist weder durch 3 noch durch 9 teilbar, denn die Quersumme 14 ist weder durch 3 noch durch 9 teilbar.

Aufgaben

1 Ist die Zahl durch 3 teilbar?

a) 165	b) 213	c) 678
d) 921	e) 1049	f) 3942
g) 7201	h) 4297	i) 51723
j) 82464	k) 33771	l) 48831
m) 349752	n) 509486	o) 602427

2 Ist die Zahl durch 9 teilbar?

a) 181	b) 252	c) 423
d) 780	e) 8640	f) 1296
g) 5861	h) 8298	i) 99999
j) 17388	k) 47653	l) 27496
m) 123456	n) 123456789	

3 Welche Zahl ist durch 3 teilbar, welche auch durch 9?

a) 5796 b) 7563
c) 17322 d) 99075
e) 290542 f) 867442
g) 123456789 h) 12345654321

4 Setze eine Ziffer so ein, dass eine durch 3 teilbare Zahl entsteht. Wie viele Möglichkeiten gibt es?

a) 25□ b) 73□ c) 9□4 d) □56
e) □256 f) 20□1 g) 865□ h) 100□

5 Setze Ziffern so ein, dass eine durch 3 aber nicht durch 9 teilbare Zahl entsteht. Wie viele Möglichkeiten gibt es?

a) □41 b) 3□8 c) 65□ d) 4□0
e) 6□39 f) 720□ g) 32□0 h) 444□
i) 318□2 j) □3726 k) 90□28 l) 1000□

143	123456
243	234567
343	345678
443	456789
543	567890
643	678901
743	...
843	
943	

6 Welche der Zahlen auf den beiden Zetteln am Rand sind durch 3 teilbar?

7 Suche die nächstkleinere durch 9 teilbare Zahl.

a) 568 b) 334 c) 328 d) 659
e) 2341 f) 4454 g) 5000 h) 3783
i) 3252 j) 6666 k) 8642 l) 9753

8 Wie viele von 9 aufeinander folgenden Zahlen sind durch 3 teilbar?

9 Woran erkennst du eine durch 6 teilbare Zahl? Schreibe eine Regel auf und überprüfe sie.

a) 354 b) 357 c) 678 d) 182
e) 216 f) 264 g) 498 h) 3662

10 Welche Zahlen sind durch 4 und zugleich durch 9 teilbar?

a) 384 b) 11106 c) 585 d) 5967
e) 3782 f) 2088 g) 1332 h) 4936

Schreibe eine Regel auf:
Durch welche Zahl ist eine Zahl teilbar, die durch 4 und durch 9 teilbar ist?

11 a) Welches ist die kleinste vierstellige Zahl, die durch 4 und durch 9 teilbar ist?
b) Welches ist die größte vierstellige Zahl, die durch 4 und durch 9 teilbar ist?

12 Nimm die Anfangszahl 4689 und bilde ihre Quersumme. Addiere fortlaufend 9 zur Anfangszahl. Wie ändert sich die Quersumme? Was kannst du also über alle diese Zahlen sagen?

13 Würfelt mit drei Würfeln Zahlen. Prüft auf Teilbarkeit durch 2; 3; 4; 5; 6; 7; 8; 9. Für jeden gefundenen Teiler gibt es Punkte nach diesem Gewinnplan.

Teiler	2	3	4	5	6	7	8	9
Punkte	1	2	2	1	4	5	4	2

Wer nach 10 Runden die meisten Punkte hat, hat gewonnen.

Verquere Summen

■ Wenn man von einer Zahl die Quersumme nimmt, von der Quersumme wieder die Quersumme und so fort – wie endet die Zahlenkette? Probiere aus!

■ Du kannst auch mit der doppelten Quersumme experimentieren.
$6797 \rightarrow 2 \cdot 29 = 58 \rightarrow 26 \rightarrow ? \rightarrow ?$

■ $6797 \rightarrow 87 \rightarrow ? \rightarrow ?$
Wie kommt hier die Zahl 87 aus der Zahl 6797 zustande? Nenne die Regel und setze die Kette nach dieser Regel fort.

■ Denke dir eine eigene „verquere" Summe aus und bilde Ketten.

Das Querprodukt ist das Produkt aller Ziffern einer Zahl. Also:
$347 \rightarrow 3 \cdot 4 \cdot 7 = 84$; $222 \rightarrow 8$; $973 \rightarrow ?$

■ Du kannst auch Ketten von Querprodukten bilden:
$347 \rightarrow 84 \rightarrow 32 \rightarrow \dots$
Probiere das mit eigenen Zahlen aus. Sobald eine einstellige Zahl herauskommt, ist die Kette zu Ende.

■ Welche Endzahl kommt besonders oft vor?

4 Primzahlen

In rechteckigen Packungen liegen Pralinen auf Lücke oder im Quadratraster.
→ Versuche die Pralinen umzupacken.
→ Probiere es auch mit anderen Packungsgrößen.

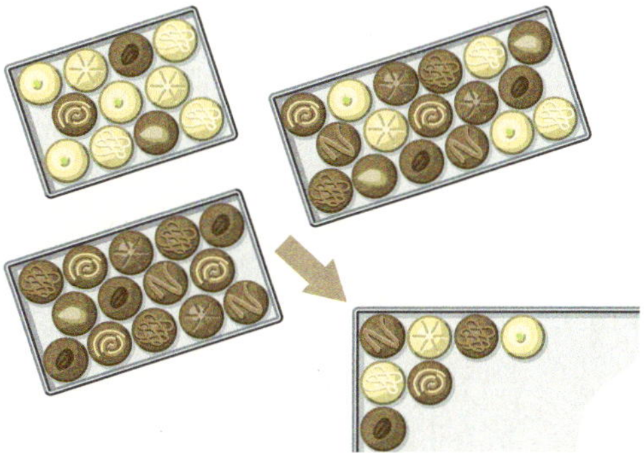

Manche Zahlen lassen sich in ein Produkt aus kleineren Faktoren zerlegen, andere nicht:
$20 = 4 \cdot 5$ $21 = 3 \cdot 7$ $22 = 2 \cdot 11$ $23 = ? \cdot ??$

Eine Zahl mit nur zwei Teilern heißt **Primzahl**.
Sie lässt sich nicht in ein Produkt aus zwei kleineren Faktoren zerlegen.

? *Warum ist die Zahl 1 keine Primzahl?*

Beispiele

a) Die ersten zehn Primzahlen sind 2; 3; 5; 7; 11; 13; 17; 19; 23; 29.
b) Um zu prüfen, ob die Zahl 97 eine Primzahl ist, geht man die möglichen Teiler durch. Geschicktes Überlegen spart dabei viel Arbeit.
- 2 ist kein Teiler von 97.
- 4 ist kein Teiler von 97, weil dann auch 2 ein Teiler von 97 wäre. Aus demselben Grund sind 6; 8; 10; ... keine Teiler von 97 und brauchen nicht mehr geprüft zu werden.
- 3 ist kein Teiler von 97.
- Damit sind auch die Vielfachen von 3, also 6; 9; 12; ... keine Teiler von 97.
- 5 ist kein Teiler von 97.
- Damit sind auch die Vielfachen von 5, also 10; 15; 20; ... keine Teiler von 97.
- 7 ist kein Teiler von 97, denn $97 : 7 = 13$ Rest 6.
- Der nächstmögliche Teiler ist 11. Ginge die Division $97 : 11$ auf, wäre der Quotient kleiner als 11, weil $11 \cdot 11 > 97$ gilt. Er wäre ein Teiler von 97. Die Zahlen bis 10 sind aber schon geprüft. Also muss man ab 11 nicht mehr nach Teilern suchen.

Die Zahl 97 ist also eine Primzahl.

Aufgaben

1 Welche Zahl ist eine Primzahl?
a) 11; 21; 31; 41   b) 13; 23; 33; 43
c) 17; 27; 37; 47   d) 19; 29; 39; 49

2 Begründe mit den Teilbarkeitsregeln, dass die folgenden Zahlen keine Primzahlen sind.
102; 123; 177; 205; 249; 591; 777; 1002

3 Welche Zahl ist eine Primzahl?
a) 51   b) 59   c) 79   d) 91
e) 101   f) 113   g) 117   h) 137

4 Bestimme
a) die kleinste zweistellige Primzahl.
b) die größte zweistellige Primzahl.
c) die kleinste dreistellige Primzahl.

5 Im Diagramm ist dargestellt, wie viele Teiler eine Zahl hat.

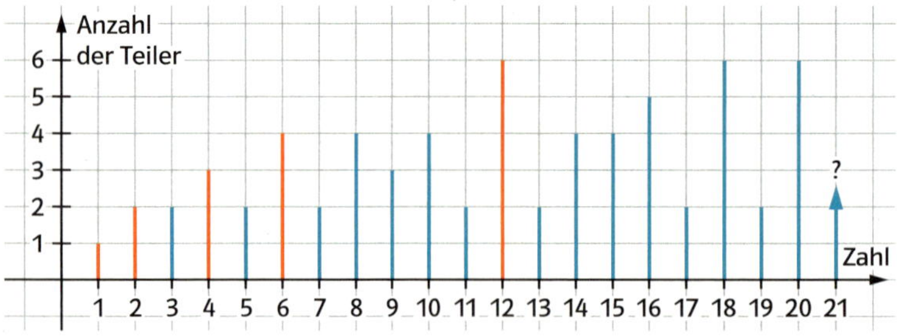

Setzt es in Gemeinschaftsarbeit fort.
Je größer die Zahlen, desto größere Anzahlen von Teilern sind möglich. Säulen, die einen neuen Rekord bedeuten, könnt ihr rot färben.

Eratosthenes (276–194 v. Chr.) studierte in Athen an der berühmten Akademie. Später leitete er die Bibliothek von Alexandria, die größte und bedeutendste der antiken Welt. Als Erster berechnete er den Erdumfang.

6 Vor mehr als 2000 Jahren hat der Mathematiker Eratosthenes ein Verfahren gefunden, wie man Primzahlen ohne jede Rechnung finden kann. Weil alle Zahlen, die keine Primzahlen sind, dabei weggestrichen werden, nennt man sein Verfahren das Sieb des Eratosthenes.

~~1~~	[2]	[3]	~~4~~	[5]	~~6~~
[7]	~~8~~	~~9~~	~~10~~	11	~~12~~
13	~~14~~	~~15~~	~~16~~	17	~~18~~
19	~~20~~	~~21~~	~~22~~	23	~~24~~
~~25~~	~~26~~	~~27~~	~~28~~	…	

- Streiche die 1.
- Umrahme die 2 und streiche von da aus alle Vielfachen von 2.
- Umrahme die 3 und streiche von da aus alle Vielfachen von 3.
- Verfahre ebenso mit der 5 und der 7.

Alle nicht durchgestrichenen Zahlen sind jetzt Primzahlen. Wie kam das zustande?
Wenn ihr zusammenarbeitet, könnt ihr auch aus den Zahlen bis 200 oder sogar bis 300 die Primzahlen aussieben. Ihr dürft dann aber nicht mit der Zahl 7 aufhören. Das Verfahren geht immer mit der nächsten noch nicht gestrichenen Zahl weiter.
Es ist praktisch, die Zahlen in 6er-Zeilen oder 10er-Zeilen anzuordnen. Dabei könnt ihr einiges beobachten.

7 Jede Primzahl mit Ausnahme von 2 und 3 ist entweder um 1 kleiner oder um 1 größer als ein Vielfaches von 6. Prüfe das an Beispielen nach. Vielleicht findest du auch eine Begründung.

8 Manche Primzahlen bleiben Primzahlen, wenn man sie rückwärts liest. Eine solche „Mirpzahl" ist beispielsweise 13. Suche mehr Mirpzahlen.
Zwischen welchen zwei Zahlen suchst du bestimmt vergeblich nach Mirpzahlen?

9 Zwei im Abstand 2 aufeinanderfolgende Primzahlen heißen Primzahlzwillinge. Kleine Zwillinge sind 3 und 5 oder auch 5 und 7. Suche größere Zwillinge.

10 Die Primzahlen 11, 13, 17 und 19 bilden einen Primzahlvierling. Suche noch mehr so dicht beieinander liegende Primzahlen.

Große Primzahlen

Es ist sehr mühsam, eine große Zahl daraufhin zu prüfen, ob sie eine Primzahl ist. Auch Computer müssen dazu lange rechnen.
Viele große Primzahlen sind um 1 verminderte Zweierpotenzen. Eine von dieser Art ist
$2^{127} - 1 = 170\,141\,183\,460\,469\,231\,731\,687\,303\,715\,884\,105\,727$.

Heutzutage kennt man aber schon Zehntausende von Primzahlen mit mehr als 1000 Ziffern. Ein solcher Primzahlgigant wurde im Jahr 2003 gefunden.
Er heißt
$2^{20996011} - 1$.
Das sind mehr als 20 Millionen Zweier-Faktoren. Wenn man diese Zahl ausrechnet, hat sie 6 320 430 Stellen.

■ Wie viel Platz bräuchte man für diese Zahl auf Karopapier? Würde ein Schulheft reichen? Wie lange würde es dauern, sie aufzuschreiben? Überschlage grob.

5 Brüche

Mit einem Nagelbrett und Gummibändern lassen sich verschiedene Bruchteile der Brettfläche umspannen.
→ Zwei Figuren ergeben mehrere Brüche.
→ Zeichne das Nagelbrett in Form von Gitterpunkten in dein Heft und zeichne weitere Bruchteile.

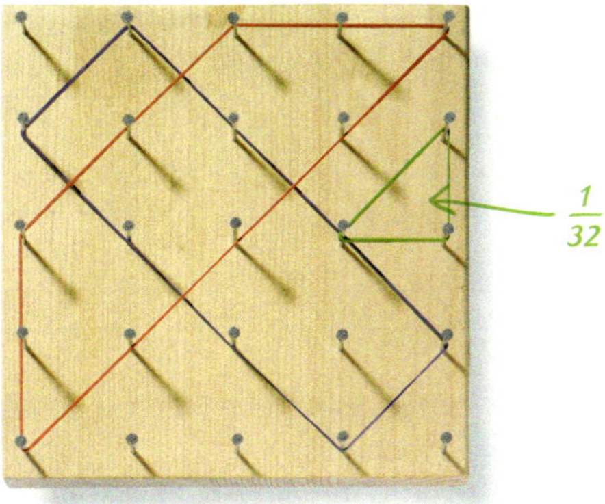

Brüche wie $\frac{1}{2}$; $\frac{1}{3}$ oder $\frac{4}{5}$ entstehen durch das Aufteilen von einem Ganzen. Die Nenner 2; 3 und 5 geben an, in wie viele gleiche Teile zerlegt wird. Die Zähler 1 und 4 sagen aus, wie viele dieser Teile ausgewählt werden.

$\frac{3}{5}$ — **Zähler**, **Bruchstrich**, **Nenner** } **Bruch**

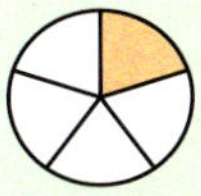
$\frac{1}{5}$

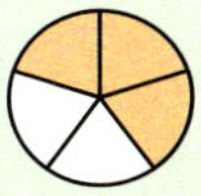
$\frac{3}{5}$

Der Nenner eines Bruches gibt an, in wie viele gleich große Teile zerlegt wird.
Der Zähler eines Bruches gibt an, wie viele dieser Teile ausgewählt werden.

Beispiele

a) $\frac{5}{8}$

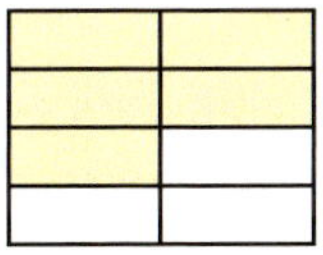

b) $\frac{7}{16}$

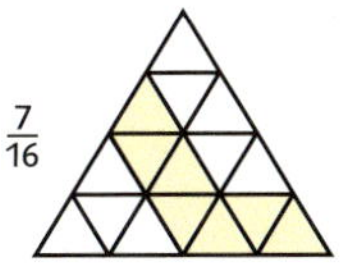

c) $\frac{7}{5}$

Bemerkung

$2\frac{1}{3}$ bezeichnen wir als gemischte Zahl, weil eine natürliche Zahl und ein Bruch gemeinsam auftreten. Das Pluszeichen wird weggelassen: $2\frac{1}{3} = 2 + \frac{1}{3}$.

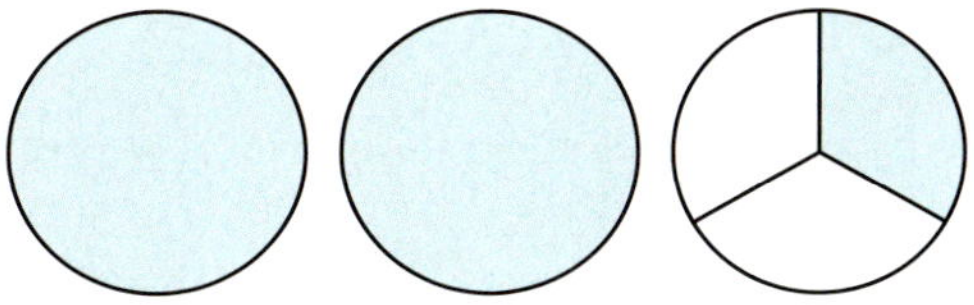

Aufgaben

1 a) Schreibe als Bruch: ein Halbes; ein Drittel; zwei Drittel; drei Achtel; sieben Zehntel.
b) Schreibe mehrere Brüche mit dem Nenner 9 auf.
c) Schreibe mehrere Brüche auf, die den Zähler 3 besitzen.

2 Welche Brüche werden dargestellt? Erkläre, wie der Bruch entstanden ist.

a)

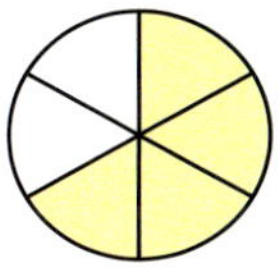

b)

c)

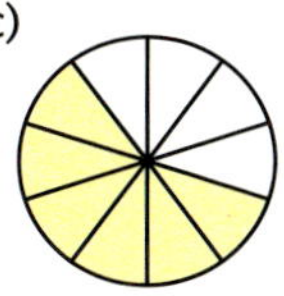

3 In wie viele Teile ist unterteilt worden? Welcher Bruchteil ist gefärbt? Welcher Bruchteil bleibt weiß?

a)

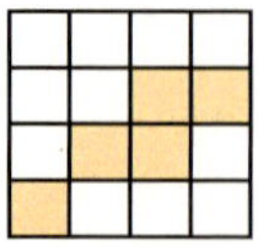

b)

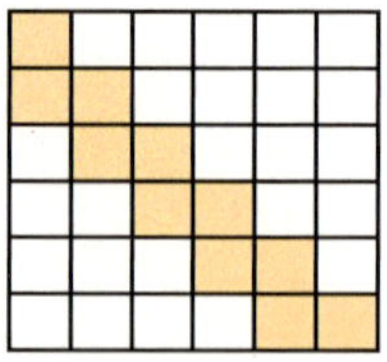

4 Unterschiedliche Figuren, unterschiedliche Bruchteile.

a)

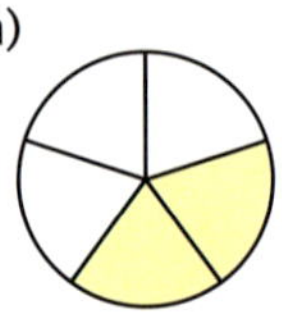

b)

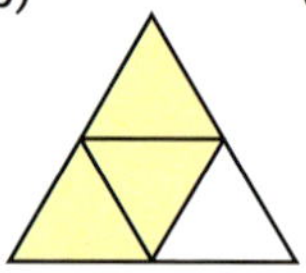

c)

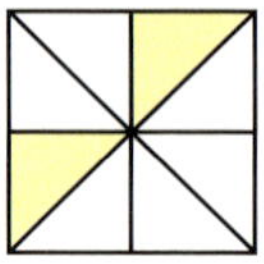

d)

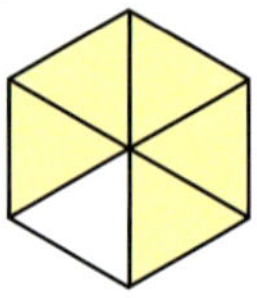

e)

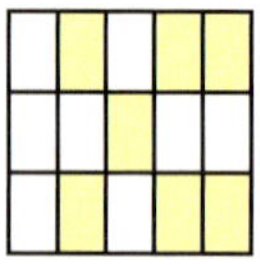

f)

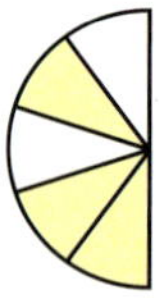

Brüche als Quotienten

Zwei Pizzas – drei Hungrige! Bevor sie zu essen anfangen können, müssen sie die Aufgabe 2 : 3 lösen. Sie schneiden durch und sehen: $2:3 = \frac{2}{3}$.

Man kann verallgemeinern: Jeder Quotient kann als Bruch aufgefasst werden, das Divisionszeichen und der Bruchstrich bedeuten also dasselbe.

■ Welcher Bruch ist gemeint?
2 : 5; 3 : 4; 6 : 7
7 : 3; 8 : 5; 11 : 10
12 : 5; 21 : 4; 45 : 6

■ Schreibe als Bruch.
4 geteilt durch 5
3 geteilt durch 7
9 geteilt durch 12

■ Schreibe den Quotienten als gemischte Zahl.
15 : 4; 20 : 3; 18 : 5
8 : 3; 13 : 2; 25 : 4

5 Stelle den Bruchteil in einem Rechteck dar. Wähle die Länge des Rechtecks geschickt.

$\frac{3}{5}$ $\frac{5}{6}$ $\frac{4}{7}$ $\frac{7}{9}$ $\frac{5}{12}$

Eignen sich auch andere Formen?

6 Zeichne einen Kreis und färbe die Bruchteile.

a) $\frac{1}{3}$ b) $\frac{2}{5}$ c) $\frac{5}{6}$ d) $\frac{3}{10}$ e) $\frac{5}{12}$

7 Wo haben sich Fehler eingeschlichen?

a)

$\frac{1}{3}$

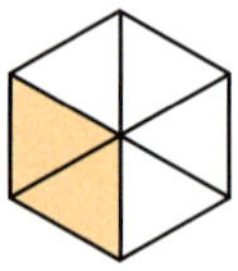

b)

$\frac{3}{5}$

c)

$\frac{2}{5}$

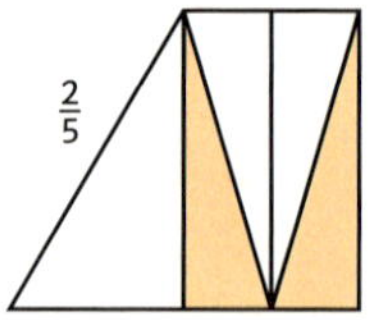

8 Zeichne die Figur in dein Heft und ergänze zu einem Ganzen.

a)

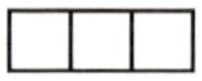

$\frac{1}{4}$

b)

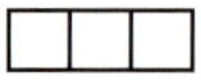

$\frac{1}{7}$

c)

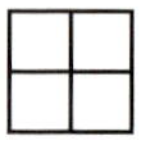

$\frac{1}{3}$

d)

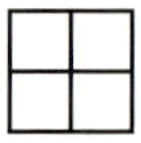

$\frac{2}{5}$

9 Zeichne ein geeignetes Rechteck und stelle die Brüche $\frac{1}{3}$; $\frac{1}{12}$ und $\frac{3}{8}$ nebeneinander farbig dar.
Welcher Bruchteil bleibt frei?

10 Gib die Größe der farbigen Fläche als Bruch und in cm^2 an.

a)

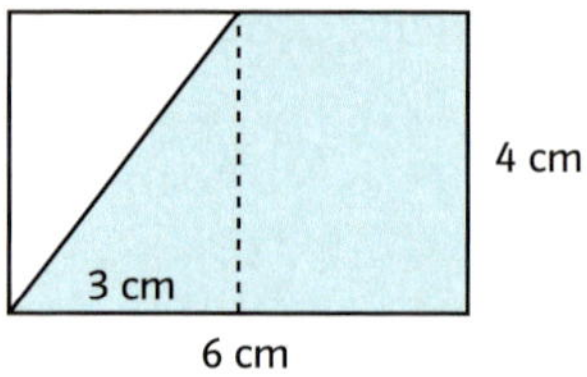

b)

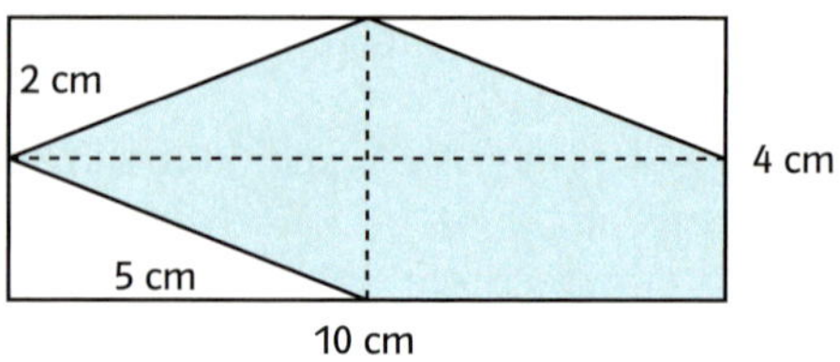

11 Gummibänder umspannen unterschiedliche Bruchteile der Brettfläche.

a)
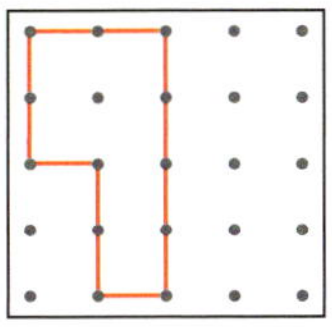

b)
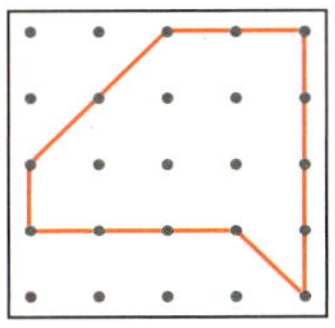

c)
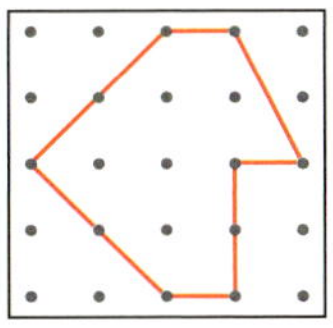

d)
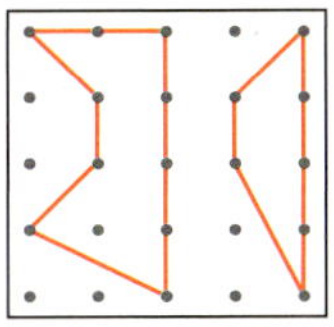

e)
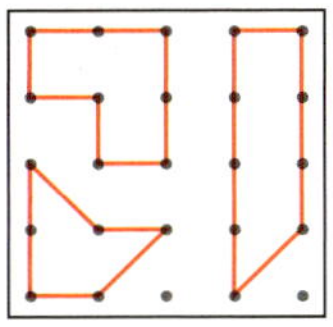

f)
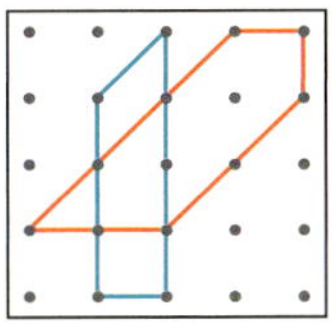

12 Suche Paare gleicher Größe.

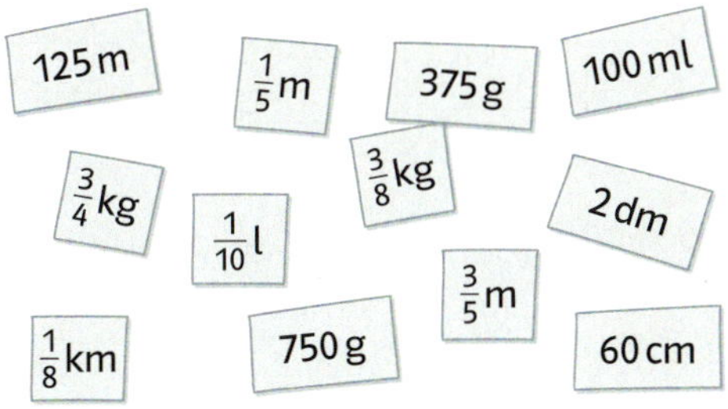

13 Wandle in eine kleinere Einheit um.

Beispiel: $\frac{3}{4}$a = $\frac{3}{4}$ von 100 m² = 75 m²

a) $\frac{1}{5}$kg	b) $\frac{3}{10}$km	c) $\frac{2}{3}$h	d) $\frac{1}{3}$Jahr
$\frac{1}{8}$t	$\frac{2}{5}$m	$\frac{3}{4}$Tag	$\frac{3}{4}$Jahr
e) $\frac{3}{10}$cm²	f) $\frac{3}{5}$m²	g) $\frac{3}{4}$min	h) $\frac{3}{20}$l
$\frac{3}{100}$dm²	$\frac{2}{25}$ha	$5\frac{1}{2}$min	$2\frac{1}{4}$l

14 Schreibe als Bruchteil der nächstgrößeren Einheit.

a) 250 m	b) 5 mm	c) 500 ml	d) 50 a
400 m	4 mm	125 ml	30 a
e) 10 m²	f) 15 min	g) 8 h	h) 150 g
70 m²	36 min	15 h	875 g

15 Gib als Bruchteil der Einheit an und wandle in die nächstkleinere Einheit um.

Beispiel: der sechste Teil von 5 Stunden
$\frac{5}{6}$h und (5 · 60 min) : 6 = 50 min

a) der fünfte Teil von 4 €
b) der achte Teil von 5 kg
c) der zehnte Teil von 9 km
d) der fünfte Teil von 2 h
e) der vierte Teil von 3 Tagen
f) der zwölfte Teil von 5 min

16 Schreibe in einer kleineren Einheit.

a) $3\frac{1}{2}$m	b) $3\frac{1}{2}$l	c) $2\frac{1}{3}$h	d) $4\frac{1}{4}$kg
e) $1\frac{3}{4}$Jahr	f) $5\frac{1}{4}$m²	g) $6\frac{2}{5}$a	h) $7\frac{3}{4}$ha
i) $2\frac{3}{4}$cm²	j) $3\frac{3}{5}$dm²	k) $8\frac{1}{4}$dm³	l) $5\frac{3}{4}$l

17 Schreibe als Bruch.

a) $1\frac{1}{2}$	b) $8\frac{3}{8}$	c) $15\frac{2}{3}$	d) $10\frac{2}{5}$
e) $2\frac{1}{4}$	f) $3\frac{3}{10}$	g) $12\frac{4}{7}$	h) $15\frac{4}{5}$

18 Im Hamburger Hafen werden jährlich ca. 60 Mio. t Waren umgeschlagen. Davon sind 16 Mio. t Containergut, 20 Mio. t flüssiges Gut, 12 Mio. t Sauggut (z. B. Getreide) und 12 Mio. t Greifergut.
Bestimme die Anteile der einzelnen Güter und stelle dies in einem Diagramm dar.

6 Brüche am Zahlenstrahl

→ Jede Schülerin und jeder Schüler schreibt einen Bruch auf ein Kärtchen. Der Zähler des Bruches soll nicht größer sein als der Nenner, und der Nenner soll nicht größer sein als 12.

→ Hängt die Brüche an die Skala des 1-m-Lineals.

→ Für welche Brüche ist das schwierig?

Wie die natürlichen Zahlen 0; 1; 2; 3; … können auch Brüche am Zahlenstrahl dargestellt werden. Dazu unterteilt man die Strecke von 0 bis 1 gleichmäßig z. B. in 12 gleich lange Teilstrecken.

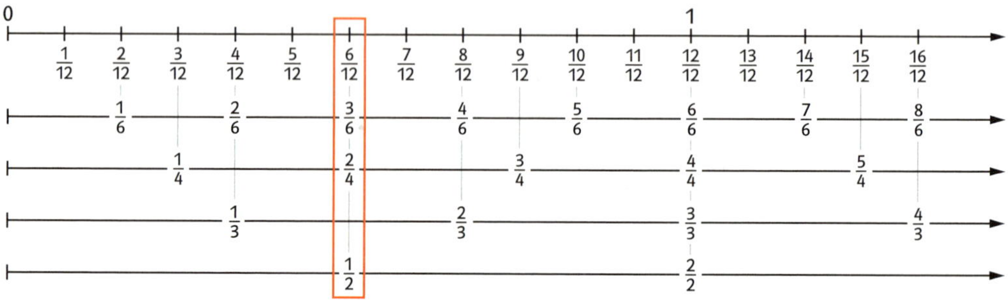

Am Zahlenstrahl erkennt man, dass die Brüche $\frac{6}{12}$; $\frac{3}{6}$; $\frac{1}{2}$ an demselben Teilstrich liegen; sie gehören zur gleichen **Bruchzahl**.

Jeder Bruch kann bei geeigneter Teilung am Zahlenstrahl eingetragen werden. Alle Brüche an derselben Stelle des Zahlenstrahles bezeichnen dieselbe **Bruchzahl**.

Beispiel

Auf dem Zahlenstrahl (Einheit 8 cm) sind die Brüche $\frac{3}{8}$; $\frac{5}{8}$; $\frac{9}{8}$; $\frac{1}{4}$; $\frac{1}{2}$ eingetragen.

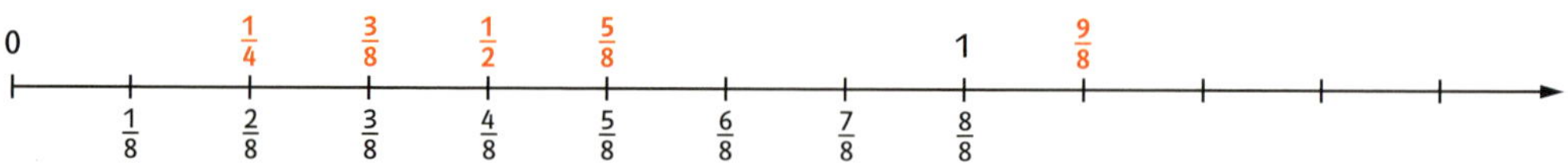

Aufgaben

1 Wie teilst du die Länge zwischen 0 und 1 am Zahlenstrahl günstig ein
a) für Drittel- und Viertelbrüche?
b) für Viertel- und Fünftelbrüche?

2 Beschrifte den Zahlenstrahl im Heft.

a) 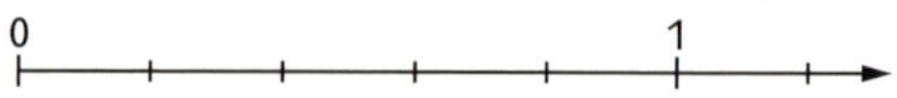

b) 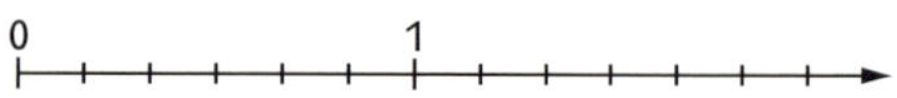

3 Übertrage den Zahlenstrahl in dein Heft und bezeichne die Markierungen mit den entsprechenden Brüchen.

a)
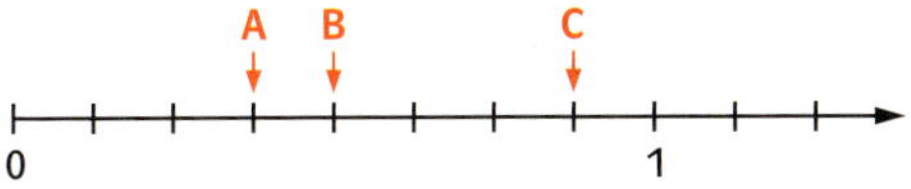

b)
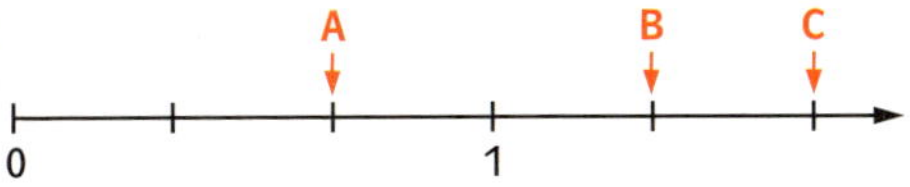

c)
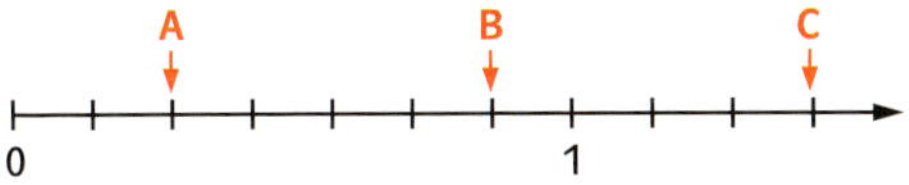

4 Zeichne einen Zahlenstrahl mit der angegebenen Einheit (Abstand zwischen 0 und 1). Markiere die Brüche.

a) Einheit 10 cm:
$\frac{3}{10}$; $\frac{7}{10}$; $\frac{1}{2}$; $\frac{1}{5}$; $\frac{4}{5}$

b) Einheit 6 cm:
$\frac{1}{6}$; $\frac{5}{6}$; $\frac{1}{3}$; $\frac{1}{2}$; $\frac{7}{6}$; $\frac{5}{12}$

c) Einheit 16 cm:
$\frac{3}{8}$; $\frac{1}{4}$; $\frac{5}{8}$; $\frac{1}{2}$; $\frac{3}{4}$; $\frac{7}{16}$

5 Zeichne einen geeigneten Zahlenstrahl. Zu welchen Brüchen gehört derselbe Punkt am Zahlenstrahl?

a) $\frac{3}{12}$; $\frac{8}{12}$; $\frac{9}{12}$; $\frac{1}{4}$; $\frac{2}{3}$; $\frac{4}{6}$; $\frac{6}{8}$

b) $\frac{2}{10}$; $\frac{5}{10}$; $\frac{1}{5}$; $\frac{2}{5}$; $\frac{7}{10}$; $\frac{1}{2}$; $\frac{4}{10}$

c) $\frac{3}{7}$; $\frac{4}{7}$; $\frac{2}{14}$; $\frac{6}{14}$; $\frac{5}{7}$; $\frac{10}{14}$; $\frac{13}{14}$

d) $\frac{2}{12}$; $\frac{1}{4}$; $\frac{4}{24}$; $\frac{3}{12}$; $\frac{12}{24}$; $\frac{15}{24}$; $\frac{4}{8}$

6 Überlege dir vor dem Markieren der Brüche zuerst eine sinnvolle Einteilung.

a) $\frac{1}{3}$; $\frac{1}{4}$; $\frac{2}{3}$; $\frac{1}{2}$; $\frac{3}{4}$; $\frac{4}{3}$

b) $\frac{1}{2}$; $\frac{3}{5}$; $\frac{2}{3}$; $\frac{2}{5}$; $\frac{1}{3}$; $\frac{4}{5}$; $\frac{3}{3}$

c) $\frac{2}{6}$; $\frac{1}{5}$; $\frac{3}{5}$; $\frac{5}{10}$; $\frac{4}{6}$; $\frac{4}{5}$; $\frac{7}{10}$

7 Nenne drei verschiedene Brüche, die dieselbe Bruchzahl bezeichnen wie der angegebene Bruch.

a) $\frac{1}{2}$ b) $\frac{2}{3}$ c) $\frac{3}{4}$

d) $\frac{4}{5}$ e) $\frac{3}{7}$ f) $\frac{4}{3}$

Teile wie du willst

Auf ein breites, gut dehnbares Gummiband wie z. B. ein Gymnastikband wird eine Skala aufgezeichnet. Durch Dehnen kannst du die Skala auf viele Gegenstände übertragen.

- Teile die Schultischlänge, Tafelbreite, Fensterbreite usw. in gleiche Teile.
- Wie lang sind $\frac{2}{5}$ der Tischlänge, Stuhlbreite, Fensterhöhe, Pulthöhe?
- Markiere mithilfe des Gummibandes $\frac{3}{7}$; $\frac{4}{5}$; $\frac{5}{8}$; $\frac{2}{3}$ der Längen. Schätze zuerst.

8 Ein 840 cm langer Baumstamm wird in zwei Teile zersägt. Wie lang sind die Teile?

a)

b)
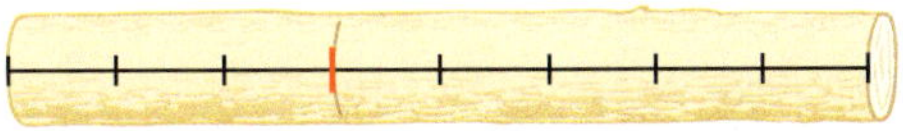

c)
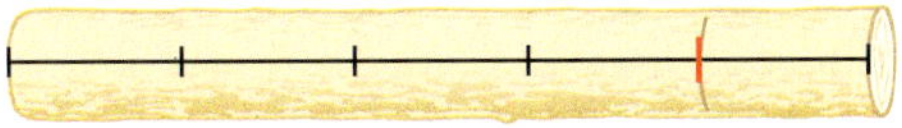

d)
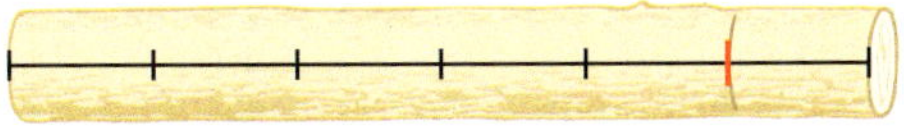

9 Ein Balken wird durch drei Schnitte in gleiche Teilstücke zersägt.
Welchem Bruchteil entspricht ein Teilstück?

10 Ein Holzstab wird in zwei Teile zersägt. Um welche Bruchteile der ursprünglichen Länge handelt es sich bei den Teilstücken?

a) Ein Teilstück ist 30 cm, das andere 90 cm lang.

b) Ein Teilstück ist 30 cm, das andere 150 cm lang.

c) Ein Teilstück ist 45 cm, das andere 225 cm lang.

? *Welcher Bruch liegt genau in der Mitte?*

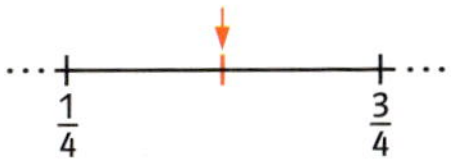

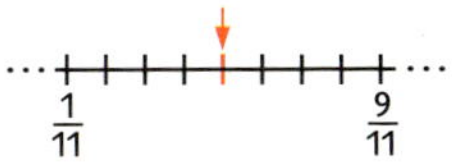

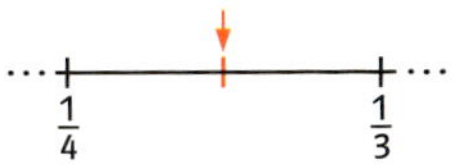

7 Erweitern und Kürzen

- Falte ein DIN-A4-Blatt zweimal.
- Färbe drei Viertel der Fläche.
- Wenn du weiter faltest, erhältst du die abgebildeten Unterteilungen.
- Benenne die gefärbte Fläche mit verschiedenen Brüchen.
- Kannst du dir eine noch feinere Unterteilung denken?

Man kann zu jeder Unterteilung eines Ganzen eine immer feinere Aufteilung wählen. Verdoppelt, verdreifacht, vervierfacht man z. B. die Anzahl der Teile, muss man bei gleich bleibendem Bruchteil doppelt, dreimal, viermal so viele Teile nehmen. Aus dem Bruch $\frac{2}{3}$ wird demnach $\frac{4}{6}$; $\frac{6}{9}$; $\frac{8}{12}$; ...

Man erkennt, dass Zähler und Nenner mit demselben Faktor multipliziert werden. Dieser Vorgang wird **Erweitern** genannt.

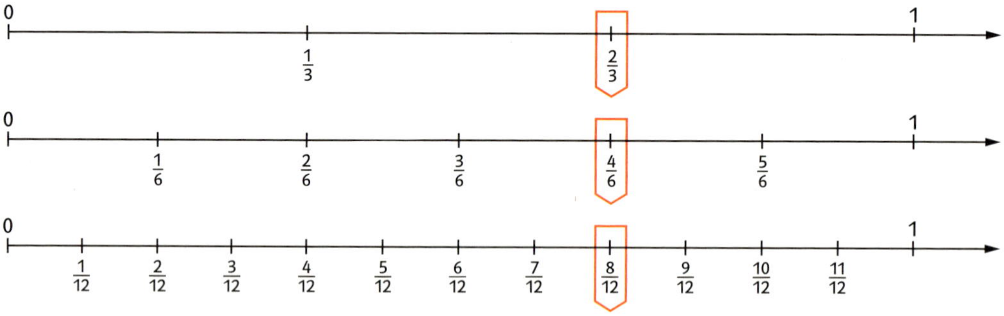

Beim **Erweitern** eines Bruches werden Zähler und Nenner mit derselben Zahl multipliziert: $\frac{3}{5} = \frac{3 \cdot 4}{5 \cdot 4} = \frac{12}{20}$

Bruch und erweiterter Bruch bezeichnen dieselbe Bruchzahl; sie haben denselben Wert.

Beispiele

a) Erweitern mit einer vorgegebenen Zahl:

$\frac{2}{3} = \frac{2 \cdot 5}{3 \cdot 5} = \frac{10}{15}$

$\frac{2}{3} = \frac{2 \cdot 7}{3 \cdot 7} = \frac{14}{21}$

b) Erweitern auf einen vorgegebenen Nenner:

$\frac{5}{8} = \frac{\square}{32}$ $\quad 32 : 8 = 4 \quad$ $\frac{5 \cdot 4}{8 \cdot 4} = \frac{20}{32}$

$\frac{\square}{12} = \frac{21}{36}$ $\quad 36 : 12 = 3 \quad$ $\frac{7}{12} = \frac{7 \cdot 3}{12 \cdot 3}$

Bemerkung

Brüche heißen gleichnamig, wenn sie denselben Nenner haben.

Zähler und Nenner des Bruches $\frac{4}{12}$ enthalten gemeinsame Teiler. Bei Division des Zählers und des Nenners durch dieselbe Zahl erhält man weitere Brüche wie $\frac{2}{6}$ oder $\frac{1}{3}$ mit demselben Wert. Diesen Vorgang nennt man **Kürzen**.

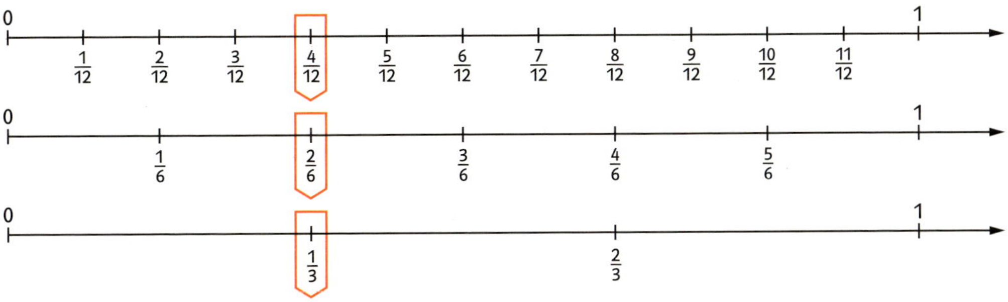

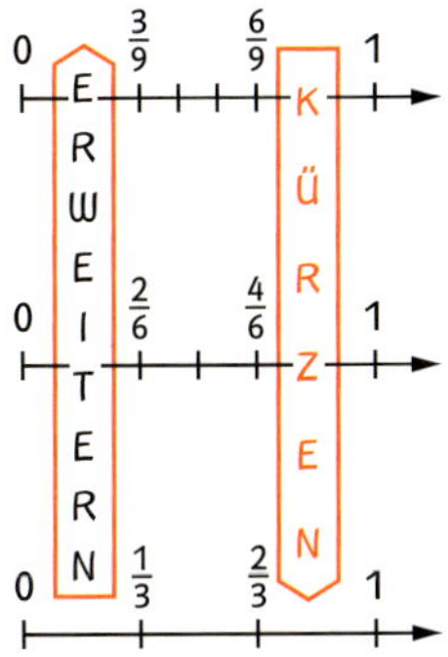

Beim **Kürzen** eines Bruches werden Zähler und Nenner durch dieselbe Zahl dividiert: $\frac{15}{20} = \frac{15:5}{20:5} = \frac{3}{4}$

Bruch und gekürzter Bruch bezeichnen dieselbe Bruchzahl.

Beispiele

Beim Kürzen sucht man gemeinsame Teiler von Zähler und Nenner.

a) $\frac{15}{35} = \frac{15:5}{35:5} = \frac{3}{7}$ **b)** $\frac{12}{32} = \frac{12:2}{32:2} = \frac{6}{16} = \frac{6:2}{16:2} = \frac{3}{8}$ In einem Schritt: $\frac{12}{32} = \frac{12:4}{32:4} = \frac{3}{8}$

Aufgaben

1 a) Wie viele Viertel, Sechstel, Achtel sind $\frac{1}{2}$?
b) Wie viele Sechstel, Neuntel sind $\frac{1}{3}$?
c) Wie viele Achtel, Zwölftel sind $\frac{1}{4}$?
d) Wie viele Zehntel, Zwanzigstel sind $\frac{1}{5}$?

2 Die erste gewürfelte Augenzahl gibt den Zähler an, die zweite den Nenner. Der Bruch soll dann mit der dritten Augenzahl erweitert werden.

Beispiel:

$\frac{3 \cdot 5}{2 \cdot 5} = \frac{15}{10}$

Denke dir ein Würfelspiel zum Kürzen aus.

3 Erweitere im Kopf.

a) $\frac{1}{5}$ mit 3; 6; 8 b) $\frac{1}{7}$ mit 2; 6; 7
c) $\frac{2}{9}$ mit 4; 5; 8 d) $\frac{7}{5}$ mit 8; 9; 12
e) $\frac{3}{4}$ mit 3; 5; 7 f) $\frac{5}{8}$ mit 4; 5; 8

4 Ergänze die unten stehenden Brüche. Die richtige Reihenfolge der Zahlen ergibt ein Lösungswort.

$\frac{1}{2} = \frac{\square}{12}$ $\frac{4}{5} = \frac{\square}{40}$ $\frac{5}{9} = \frac{35}{\square}$

$\frac{3}{7} = \frac{18}{\square}$ $\frac{\square}{108} = \frac{5}{9}$ $\frac{\square}{121} = \frac{8}{11}$

$\frac{9}{\square} = \frac{1}{3}$ $\frac{16}{\square} = \frac{2}{7}$ $\frac{45}{\square} = \frac{5}{8}$

$\frac{91}{130} = \frac{7}{\square}$ $\frac{60}{\square} = \frac{5}{12}$ $\frac{99}{143} = \frac{\square}{13}$

27	144	32	60	9	42
T	U	C	I	H	L

6	10	72	88	56	63
S	H	C	T	S	H

5 Erweitere auf den angegebenen Nenner.

a) 20: $\frac{1}{2}$; $\frac{1}{4}$; $\frac{2}{5}$; $\frac{4}{10}$; $\frac{13}{10}$; $\frac{19}{10}$

b) 36: $\frac{1}{2}$; $\frac{1}{3}$; $\frac{1}{4}$; $\frac{2}{3}$; $\frac{3}{4}$; $\frac{5}{6}$; $\frac{5}{12}$; $\frac{7}{18}$

c) 100: $\frac{1}{50}$; $\frac{3}{10}$; $\frac{7}{20}$; $\frac{9}{25}$; $\frac{4}{5}$; $\frac{3}{4}$; $\frac{5}{2}$

d) 1000: $\frac{3}{500}$; $\frac{11}{250}$; $\frac{8}{125}$; $\frac{12}{25}$; $\frac{9}{20}$

6 Erweitere auf einen gemeinsamen Nenner. Gib mehrere Möglichkeiten an.

a) $\frac{1}{3}$ und $\frac{1}{4}$ b) $\frac{5}{6}$ und $\frac{4}{9}$ c) $\frac{1}{2}$ und $\frac{4}{7}$

d) $\frac{1}{2}$ und $\frac{1}{3}$ e) $\frac{3}{4}$ und $\frac{1}{8}$ f) $\frac{3}{7}$ und $\frac{3}{8}$

g) $\frac{1}{4}$ und $\frac{1}{6}$ h) $\frac{2}{5}$ und $\frac{3}{10}$ i) $\frac{2}{9}$ und $\frac{5}{11}$

j) $\frac{3}{4}$ und $\frac{5}{18}$ k) $\frac{5}{12}$ und $\frac{7}{8}$ l) $\frac{2}{15}$ und $\frac{7}{18}$

7 Zeichne den Kreisausschnitt mit dem angegebenen Mittelpunktswinkel. Gib ihn als Bruchteil der zugehörigen Kreisfläche an. Suche mehrere Möglichkeiten.

a) 36° b) 60° c) 72°

d) 120° e) 20° f) 80°

g) 210° h) 270° i) 315°

8 Kürze die Brüche

a) mit 2: $\frac{4}{10}$; $\frac{8}{10}$; $\frac{6}{14}$; $\frac{10}{16}$; $\frac{12}{18}$

b) mit 3: $\frac{3}{9}$; $\frac{6}{15}$; $\frac{9}{12}$; $\frac{3}{24}$; $\frac{15}{21}$

c) mit 5: $\frac{5}{15}$; $\frac{10}{15}$; $\frac{15}{25}$; $\frac{20}{35}$; $\frac{25}{45}$

d) mit 7: $\frac{14}{49}$; $\frac{28}{35}$; $\frac{21}{56}$; $\frac{49}{77}$; $\frac{63}{91}$

9 Ergänze.
Kontrolliere mit dem Lösungswort unten.

a) $\frac{21}{27} = \frac{\square}{9}$ b) $\frac{15}{25} = \frac{\square}{5}$ c) $\frac{16}{64} = \frac{4}{\square}$

$\frac{24}{36} = \frac{\square}{9}$ $\frac{36}{60} = \frac{\square}{5}$ $\frac{24}{72} = \frac{8}{\square}$

$\frac{48}{54} = \frac{\square}{9}$ $\frac{65}{91} = \frac{\square}{7}$ $\frac{49}{126} = \frac{7}{\square}$

3	8	16	5	7	18	24	3	6
O	L	E	W	H	N	E	L	A

Kürzen bis zum Schluss

Oft lassen sich Brüche mehrmals kürzen:

$$\frac{24}{36} = \frac{12}{18} = \frac{6}{9} = \frac{2}{3}$$

Die Kürzungszahlen 2 und 3 gehören zu den Teilermengen von Zähler und Nenner. Mithilfe der Teilermengen kannst du gleich den **größten gemeinsamen Teiler** finden.

$T_{24} = \{1; 2; 3; 4; 6; 8; 12; 24\}$
$T_{36} = \{1; 2; 3; 4; 6; 9; 12; 18; 36\}$

Da 12 der größte gemeinsame Teiler ist, kannst du direkt mit 12 kürzen:

$$\frac{24}{36} = \frac{24:12}{36:12} = \frac{2}{3}$$

Damit ist der Bruch **vollständig gekürzt**.

■ Suche den größten gemeinsamen Teiler von Zähler und Nenner und kürze.

$\frac{42}{48}$; $\frac{90}{120}$; $\frac{54}{90}$; $\frac{40}{56}$; $\frac{72}{108}$; $\frac{60}{135}$; $\frac{48}{144}$; $\frac{54}{243}$

10 Wo kannst du das Gleichheitszeichen setzen?

a) $\frac{4}{12}$ □ $\frac{8}{24}$ b) $\frac{4}{5}$ □ $\frac{24}{30}$ c) $\frac{3}{8}$ □ $\frac{6}{24}$

d) $\frac{3}{4}$ □ $\frac{12}{18}$ e) $\frac{1}{3}$ □ $\frac{6}{24}$ f) $\frac{4}{7}$ □ $\frac{16}{49}$

g) $\frac{3}{5}$ □ $\frac{9}{25}$ h) $\frac{3}{2}$ □ $\frac{9}{4}$ i) $\frac{6}{13}$ □ $\frac{36}{169}$

11 Kürze vollständig.

a) $\frac{8}{16}$ b) $\frac{25}{75}$ c) $\frac{12}{18}$ d) $\frac{24}{64}$

e) $\frac{36}{90}$ f) $\frac{32}{128}$ g) $\frac{48}{144}$ h) $\frac{56}{140}$

12 Bei der Suche nach dem größten gemeinsamen Teiler hilft dir manchmal auch die Differenz von Zähler und Nenner.

Beispiel: $\frac{75}{90}$; $90 - 75 = 15$; $\frac{75:15}{90:15} = \frac{5}{6}$

a) $\frac{72}{90}$ b) $\frac{78}{91}$ c) $\frac{108}{144}$ d) $\frac{48}{72}$

e) $\frac{96}{108}$ f) $\frac{85}{102}$ g) $\frac{112}{140}$ h) $\frac{95}{114}$

13 Welche Brüche passen genau auf

a) die Zwölftelskala? $\frac{2}{3}$; $\frac{3}{4}$; $\frac{4}{5}$; $\frac{5}{6}$; $\frac{7}{8}$

b) die Sechzehntelskala? $\frac{1}{2}$; $\frac{2}{3}$; $\frac{3}{4}$; $\frac{5}{12}$; $\frac{5}{8}$; $\frac{9}{12}$

8 Brüche ordnen

Catrin und Elena würfeln um die Wette Sechsen. In je 20 Würfen erzielt Catrin 4-mal und Elena 3-mal die Sechs.
Im zweiten Durchgang mit je 30 Würfen erreicht Catrin 6-mal und Elena 5-mal die Sechs. Sie notieren die Ergebnisse in Bruchschreibweise.

→ Welche Serie war die beste?

→ Würfelt selbst Serien mit 40; 50; … Würfen und vergleicht eure Ergebnisse. Ihr könnt dazu auch mehrere Würfel gleichzeitig einsetzen.

Brüche wie $\frac{3}{7}$ und $\frac{4}{7}$ lassen sich ihrer Größe nach leicht vergleichen, da es bei gleichen Nennern nur auf die Zähler ankommt: $\frac{3}{7} < \frac{4}{7}$.
Beim Größenvergleich von Brüchen mit unterschiedlichen Nennern wie $\frac{2}{3}$ und $\frac{3}{5}$ muss zuerst eine gemeinsame Unterteilung gefunden werden.
Bei Dritteln und Fünfteln sind dies z. B. Fünfzehntel.

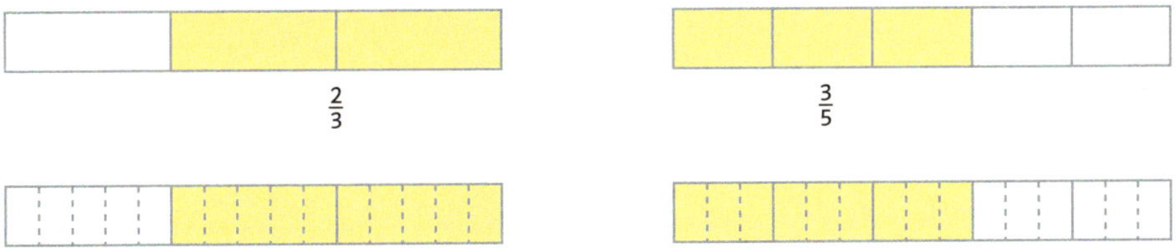

$\frac{2}{3}$ $\quad$ $\frac{3}{5}$ $\quad$ $\frac{2}{3} > \frac{3}{5}$,

da

$\frac{10}{15}$ $\quad$ $\frac{9}{15}$ $\quad$ $\frac{10}{15} > \frac{9}{15}$

Beim Größenvergleich von Brüchen mit gleichem Nenner gehört zum größeren Zähler die größere Bruchzahl.
Bei Brüchen mit verschiedenen Nennern ist es günstig, sie zum Vergleichen zuerst auf gleiche Nenner zu bringen, also **gleichnamig** zu machen.

Beispiele

a) Wir ordnen der Größe nach: $\frac{7}{11}$; $\frac{5}{11}$ und $\frac{9}{11}$. Da $5 < 7 < 9$, ist $\frac{5}{11} < \frac{7}{11} < \frac{9}{11}$.

b) Um $\frac{5}{7}$ und $\frac{3}{4}$ vergleichen zu können, machen wir die Brüche durch Erweitern gleichnamig: $\frac{3}{4} = \frac{3 \cdot 7}{4 \cdot 7} = \frac{21}{28}$; $\frac{5}{7} = \frac{5 \cdot 4}{7 \cdot 4} = \frac{20}{28}$. Da $\frac{21}{28} > \frac{20}{28}$, folgt: $\frac{3}{4} > \frac{5}{7}$.

c) Oft bietet sich zum Ordnen ein Vergleichsbruch wie z. B. der Bruch $\frac{1}{2}$ an:
$\frac{3}{7} < \frac{5}{9}$, da $\frac{3}{7} = \frac{6}{14} < \frac{1}{2}$ und $\frac{5}{9} = \frac{10}{18} > \frac{1}{2}$

Bemerkung

Vergleichen wir Brüche mit gleichem Zähler wie $\frac{3}{8}$ und $\frac{3}{5}$, dann hat der Bruch mit dem kleineren Nenner den größeren Wert: $\frac{3}{5} > \frac{3}{8}$.

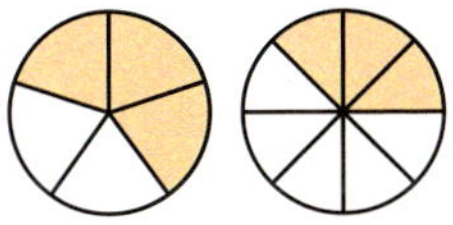

$\frac{3}{5} > \frac{3}{8}$

Aufgaben

1 Welche Brüche sind größer als 1, welche kleiner als $\frac{1}{2}$?

a) $\frac{13}{12}$; $\frac{3}{2}$; $\frac{4}{9}$; $\frac{15}{11}$; $\frac{6}{11}$; $\frac{14}{13}$

b) $\frac{3}{8}$; $\frac{3}{5}$; $\frac{5}{4}$; $\frac{10}{11}$; $\frac{9}{18}$; $\frac{17}{13}$; $\frac{5}{12}$

2 Welche Brüche liegen

a) zwischen 1 und 2?

$\frac{5}{3}$; $\frac{9}{2}$; $\frac{7}{4}$; $\frac{11}{3}$; $\frac{9}{5}$; $\frac{12}{6}$; $\frac{13}{7}$

b) zwischen $\frac{1}{2}$ und 1?

$\frac{2}{3}$; $\frac{3}{4}$; $\frac{2}{5}$; $\frac{3}{8}$; $\frac{6}{7}$; $\frac{5}{13}$; $\frac{8}{15}$; $\frac{9}{20}$

3 Vergleiche die Brüche.

a) $\frac{2}{5}$ und $\frac{3}{10}$ b) $\frac{2}{3}$ und $\frac{5}{6}$ c) $\frac{3}{4}$ und $\frac{7}{12}$

d) $\frac{4}{5}$ und $\frac{11}{15}$ e) $\frac{4}{7}$ und $\frac{7}{14}$ f) $\frac{6}{5}$ und $\frac{23}{20}$

4 Setze < oder > im Heft passend ein.

a) $\frac{5}{6}$ ▢ $\frac{7}{9}$ b) $\frac{3}{8}$ ▢ $\frac{5}{12}$ c) $\frac{1}{6}$ ▢ $\frac{2}{15}$

d) $\frac{7}{12}$ ▢ $\frac{11}{15}$ e) $\frac{8}{9}$ ▢ $\frac{19}{21}$ f) $\frac{13}{24}$ ▢ $\frac{17}{30}$

5 Ordne die Brüche nach ihrer Größe ohne sie gleichnamig zu machen.

$\frac{1}{3}$ $\frac{5}{8}$ $\frac{7}{12}$ $\frac{11}{9}$ $\frac{35}{13}$

Begründe deine Entscheidungen.

Wo gehört mein Bruch hin?

- Jede Schülerin und jeder Schüler schreibt eine Bruchzahl auf ein Kärtchen, deren Zähler nicht größer als 12 und deren Nenner nicht größer als 10 sein soll.

- Anschließend darf jeder seine Bruchzahl dort aufhängen, wo sie ihrer Größe nach hingehört.

- Wer sein Kärtchen aufhängt oder umhängt, muss seine Entscheidung begründen.

6 Beim Ordnen der folgenden Brüche suchen Philipp und Nina lange nach einem gemeinsamen Nenner: $\frac{5}{6}$; $\frac{6}{7}$; $\frac{7}{8}$ und $\frac{8}{9}$.

Marina unterbricht die beiden: „Ich habe eine andere Idee, wie wir die Brüche ordnen können!"

7 Warum ist die Anordnung falsch? Schreibe die Begründung auf.

a) $\frac{2}{7} > \frac{2}{5} > \frac{2}{3} > \frac{2}{1}$

b) $\frac{5}{9} > \frac{6}{10} > \frac{7}{11} > \frac{8}{12}$

8 Setze das Zeichen >, < oder = ein. Begründe deine Entscheidung.

a) $\frac{151}{300}$ ▢ $\frac{299}{600}$ b) $\frac{149}{300}$ ▢ $\frac{297}{600}$

c) $\frac{152}{303}$ ▢ $\frac{333}{667}$ d) $\frac{155}{309}$ ▢ $\frac{310}{618}$

9 Ordne die Brüche nach der Größe.

a) $\frac{3}{4}$; $\frac{5}{8}$; $\frac{9}{12}$; $\frac{17}{24}$ b) $\frac{7}{12}$; $\frac{5}{9}$; $\frac{11}{18}$; $\frac{5}{6}$

c) $\frac{2}{3}$; $\frac{4}{9}$; $\frac{5}{12}$; $\frac{13}{24}$ d) $\frac{5}{8}$; $\frac{11}{12}$; $\frac{5}{9}$; $\frac{9}{16}$

10 René behauptet, dass man die Mitte von zwei Bruchzahlen am Zahlenstrahl ganz einfach findet.

$\frac{2}{3}$ $\frac{3}{4}$ $\frac{4}{5}$

Stimmt das? Überprüfe an weiteren Beispielen. Kannst du deine eigene Lösung begründen?

11 Zwischen zwei Brüchen lassen sich durch Erweitern immer weitere Brüche finden. Gib einen oder mehrere Brüche zwischen den beiden an.

a) $\frac{1}{3}$ und $\frac{1}{2}$ b) $\frac{4}{5}$ und $\frac{5}{6}$

c) $\frac{5}{7}$ und $\frac{3}{4}$ d) $\frac{2}{3}$ und $\frac{3}{4}$

12 a) Sven behauptet, dass die Brüche $\frac{5}{6}$; $\frac{7}{8}$ und $\frac{8}{9}$ gleich groß sein müssen, weil alle Nenner um 1 größer sind als die zugehörigen Zähler.
Was meinst du?

b) Die Brüche $\frac{8}{12}$; $\frac{7}{11}$ und $\frac{6}{10}$ unterscheiden sich alle in Zähler und Nenner um 4. Vergleiche sie.

9 Prozent

Auf dem 11 × 11-Nagelbrett sind drei Figuren in zwei verschiedenen Farben gespannt.

→ Welcher Farbanteil überwiegt?

→ Überprüfe deine Schätzung durch Auszählen der Kästchen.

→ Gib die Farbanteile und den Anteil der Restfläche mit Brüchen an.

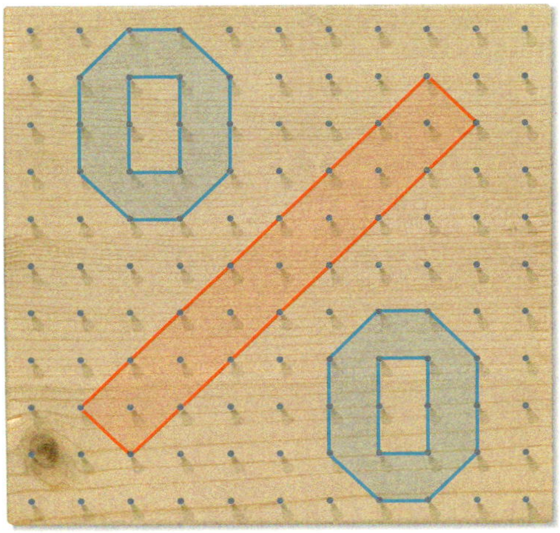

Um im Alltag unterschiedliche Anteile besser vergleichen zu können, verwendet man Brüche mit dem Nenner 100, z. B. $\frac{3}{100}$; $\frac{15}{100}$; $\frac{70}{100}$ usw. Hundertstelbrüche werden oft als Prozentangaben geschrieben. So bedeutet $\frac{3}{100}$ so viel wie 3 von Hundert oder 3 %.

Prozentangaben und Brüche mit dem Nenner 100 bezeichnen denselben Anteil.

$$1\% = \frac{1}{100}; \quad 2\% = \frac{2}{100}; \quad 3\% = \frac{3}{100}; \quad \text{usw.}$$

So entstand das %-Zeichen aus dem Wort cento für hundert:

Beispiele

a) Umwandeln von Prozentangaben in Brüche:

$5\% = \frac{5}{100} = \frac{1}{20}$ $\qquad 36\% = \frac{36}{100} = \frac{9}{25}$

b) Umwandeln von Brüchen in Prozentangaben:

$\frac{3}{20} = \frac{15}{100} = 15\%$ $\qquad \frac{5}{8} = \frac{25}{40} = \frac{625}{1000} = 62{,}5\%$

c) Von den 540 Schülern einer Realschule kommen 189 mit dem Bus, 216 zu Fuß und der Rest mit dem Rad.

mit dem Bus: $\frac{189}{540} = \frac{7}{20} = \frac{35}{100} = 35\%$

zu Fuß: $\frac{216}{540} = \frac{36}{90} = \frac{2}{5} = \frac{40}{100} = 40\%$

Mit dem Rad kommen demnach: $100\% - (35\% + 40\%) = 100\% - 75\% = 25\%$

Aufgaben

1 Benutze Prozentangaben.

a) Jeder Vierte liest dieses Buch.

b) Tim schlägt vor, fifty-fifty zu teilen.

c) Jedes zwanzigste Los gewinnt.

d) Neun von zehn Haushalten haben einen Kühlschrank.

2 Wie viel Prozent sind das?

a) die Hälfte
b) ein Zehntel
c) ein Viertel
d) der achte Teil
e) drei von vier
f) vier von fünf
g) sieben Achtel
h) vier Fünftel
i) acht Zehntel
j) die Hälfte der Hälfte

Merke dir:

$10\,\% = \frac{1}{10}$

$20\,\% = \frac{1}{5}$

$25\,\% = \frac{1}{4}$

$33\frac{1}{3}\,\% = \frac{1}{3}$

$40\,\% = \frac{2}{5}$

$50\,\% = \frac{1}{2}$

$60\,\% = \frac{3}{5}$

$66\frac{2}{3}\,\% = \frac{2}{3}$

$75\,\% = \frac{3}{4}$

$80\,\% = \frac{4}{5}$

$100\,\% = 1$

3 Schreibe als Bruch und kürze, wenn möglich.

a) 3 % b) 5 % c) 10 %
d) 12 % e) 20 % f) 25 %
g) 30 % h) 40 % i) 50 %
j) 65 % k) 100 % l) 200 %

4 Schreibe als Prozentangabe.

a) $\frac{1}{2}$ b) $\frac{3}{4}$ c) $\frac{3}{5}$
d) $\frac{4}{5}$ e) $\frac{7}{10}$ f) $\frac{8}{10}$
g) $\frac{1}{20}$ h) $\frac{9}{20}$ i) $\frac{17}{25}$
j) $\frac{24}{25}$ k) $\frac{7}{50}$ l) $\frac{49}{50}$

5 Setze >, < oder = ein.

a) $\frac{2}{5}$ ▢ 40 % b) $\frac{3}{4}$ ▢ 70 %
c) 60 % ▢ $\frac{3}{5}$ d) $\frac{9}{10}$ ▢ 90 %
e) $\frac{1}{3}$ ▢ 30 % f) $\frac{17}{25}$ ▢ 65 %

6 Ordne den Bruchteilen die entsprechenden Prozentangaben zu. Bei richtiger Lösung bleibt ein Bruchteil übrig.

$\frac{9}{10}$ 80 % $\frac{3}{20}$ 37,5 % $\frac{3}{4}$ 5 %
$\frac{3}{8}$ $\frac{4}{5}$ 75 % $\frac{2}{5}$ 90 % $\frac{1}{8}$
25 % 12,5 % $\frac{1}{4}$ 15 % $\frac{1}{20}$

7 Gib an, wie viel Prozent der Fläche gefärbt sind.

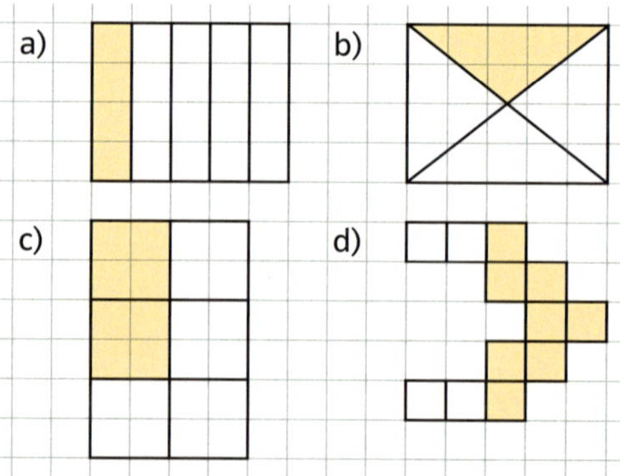

8 Übertrage die Figur in dein Heft und färbe die angegebenen Bruchteile der Gesamtfläche.

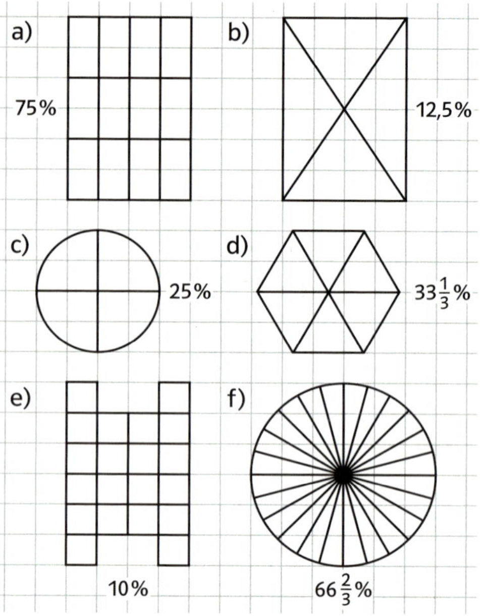

9 Das Material eines Pullovers ist eine Zusammensetzung aus 40 % Baumwolle, 30 % Acrylfaser, 20 % Wolle und Seide und 10 % sonstigen Fasern.
Stelle die Zusammensetzung in einem Diagramm dar.

10 Von 25 Schülerinnen und Schülern der 6 b spielen acht Volleyball, 40 % spielen Fußball, $\frac{14}{50}$ spielen Tennis.
a) Welche Sportart ist in der Klasse 6 b die Lieblingssportart?
b) Stelle die Verteilung der in deiner Klasse gewählten Sportarten in einem Diagramm dar.

11 Bei einer Befragung von 100 Jugendlichen nach ihrer bevorzugten Modefarbe ergaben sich folgende Angaben.

schwarz	40
blau	25
rot	23
grün	5
sonstige	7

a) Stelle die Anteile anschaulich dar.
b) Führe selbst eine Befragung durch.

? *Was sagst du dazu?*

Lauter Schumis?
Bei der gestrigen Verkehrskontrolle waren 5% der Fahrer zu schnell.
Also fuhr ein Fünftel aller Pkw-Lenker gestern auf dem Autobahnabschnitt der A8 mehr als die erlaubten 120 Kilometer pro Stunde. Der schnellste unter ihnen war mit unglaublichen 183 km/h unterwegs.

Zusammenfassung

Teiler und Vielfache

Wenn eine Divisionsaufgabe aufgeht, ist die zweite Zahl ein **Teiler** der ersten Zahl. Auch der Quotient ist dann ein Teiler der ersten Zahl.

$48:8 = 6$; 8 ist ein Teiler von 48; 6 teilt 48
$48:6 = 8$; 6 ist ein Teiler von 48; 8 teilt 48

Multipliziert man eine Zahl mit 1; 2; 3; … so entstehen ihre **Vielfachen**.

Die Vielfachen von 8 sind
$1 \cdot 8;\ 2 \cdot 8;\ 3 \cdot 8;\ 4 \cdot 8; \ldots$

Die **Teilermenge** enthält die Teiler der Zahl. Die Vielfachen einer Zahl bilden die **Vielfachenmenge**.

$T_{48} = \{1; 2; 3; 4; 6; 8; 12; 16; 24; 48\}$
$V_8 = \{8; 16; 24; 32; \ldots\}$

Teilbarkeitsregeln

Eine Zahl ist nur dann teilbar durch
- 2, wenn die Endziffer 0; 2; 4; 6 oder 8 ist,
- 5, wenn die Endziffer 0 oder 5 ist,
- 4, wenn die aus den letzten zwei Ziffern gebildete Zahl durch 4 teilbar ist,
- 3, wenn die Quersumme durch 3 teilbar ist,
- 9, wenn die Quersumme durch 9 teilbar ist.

2 teilt 89**6**	2 teilt nicht 89**7**
5 teilt 129**5**	5 teilt nicht 129**6**
4 teilt 7**48**	4 teilt nicht 7**62**

3 teilt 7428, denn 3 teilt die Quersumme $7 + 4 + 2 + 8 = 21$.
9 teilt nicht 7428, denn 9 teilt nicht die Quersumme 21.

Primzahlen

Eine Zahl mit nur zwei Teilern ist eine **Primzahl**.

2; 3; 5; 7; 11; 13; 17; 19; 23; 29; 31; 37; …

Brüche am Zahlenstrahl

Jeder Bruch gehört an eine Stelle am Zahlenstrahl. Alle Brüche an derselben Stelle des Zahlenstrahls bezeichnen dieselbe **Bruchzahl**.

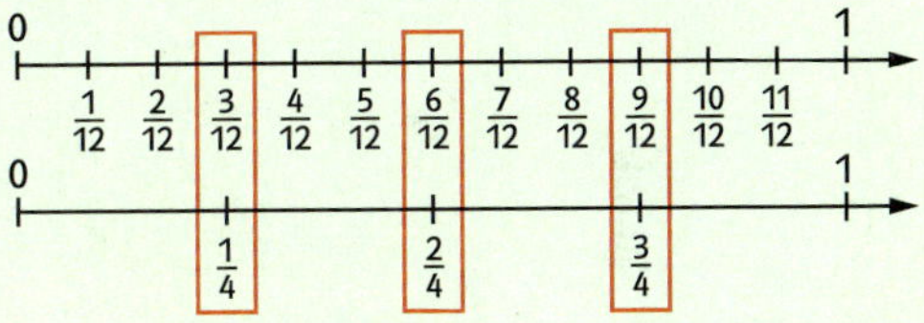

Erweitern und Kürzen

Brüche werden **erweitert**, indem man Zähler und Nenner mit derselben Zahl multipliziert.
Brüche werden **gekürzt**, indem man Zähler und Nenner durch dieselbe Zahl dividiert.
Beim Erweitern und Kürzen ändert sich der Wert des Bruchs nicht.

Erweitern → / ← Kürzen: $\frac{4}{7} = \frac{4 \cdot 3}{7 \cdot 3} = \frac{12}{21}$

Kürzen → / ← Erweitern: $\frac{18}{24} = \frac{18:6}{24:6} = \frac{3}{4}$

Brüche ordnen

Von zwei Brüchen mit gleichem Nenner ist der mit dem größeren Zähler der größere.
Brüche mit verschiedenen Nennern kann man zuerst gleichnamig machen, also auf gleiche Nenner bringen. Dann vergleicht man die Zähler.

$\frac{4}{7} > \frac{3}{7}$, da $4 > 3$

$\frac{7}{18} < \frac{5}{12}$, da $\frac{7 \cdot 2}{18 \cdot 2} = \frac{14}{36}$ und $\frac{5 \cdot 3}{12 \cdot 3} = \frac{15}{36}$

Prozent

Prozentangaben sind Brüche mit dem Nenner 100.

$\frac{9}{100} = 9\,\%$ $\qquad \frac{2}{5} = \frac{40}{100} = 40\,\%$

Üben • Anwenden • Nachdenken

1 Bestimme die Teilermengen.

a) $T_{\square} = \{\square; \square; 9; \square\}$
b) $T_{\square} = \{\square; \square; 9; \square; \square\}$
c) $T_{\square} = \{\square; \square; \square; 6; \square; \square\}$
d) $T_{\square} = \{\square; 2; \dots; 48; \square\}$

2 Welche Teilermengen können das sein?
$T_{\square} = \{\square; \square; \square; 7; \dots; \square\}$

3 Bestimme den größten gemeinsamen Teiler der beiden Zahlen.
a) 24 und 42 b) 28 und 35 c) 44 und 132

4 Welche Vielfachenmengen sind das?

a) $V_{\square} = \{\square; \square; 36; \square; \dots\}$
b) $V_{\square} = \{\square; \square; \square; 36; \dots\}$
c) $V_{\square} = \{\square; \square; \square; \square; \square; 36; \dots\}$

5 Wie viele Karten muss ein Spiel mindestens haben, damit die Karten gleichmäßig an 3, an 4, an 5 und auch an 6 Personen verteilt werden können?

6 Welche Zahlen kannst du als Summe aus einem Vielfachen von 3 und einem Vielfachen von 5 schreiben? Probiere.

$V_3 = \{3; 6; 9; 12; 15; 18; 21; \dots\}$
$V_5 = \{5; 10; 15; 20; 25; 30; \dots\}$

18 = 3 + 15	22 = 10 + 12
30 = 15 + 15	31 = 21 + 10
32 = ? + ?	33 = ? + ?

7 Der indische Mathematikstudent S. P. Sundaram erdachte ein Sieb für die Primzahlsuche.
Man schreibt den Anfang des Zahlenmusters auf und denkt es sich unbegrenzt fortgesetzt. Dann bekommt man Primzahlen in drei Schritten:

- Wähle eine Zahl, die im Zahlenmuster fehlt. 20
- Verdopple die Zahl. $2 \cdot 20 = 40$
- Addiere 1. $2 \cdot 20 + 1 = 41$

Suche nach diesem Verfahren 10 Primzahlen. Falls sie nicht zu groß sind, dann prüfe, ob es wirklich Primzahlen sind.

04	07	10	13	16	…
07	12	17	22	27	…
10	17	24	31	38	…
13	22	31	40	49	…
16	27	38	49	60	…
…	…	…	…	…	…

Teilerpäckchen und Teilerpakete

Der senkrechte Strich „|" erinnert an ein „t". Er ist ein Kurzzeichen für „teilt".

■ Du erkennst sicher eine Regel für die aufeinander folgenden Päckchen.
Setze die Reihe fort und prüfe nach.

4 | 24	5 | 35	6 | 48	7 | 63
5 | 25	6 | 36	7 | 49	8 | 64

■ Hier ist die Regel schon schwerer zu finden.
Wie geht die Reihe weiter?

2 | 14	3 | 27	4 | 44	5 | 65
3 | 15	4 | 28	5 | 45	6 | 66

■ Noch zwei Reihen von Päckchen.
Wie geht es in jeder Reihe weiter?

2 | 20	3 | 39	4 | 64	? | ??
3 | 21	4 | 40	5 | 65	? | ??

2 | ??	3 | 51	4 | 84	5 | ???
3 | ??	4 | 52	5 | 85	6 | ???

■ Setze in jedem einzelnen Paket die Reihe so lange fort, bis die erste Zahl die zweite nicht mehr teilt.

2 | 64	4 | 428	8 | 3976
3 | 66	5 | 430	9 | 3978
4 | 68	6 | 432	10 | 3980
? | ??	? | ???	?? | ????
? | ??	? | ???	?? | ????

2 | 360 364	2 | 7574
3 | 360 366	3 | 7581
4 | 360 368	4 | 7588
? | ??? ???	? | ????
? | ??? ???	? | ????

8 a) Drücke die Teilfiguren als Bruchteile des ganzen Quadrates aus.
b) Finde weitere Bruchteile durch Kombination der Einzelteile.
Beispiel:
A + C
$\frac{1}{16} + \frac{5}{16}$
$= \frac{6}{16} = \frac{3}{8}$

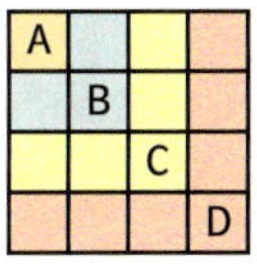

9 Stelle den Bruchteil in einer geeigneten Figur dar.
a) $\frac{5}{9}$ b) $\frac{9}{16}$ c) $\frac{2}{3}$ d) $\frac{7}{8}$

10 Zeichne einen geeigneten Zahlenstrahl und trage Folgendes ein.
a) $\frac{1}{2}$ in die Reihe der Drittelbrüche
b) $\frac{1}{3}$ und $\frac{2}{3}$ in die Reihe der Fünftelbrüche

11 Erweitere auf einen gemeinsamen Nenner.
a) $\frac{3}{4}$ und $\frac{2}{3}$ b) $\frac{3}{4}$ und $\frac{3}{10}$ c) $\frac{3}{4}$ und $\frac{5}{6}$
d) $\frac{1}{9}$ und $\frac{5}{6}$ e) $\frac{2}{15}$ und $\frac{1}{6}$ f) $\frac{5}{12}$ und $\frac{7}{8}$

12 Die Insel Reichenau hat eine Fläche von etwa 400 ha. Auf 60 % der Fläche werden Gemüse und Wein, auf 5 % der Fläche Blumen angebaut.
a) Bestimme die Anbauflächen von Gemüse, Wein und von Blumen in ha.
b) Veranschauliche mit einem Kreisdiagramm.

13 Schreibe als Bruch mit dem Nenner 100 und als Prozentangabe.
a) $\frac{4}{5}$ b) $\frac{7}{10}$ c) $\frac{3}{20}$ d) $\frac{17}{50}$

14 Drücke mit einem Bruch aus.
a) 50 % b) 1 % c) 8 %
d) $12\frac{1}{2}$ % e) 99 % f) 175 %

15 Versuche die Brüche vor allem durch den Vergleich von Zähler und Nenner zu ordnen. Erkläre.

$\frac{5}{6}$ $\frac{13}{4}$ $\frac{17}{35}$ $\frac{15}{61}$
$\frac{8}{9}$ $\frac{7}{29}$ $\frac{59}{117}$ $\frac{15}{2}$

16 Begründe, wie du die drei größten und wie du die drei kleinsten Brüche findest.
$\frac{7}{9}$; $\frac{9}{13}$; $\frac{6}{7}$; $\frac{7}{8}$; $\frac{7}{6}$; $\frac{8}{7}$; $\frac{8}{9}$

17 Welche der Brüche liegen zwischen $\frac{1}{4}$ und $\frac{1}{2}$? Begründe.
$\frac{2}{5}$; $\frac{7}{20}$; $\frac{11}{24}$; $\frac{17}{32}$; $\frac{15}{40}$; $\frac{27}{100}$

18 Setze <, > oder = ein. Begründe.
a) $\frac{6}{11}$ ☐ $\frac{7}{13}$ b) $\frac{13}{20}$ ☐ $\frac{19}{30}$ c) $\frac{11}{18}$ ☐ $\frac{7}{12}$

19 Wie lang sind die Pfähle?

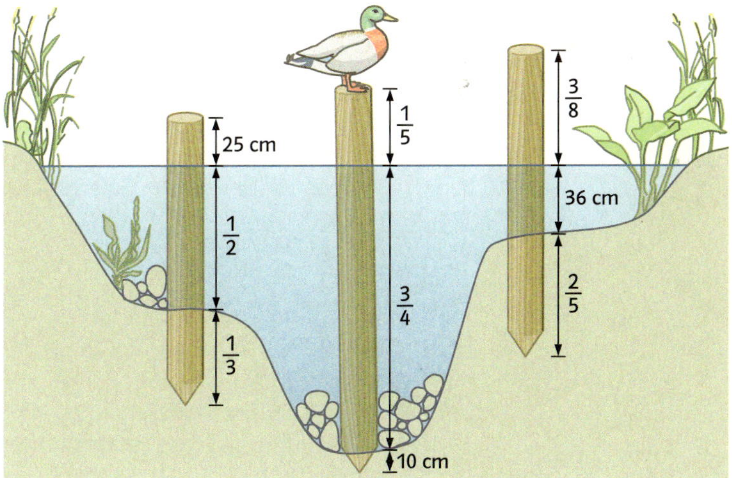

Gangschaltung

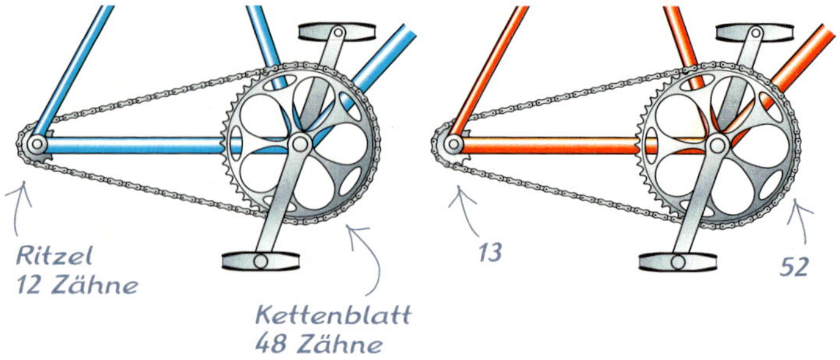

■ Welchen Gang hatte Susanne wohl eingeschaltet, als sie
- eine steile Steigung hochfuhr?
- oft treten musste und nur langsam voran kam?
- ganz wenig treten musste und mit jedem Tritt weit voran kam?
- auf flacher Strecke viel Kraft zum Treten brauchte?

■ Die Kette überträgt die Drehung des Kettenblatts Zahn für Zahn auf das Ritzel. Oben sind zwei Kettengetriebe abgebildet. Wie oft dreht sich das Ritzel, wenn sich das Kettenblatt genau 1-mal dreht?

■ Ein Kettenblatt hat 36 Zähne, ein Ritzel hat 24 Zähne. Wie oft dreht sich das Ritzel bei 2 Umdrehungen des Kettenblatts, wie oft bei einer Umdrehung?

Die Anzahl der Drehungen des Ritzels bei einer Drehung des Kettenblatts heißt **Übersetzung**. Oft ist die Übersetzung keine natürliche Zahl, sondern ein Bruch. Man kann sie aus den Zähnezahlen berechnen:

$$\text{Übersetzung} = \frac{\text{Zähnezahl des Kettenblatts}}{\text{Zähnezahl des Ritzels}}$$

■ Wie groß ist die Übersetzung?

Kettenblatt 42 Zähne   Ritzel 28 Zähne
Kettenblatt 42 Zähne   Ritzel 30 Zähne
Kettenblatt 28 Zähne   Ritzel 21 Zähne
Kettenblatt 28 Zähne   Ritzel 28 Zähne

■ Berechne die Übersetzungen als gemischte Zahlen und vergleiche sie.

Ritzel	Kettenblatt		
	50	40	30
30	$1\frac{2}{3}$		
20			
15			

■ Kai und Maike haben in einem Fahrradbuch das Diagramm einer 21-Gang-Schaltung gefunden. Erkläre.

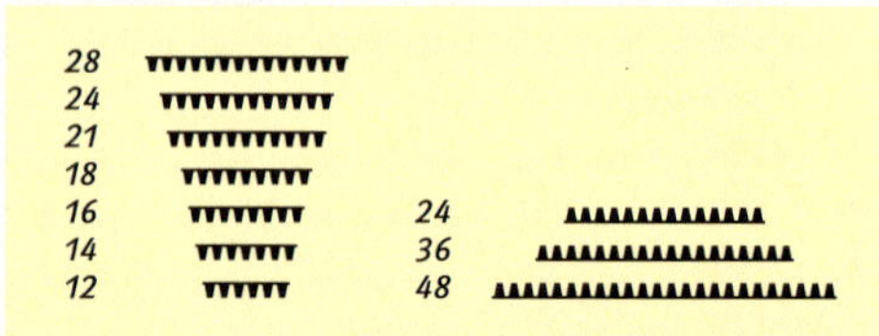

Lege eine Übersetzungstabelle wie in der vorigen Aufgabe an.

■ Manche Gangwechsel sind nutzlos, weil die Übersetzungen sehr nahe beieinander liegen. Die Kette soll auch nicht zu schräg laufen. Daher fallen neun Kombinationen aus.
Erkläre das Schaltdiagramm.

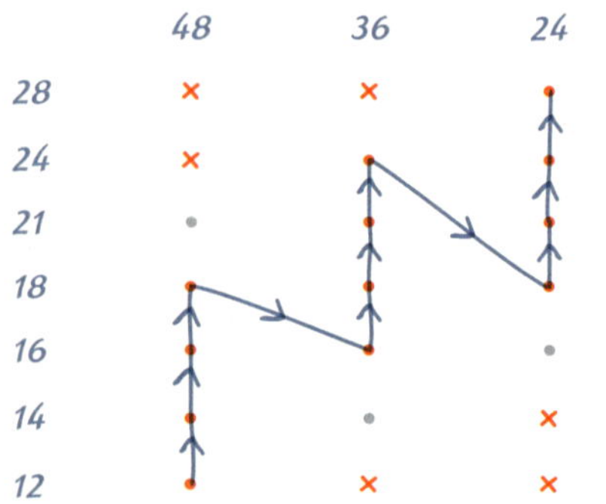

■ Jetzt weißt du genug, um dein eigenes Fahrrad zu untersuchen.

Rückspiegel

1 Bestimme die Teilermenge.

a) T_{18} b) T_{27} c) T_{37} d) T_{48}

2 Welche Zahl ist durch 2, welche ist durch 5, welche durch 4 teilbar?

78 90 120 255
616 890 1200 9999

3 Welche Zahl ist durch 3, welche durch 9 teilbar?

123 609 729 3009
4321 87654 654321 58737

4 Welche Zahl ist eine Primzahl?

37 57 97 103 121

5 Welcher Bruch gehört zu A, B, …, G?

6 Wandle entweder in einen Bruch oder in die gemischte Schreibweise um.

a) $\frac{9}{4}$ b) $\frac{8}{3}$ c) $\frac{17}{2}$ d) $\frac{35}{13}$
e) $1\frac{7}{8}$ f) $1\frac{7}{12}$ g) $8\frac{4}{5}$ h) $10\frac{9}{10}$

7 Mit welcher Zahl wurde erweitert?

a) $\frac{2}{5} = \frac{6}{15}$ b) $\frac{3}{4} = \frac{12}{16}$ c) $\frac{5}{7} = \frac{30}{42}$
d) $\frac{2}{7} = \frac{16}{56}$ e) $\frac{5}{8} = \frac{25}{40}$ f) $\frac{7}{9} = \frac{91}{117}$

8 Kürze so weit wie möglich.

$\frac{36}{38}$; $\frac{32}{52}$; $\frac{27}{54}$; $\frac{19}{57}$; $\frac{48}{72}$; $\frac{64}{72}$; $\frac{64}{96}$

9 Gib in Prozent oder als Bruch an.

a) $\frac{1}{2}$ b) $\frac{4}{5}$ c) $\frac{7}{10}$ d) $\frac{13}{20}$
e) 7 % f) 12 % g) 32 % h) 85 %

10 Setze > oder < ein.

a) $\frac{2}{5} \square \frac{7}{15}$ b) $\frac{1}{6} \square \frac{1}{7}$ c) $\frac{7}{8} \square \frac{10}{12}$
$\frac{11}{24} \square \frac{3}{8}$ $\frac{5}{12} \square \frac{2}{5}$ $\frac{9}{16} \square \frac{13}{24}$
$\frac{7}{45} \square \frac{2}{9}$ $\frac{5}{7} \square \frac{7}{10}$ $\frac{11}{30} \square \frac{17}{45}$

Rückspiegel

1 Bestimme die Teilermenge.

a) T_{49} b) T_{53} c) T_{72} d) T_{100}

2 Welche Zahl ist durch 4, welche ist durch 2, aber nicht durch 4 teilbar?

82 96 150 200
430 1005 1500 5596

3 Welche Zahl ist durch 3, aber nicht durch 9 teilbar?

586 821 984 6003
10002 79842 777222 40302

4 Zwei der Zahlen sind Primzahlen.

408 211 109 187 975

5 Welcher Bruch gehört zu A, B, …, G?

a)
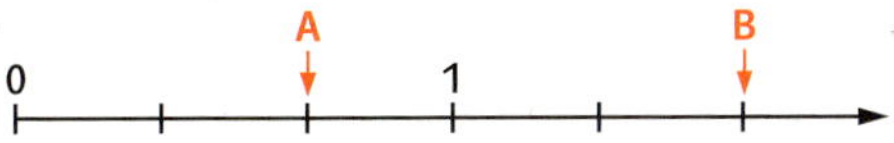

b)

c)

6 Wandle entweder in einen Bruch oder in die gemischte Schreibweise um.

a) $1\frac{3}{8}$ b) $\frac{48}{15}$ c) $\frac{34}{3}$ d) $13\frac{2}{9}$

7 Wie heißt der Zähler, wie der Nenner?

a) $\frac{8}{12} = \frac{48}{\square}$ b) $\frac{6}{15} = \frac{\square}{105}$ c) $\frac{7}{\square} = \frac{49}{91}$
d) $\frac{3}{\square} = \frac{33}{121}$ e) $\frac{\square}{23} = \frac{10}{115}$ f) $\frac{14}{\square} = \frac{112}{136}$

8 Kürze so weit wie möglich.

$\frac{32}{44}$; $\frac{56}{63}$; $\frac{38}{95}$; $\frac{85}{102}$; $\frac{210}{315}$; $\frac{140}{175}$; $\frac{336}{420}$

9 Gib in Prozent oder als Bruch an.

a) $\frac{3}{5}$ b) $\frac{9}{10}$ c) $\frac{1}{8}$ d) $\frac{5}{4}$
e) 15 % f) 46 % g) 110 % h) 0,5 %

10 Welche der Bruchzahlen sind

a) größer als $\frac{1}{2}$? b) kleiner als $\frac{2}{3}$?

$\frac{13}{20}$; $\frac{12}{25}$; $\frac{24}{37}$; $\frac{45}{97}$; $\frac{54}{108}$; $\frac{43}{21}$; $\frac{21}{43}$; $1\frac{5}{6}$

Mit Kreisen rechnen

Das Rechnen mit Brüchen kannst du dir gut an Kreisen und an Kreisausschnitten vorstellen.

Kreisausschnitte herstellen

Schneide aus farbigem Papier Kreisausschnitte aus, die du zuvor durch Falten über den Mittelpunkt erhalten hast.
Es sollen **zwei Halbe, vier Viertel, acht Achtel** und **sechzehn Sechzehntel** entstehen.

Beschrifte die entstandenen Kreisausschnitte gleich mit den richtigen Brüchen.

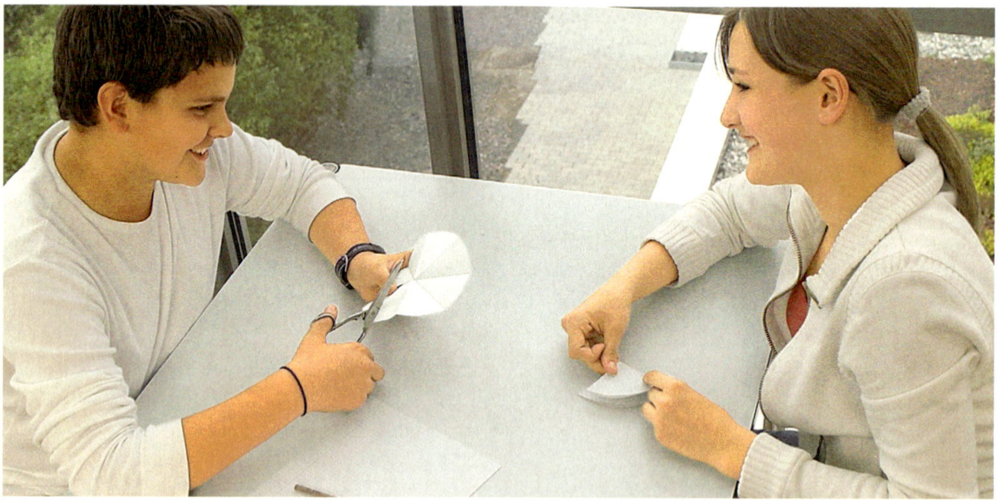

Mit Kreisausschnitten rechnen

Bestimme die Lösungen durch Auslegen:

$\frac{1}{8}+\frac{1}{8}$ $\frac{1}{2}-\frac{1}{8}$ $\frac{1}{8}\cdot 4$ $\frac{1}{4}:2$

Stellt euch gegenseitig weitere Aufgaben. Schreibt die Aufgaben mit ihren Lösungen auf.

Überlege, probiere und schreibe auf:
Durch welche Rechnungen kannst du $\frac{1}{4}$ erhalten?

Was ergibt $\frac{1}{2} + \frac{1}{4} + \frac{1}{8} + \frac{1}{16}$ und $\frac{1}{2} - \frac{1}{4} - \frac{1}{8} - \frac{1}{16}$?

Wie viele Arten findest du, ein Ganzes zu legen?

Mit Kreisausschnitten spielen

Legt abwechselnd Kreisausschnitte zu einem Kreis aneinander.
Wer als Erster über das Ganze hinauskommt, hat verloren.

Ihr könnt das Spiel noch interessanter machen, indem ihr Fünftel, Zehntel und Zwanzigstel oder Drittel, Sechstel und Zwölftel ausschneidet und mitverwendet.

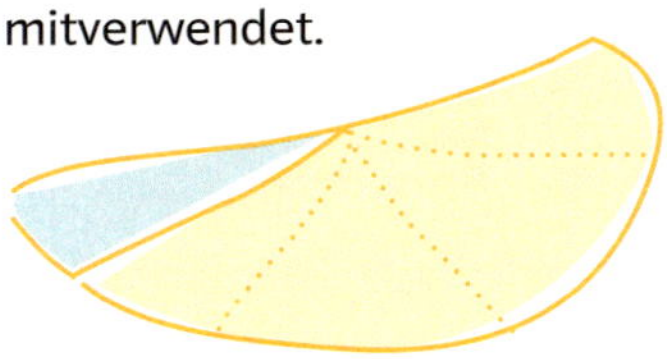

In diesem Kapitel lernst du,

- wie man Brüche addiert und subtrahiert,
- wie man Brüche multipliziert und dividiert,
- wie man Rechenausdrücke mit Brüchen ausrechnet,
- wie man Rechenvorteile erkennt und ausnutzt.

1 Addieren und Subtrahieren gleichnamiger Brüche

→ Legt Papierstreifen, die in zwölf gleiche Teile eingeteilt sind, mit $\frac{2}{12}$-, $\frac{3}{12}$- und $\frac{7}{12}$-Bruchstreifen vollständig aus.
Vier unterschiedliche Möglichkeiten findet ihr schnell.
→ Sucht noch eine weitere Möglichkeit.

Das Addieren und Subtrahieren von Brüchen mit gleichen Nennern kann man am Zahlenstrahl verdeutlichen.

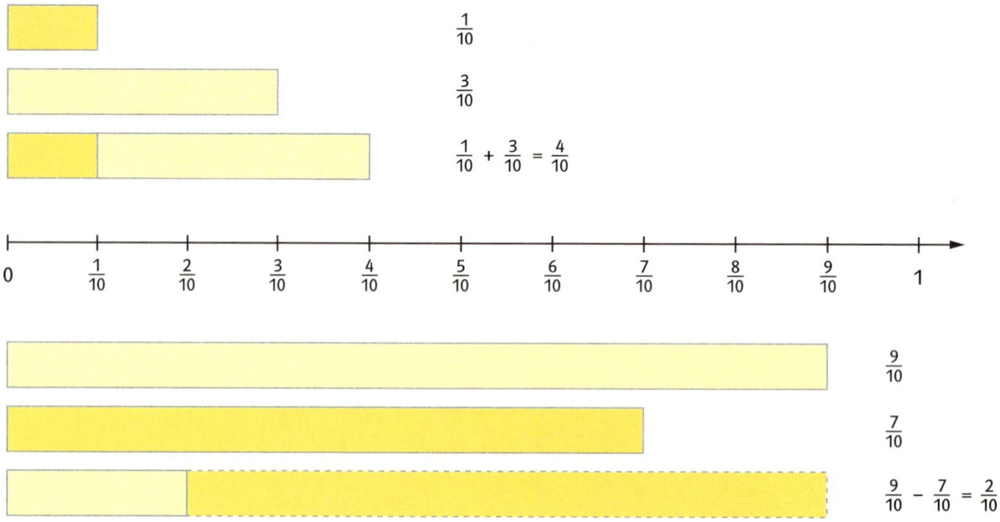

Gleichnamige Brüche werden **addiert**, indem man ihre Zähler addiert und den Nenner beibehält.
Gleichnamige Brüche werden **subtrahiert**, indem man ihre Zähler subtrahiert und den Nenner beibehält.

? $\frac{3}{76543} + \frac{4}{76543}$

$\frac{3}{77777} + \frac{4}{77777}$

Beispiele

a) $\frac{2}{11} + \frac{7}{11} = \frac{9}{11}$

b) $\frac{7}{9} - \frac{2}{9} = \frac{5}{9}$

c) $2\frac{3}{5} + 1\frac{4}{5} = 2 + 1 + \frac{3}{5} + \frac{4}{5} = 3 + \frac{7}{5} = 4\frac{2}{5}$

d) $3\frac{1}{4} - 1\frac{3}{4} = \frac{13}{4} - \frac{7}{4} = \frac{6}{4} = \frac{3}{2} = 1\frac{1}{2}$

Aufgaben

1 Lies und löse.

a) 2 Achtel + 3 Achtel
b) 9 Zehntel – 6 Zehntel
c) 3 Fünftel + 2 Fünftel
d) 4 Viertel – 3 Viertel
e) 6 Zwölftel + 4 Zwölftel
f) 5 Sechstel – 3 Sechstel

2 Fomuliere mindestens eine Additions- und eine Subtraktionsaufgabe und gib das Ergebnis an.

Beispiel:
$\frac{4}{9} + \frac{3}{9} = \frac{7}{9}$
$\frac{4}{9} - \frac{3}{9} = \frac{1}{9}$

a)

b)
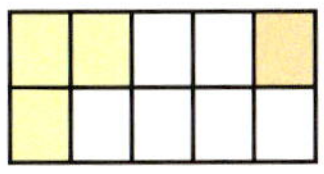

c)
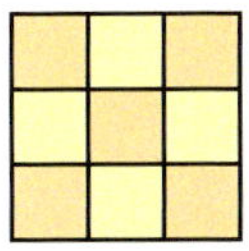

d)

e)
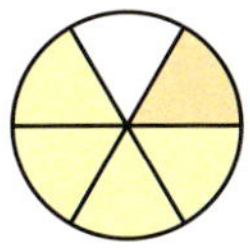

f)

3 Rechne im Kopf.

a) $\frac{2}{5} + \frac{1}{5}$
$\frac{5}{8} - \frac{2}{8}$
$\frac{1}{9} + \frac{7}{9}$

b) $\frac{2}{7} + \frac{3}{7} + \frac{5}{7}$
$\frac{9}{11} - \frac{7}{11} + \frac{2}{11}$
$\frac{11}{13} - \frac{7}{13} - \frac{2}{13}$

4 Rechne und kürze.

a) $\frac{1}{6} + \frac{5}{6}$
$\frac{7}{12} - \frac{1}{12}$
$\frac{1}{8} + \frac{5}{8}$

b) $\frac{3}{15} + \frac{6}{15} + \frac{1}{15}$
$\frac{9}{10} + \frac{3}{10} - \frac{6}{10}$
$\frac{17}{18} - \frac{7}{18} - \frac{1}{18}$

5 Gib das Ergebnis der Rechnung in der gemischten Schreibweise an.

a) $\frac{2}{3} + \frac{2}{3}$
$\frac{9}{4} - \frac{3}{4}$
$\frac{5}{7} + \frac{6}{7}$

b) $\frac{8}{9} + \frac{7}{9} - \frac{2}{9}$
$\frac{40}{13} - \frac{12}{13} - \frac{1}{13}$
$\frac{22}{11} - \frac{2}{11} + \frac{15}{11}$

6 Ergänze.

a) $\frac{\square}{14} + \frac{3}{14} = \frac{9}{14}$
b) $\frac{11}{17} - \frac{5}{\square} = \frac{6}{17}$
c) $\frac{4}{15} + \frac{\square}{15} = \frac{11}{15}$
d) $\frac{22}{27} - \frac{7}{27} = \frac{\square}{27}$
e) $\frac{18}{37} + \frac{17}{37} = \frac{\square}{\square}$
f) $\frac{51}{\square} - \frac{\square}{53} = \frac{26}{53}$

7 Rechne in gemischter Schreibweise.

a) $1\frac{1}{5} + 1\frac{3}{5}$
b) $2\frac{3}{10} - 1\frac{1}{10}$
c) $2\frac{5}{8} + 1\frac{7}{8}$
d) $3\frac{1}{4} - 2\frac{3}{4}$

8 Fülle die Bruchmauern. Nach oben werden benachbarte Brüche addiert und nach unten wird der rechte vom linken subtrahiert.

a) b) c)

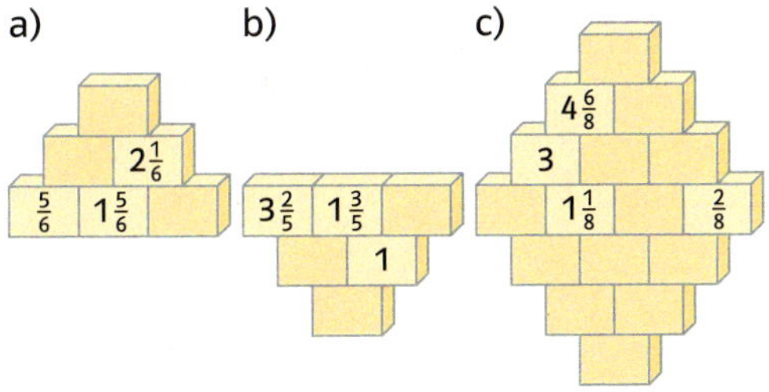

9 Auf welchen Brüchen am Zahlenstrahl landen die ersten sieben Sprünge?

a)
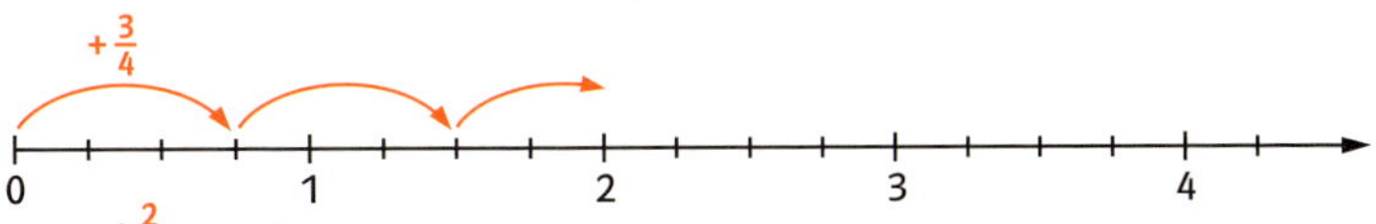

b)
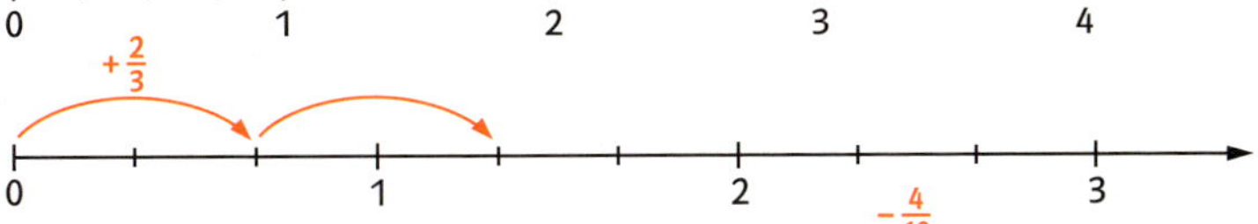

c)
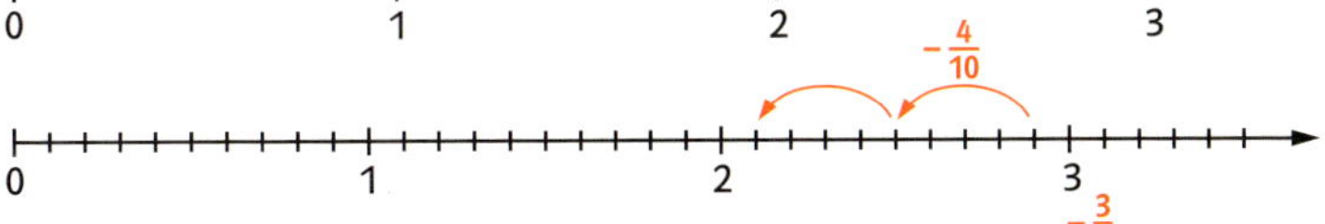

d)
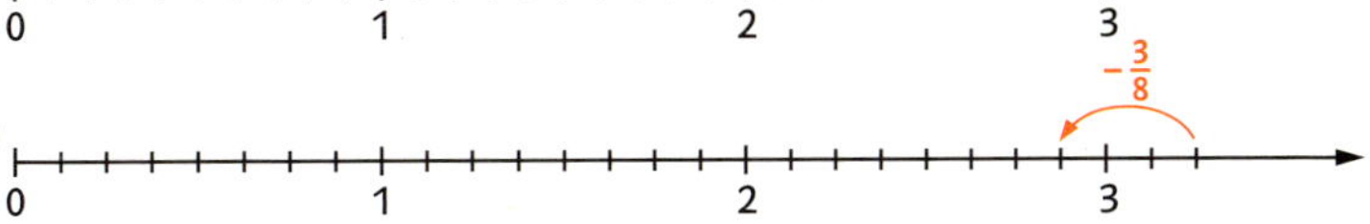

10 Diese Aufgaben kannst du leichter lösen, wenn du das Zifferblatt einer Uhr zur Hilfe nimmst. Gib das Ergebnis einmal als Bruch und zusätzlich auch in einer kleineren Zeiteinheit an.

a) $\frac{2}{4}$h + $\frac{1}{4}$h
b) $\frac{5}{6}$h – $\frac{3}{6}$h
c) $\frac{3}{2}$h + $\frac{1}{2}$h
d) $2\frac{1}{2}$h – $1\frac{1}{2}$h
e) $\frac{3}{4}$h + $1\frac{3}{4}$h
f) $1\frac{3}{4}$h – $\frac{1}{4}$h
g) $\frac{8}{12}$min – $\frac{7}{12}$min
h) $\frac{5}{10}$min – $\frac{4}{10}$min

2 Addieren und Subtrahieren ungleichnamiger Brüche

Falte ein Blatt so, dass du nach dem Auffalten acht gleiche Teile erhältst. Markiere dann $\frac{3}{8}$ und $\frac{1}{4}$ der Fläche.

→ Welchen Bruchteil der Fläche nehmen die zwei markierten Flächen zusammen ein?

→ Um welchen Bruchteil der ganzen Fläche sind $\frac{3}{8}$ größer als $\frac{1}{4}$?

Wenn Brüche mit verschiedenen Nennern addiert oder subtrahiert werden sollen, müssen sie zuerst auf einen gleichen Nenner gebracht werden. Dies geschieht am einfachsten durch Erweitern auf einen gemeinsamen Nenner.

$\frac{1}{4} + \frac{2}{3}$

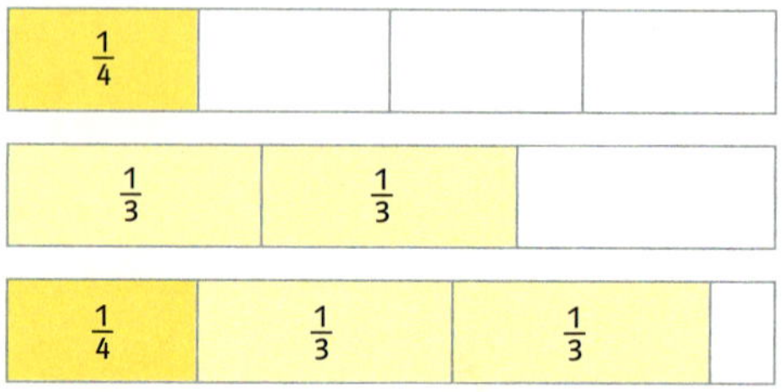

$\frac{1}{4} + \frac{2}{3} = ?$

$\frac{1}{4} + \frac{2}{3}$ mit Erweitern auf Nenner 12

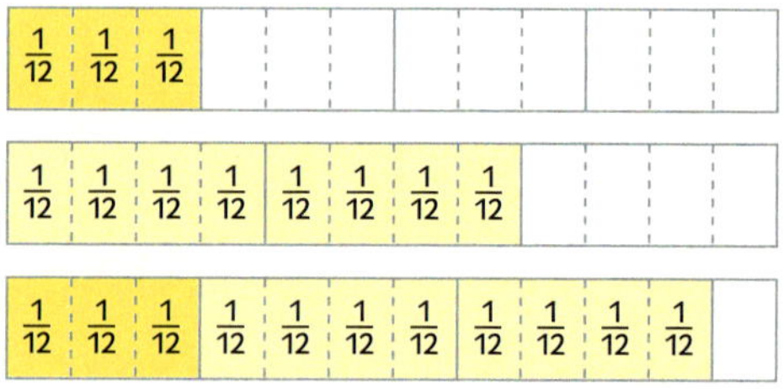

$\frac{1}{4} + \frac{2}{3} = \frac{3}{12} + \frac{8}{12} = \frac{11}{12}$

Ungleichnamige Brüche werden **addiert** oder **subtrahiert**, indem man
1. einen gemeinsamen Nenner bestimmt,
2. die Brüche auf diesen gemeinsamen Nenner erweitert und
3. die gleichnamigen Brüche addiert oder subtrahiert.

Beispiele

a) Ein Nenner ist Vielfaches des anderen Nenners:

$\frac{5}{14} + \frac{2}{7} = \frac{5}{14} + \frac{4}{14} = \frac{9}{14}$

b) Der größere Nenner ist kein Vielfaches des kleineren Nenners:

$\frac{2}{3} - \frac{2}{5} = \frac{2 \cdot 5}{3 \cdot 5} - \frac{2 \cdot 3}{5 \cdot 3} = \frac{10}{15} - \frac{6}{15} = \frac{4}{15}$

c) Bei großen Nennern lohnt es sich, nach gemeinsamen Vielfachen zu suchen:

$\frac{7}{16} + \frac{5}{12} = ?$

$\frac{7 \cdot 3}{16 \cdot 3} + \frac{5 \cdot 4}{12 \cdot 4} = \frac{21}{48} + \frac{20}{48} = \frac{41}{48}$

$V_{16} = \{16; 32; 48; \ldots\}$

$V_{12} = \{12; 24; 36; 48; \ldots\}$

Bemerkung

Der kleinste gemeinsame Nenner wird als Hauptnenner (HN) bezeichnet.

Aufgaben

1 Lies und löse.
a) 1 Halbes + 1 Viertel
b) 1 Drittel – 1 Sechstel
c) 1 Viertel + 3 Achtel
d) 3 Viertel – 1 Halbes

2 Rechne im Kopf.
a) $\frac{1}{2} + \frac{3}{8}$; $\frac{5}{6} - \frac{1}{3}$; $\frac{1}{2} - \frac{1}{10}$
b) $\frac{1}{3} - \frac{1}{12}$; $\frac{1}{5} + \frac{3}{10}$; $\frac{4}{5} - \frac{1}{2}$
c) $\frac{1}{2} + \frac{1}{6}$; $\frac{1}{10} + \frac{4}{5}$; $\frac{2}{3} - \frac{1}{4}$

3 Stelle die Summen und Differenzen im 24er- oder 12er-Streifen dar und berechne sie mit dieser Hilfe.

Beispiel:

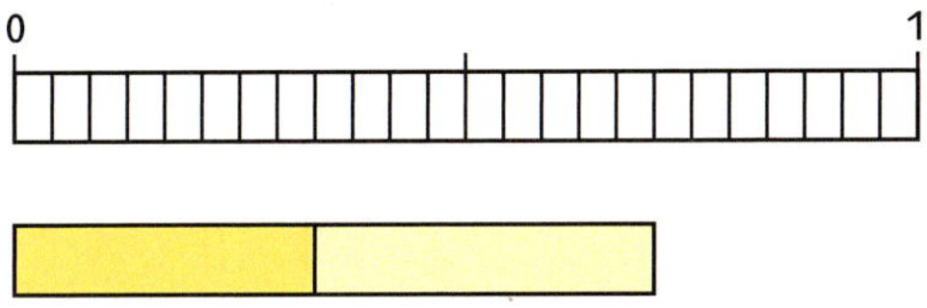

$\frac{1}{3} + \frac{3}{8} = \frac{8}{24} + \frac{9}{24} = \frac{17}{24}$

a) $\frac{1}{4} + \frac{5}{12}$; $\frac{1}{6} + \frac{5}{12}$
b) $\frac{3}{4} + \frac{1}{6}$; $\frac{7}{12} + \frac{1}{4}$
c) $\frac{5}{6} - \frac{5}{8}$; $\frac{2}{3} - \frac{3}{8}$
d) $\frac{3}{12} - \frac{1}{8}$; $\frac{3}{4} - \frac{2}{3}$

4 Addiere oder subtrahiere.
a) $\frac{1}{3} + \frac{1}{4}$; $\frac{1}{4} + \frac{1}{5}$
b) $\frac{1}{4} - \frac{1}{6}$; $\frac{1}{6} - \frac{1}{8}$
c) $\frac{2}{5} + \frac{1}{2}$; $\frac{1}{5} + \frac{2}{8}$
d) $\frac{3}{5} - \frac{1}{2}$; $\frac{5}{6} - \frac{1}{2}$
e) $\frac{3}{8} + \frac{4}{7}$; $\frac{7}{12} + \frac{2}{5}$
f) $\frac{2}{3} - \frac{5}{8}$; $\frac{4}{5} - \frac{4}{9}$

5 Wandle das Ergebnis der Rechnungen wenn möglich in die gemischte Schreibweise um oder kürze.
a) $\frac{1}{3} + \frac{1}{6}$; $\frac{8}{15} - \frac{3}{10}$; $\frac{8}{7} + \frac{1}{14}$
b) $\frac{7}{10} - \frac{4}{9}$; $\frac{8}{9} - \frac{2}{5}$; $\frac{6}{7} - \frac{5}{6}$
c) $\frac{3}{4} + \frac{2}{5}$; $\frac{3}{8} - \frac{1}{9}$; $\frac{5}{12} - \frac{2}{5}$
d) $\frac{17}{16} - \frac{11}{12}$; $1\frac{1}{18} + \frac{4}{9}$; $1\frac{2}{5} - \frac{5}{6}$
e) $\frac{16}{15} + \frac{9}{25}$; $1\frac{7}{8} + 1\frac{4}{5}$; $2\frac{7}{10} - \frac{14}{25}$
f) $\frac{21}{20} + \frac{15}{16}$; $2\frac{2}{9} + 1\frac{11}{15}$; $1\frac{24}{25} - \frac{19}{20}$

6 Addiere oder subtrahiere.
a) $\frac{11}{18} - \frac{29}{90}$; $\frac{8}{15} + \frac{3}{8}$; $\frac{21}{12} - \frac{23}{28}$
b) $\frac{1}{16} + 1\frac{5}{9}$; $1\frac{17}{36} + 2\frac{1}{4}$; $1\frac{1}{18} + \frac{15}{27}$
c) $\frac{97}{96} - \frac{7}{12}$; $\frac{6}{13} - \frac{1}{12}$; $\frac{62}{105} + \frac{43}{70}$

7 Übertrage die Tabellen ins Heft.

a)

+	$\frac{1}{3}$	$\frac{2}{5}$	$\frac{1}{6}$	$\frac{3}{7}$	$\frac{5}{8}$
$\frac{1}{2}$					
$\frac{2}{3}$					
$\frac{3}{4}$					

b)

–	$\frac{2}{7}$	$\frac{3}{8}$	$\frac{1}{9}$
$\frac{1}{2}$			
$\frac{2}{3}$			
$\frac{4}{5}$			
$\frac{7}{8}$			
$\frac{8}{9}$			

8 Subtrahiere den kleineren vom größeren Bruch.
a) $\frac{4}{5}$; $\frac{7}{9}$
b) $\frac{2}{3}$; $\frac{7}{8}$
c) $\frac{3}{11}$; $\frac{2}{7}$
d) $\frac{5}{8}$; $\frac{7}{11}$
e) $\frac{4}{15}$; $\frac{9}{25}$
f) $\frac{6}{13}$; $\frac{4}{9}$

9 Stelle deinem Partner Additions- oder Subtraktionsaufgaben auf dem Nagelbrett wie in den Beispielen. Schreibt eure Aufgaben mit gekürzten Brüchen auf, löst sie und besprecht die Ergebnisse.

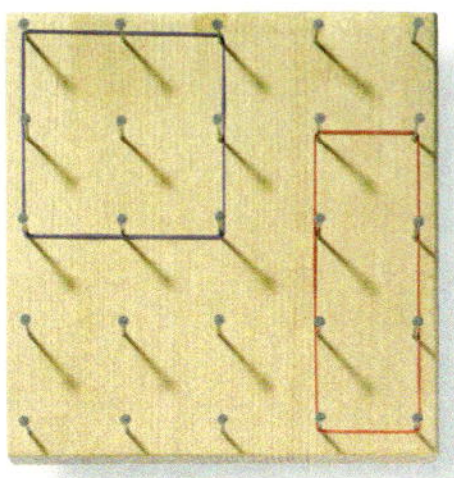

$\frac{1}{4} + \frac{3}{16}$
$= \frac{4}{16} + \frac{3}{16}$
$= \frac{7}{16}$

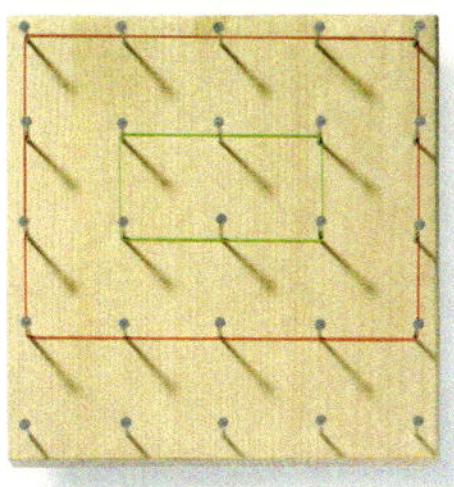

$\frac{3}{4} - \frac{1}{8}$
$= \frac{6}{8} - \frac{1}{8}$
$= \frac{5}{8}$

10 Ordne die Summen oder Differenzen der Größe nach.
a) $\frac{2}{3} + \frac{1}{8}$; $\frac{4}{5} - \frac{3}{10}$; $\frac{5}{6} - \frac{3}{8}$; $\frac{1}{4} + \frac{1}{3}$
b) $\frac{1}{15} + \frac{1}{10}$; $\frac{7}{10} - \frac{3}{5}$; $\frac{1}{6} + \frac{1}{15}$; $\frac{1}{3} - \frac{4}{15}$
c) $\frac{5}{6} - \frac{2}{9}$; $\frac{4}{9} + \frac{3}{10}$; $\frac{7}{20} + \frac{11}{30}$; $\frac{13}{18} - \frac{2}{15}$

11 Berechne die Bruchmauern. Nach oben wird addiert und nach unten subtrahiert.

a) b) c) d)

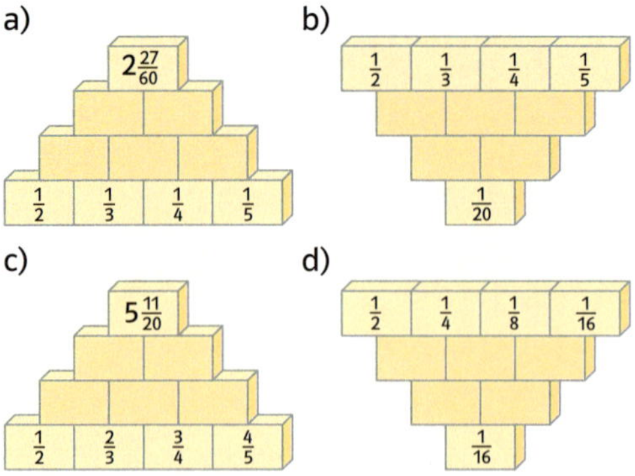

e) Füge in jeder Zeile einen passenden Stein an und rechne neu.

12 Berechne und setze fort.

a) $1 + 4;\ 1 + 2;\ 1 + 1;\ 1 + \frac{1}{2};\ \dots$

b) $1 + \frac{1}{2};\ 1 + \frac{1}{3};\ 1 + \frac{1}{4};\ \dots$

c) $1 + \frac{1}{2};\ 1 + \frac{1}{2} + \frac{1}{3};\ 1 + \frac{1}{2} + \frac{1}{3} + \frac{1}{4};\ \dots$

d) $\frac{2}{3} + \frac{3}{2};\ \frac{3}{4} + \frac{4}{3};\ \frac{4}{5} + \frac{5}{4};\ \dots$

e) $\frac{1}{2} + \frac{1}{4};\ \frac{1}{2} + \frac{1}{4} + \frac{1}{8};\ \frac{1}{2} + \frac{1}{4} + \frac{1}{8} + \frac{1}{16};\ \dots$

Rechengesetze

In Summen dürfen die Summanden vertauscht werden.

Dies ist das **Vertauschungsgesetz** (Kommutativgesetz) der Addition.

$$\frac{1}{3} + \frac{1}{5} = \frac{1}{5} + \frac{1}{3}$$

$$\frac{1}{3} + \frac{1}{5} = \frac{8}{15} \qquad \frac{1}{5} + \frac{1}{3} = \frac{8}{15}$$

In Summen mit drei und mehr Summanden dürfen beliebig Klammern gesetzt oder weggelassen werden.

Dies ist das **Verbindungsgesetz** (Assoziativgesetz) der Addition.

$$\frac{2}{3} + \frac{1}{4} + \frac{1}{2}$$

$$\left(\frac{2}{3} + \frac{1}{4}\right) + \frac{1}{2} = \frac{11}{12} + \frac{1}{2} = \frac{17}{12} = 1\frac{5}{12} \qquad \frac{2}{3} + \left(\frac{1}{4} + \frac{1}{2}\right) = \frac{2}{3} + \frac{3}{4} = \frac{17}{12} = 1\frac{5}{12}$$

■ Nutze beide Gesetze, um dir bei mehrgliedrigen Aufgaben einen Rechenvorteil zu verschaffen.

a) $\frac{5}{6} + \frac{1}{3} + \frac{7}{6}$ b) $\frac{3}{8} + \frac{1}{4} + \frac{3}{8}$ c) $\frac{4}{9} + \frac{3}{14} + \frac{5}{9} + \frac{1}{7}$

d) $\frac{4}{15} + \frac{1}{3} + \frac{1}{15}$ e) $\frac{2}{3} + \frac{2}{5} + 2\frac{1}{3}$ f) $\frac{2}{9} + 1\frac{1}{4} + \frac{17}{18} + 2\frac{3}{4}$

13 Ergänze die Zauberquadrate.
In jeder Zeile, Spalte und Diagonale ist die Summe 1.

a)

$\frac{4}{15}$		$\frac{2}{15}$
	$\frac{1}{3}$	
$\frac{8}{15}$		$\frac{2}{5}$

b)

		$\frac{1}{6}$
	$\frac{1}{3}$	
		$\frac{7}{18}$

14 Findest du den Fehler? Erkläre.

a) $\frac{1}{6} + \frac{3}{5} = \frac{4}{11}$ b) $\frac{3}{8} - \frac{2}{3} = \frac{1}{5}$

c) $\frac{3}{4} - \frac{2}{5} = \frac{1}{20}$ d) $\frac{7}{8} + \frac{2}{3} = \frac{9}{24}$

15 Löse das Rechenpuzzle mit den sechs Zahlenkärtchen.

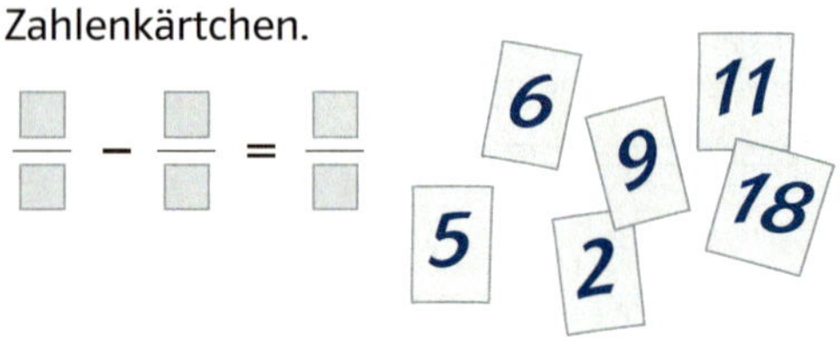

16 Entscheide, ob >, < oder = stehen muss. Dazu brauchst du das Ergebnis nicht jedes Mal auszurechnen.

a) $\frac{12}{25} + \frac{3}{8}$ ☐ 1 b) $\frac{30}{11} - \frac{25}{12}$ ☐ 1

c) $\frac{49}{24} - \frac{12}{13}$ ☐ 1 d) $\frac{13}{24} + \frac{33}{24}$ ☐ 1

17 Suche einen Weg von oben nach unten
a) mit dem kleinsten Summenwert.
b) mit dem größten Summenwert.

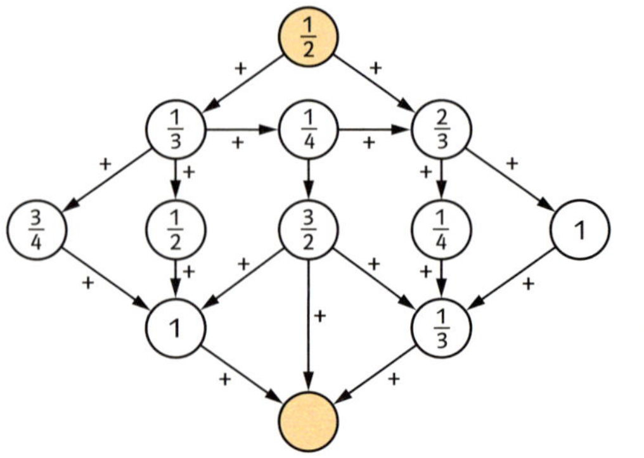

Aufgabe? Skizze?! Lösung!

In einer Schatztruhe funkeln viele Edelsteine. Die Hälfte sind Diamanten, ein Viertel Rubine, ein Siebtel Türkise. Die Namen der sechs übrigen Edelsteine kennt der Schatzsucher nicht. Wie viele Edelsteine sind es?

Eine Skizze verschafft dir Übersicht über die Angaben.
- Skizziere die Schatzkiste.
- Trenne Fächer in etwa der richtigen Größe für die drei bekannten Sorten ab.
- Schreibe die Angaben gut geordnet in die Fächer.

Die bekannten Edelsteine machen $\frac{1}{2} + \frac{1}{4} + \frac{1}{7}$ aller Edelsteine aus, also $\frac{25}{28}$. Die sechs Stück im letzten Fach machen daher $\frac{3}{28}$ aus. Weil es aber nicht 3, sondern 6 Stück sind, wird der Bruch $\frac{3}{28}$ zu $\frac{6}{56}$ erweitert. Du siehst jetzt, insgesamt sind es 56 Edelsteine.

■ Anita gab auf der Klassenfahrt am ersten Tag die Hälfte, am zweiten ein Viertel und am dritten Tag ein Achtel ihres Taschengeldes aus. Danach blieben ihr noch 5 €.

■ Von einem Vogelschwarm fliegen fünf Vögel in den Baum, zehn auf den Dachfirst und 18 verstecken sich in der Hecke. Ein Zwölftel bleibt sitzen.

$\frac{2}{3}$ einer Tafel Schokolade sind $\frac{1}{2}$ Tafel und 2 Stückchen.

■ Wie viele Stückchen hat die Tafel?

18 Florian kauft beim Metzger ein: 1 kg Gulasch, $\frac{1}{2}$ kg Hackfleisch, $\frac{1}{4}$ kg Schinken und 200 g Wurstaufschnitt.
Die Tasche, mit der er seinen Einkauf nach Hause trägt, wiegt 250 g.

19 Für ein Klassenfest mischen die Schülerinnen und Schüler der Klasse 6 ein Erfrischungsgetränk aus $3\frac{1}{2}$ l Orangensaft, $\frac{3}{4}$ l Limonade und 2 Flaschen Grapefruitsaft zu je $\frac{7}{10}$ l zusammen.
Welche Gesamtmenge erhalten sie?

20 Auf einem Blatt sind neun Quadrate verteilt. Jedes von vier roten Quadraten nimmt $\frac{1}{20}$, jedes von drei blauen $\frac{1}{15}$ und jedes von zwei gelben $\frac{1}{12}$ der Gesamtfläche ein. Welcher Teil der Fläche bleibt weiß?

21 Bei einer Wahl mit 15 935 gültigen Stimmen wurden für die Partei A 37 % und für die Partei B 29 % der Stimmen abgegeben. Partei C bekam die restlichen Stimmen. Wer hat die Wahl gewonnen?

22 Die Lösung führt dich in eine sehenswerte Stadt.

$\frac{5}{12} + \frac{1}{3} = \square$ $\frac{3}{7} + \frac{5}{21} = \square$ $\frac{4}{3} + \frac{1}{6} = \square$

$\frac{13}{5} + \frac{17}{10} = \square$ $\frac{5}{8} + \frac{1}{4} = \square$ $\frac{1}{9} + \frac{1}{3} = \square$

$\frac{11}{15} + \frac{4}{5} = \square$

$\frac{23}{15}$ N	$\frac{7}{8}$ H	$\frac{3}{2}$ N
$\frac{4}{9}$ E	$\frac{3}{4}$ M	$\frac{7}{10}$ H
$\frac{43}{10}$ C	$\frac{2}{3}$ Ü	$\frac{7}{9}$ M

23 Ergänze.

Beispiel: $\frac{1}{6} + \square = \frac{3}{4}$; $\frac{2}{12} + \frac{7}{12} = \frac{9}{12}$

a) $\frac{5}{8} + \square = \frac{37}{40}$ b) $\square + \frac{4}{15} = \frac{5}{6}$

c) $\frac{4}{9} + \square = \frac{31}{36}$ d) $\square + \frac{3}{10} = \frac{21}{25}$

e) $\square + \frac{3}{8} = \frac{5}{7}$ f) $\frac{1}{5} + \square = \frac{5}{8}$

24 Ergänze.

Beispiel: $\frac{2}{3} + \frac{\square}{4} = \frac{11}{12}$ $\frac{8}{12} + \frac{3}{12} = \frac{11}{12}$

$\frac{2}{3} + \frac{1}{4} = \frac{11}{12}$

a) $\frac{\square}{9} + \frac{5}{12} = \frac{31}{36}$ b) $\frac{3}{\square} + \frac{5}{12} = \frac{19}{24}$

c) $\frac{3}{8} + \frac{\square}{5} = \frac{31}{40}$ d) $\frac{1}{6} + \frac{2}{\square} = \frac{17}{30}$

e) $\frac{\square}{7} + \frac{2}{3} = \frac{20}{21}$ f) $\frac{1}{\square} + \frac{3}{10} = \frac{7}{15}$

3 Vervielfachen von Brüchen

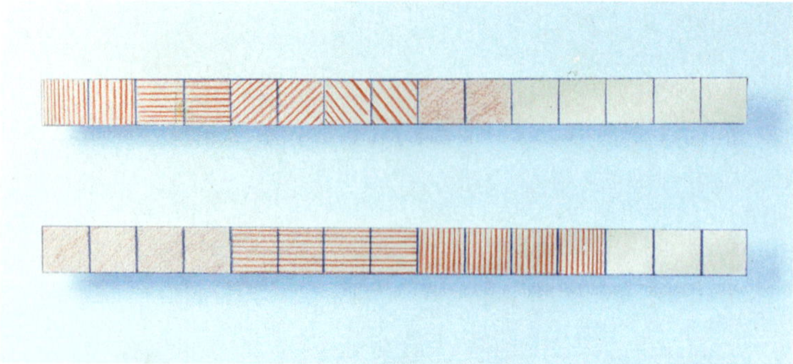

Stelle Papierstreifen mit 15 gleichen Bruchteilen her.

→ Welchen Bruchteil des ganzen Streifens erhältst du, wenn du fünf $\frac{2}{15}$-Bruchteile färbst?

→ Welchen Bruchteil des Ganzen machen drei $\frac{4}{15}$-Bruchteile aus?

→ Stellt euch weitere Färbeaufgaben.

Man kann das Vervielfachen von Brüchen am Zahlenstrahl erklären:

$5 \cdot \frac{3}{4} = \frac{3}{4} + \frac{3}{4} + \frac{3}{4} + \frac{3}{4} + \frac{3}{4} = \frac{15}{4} = 3\frac{3}{4}$

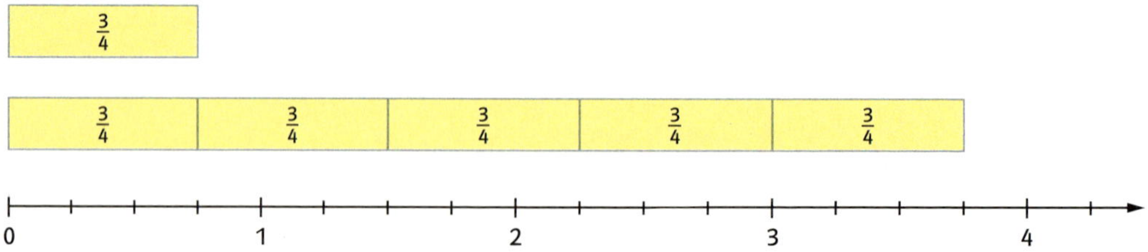

Beim **Vervielfachen eines Bruches** mit einer natürlichen Zahl multipliziert man den Zähler mit der natürlichen Zahl und lässt den Nenner unverändert.

Beispiele

a) $2 \cdot \frac{3}{7} = \frac{2 \cdot 3}{7} = \frac{6}{7}$

b) $5 \cdot \frac{5}{8} = \frac{5 \cdot 5}{8} = \frac{25}{8} = 3\frac{1}{8}$

c) Wenn man vor dem Vervielfachen kürzt, wird die Rechnung einfacher.

$9 \cdot \frac{5}{6} = \frac{9 \cdot 5}{6} = \frac{3 \cdot 5}{2} = \frac{15}{2} = 7\frac{1}{2}$

Bemerkung

Das Schreiben von Vielfachen muss sich deutlich von gemischten Zahlen unterscheiden.

$5 \cdot \frac{1}{5} = \frac{5 \cdot 1}{5} = \frac{5}{5} = 1$

$5\frac{1}{5} = \frac{25}{5} + \frac{1}{5} = \frac{26}{5}$

Aufgaben

1 Lies und löse.

a) 2 · zwei Fünftel
b) 4 · zwei Drittel
c) 3 · drei Zehntel
d) 5 · vier Fünftel
e) 6 · drei Viertel

2 Wie groß ist das Vielfache?
Kontrolliere das Ergebnis am Zahlenstrahl.

a) das 2-fache von $\frac{1}{2}$; $\frac{3}{4}$ und $\frac{5}{4}$
b) das 4-fache von $\frac{1}{6}$; $\frac{3}{8}$ und $\frac{6}{5}$
c) das 3-fache von $\frac{1}{3}$; $\frac{4}{5}$ und $\frac{5}{6}$

3 Vervielfache.

a) $4 \cdot \frac{1}{9}$ b) $7 \cdot \frac{1}{12}$ c) $3 \cdot \frac{2}{7}$
$5 \cdot \frac{2}{11}$ $2 \cdot \frac{4}{5}$ $6 \cdot \frac{6}{7}$

d) $4 \cdot \frac{3}{4}$ e) $5 \cdot \frac{3}{10}$ f) $3 \cdot \frac{5}{6}$
$4 \cdot \frac{3}{2}$ $3 \cdot \frac{13}{9}$ $4 \cdot \frac{23}{12}$

4 Wie heißt das Lösungswort?

2 V | $2\frac{8}{11}$ F | $9\frac{3}{4}$ H | $4\frac{1}{2}$ I | 8 A | 6 L | $4\frac{3}{8}$ C | $7\frac{1}{3}$ E | $1\frac{2}{3}$ E

a) $4 \cdot \frac{1}{2}$ b) $5 \cdot \frac{9}{10}$ c) $8 \cdot \frac{5}{24}$
d) $9 \cdot \frac{2}{3}$ e) $6 \cdot \frac{5}{11}$ f) $10 \cdot \frac{4}{5}$
g) $5 \cdot \frac{7}{8}$ h) $15 \cdot \frac{13}{20}$ i) $24 \cdot \frac{11}{36}$

5 Ergänze.

a) $5 \cdot \frac{\square}{7} = \frac{10}{7}$ b) $\square \cdot \frac{4}{5} = \frac{12}{5}$
c) $7 \cdot \frac{\square}{20} = 2\frac{9}{20}$ d) $\square \cdot \frac{7}{15} = 3\frac{11}{15}$
e) $4 \cdot \frac{\square}{\square} = \frac{24}{11}$ f) $\square \cdot \frac{13}{15} = \frac{52}{\square}$
g) $8 \cdot \frac{6}{\square} = 6\frac{\square}{7}$ h) $11 \cdot \frac{\square}{12} = 4\frac{7}{\square}$

6 Setze die Zahlen 2; 5 und 12 in die Kästchen so ein, dass
a) eine ganze Zahl entsteht.
b) eine Zahl kleiner als 1 entsteht.
c) eine Zahl größer als 1 entsteht.

$$\square \cdot \frac{\square}{\square} =$$

7 Wenn du vier der Brüche richtig auswählst, findest du zu jedem dieser Brüche zwei Partner. Einer davon entsteht durch Erweitern mit einer bestimmten Zahl, der andere durch Vervielfachen mit derselben Zahl.

$\frac{3}{10}$ | $\frac{1}{3}$ | $\frac{5}{15}$ | $\frac{12}{45}$ | $\frac{6}{20}$ | $\frac{5}{3}$ | $\frac{8}{5}$ | $\frac{2}{5}$ | $\frac{8}{20}$ | $\frac{4}{15}$ | $\frac{4}{5}$ | $\frac{3}{5}$

8 Löse durch Probieren oder Überlegen.
a) Kannst du den Bruch $\frac{7}{8}$ so vervielfachen, dass du als Produkt eine natürliche Zahl erhältst?
b) Wie oft ist der Bruch $\frac{5}{6}$ in 5 enthalten?
c) Welche Vielfachen von $\frac{3}{11}$ liegen zwischen den beiden Zahlen 2 und 3?
d) Wie oft passt $\frac{2}{3}$ in 8?
e) Der Bruch $\frac{4}{7}$ soll mit einer natürlichen Zahl so multipliziert werden, dass eine natürliche Zahl kleiner als 15 entsteht.

·	$\frac{2}{3}$	$\frac{5}{8}$	$\frac{7}{12}$
2			
3			
4			
5			
8			

9 In dem Quadrat sind vier Brüche und ihre Vielfachen verteilt. Übertrage ins Heft und färbe die zusammengehörenden Vielfachen in gleichen Farben.

$\frac{1}{2}$	$7\frac{4}{5}$	$\frac{8}{5}$	$\frac{3}{5}$	1
$\frac{27}{5}$	$5\frac{1}{4}$	$5\frac{3}{5}$	$\frac{9}{4}$	$6\frac{3}{5}$
$\frac{2}{5}$	$\frac{26}{5}$	$3\frac{3}{4}$	$\frac{4}{5}$	$3\frac{1}{5}$
$1\frac{4}{5}$	$6\frac{3}{4}$	$\frac{14}{5}$	$\frac{3}{4}$	$\frac{21}{5}$
$\frac{7}{2}$	$\frac{57}{5}$	$\frac{22}{5}$	$10\frac{1}{5}$	$\frac{5}{2}$

10 Petra trainiert in der Woche dreimal eineinhalb Stunden Tennis, Sven fünfmal eine Dreiviertelstunde Gewichtheben und Marion viermal eineinviertel Stunden Badminton.

11 Berechne die Unterrichtszeit in Stunden und Minuten für
a) einen Unterrichtstag mit sechs Schulstunden.
b) eine Unterrichtswoche mit drei Tagen zu sechs und zwei Tagen zu sieben Unterrichtsstunden.

12 a) Legt aus „$\frac{3}{4}$-Stücken" eines Rasters Rechtecke.

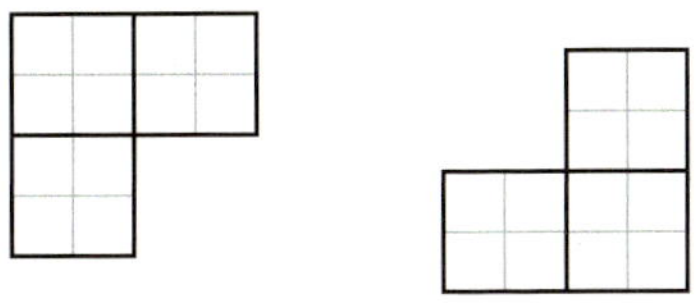

b) Wie viele Stücke braucht ihr für Quadrate verschiedener Größen?

4 Teilen von Brüchen

Faltet zwei Blätter Papier in 16 gleich große Teile. Färbt auf beiden Blättern einen Bruchteil grün.

→ Zerlegt auf einem Blatt den nicht gefärbten Bruchteil in drei gleich große Teile.

→ Was passiert, wenn ihr den nicht gefärbten Bruchteil in zwei gleiche Teile zerlegen wollt?

Ein Bruch lässt sich durch jede natürliche Zahl teilen.
Ist der Zähler ein Vielfaches der Zahl, durch die geteilt werden soll, so wird der Zähler geteilt.

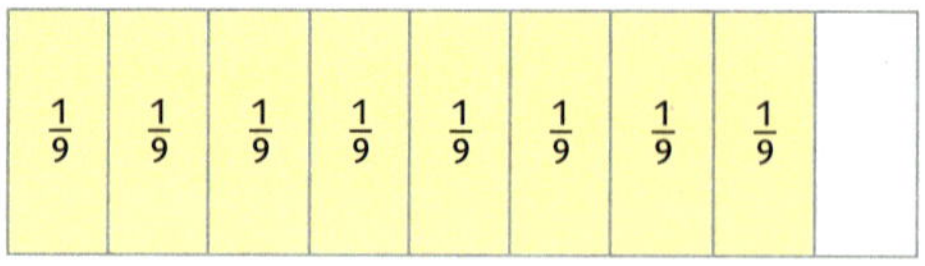

$\frac{8}{9}$

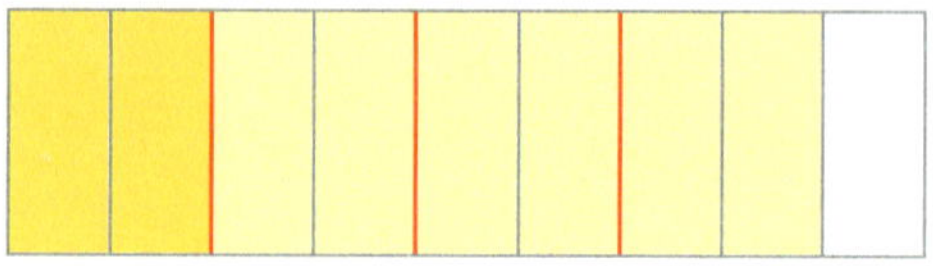

$\frac{8}{9} : 4 = \frac{8:4}{9} = \frac{2}{9}$

Ist der Zähler kein Vielfaches der Zahl, durch die geteilt werden soll, so muss man jeden einzelnen Bruchteil teilen.
Dazu muss man erst erweitern.

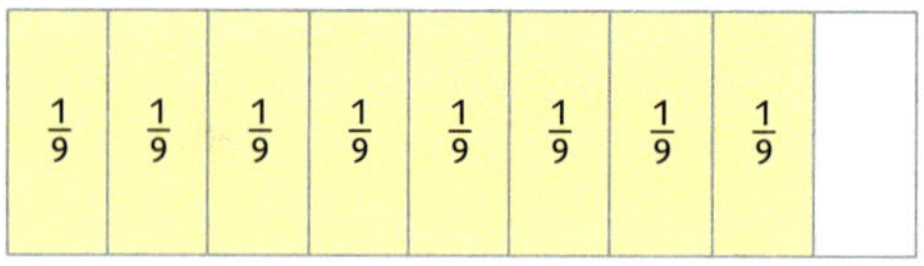

$\frac{8}{9}$

$\frac{1}{9} : 3 = \frac{3}{27} : 3 = \frac{1}{27}$, also $\frac{8}{9} : 3 = \frac{8}{27}$

Man sieht, dass nur der Nenner mit der Zahl vervielfacht werden muss.

$\frac{8}{9} : 3 = \frac{8}{9 \cdot 3} = \frac{8}{27}$

Beim **Teilen** eines Bruches durch eine natürliche Zahl multipliziert man den Nenner mit der Zahl und behält den Zähler bei.

Bemerkung

Die Regel gilt auch, wenn der Zähler ein Vielfaches der Zahl ist, durch die geteilt werden soll:

$\frac{12}{13} : 3 = \frac{12}{13 \cdot 3} = \frac{4}{13 \cdot 1} = \frac{4}{13}$

Beispiele

a) $\frac{5}{7} : 6 = \frac{5}{7 \cdot 6} = \frac{5}{42}$

b) $\frac{6}{7} : 5 = \frac{6}{7 \cdot 5} = \frac{6}{35}$

Aufgaben

1 Was ergibt
a) vier Fünftel geteilt durch 2?
b) die Hälfte von einem Drittel?
c) sechs Siebtel geteilt durch 3?
d) der dritte Teil von einem Viertel?
e) der vierte Teil von einem Drittel?

2 Rechne im Kopf.

a)	b)	c)
$\frac{1}{2}:3$	$\frac{3}{4}:5$	$\frac{5}{8}:4$
$\frac{4}{3}:2$	$\frac{8}{5}:4$	$\frac{15}{7}:5$
$\frac{2}{5}:4$	$\frac{3}{10}:6$	$\frac{4}{7}:8$
$\frac{6}{7}:12$	$\frac{3}{4}:18$	$\frac{6}{11}:9$

3 Dividiere und stelle die Aufgaben nacheinander auf Zahlenstrahlen mit einem Ganzen bei 36 Teilstrichen dar.
$\frac{2}{3}$ durch 2; 3; 4; 6 und 8

Beispiel:

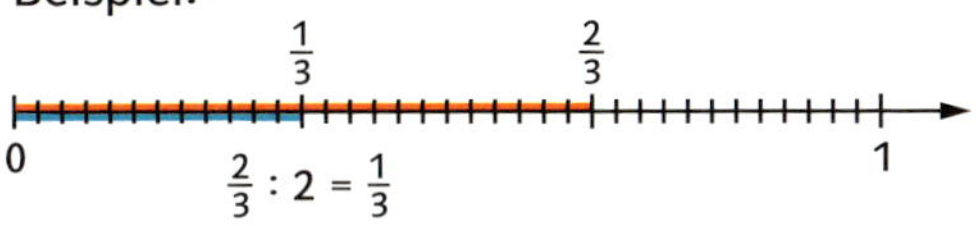

4 Teile der Reihe nach. Was stellst du dabei fest?
a) $\frac{4}{5}$ durch 1; 2; 3; ...; 7 und 8
b) $\frac{8}{15}$ durch 32; 16; 8; 4; 2 und 1

5 Überprüfe deine Rechnung.

Beispiel: $\frac{2}{5}:3 = \frac{2}{15}$ $\quad 3 \cdot \frac{2}{15} = \frac{6}{15} = \frac{2}{5}$

a)	b)	c)
$\frac{4}{9}:8$	$\frac{6}{5}:15$	$\frac{16}{7}:20$
$\frac{6}{7}:24$	$\frac{9}{10}:12$	$\frac{14}{5}:21$
$\frac{13}{20}:26$	$\frac{20}{11}:25$	$\frac{25}{8}:30$

6 Rechne mit Größen. Gib das Ergebnis auch in der nächstkleineren Einheit an.
a) Wie viel ist die Hälfte von $\frac{3}{4}$kg?
b) Teile eine halbe Stunde durch 4.
c) Wie viel ist der dritte Teil von $1\frac{1}{2}$t?
d) Teile einen halben Kilometer durch 10.
e) Wie viel ist der vierte Teil von $\frac{1}{5}$ Liter?
f) Teile einen halben Hektar durch 5.

7 Ergänze.

a) $\frac{2}{3}:\square = \frac{2}{9}$ b) $\frac{8}{9}:\square = \frac{2}{9}$
c) $\frac{\square}{7}:4 = \frac{5}{28}$ d) $\frac{\square}{13}:6 = \frac{2}{13}$
e) $\frac{6}{\square}:5 = \frac{6}{35}$ f) $\frac{10}{\square}:5 = \frac{2}{15}$
g) $\frac{6}{\square}:5 = \frac{3}{35}$ h) $\frac{10}{\square}:5 = \frac{1}{4}$

8 Unterscheide die Ergebnisse beim Teilen und Kürzen.
a) Teile durch 5. Kürze mit 5 und vergleiche.
$\frac{5}{45}$; $\frac{25}{90}$; $\frac{100}{135}$; $\frac{185}{10}$
b) Teile $\frac{24}{32}$ durch 2; 4 und 8.
Kürze $\frac{24}{32}$ mit 2; 4 und 8.
c) Teile $\frac{96}{72}$ durch 2; 3; 4; 6; 8; 12 und 24.
Kürze $\frac{96}{72}$ mit 2; 3; 4; 6; 8; 12 und 24.

9 Setze die Zahlen 3; 5 und 15 so in die Kästchen ein, dass
a) das größtmögliche Ergebnis entsteht.
b) das kleinstmögliche Ergebnis entsteht.

$$\frac{\square}{\square} : \square =$$

10 Drei Freunde vereinbaren telefonisch ein Treffen und starten mit ihren Fahrrädern. Heiner schafft seine $3\frac{1}{2}$km in 15 min, Tom seine $5\frac{1}{4}$km in 21 min und Sebastian seine $2\frac{3}{4}$km in 10 min.
a) Wer fährt am schnellsten?
b) Wann wäre Heiner und wann wäre Sebastian angekommen, wenn beide ebenso schnell wie Tom gefahren wären?

11 Für einen $\frac{3}{4}$km langen Rundweg gibt der Wanderführer 15 Minuten und für den $\frac{1}{5}$km langen Anstieg 12 Minuten Wanderzeit an.

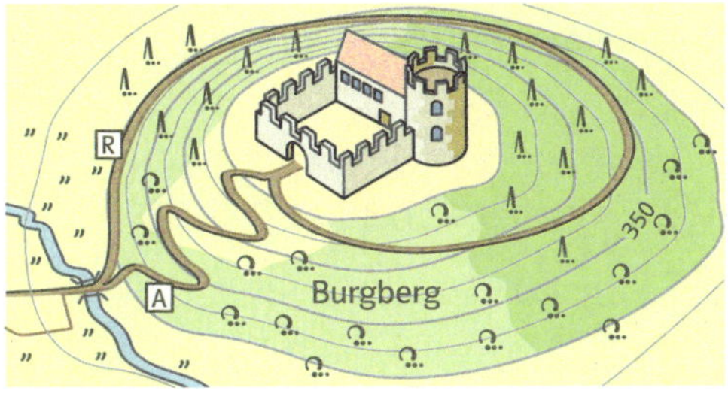

:	2	5	12
$\frac{2}{5}$			
$\frac{5}{9}$			
$\frac{12}{7}$			
$\frac{20}{21}$			
$\frac{60}{31}$			

5 Multiplizieren von Brüchen

➔ Zeichne vier Quadrate auf deinem Blatt, teile sie in 16 gleiche Teile und färbe $\frac{1}{4}$ in einer hellen Farbe.

➔ Schraffiere nun in einer dunkleren Farbe
- das Doppelte von $\frac{1}{4}$,
- das Einfache von $\frac{1}{4}$,
- die Hälfte von $\frac{1}{4}$,
- den vierten Teil von $\frac{1}{4}$.

➔ Welchen Bruchteil vom Ganzen hast du jeweils schraffiert?

Bruchteile von Bruchteilen kann man durch Teilen und Vervielfachen bestimmen.
$\frac{2}{3}$ von $\frac{4}{5}$ kann man sich so vorstellen:

$\frac{4}{5}$ | durch 3 teilen | und mal 2 nehmen

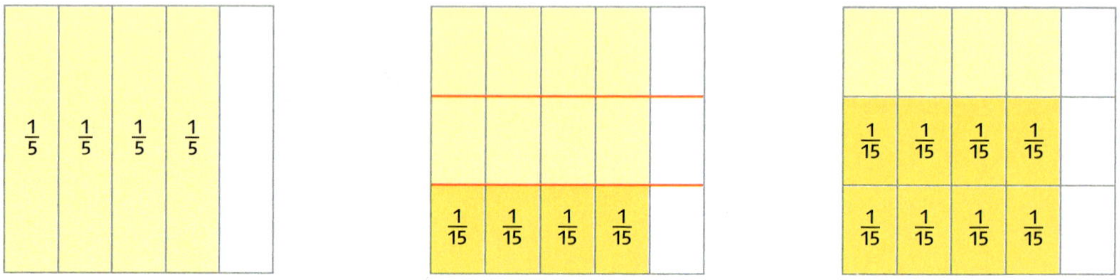

$\frac{4}{5} : 3 = \frac{4}{15}$ $\quad$ $2 \cdot \frac{4}{15} = \frac{8}{15}$

Man erkennt, dass $\frac{8}{15}$ der Bruch ist, der aus $\frac{2}{3}$ und $\frac{4}{5}$ durch Multiplikation der zwei Zähler und der zwei Nenner entstanden ist.

$\frac{2}{3} \cdot \frac{4}{5} = \frac{2 \cdot 4}{3 \cdot 5} = \frac{8}{15}$

Man nennt diesen Rechenvorgang die Multiplikation von Brüchen.

Brüche multiplizieren

$\frac{\textit{Zähler} \cdot \textit{Zähler}}{\textit{Nenner} \cdot \textit{Nenner}}$

Brüche werden **multipliziert**, indem man Zähler mit Zähler und Nenner mit Nenner multipliziert.

Beispiele

a) $\frac{3}{4} \cdot \frac{5}{7} = \frac{3 \cdot 5}{4 \cdot 7} = \frac{15}{28}$

b) $\frac{3}{5} \cdot \frac{7}{4} = \frac{21}{20} = 1\frac{1}{20}$

c) Wenn man vor dem Multiplizieren kürzt, kann man sich die Rechnung vereinfachen.
$\frac{27}{40} \cdot \frac{16}{21} = \frac{27 \cdot 16}{40 \cdot 21} = \frac{3 \cdot 9 \cdot 8 \cdot 2}{8 \cdot 5 \cdot 3 \cdot 7} = \frac{9 \cdot 2}{5 \cdot 7} = \frac{18}{35}$

d) Ist der Faktor eine natürliche Zahl, kann man diese als Bruch schreiben.
$\frac{5}{6} \cdot 4 = \frac{5}{6} \cdot \frac{4}{1} = \frac{5 \cdot 4}{6 \cdot 1} = \frac{5 \cdot 2 \cdot 2}{2 \cdot 3 \cdot 1} = \frac{5 \cdot 2}{3 \cdot 1} = \frac{10}{3} = 3\frac{1}{3}$

Aufgaben

1 Was ergibt
a) ein Drittel von drei Vierteln?
b) $\frac{1}{6}$ von $\frac{3}{4}$?
c) das $\frac{1}{2}$-Fache von vier Fünfteln?
d) $\frac{1}{4}$ von $\frac{3}{5}$?
e) der vierte Teil von $\frac{1}{2}$?

2 Rechne mit einem Rechteck.

Beispiel:
$\frac{2}{3} \cdot \frac{3}{5} = \frac{6}{15} = \frac{2}{5}$

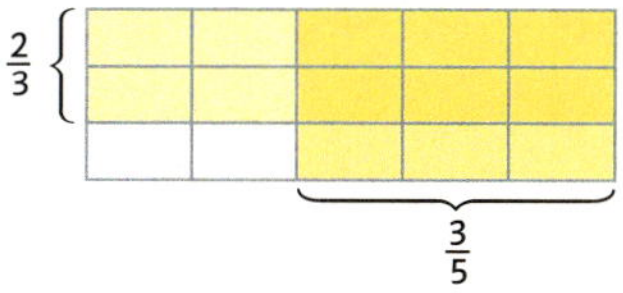

a) $\frac{2}{3} \cdot \frac{1}{4}$ b) $\frac{3}{4} \cdot \frac{2}{3}$ c) $\frac{1}{4} \cdot \frac{1}{10}$

3 Multipliziere.

a)	b)	c)
$\frac{1}{2} \cdot \frac{1}{3}$	$\frac{2}{5} \cdot \frac{3}{4}$	$\frac{4}{5} \cdot \frac{6}{7}$
$\frac{1}{5} \cdot \frac{1}{6}$	$\frac{3}{5} \cdot \frac{4}{7}$	$\frac{7}{9} \cdot \frac{7}{10}$
$\frac{1}{6} \cdot \frac{1}{7}$	$\frac{3}{7} \cdot \frac{3}{8}$	$\frac{2}{7} \cdot \frac{5}{11}$
$\left(\frac{1}{2}\right)^2$	$\left(\frac{2}{3}\right)^2$	$\left(\frac{3}{4}\right)^2$

4 Berechne. Kürze wenn möglich.

a)	b)	c)
$\frac{1}{2} \cdot \frac{4}{5}$	$\frac{6}{7} \cdot \frac{5}{8}$	$\frac{3}{4} \cdot \frac{4}{5}$
$\frac{5}{6} \cdot \frac{3}{5}$	$\frac{8}{3} \cdot \frac{3}{4}$	$\frac{5}{6} \cdot \frac{3}{8}$
$\frac{7}{9} \cdot \frac{3}{10}$	$\frac{2}{7} \cdot \frac{5}{12}$	$\frac{2}{9} \cdot \frac{1}{4}$

d)	e)	f)
$\frac{15}{16} \cdot \frac{12}{25}$	$\frac{9}{16} \cdot \frac{8}{15}$	$\frac{3}{14} \cdot \frac{7}{9}$
$\frac{7}{25} \cdot \frac{10}{21}$	$\frac{18}{35} \cdot \frac{7}{12}$	$\frac{10}{17} \cdot \frac{3}{5}$
$\frac{49}{48} \cdot \frac{16}{35}$	$\frac{15}{17} \cdot \frac{34}{5}$	$\frac{27}{55} \cdot \frac{10}{9}$

5 Würfle mit deinem Partner. Bildet aus den vier Augenzahlen zwei Brüche und multipliziert sie.

Beispiel:

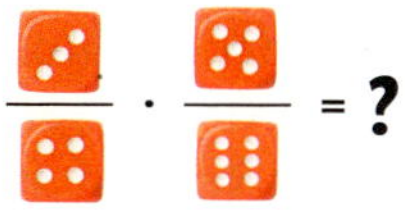

$\frac{3}{4} \cdot \frac{5}{6} = \frac{5}{8}$

a) Wer kommt mit dem Ergebnis einem Ganzen am nächsten?
b) Wer schafft das größere Ergebnis?
c) Wer erreicht das kleinere Ergebnis?

Rechengesetze

In Produkten dürfen die Faktoren vertauscht werden.

Dies ist das **Vertauschungsgesetz** (Kommutativgesetz) der Multiplikation.

$$\frac{5}{7} \cdot \frac{2}{3} = \frac{2}{3} \cdot \frac{5}{7}$$

$$\frac{5}{7} \cdot \frac{2}{3} = \frac{5 \cdot 2}{7 \cdot 3} = \frac{10}{21} \qquad \frac{2}{3} \cdot \frac{5}{7} = \frac{2 \cdot 5}{3 \cdot 7} = \frac{10}{21}$$

In Produkten mit drei und mehr Faktoren dürfen beliebig Klammern gesetzt oder weggelassen werden.

Dies ist das **Verbindungsgesetz** (Assoziativgesetz) der Multiplikation.

$$\left(\frac{2}{5} \cdot \frac{1}{3}\right) \cdot \frac{5}{8} = \frac{2}{5} \cdot \left(\frac{1}{3} \cdot \frac{5}{8}\right)$$

$$\left(\frac{2}{5} \cdot \frac{1}{3}\right) \cdot \frac{5}{8} = \frac{2}{15} \cdot \frac{5}{8} = \frac{1}{12} \qquad \frac{2}{5} \cdot \left(\frac{1}{3} \cdot \frac{5}{8}\right) = \frac{2}{5} \cdot \frac{5}{24} = \frac{1}{12}$$

■ Benutze beide Gesetze, um dir bei umfangreichen Aufgaben Rechenvorteile zu verschaffen.

a) $\frac{4}{5} \cdot \frac{2}{3} \cdot \frac{5}{9}$ b) $\frac{4}{5} \cdot \frac{3}{5} \cdot \frac{3}{4}$
c) $\frac{5}{4} \cdot \frac{3}{8} \cdot \frac{2}{7} \cdot \frac{16}{5}$ d) $\frac{7}{2} \cdot \frac{5}{6} \cdot \frac{8}{7} \cdot \frac{4}{5}$
e) $\frac{5}{7} \cdot \frac{1}{7} \cdot \frac{14}{25} \cdot \frac{49}{3}$ f) $\frac{16}{21} \cdot \frac{5}{9} \cdot \frac{35}{24} \cdot \frac{27}{15}$
g) $\frac{11}{13} \cdot \frac{15}{17} \cdot \frac{13}{19} \cdot \frac{17}{15} \cdot \frac{19}{21}$ h) $\frac{33}{14} \cdot \frac{36}{102} \cdot \frac{13}{15} \cdot \frac{70}{11} \cdot \frac{51}{72} \cdot \frac{45}{39}$

6 Rechne mit Größen.
a) zwei Drittel von $\frac{1}{2}$ Meter
b) ein Drittel von $\frac{3}{4}$ Kilogramm
c) drei Viertel von $\frac{1}{3}$ Liter
d) fünf Sechstel von $\frac{2}{5}$ Gramm
e) vier Fünftel von $\frac{3}{4}$ Kilometern
f) ein Viertel von $\frac{4}{5}$ Dezimetern
g) zwei Drittel von $\frac{3}{4}$ Stunden

7 Hier wird multipliziert.
Der Produktwert steht jeweils in dem Kästchen darüber.

a)

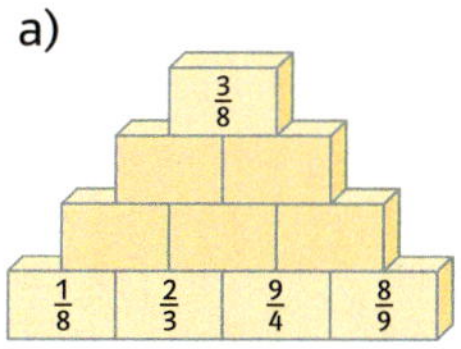

b)

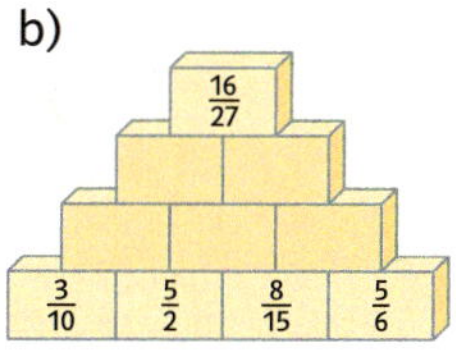

c)

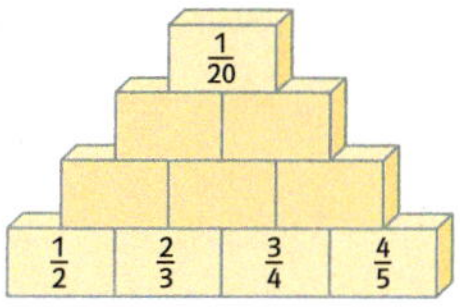

d)

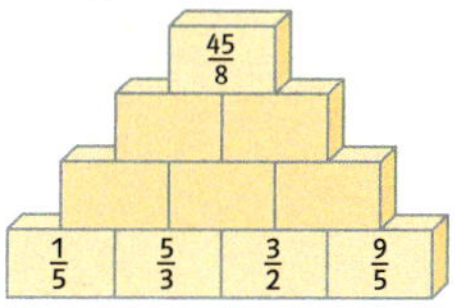

·	$\frac{4}{5}$	$\frac{3}{7}$	$\frac{4}{3}$
$\frac{3}{4}$			
$\frac{7}{8}$			
$\frac{7}{4}$			
$\frac{5}{2}$			
$\frac{10}{9}$			

8 Findest du den Fehler? Erkläre.

a) $\frac{3}{5} \cdot \frac{2}{5} = \frac{6}{10}$ b) $\frac{4}{7} \cdot \frac{2}{7} = \frac{8}{7}$

c) $\frac{3}{4} \cdot 2 = \frac{6}{8}$ d) $\frac{5}{6} \cdot \frac{2}{3} = \frac{7}{9}$

9 Ersetze. Probiere, ob es mehrere Möglichkeiten gibt.

a) $\frac{4}{7} \cdot \frac{5}{9} = \frac{\square}{63}$ b) $\frac{8}{15} = \frac{4}{5} \cdot \frac{\square}{\square}$

c) $\frac{3}{14} = \frac{\square}{\square} \cdot \frac{3}{7}$ d) $\frac{2}{5} \cdot \frac{8}{\square} = \frac{8}{25}$

e) $\frac{8}{5} \cdot \frac{\square}{12} = \frac{16}{15}$ f) $\frac{\square}{10} \cdot \frac{3}{4} = \frac{21}{\square}$

g) $\frac{5}{\square} \cdot \frac{\square}{9} = \frac{5}{18}$ h) $\frac{\square}{15} \cdot \frac{12}{\square} = \frac{84}{120}$

10 Was stellst du fest? Formuliere es.

a) $\frac{5}{11} \cdot \frac{11}{5} = \square$; $\frac{7}{2} \cdot \frac{2}{7} = \square$; $\frac{35}{62} \cdot \frac{62}{35} = \square$

b) $\frac{4}{5} \cdot \square = 1$; $\frac{7}{8} \cdot \square = 1$; $6 \cdot \square = 1$

Bruchrechnung im Mittelalter

Hier siehst du, wie Adam Ries vor über 400 Jahren seinen Zeitgenossen das Multiplizieren mit Bruchzahlen erklärt hat. Lies die Beispiele im Originaltext sehr genau. Entdeckst du einen Druckfehler?

$\frac{3}{4} \cdot \frac{4}{5} = \frac{12}{20}$ oder $\frac{3}{5}$

$24 \cdot \frac{3}{7} = \frac{24}{1} \cdot \frac{3}{7} = 10\frac{2}{7}$

$3\frac{2}{3} \cdot 3\frac{3}{4} = \frac{11}{3} \cdot \frac{15}{4} = 13\frac{3}{4}$

Adam Risen
Rechenbuch

1574.

Multiplicirenin gebrochnen.

Die Zehler multiplicir mit einander / vnnd auch die Nenner/so hastu es gemacht.

Item $\frac{3}{4}$ mit $\frac{4}{5}$ wirdt $\frac{12}{20}$ oder $\frac{3}{5}$ theil.

Wiltu gantze mit gebrochnen multipliciren/ so brich die gantzen mit vnderſetzung 1. Als dann multiplicir die obern mit einander vnd auch die vndern.

Item 24 mit $\frac{3}{7}$ setz $\frac{24}{1}$ mit $\frac{3}{7}$. Machs fort wie oben/kommen $10\frac{2}{7}$ theil. Wiltu aber multipliciren gantze mit gantzen vnd gebrochnen/ oder gantze vnd gebrochne/mit gantzen vnd gebrochnen/so resoluir vorhin die gantzen in theil/vnd machs darnach wie oben.

Item $3\frac{2}{3}$ mit $\frac{3}{4}$. resoluir gantze in theil/kommen $\frac{11}{3}$. $\frac{15}{4}$. Machs nach gesagten/so kommen $13\frac{3}{4}$ theil.

11 Wähle den zweiten Faktor zu $\frac{7}{8}$ so, dass
a) das Produkt kleiner als ein Ganzes ist.
b) das Produkt ein Ganzes ist.
c) das Produkt größer als ein Ganzes ist.

12 Wähle zwei Brüche so aus, dass sich
a) der größte Produktwert ergibt.
b) der kleinste Produktwert ergibt.
c) der Produktwert $1\frac{5}{16}$ entsteht.

13 Fülle die Felder aus.

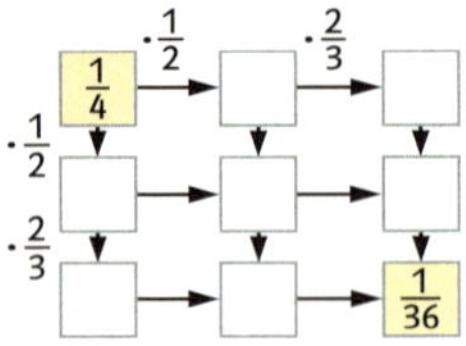

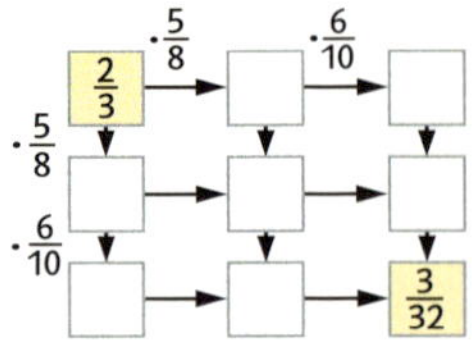

14 Laura erhält drei Viertel eines Lottogewinns und muss ihr Versprechen gegenüber ihrem Freund Luca halten: „Wenn ich gewinne, bekommst du die Hälfte."
a) Mit welchem Anteil am Gesamtgewinn kann Luca rechnen?
b) Wie viel Euro bekommt Luca, wenn der Gesamtgewinn 10 000 € beträgt?

15 Ein 42 km langer Radweg wird angelegt. Davon sind $\frac{4}{7}$ bereits geteert, $\frac{2}{3}$ der geteerten Strecke sind schon befahrbar. Wie viele Kilometer sind das?

16 Der afrikanische Kontinent ist zu $\frac{3}{5}$ mit Wüsten oder Halbwüsten bedeckt. Die Sahara nimmt $\frac{5}{12}$ davon ein. Welcher Anteil am Kontinent ist das?

17 Die Erdoberfläche (510 000 000 km^2) ist zu etwa $\frac{7}{10}$ mit Meeren bedeckt. Davon fallen $\frac{3}{10}$ auf den Atlantischen Ozean, $\frac{1}{5}$ auf den Indischen Ozean und der Rest auf den Pazifischen Ozean.
a) Welchen Anteil der Erdoberfläche nehmen die drei Ozeane ein?
b) Wie viel Quadratkilometer beträgt die Fläche der Ozeane?

6 Dividieren von Brüchen

Faltet zwei Blätter in 16 gleiche Anteile.
Schneidet jeweils $\frac{1}{16}$ ab.
Löst durch Schneiden oder Zeichnen:

→ Wie oft passen $\frac{3}{16}$ in $\frac{15}{16}$?

→ Wie oft passen $\frac{3}{8}$ in $\frac{15}{16}$?

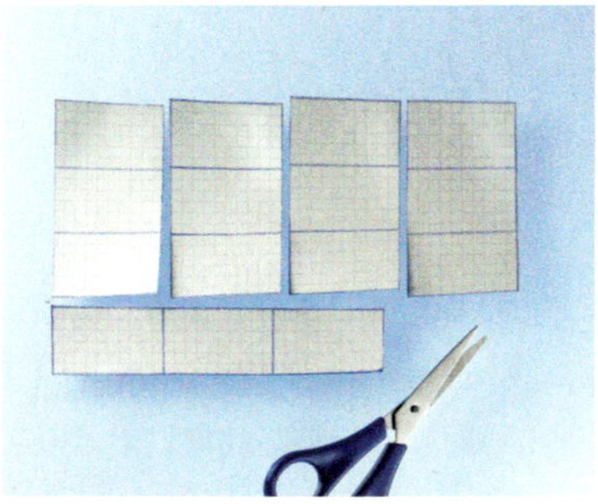

Um zu bestimmen, wie oft $\frac{2}{5}$ in $\frac{3}{4}$ passt, muss man die Divisionsaufgabe $\frac{3}{4} : \frac{2}{5}$ lösen.

$\frac{3}{4}$

$\frac{2}{5}$

Das Ergebnis lässt sich so nur abschätzen. Um es genau zu erhalten, bringt man beide Brüche auf einen gemeinsamen Nenner.

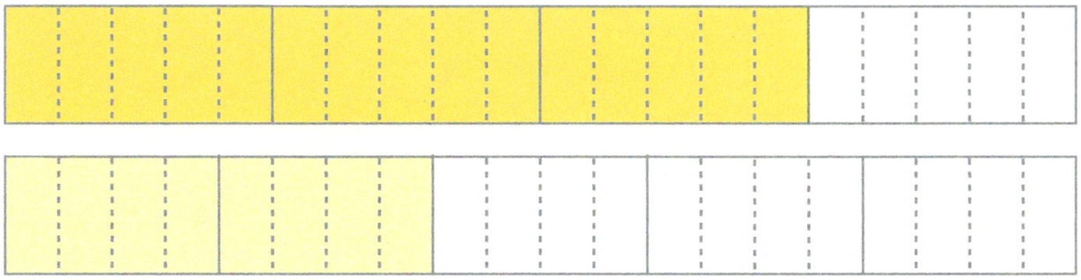

$\frac{3}{4} = \frac{15}{20}$

$\frac{2}{5} = \frac{8}{20}$

Nun sieht man, dass $\frac{8}{20}$ so oft in $\frac{15}{20}$ passt wie 8 in 15. Das Ergebnis ist also $15 : 8 = \frac{15}{8}$.
Man erkennt, dass $\frac{3}{4} : \frac{2}{5} = \frac{15}{8}$ sofort lösbar ist durch $\frac{3}{4} : \frac{2}{5} = \frac{3}{4} \cdot \frac{5}{2} = \frac{15}{8}$.
Die Suche nach einem gemeinsamen Nenner ist damit nicht mehr nötig.
Vertauscht man Zähler und Nenner eines Bruches, so erhält man seinen **Kehrbruch**.
$\frac{5}{2}$ ist also der Kehrbruch von $\frac{2}{5}$.

Brüche werden **dividiert**, indem man den ersten Bruch mit dem Kehrbruch des zweiten Bruches multipliziert.

Beispiele

a) $\frac{4}{7} : \frac{3}{5} = \frac{4}{7} \cdot \frac{5}{3} = \frac{4 \cdot 5}{7 \cdot 3} = \frac{20}{21}$

b) $9 : \frac{3}{4} = \frac{9}{1} : \frac{3}{4} = \frac{9}{1} \cdot \frac{4}{3} = \frac{9 \cdot 4}{1 \cdot 3} = \frac{3 \cdot 3 \cdot 4}{1 \cdot 3} = \frac{12}{1} = 12$

! *Kürzen nicht vergessen!*

Aufgaben

1 Lies und löse.

a) Teile $\frac{3}{4}$ durch $\frac{1}{2}$.

b) Teile $\frac{1}{2}$ durch $\frac{1}{4}$.

c) Wie oft passt $\frac{1}{4}$ in $1\frac{1}{2}$?

d) Wie oft passen $\frac{2}{5}$ in $\frac{3}{2}$?

2 Zeichne zur Erklärung zwei Rechtecke untereinander. Wähle 24 Kästchen für ein Ganzes.

Beispiel: $\frac{3}{4}$ / $\frac{1}{6}$

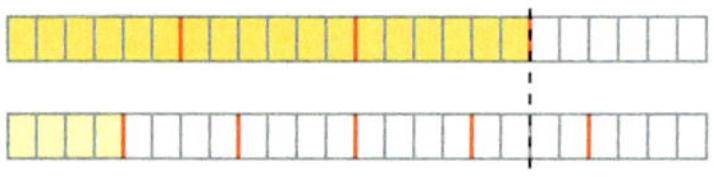

$\frac{3}{4} : \frac{1}{6} = 4\frac{1}{2}$

a) $\frac{2}{3}:\frac{1}{6}$ b) $\frac{5}{6}:\frac{1}{8}$ c) $\frac{7}{8}:\frac{1}{2}$

3 Dividiere die Brüche.

a)	b)	c)
$\frac{2}{3}:\frac{1}{2}$	$\frac{4}{5}:\frac{3}{2}$	$\frac{5}{8}:\frac{2}{3}$
$\frac{1}{7}:\frac{2}{3}$	$\frac{3}{4}:\frac{4}{3}$	$\frac{1}{10}:\frac{1}{20}$
$\frac{5}{4}:\frac{7}{3}$	$\frac{3}{4}:\frac{2}{3}$	$\frac{3}{5}:\frac{2}{7}$
$\frac{4}{5}:\frac{3}{4}$	$\frac{5}{6}:\frac{1}{5}$	$\frac{8}{5}:\frac{9}{7}$

4 Kürze, bevor du rechnest.

a)	b)	c)
$\frac{3}{4}:\frac{9}{8}$	$\frac{3}{5}:\frac{18}{15}$	$\frac{17}{18}:\frac{68}{63}$
$\frac{17}{4}:\frac{17}{2}$	$\frac{13}{6}:\frac{26}{6}$	$\frac{35}{42}:\frac{45}{46}$
$\frac{5}{3}:\frac{7}{3}$	$\frac{29}{3}:\frac{29}{9}$	$\frac{64}{81}:\frac{24}{27}$
$\frac{9}{2}:\frac{27}{4}$	$\frac{4}{13}:\frac{15}{39}$	$\frac{63}{50}:\frac{98}{75}$

5 Gib das Ergebnis der Rechnung als gemischte Zahl an.

a)	b)	c)
$\frac{7}{2}:\frac{7}{3}$	$\frac{48}{7}:\frac{16}{3}$	$\frac{76}{9}:\frac{19}{4}$
$\frac{17}{5}:\frac{8}{5}$	$\frac{35}{4}:\frac{25}{8}$	$\frac{35}{3}:\frac{50}{9}$
$\frac{5}{4}:\frac{15}{28}$	$\frac{19}{22}:\frac{38}{55}$	$\frac{28}{3}:\frac{56}{16}$
$\frac{70}{36}:\frac{35}{27}$	$\frac{22}{21}:\frac{11}{28}$	$\frac{39}{5}:\frac{13}{11}$

6 Ordne die Schilder, die dasselbe Ergebnis haben, einander zu.
Wie heißt das gesuchte Lösungswort?

$\frac{3}{4}\cdot\frac{5}{9}$ C | $\frac{2}{3}\cdot\frac{4}{5}$ H | $1:\frac{15}{8}$ 5 | $\frac{1}{4}:\frac{3}{5}$ 4 | $\frac{12}{13}\cdot2\frac{1}{2}$ 1 | $\frac{4}{7}:\frac{2}{7}$ U

$\frac{3}{4}:\frac{1}{2}$ 2 | $\frac{5}{12}\cdot3\frac{3}{5}$ R | $4:1\frac{11}{15}$ B | $\frac{5}{3}\cdot\frac{6}{5}$ 3

7 Berechne die Aufgaben spaltenweise.

$8:8 =$	$8:8 =$	$8:\frac{1}{2} =$	$\frac{1}{2}:8 =$
$8:4 =$	$4:8 =$	$4:\frac{1}{2} =$	$\frac{1}{2}:4 =$
$8:2 =$	$2:8 =$	$2:\frac{1}{2} =$	$\frac{1}{2}:2 =$
$8:1 =$	$1:8 =$	$1:\frac{1}{2} =$	$\frac{1}{2}:1 =$
$8:\frac{1}{2} =$	$\frac{1}{2}:8 =$	$\frac{1}{2}:\frac{1}{2} =$	$\frac{1}{2}:\frac{1}{2} =$
$8:\frac{1}{4} =$	$\frac{1}{4}:8 =$	$\frac{1}{4}:\frac{1}{2} =$	$\frac{1}{2}:\frac{1}{4} =$
$8:\frac{1}{8} =$	$\frac{1}{8}:8 =$	$\frac{1}{8}:\frac{1}{2} =$	$\frac{1}{2}:\frac{1}{8} =$

8 Was fällt dir auf?

a) $1:\frac{3}{2};\ 1:\frac{4}{5};\ 1:\frac{7}{8};\ 1:\frac{8}{9}$

b) $3:\frac{1}{2};\ 8:\frac{1}{7};\ 4:\frac{1}{3};\ 9:\frac{1}{6}$

c) $\frac{11}{5}:\frac{11}{2};\ \frac{7}{4}:\frac{7}{6};\ \frac{12}{7}:\frac{12}{3};\ \frac{13}{2}:\frac{13}{9}$

d) $\frac{7}{9}:\frac{2}{9};\ \frac{5}{12}:\frac{7}{12};\ \frac{8}{7}:\frac{3}{7};\ \frac{3}{10}:\frac{9}{10}$

9 Dividiere nacheinander.

a) 6 durch $\frac{1}{6};\ \frac{1}{5};\ \frac{1}{4};\ \frac{1}{3};\ \frac{1}{2};\ 1;\ 2;\ 3;\ \ldots$
Wann wird das Ergebnis 1?

b) $\frac{3}{4}$ durch $\frac{1}{2};\ \frac{1}{4};\ \frac{1}{6};\ \frac{1}{8};\ \frac{1}{10};\ \ldots$
Wann wird das Ergebnis größer als 8?

c) $\frac{1}{4}$ durch $4;\ 3;\ 2;\ 1;\ \frac{1}{2};\ \frac{1}{3};\ \frac{1}{4};\ \ldots$
Wann wird das Ergebnis größer als 1?

d) $3\frac{2}{3}$ durch $\frac{1}{3};\ \frac{2}{3};\ \frac{4}{3};\ \frac{8}{3};\ \frac{16}{3};\ \frac{32}{3};\ \ldots$
Wann wird das Ergebnis kleiner als 1?

10 Bilde aus zwei Brüchen eine Divisionsaufgabe, deren Ergebnis

a) kleiner als ein Ganzes ist.

b) ein Ganzes ist.

c) größer als ein Ganzes ist.

11 a) Durch welche Zahl muss man $\frac{1}{16}$ dividieren, um $\frac{1}{2}$ zu erhalten?

b) Welche Zahl muss man durch $2\frac{1}{2}$ dividieren, um $1\frac{3}{4}$ zu erhalten?

c) Durch welche Zahl mus man $2\frac{3}{8}$ dividieren, um $\frac{3}{8}$ zu erhalten?

12 Ordne die Ergebnisse nach ihrer Größe.

a) $8:\frac{8}{9};\ 16:\frac{8}{9};\ 2:\frac{8}{9};\ 4:\frac{8}{9}$

b) $24:\frac{16}{17};\ 24:\frac{4}{17};\ 24:\frac{8}{17};\ 24:\frac{2}{17}$

c) $36:\frac{12}{5};\ 36:\frac{12}{7};\ 36:\frac{12}{11};\ 36:\frac{12}{13}$

13 Ersetze die Leerstellen.

a) $\frac{2}{3} : \square = \frac{4}{3}$
$\frac{3}{5} : \square = \frac{9}{10}$

b) $\frac{1}{3} : \square = \frac{7}{6}$
$\frac{5}{4} : \square = \frac{7}{8}$

c) $\square : \frac{1}{6} = 12$
$\square : 5 = \frac{1}{2}$

d) $\square : \frac{2}{5} = \frac{11}{5}$
$\square : \frac{5}{4} = \frac{3}{4}$

e) $\frac{6}{5} : \square = \frac{3}{10}$
$\square : \frac{8}{5} = \frac{3}{2}$

f) $\frac{3}{4} : \square = \frac{5}{2}$
$\square : \frac{5}{22} = \frac{11}{3}$

14 Wie alt ist der Lokführer? Rechne vom letzten Wagen bis zur Lok.

a)

b)

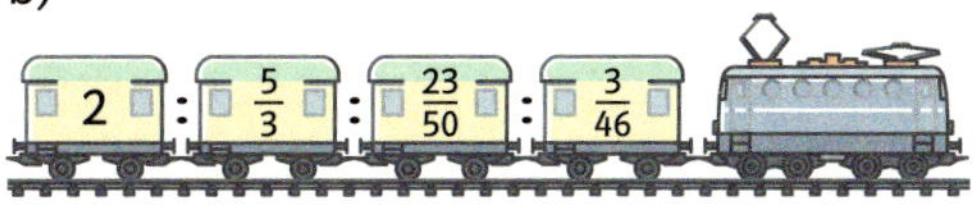

c)

d)

15 Findest du den Fehler? Erkläre.

a) $\frac{3}{4} : \frac{2}{5} = \frac{6}{20} = \frac{3}{10}$

b) $\frac{6}{7} : \frac{3}{7} = \frac{2}{7}$

c) $\frac{4}{5} : 2 = \frac{8}{5} = 1\frac{3}{5}$

d) $\frac{4}{3} : 3 = \frac{12}{9}$

16 Übertrage die unten stehenden Felder in dein Heft und fülle die leeren Felder der Rechtecksrechnung aus.

$\frac{5}{4}$	:	$\frac{1}{2}$	=	
:		:		:
	:	$\frac{1}{5}$	=	
=		=		=
$\frac{15}{4}$	:		=	

17 Rechne und kontrolliere.

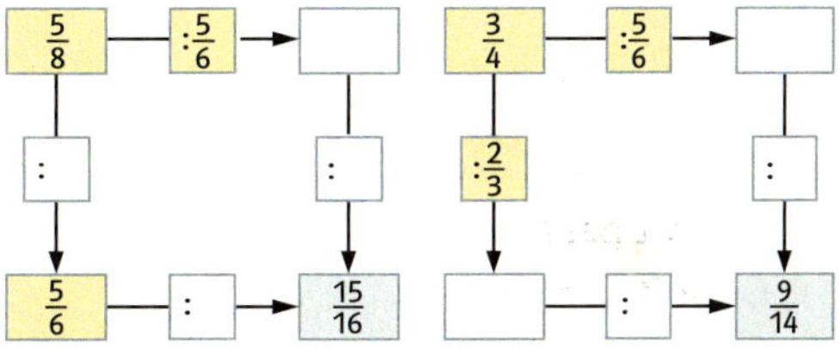

18 Dividiere.

a) $\frac{\frac{4}{5}}{\frac{3}{2}}$

b) $\frac{\frac{3}{4}}{\frac{2}{5}}$

c) $\frac{\frac{13}{5}}{\frac{13}{4}}$

d) $\frac{\frac{40}{9}}{\frac{8}{9}}$

e) $\frac{\frac{8}{5}}{\frac{2}{3}}$

f) $\frac{\frac{9}{14}}{\frac{6}{7}}$

! *Der Doppelbruch ist eine andere Schreibweise für den Quotienten.*
$\frac{\frac{1}{5}}{\frac{2}{3}} = \frac{1}{5} : \frac{2}{3}$

19 Würfle mit deinem Partner, bilde zwei Brüche und dividiere.

Beispiel:

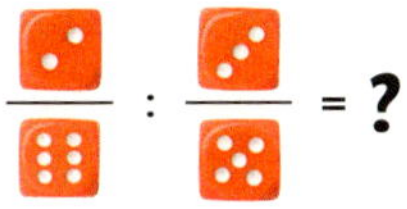

$\frac{2}{6} : \frac{3}{5} = \frac{2 \cdot 5}{6 \cdot 3} = \frac{5}{9}$

a) Wer schafft das größte Ergebnis?
b) Wer schafft das kleinste Ergebnis?

:	$\frac{3}{4}$	$\frac{4}{3}$	$\frac{2}{5}$
$\frac{2}{3}$			
$\frac{3}{2}$			
$\frac{4}{7}$			
$\frac{3}{8}$			
$\frac{11}{10}$			

20 Die Kinder sollen Obst pressen und 20 l Saft in $\frac{7}{10}$-l-Flaschen abfüllen.

21 Auf dem Geburtstag soll mit Kindersekt angestoßen werden. Wie viele Sektgläser können mit zwei Flaschen gefüllt werden?

22 Wenn man für eine Kinderbowle zwei $\frac{3}{4}$-l-Flaschen in das Bowlegefäß gießt, ist es zu $\frac{1}{3}$ gefüllt. Wie viel Liter passen in das Bowlegefäß? Wie viele Flaschen kann man noch hineingießen?

7 Punkt vor Strich. Klammern

Familie Schnell verbringt ihren Winterurlaub in der Schweiz. Die Kinder haben festgestellt, dass man für 2 € ziemlich genau 3 CHF (Schweizer Franken) bekommt und überschlagen ihre Ausgaben immer mit 1 CHF = $\frac{2}{3}$ €. Sie rechnen am Abend ihre Tagesausgaben um:
- einen Imbiss von $27\frac{1}{2}$ CHF;
- einmal Sonnencreme für $2\frac{1}{2}$ CHF und
- eine Liftkarte für 30 CHF.

Ina rechnet $27\frac{1}{2} \cdot \frac{2}{3} + 2\frac{1}{2} \cdot \frac{2}{3} + 30 \cdot \frac{2}{3} = \ldots;$

Hanna rechnet $(27\frac{1}{2} + 2\frac{1}{2} + 30) \cdot \frac{2}{3} = \ldots$

und Julia rechnet $27\frac{1}{2} + 2\frac{1}{2} + 30 \cdot \frac{2}{3} = \ldots$

→ Rechne nach und vergleiche.
Was meinst du dazu?

Für Rechenausdrücke mit natürlichen Zahlen gilt „Punktrechnung vor Strichrechnung". Auch beim Rechnen mit Brüchen kommen Multiplikation und Division vor Addition und Subtraktion. Der Inhalt von Klammern wird zuerst berechnet.

Reihenfolge beim Berechnen von Rechenausdrücken mit Brüchen:
- Punktrechnung kommt vor Strichrechnung.
- Was in Klammern steht, wird zuerst berechnet.

Beispiele

a) Punktrechnung vor Strichrechnung

$\frac{3}{5} + \frac{2}{3} \cdot \frac{1}{4} = \frac{3}{5} + \frac{1}{6} = \frac{23}{30}$

$\frac{7}{2} - \frac{2}{5} : \frac{1}{3} = \frac{7}{2} - \frac{6}{5} = 2\frac{3}{10}$

b) Klammer zuerst

$\left(\frac{4}{9} + \frac{1}{6}\right) : \frac{2}{3} = \frac{11}{8} : \frac{2}{3} = 2\frac{1}{16}$

$\left(\frac{6}{5} - \frac{3}{4}\right) \cdot \frac{3}{5} = \frac{9}{20} \cdot \frac{3}{5} = \frac{27}{100}$

c)

$\frac{2}{3} + \left(\frac{4}{5} \cdot \frac{3}{4} - \frac{3}{10}\right) : \frac{6}{5}$ Punkt vor Strich in der Klammer

$= \frac{2}{3} + \left(\frac{3}{5} - \frac{3}{10}\right) : \frac{6}{5}$ Klammer zuerst

$= \frac{2}{3} + \frac{3}{10} : \frac{6}{5}$ Punkt vor Strich

$= \frac{2}{3} + \frac{1}{4} = \frac{11}{12}$

d) Bei mehreren Klammern gilt wie bei natürlichen Zahlen: Innere Klammer kommt vor äußerer Klammer.

$\left(\frac{5}{6} + \frac{3}{8} : \left(\frac{1}{2} - \frac{1}{4}\right)\right) \cdot \frac{4}{7}$ innere Klammer

$= \left(\frac{5}{6} + \frac{3}{8} : \frac{1}{4}\right) \cdot \frac{4}{7}$ Punkt vor Strich

$= \left(\frac{5}{6} + \frac{3}{2}\right) \cdot \frac{4}{7}$ äußere Klammer

$= \frac{14}{6} \cdot \frac{4}{7} = \frac{4}{3} = 1\frac{1}{3}$

Aufgaben

1 Rechne im Kopf.

a) $\frac{3}{4} + \frac{3}{2} \cdot \frac{1}{2}$
b) $\left(\frac{4}{7} - \frac{2}{7}\right) : \frac{1}{7}$
c) $\frac{1}{3} \cdot \left(\frac{2}{5} + \frac{3}{5}\right)$
d) $\frac{1}{2} + \frac{6}{5} : \frac{3}{5}$
e) $\frac{2}{3} \cdot \frac{3}{4} - \frac{1}{4}$
f) $\frac{3}{5} : \frac{1}{3} - \frac{4}{5}$
g) $\left(\frac{7}{8} - \frac{1}{8}\right) \cdot \frac{2}{3}$
h) $\frac{6}{5} : \left(\frac{3}{10} + \frac{1}{10}\right)$

2 Berechne.

a) $\frac{4}{5} : \frac{2}{3} - \frac{1}{5}$
b) $\frac{5}{8} \cdot \frac{4}{5} - \frac{1}{3}$
c) $\frac{1}{2} + \frac{3}{4} : \frac{2}{5}$
d) $\frac{6}{5} \cdot \left(\frac{2}{3} - \frac{5}{9}\right)$
e) $\left(\frac{2}{5} + \frac{1}{3}\right) : \frac{3}{5}$
f) $\frac{3}{4} : \left(\frac{4}{5} - \frac{3}{5}\right)$
g) $\left(\frac{3}{5} + \frac{3}{4}\right) \cdot \frac{5}{9}$
h) $\frac{1}{3} \cdot \frac{3}{7} + \frac{3}{5}$

3 Schreibe den Rechenbaum als Rechenausdruck und berechne.

a)

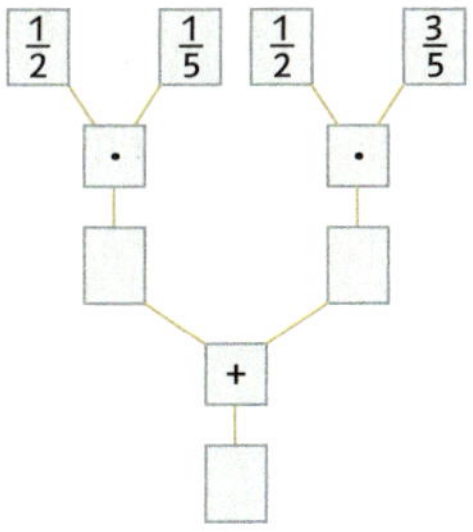

b)

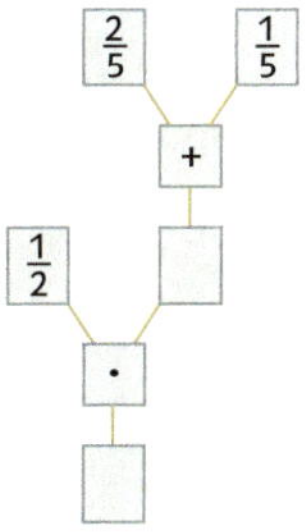

4 Zeichne den passenden Rechenbaum und berechne.

a) $\left(\frac{2}{9} + \frac{1}{3}\right) \cdot \frac{3}{4}$
b) $\frac{5}{2} - \frac{6}{5} \cdot \frac{1}{2}$
c) $\left(\frac{3}{4} + \frac{1}{2}\right) \cdot \left(\frac{4}{5} - \frac{1}{5}\right)$
d) $\frac{3}{4} \cdot \left(\frac{7}{6} - \frac{1}{2}\right)$
e) $\frac{3}{5} : \left(\frac{1}{2} - \frac{1}{3}\right)$
f) $\left(\frac{4}{5} + \frac{2}{15}\right) : \left(\frac{1}{5} + \frac{1}{2}\right)$
g) $\frac{3}{4} \cdot \frac{5}{6} + \frac{3}{4} : \frac{5}{6}$
h) $\left(\frac{2}{3} - \frac{2}{5}\right) \cdot \frac{1}{2}$

5 Beachte die Reihenfolge beim Rechnen.

a) $\frac{3}{5} \cdot \frac{5}{6} - \frac{4}{15} \cdot \left(\frac{3}{4} + \frac{1}{2}\right)$
b) $\left(\frac{8}{9} \cdot \frac{3}{4} + \frac{1}{6}\right) : \frac{5}{8} + \frac{2}{3}$
c) $\left(\frac{1}{4} \cdot \frac{2}{3} + \frac{5}{3}\right) - \frac{8}{5} \cdot \frac{5}{12}$
d) $\left(\frac{1}{4} : \frac{1}{8} + \frac{3}{4} \cdot \frac{2}{3}\right) - \frac{1}{4}$
e) $\left(\frac{4}{9} + \frac{5}{6}\right) \cdot \left(\frac{6}{7} - \frac{3}{14}\right) + \frac{5}{28}$
f) $\left(\frac{1}{6} + \frac{2}{5}\right) \cdot \frac{15}{17} - \frac{1}{4} : \frac{1}{2}$
g) $\left(\frac{8}{9} : \frac{8}{9} - \frac{1}{3}\right) \cdot \frac{6}{5} - \frac{1}{2}$
h) $\frac{4}{5} + \frac{2}{7} \cdot \left(\frac{3}{5} + \frac{1}{10}\right) \cdot \frac{5}{6}$
i) $\frac{2}{3} + \left(\left(\frac{4}{7} \cdot \frac{14}{15} + \frac{2}{5}\right) - \frac{1}{3}\right)$
j) $\left(\left(\frac{7}{6} \cdot \frac{3}{7} + \frac{1}{5}\right) + \frac{3}{10}\right) : \frac{5}{8}$
k) $\frac{8}{11} - \left(\frac{1}{2} : \frac{2}{3} - \frac{2}{3} \cdot \frac{1}{2}\right) \cdot \frac{6}{5}$
l) $\frac{7}{10} + \left(\frac{3}{10} \cdot \frac{5}{2} - \frac{7}{5} : \frac{7}{2}\right) - 1$

6 Berechne den Rechenausdruck.

a) Subtrahiere von 3 das Produkt aus den Zahlen $\frac{5}{9}$ und $\frac{3}{5}$.
b) Addiere zu $\frac{9}{10}$ den Quotienten aus den Zahlen $\frac{5}{12}$ und $\frac{5}{24}$.
c) Vermehre das Produkt aus den Zahlen $\frac{2}{3}$ und 2 um $\frac{3}{4}$.
d) Vermindere den Quotienten aus den Zahlen $\frac{2}{7}$ und $\frac{5}{14}$ um $\frac{3}{10}$.
e) Dividiere die Summe von $\frac{1}{3}$ und $\frac{1}{8}$ durch die Differenz von $\frac{5}{3}$ und $\frac{3}{4}$.
f) Addiere das Produkt der Zahlen $\frac{21}{8}$ und $\frac{4}{3}$ zum Quotienten der Zahlen $\frac{25}{26}$ und $\frac{5}{13}$.
g) Multipliziere die Summe der Zahlen $\frac{5}{12}$ und $\frac{3}{5}$ mit der Differenz der Zahlen 2 und $\frac{4}{5}$.

Summe
$\frac{1}{8} + \frac{1}{8}$

Produkt
$\frac{5}{9} \cdot \frac{3}{5}$

Quotient
$\frac{5}{3} : \frac{3}{4}$

Differenz
$\frac{5}{12} - \frac{5}{24}$

7 □ + △ · ○   □ + △ : ○
□ · △ + ○   □ : △ + ○

a) Berechne mit □ = $\frac{1}{2}$; △ = $\frac{1}{3}$ und ○ = $\frac{1}{4}$.
b) Berechne mit □ = $\frac{1}{4}$; △ = $\frac{1}{5}$ und ○ = $\frac{1}{6}$.
c) Verändere die vier Summen durch Setzen von Klammern in zwei Produkte und zwei Quotienten und rechne nochmals mit den Werten von a).

Ausmultiplizieren und Ausklammern

Wenn man eine Summe mit einer Zahl multipliziert, wird zuerst jeder Summand mit der Zahl multipliziert. Anschließend werden die Produktwerte addiert.

$\frac{3}{4} \cdot \left(\frac{1}{3} + \frac{2}{5}\right) = \frac{3}{4} \cdot \frac{1}{3} + \frac{3}{4} \cdot \frac{2}{5} = \frac{1}{4} + \frac{3}{10} = \frac{5}{20} + \frac{6}{20} = \frac{11}{20}$

Wenn in jedem Summand einer Summe der gleiche Faktor vorkommt, kann man diesen Faktor ausklammern.

Dies ist das **Verteilungsgesetz** (Distributivgesetz).

$\frac{3}{4} \cdot \frac{1}{3} + \frac{3}{4} \cdot \frac{2}{5} = \frac{3}{4} \cdot \left(\frac{1}{3} + \frac{2}{5}\right) = \frac{3}{4} \cdot \left(\frac{5}{15} + \frac{6}{15}\right) = \frac{3}{4} \cdot \frac{11}{15} = \frac{11}{20}$

■ Das Verteilungsgesetz ermöglicht dir kleine Rechenvorteile.

a) $\frac{4}{7} \cdot \frac{3}{8} + \frac{4}{7} \cdot \frac{1}{2}$
b) $\left(\frac{8}{5} + \frac{8}{15}\right) \cdot \frac{5}{4}$
c) $\frac{3}{5} \cdot \left(\frac{10}{9} + \frac{5}{12}\right)$
d) $\frac{3}{4} \cdot \left(\frac{20}{9} + \frac{16}{15}\right)$
e) $\left(\frac{2}{9} + \frac{2}{11}\right) \cdot \frac{99}{100}$
f) $\left(\frac{5}{8} + \frac{5}{7}\right) \cdot \frac{14}{15}$
g) $\frac{2}{3} \cdot \left(\frac{12}{5} + \frac{15}{11}\right)$
h) $\frac{7}{4} \cdot \frac{9}{5} + \frac{1}{4} \cdot \frac{9}{5}$

Addieren von Brüchen

Zwei Brüche werden **addiert**, indem man beide Brüche auf einen gemeinsamen Nenner erweitert und dann die beiden Zähler addiert.

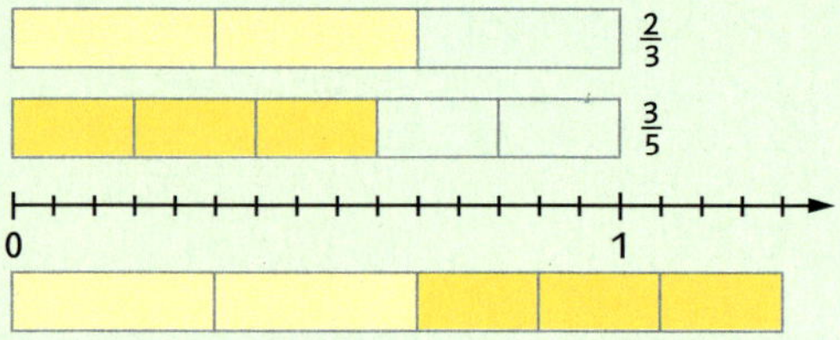

$$\frac{2}{3} + \frac{3}{5} = \frac{2 \cdot 5}{3 \cdot 5} + \frac{3 \cdot 3}{5 \cdot 3} = \frac{10}{15} + \frac{9}{15} = \frac{19}{15} = 1\frac{4}{15}$$

Subtrahieren von Brüchen

Zwei Brüche werden **subtrahiert**, indem man beide Brüche auf einen gemeinsamen Nenner erweitert und dann die beiden Zähler subtrahiert.

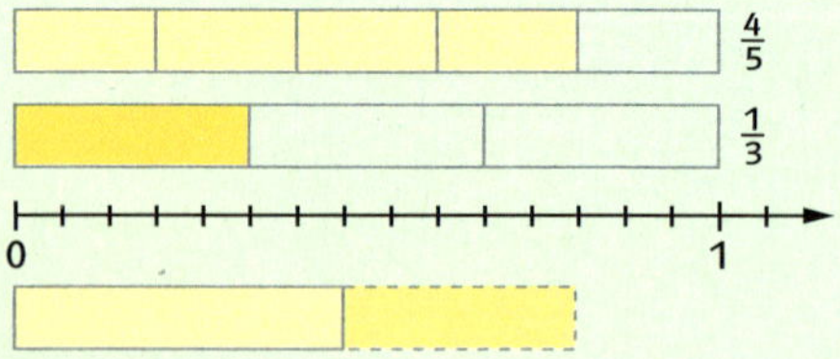

$$\frac{4}{5} - \frac{1}{3} = \frac{4 \cdot 3}{5 \cdot 3} - \frac{1 \cdot 5}{3 \cdot 5} = \frac{12}{15} - \frac{5}{15} = \frac{7}{15}$$

Multiplizieren von Brüchen

Zwei Brüche werden **multipliziert**, indem man Zähler mit Zähler und Nenner mit Nenner multipliziert.

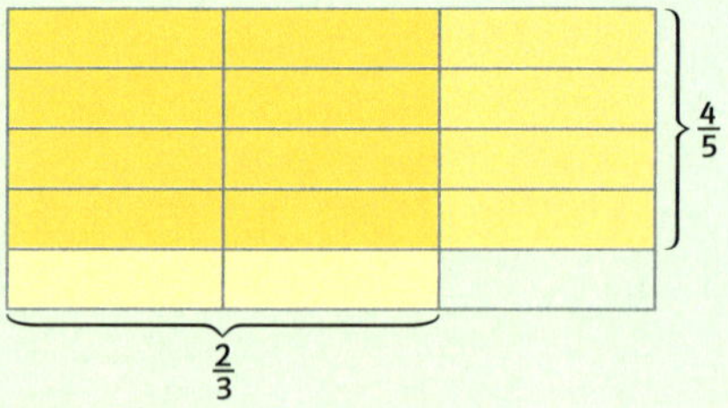

$$\frac{2}{3} \cdot \frac{4}{5} = \frac{2 \cdot 4}{3 \cdot 5} = \frac{8}{15}$$

Dividieren von Brüchen

Zwei Brüche werden **dividiert**, indem man den ersten Bruch mit dem **Kehrbruch** des zweiten Bruches multipliziert.

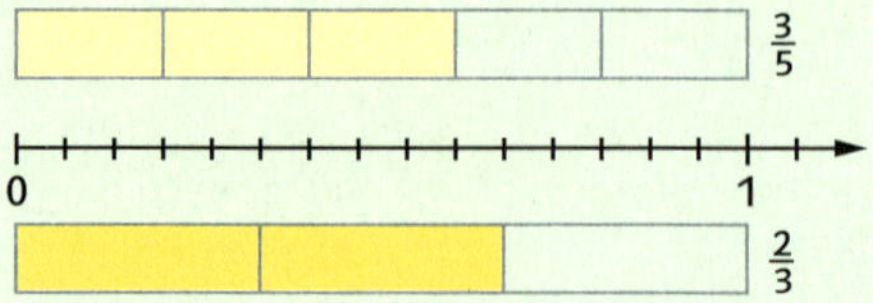

$$\frac{3}{5} : \frac{2}{3} = \frac{3}{5} \cdot \frac{3}{2} = \frac{3 \cdot 3}{5 \cdot 2} = \frac{9}{10}$$

Reihenfolge beim Rechnen

Punktrechnung kommt vor Strichrechnung. Zuerst berechnet man, was in Klammern steht.

$$\begin{aligned} & \frac{4}{7} \cdot \left(\frac{1}{6} + \frac{2}{3} \cdot \frac{1}{4}\right) \\ = & \frac{4}{7} \cdot \left(\frac{1}{6} + \frac{1}{6}\right) \\ = & \frac{4}{7} \cdot \frac{1}{3} \\ = & \frac{4}{21} \end{aligned}$$

Üben • Anwenden • Nachdenken

1 Berechne.

a) $\frac{7}{4} - \frac{11}{12}$; $\frac{2}{5} \cdot \frac{4}{3}$; $\frac{1}{4} : \frac{7}{16}$

b) $\frac{3}{5} \cdot \frac{4}{3}$; $\frac{3}{4} : \frac{7}{6}$; $\frac{5}{6} + \frac{1}{2}$

c) $\frac{9}{10} : \frac{3}{5}$; $\frac{1}{11} - \frac{1}{33}$; $\frac{3}{8} + \frac{5}{12}$

d) $\frac{8}{15} - \frac{1}{4}$; $\frac{3}{8} + \frac{2}{5}$; $\frac{5}{9} \cdot \frac{8}{11}$

2 Rechne teilweise in gemischter Schreibweise.

a) $2\frac{1}{4} + 1\frac{2}{3}$; $1\frac{1}{4} - \frac{5}{8}$; $\frac{5}{4} : \frac{7}{6}$

b) $3\frac{3}{4} - 2\frac{5}{8}$; $\frac{9}{2} \cdot \frac{4}{3}$; $3\frac{3}{8} + 6\frac{1}{4}$

c) $\frac{13}{8} \cdot \frac{3}{5}$; $2\frac{2}{9} + 3\frac{1}{2}$; $\frac{8}{3} : \frac{11}{4}$

d) $\frac{44}{5} : \frac{11}{30}$; $2\frac{2}{11} - \frac{1}{22}$; $\frac{64}{11} \cdot \frac{7}{8}$

3 Bilde mit den Brüchen und Rechenzeichen Aufgaben nach folgendem Muster und rechne.

a) Suche zu jeder Rechenart die Aufgabe mit dem kleinsten und die mit dem größten Ergebnis.
b) Welche Aufgabe führt zum kleinsten und welche zum größten Ergebnis?

4 Setze die Reihe fort.

a) bis $3\frac{1}{3}$: $\frac{1}{3} \rightarrow \frac{5}{6} \rightarrow \ldots$

b) bis 1: $\frac{243}{32} \rightarrow \frac{81}{16} \rightarrow \ldots$

c) bis 2: $\frac{162}{256} \rightarrow \frac{54}{64} \rightarrow \ldots$

d) bis 0: $8 \rightarrow 7\frac{1}{3} \rightarrow \ldots$

5 Fülle die Leerstelle aus.

a) $\square + \frac{2}{5} = \frac{4}{5}$ b) $\square - \frac{8}{19} = \frac{5}{19}$

c) $\square \cdot \frac{1}{2} = \frac{5}{8}$ d) $\square : \frac{6}{5} = \frac{55}{42}$

e) $\frac{19}{27} - \square = \frac{8}{27}$ f) $\frac{25}{32} + \square = \frac{31}{32}$

g) $\frac{3}{7} : \square = \frac{6}{35}$ h) $\frac{3}{4} \cdot \square = 2$

6 Setze den passenden Bruch ein.

a) $\frac{1}{2} \cdot \square = \frac{1}{3}$ b) $\frac{2}{3} + \square = \frac{17}{12}$

c) $\frac{7}{9} - \square = \frac{11}{18}$ d) $\frac{4}{5} : \square = \frac{14}{25}$

e) $\square - \frac{2}{9} = \frac{13}{36}$ f) $\square : \frac{3}{2} = \frac{16}{25}$

g) $\square + \frac{3}{14} = \frac{47}{56}$ h) $\square \cdot \frac{32}{7} = 4$

7 Hier wurden die Rechenzeichen vergessen.

a) $\frac{11}{4} \square \frac{7}{8} = \frac{15}{8}$ b) $\frac{3}{5} \square \frac{3}{8} = \frac{9}{40}$

c) $\frac{3}{7} \square \frac{5}{14} = \frac{11}{14}$ d) $\frac{33}{28} \square \frac{11}{7} = \frac{3}{4}$

e) $\frac{7}{10} \square \frac{7}{3} = \frac{91}{30}$ f) $\frac{8}{3} \square \frac{3}{2} = \frac{7}{6}$

g) $\frac{56}{39} \square \frac{14}{13} = \frac{4}{3}$ h) $\frac{5}{4} \square \frac{3}{8} = \frac{15}{32}$

8 Setze $>$; $<$ oder $=$ ein.

a) $\frac{1}{2} + \frac{1}{3} \square \frac{1}{3} + \frac{1}{4}$ b) $\frac{4}{5} - \frac{1}{3} \square \frac{2}{3} - \frac{1}{12}$

c) $\frac{11}{12} + \frac{1}{4} \square \frac{25}{18} - \frac{2}{9}$ d) $\frac{1}{7} - \frac{1}{9} \square \frac{2}{9} - \frac{1}{7}$

e) $\frac{1}{6} \cdot \frac{3}{7} \square \frac{4}{5} \cdot \frac{1}{8}$ f) $\frac{12}{5} : \frac{3}{10} \square \frac{3}{5} : \frac{27}{20}$

9 Setze die drei Karten in die vier Rechenausdrücke so ein, dass möglichst große Ergebnisse entstehen.
Bilde weitere Rechenausdrücke und setze ebenso ein.

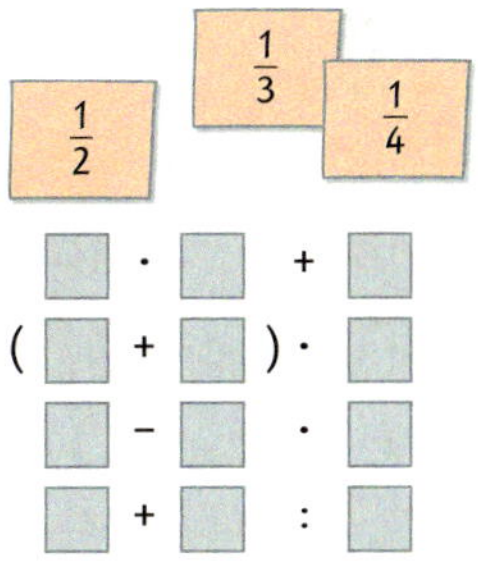

10 Benutze die Rechenregeln zu deinem Vorteil.

a) $\frac{2}{3} + \frac{9}{11} + \frac{1}{3}$ b) $\frac{2}{3} - \frac{1}{7} + \frac{2}{9}$

c) $\frac{3}{5} \cdot \frac{7}{11} \cdot \frac{11}{21}$ d) $\frac{27}{31} \cdot \frac{2}{3} \cdot \frac{31}{9}$

e) $\frac{26}{15} \cdot \frac{25}{28} : \frac{39}{42}$ f) $\frac{4}{5} + \frac{8}{9} : \frac{20}{27}$

g) $\frac{5}{2} : \frac{7}{4} + \frac{4}{7}$ h) $\left(\frac{27}{16} + \frac{3}{8}\right) : \frac{3}{2}$

i) $\left(\frac{11}{4} - \frac{3}{2}\right) : \frac{5}{4}$ j) $\frac{32}{35} \cdot \frac{21}{16} \cdot \frac{14}{3} \cdot \frac{5}{28}$

k) $\frac{13}{24} \cdot \frac{25}{19} \cdot \frac{48}{39} \cdot \frac{57}{75}$ l) $\frac{23}{4} \cdot \frac{2}{3} - \frac{2}{3} : \frac{1}{4}$

11 Berechne.

a) $\frac{4}{15} + \frac{2}{7} - \frac{2}{15} + \frac{5}{7} + \frac{2}{3}$

b) $\frac{2}{3} + 1\frac{1}{2} + \frac{5}{6} - \frac{1}{2} + \frac{7}{12}$

c) $\frac{1}{2} \cdot \frac{3}{4} + \frac{4}{7} : \frac{1}{2} + \frac{5}{8}$

d) $\frac{1}{3} + 2 \cdot \left(\frac{5}{6} - \frac{2}{3}\right) - \frac{5}{12}$

12 Rechne im Kreisparcours links- und rechtsherum.

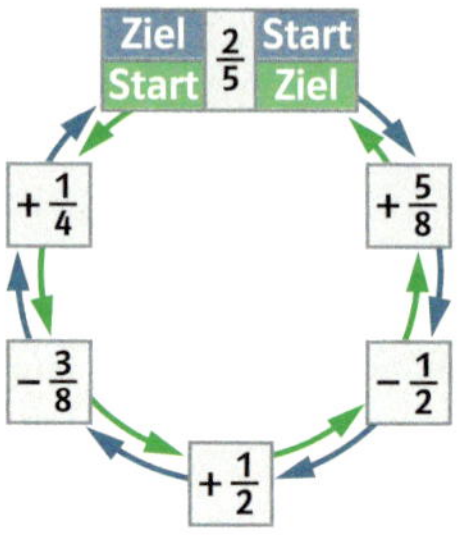

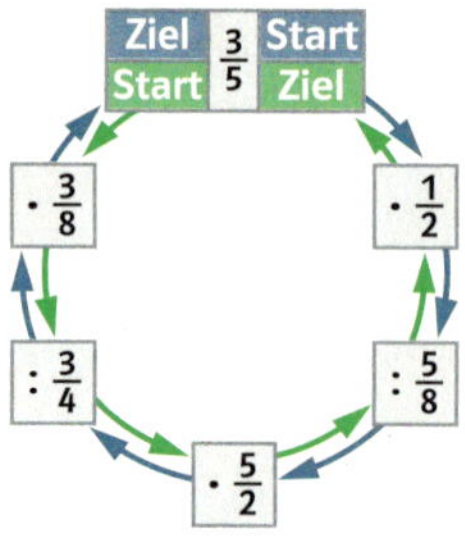

13 Jede Zeile, jede Spalte und jede Diagonale im Quadrat soll die gleiche Summe haben.

a)

$\frac{1}{12}$		$\frac{2}{3}$	
$\frac{7}{6}$		$\frac{11}{12}$	$\frac{1}{6}$
	$\frac{1}{2}$	$\frac{5}{6}$	
$\frac{1}{3}$		$\frac{5}{12}$	$\frac{4}{3}$

b)

$\frac{9}{5}$			$\frac{2}{3}$
	$\frac{8}{5}$	$\frac{6}{5}$	
$\frac{4}{5}$	$\frac{3}{2}$	$\frac{11}{10}$	2
		$\frac{3}{2}$	

14 Erstelle vier Aufgaben, deren Ergebnisse der Zahl 1 sehr nahe kommen. Verwende mindestens in zwei Aufgaben Klammern.

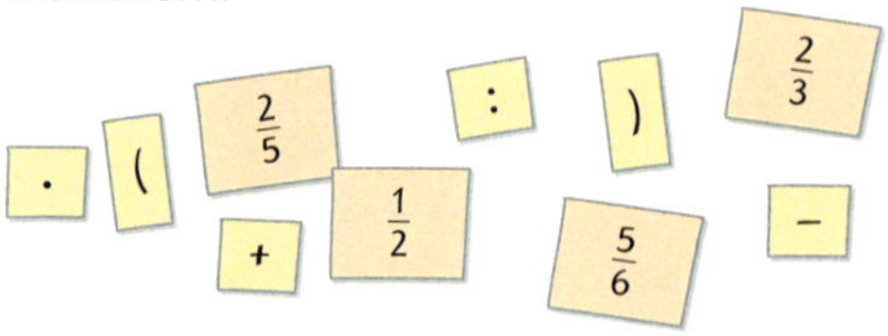

Wer kommt der 1 am nächsten?

15 Löse die Bruchmauern für alle vier Rechenarten.

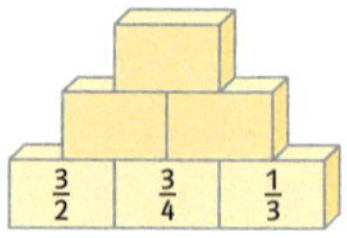

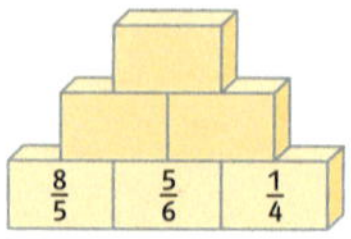

Hier sind alle Schlusssteine:
$\frac{11}{60}$; $\frac{5}{18}$; $\frac{9}{32}$; $\frac{1}{3}$
$\frac{72}{125}$; $\frac{8}{9}$; $3\frac{1}{3}$; $3\frac{31}{60}$

Experimentieren mit Brüchen

■ Subtrahiere und setze die Aufgaben fort.

a) $\frac{1}{2} - \frac{1}{3}$
$\frac{1}{3} - \frac{1}{4}$
$\frac{1}{4} - \frac{1}{5}$
$\frac{1}{5} - \frac{1}{6}$
…

b) $\frac{3}{4} - \frac{3}{5}$
$\frac{3}{6} - \frac{3}{7}$
$\frac{3}{7} - \frac{3}{8}$
$\frac{3}{8} - \frac{3}{9}$
…

c) $\frac{10}{11} - \frac{9}{10}$
$\frac{9}{10} - \frac{8}{9}$
$\frac{8}{9} - \frac{7}{8}$
$\frac{7}{8} - \frac{6}{7}$
…

■ Berechne und setze fort.

$1 + \frac{1}{2}$; $1 + \frac{1}{2} + \frac{1}{4}$; $1 + \frac{1}{2} + \frac{1}{4} + \frac{1}{8}$; …

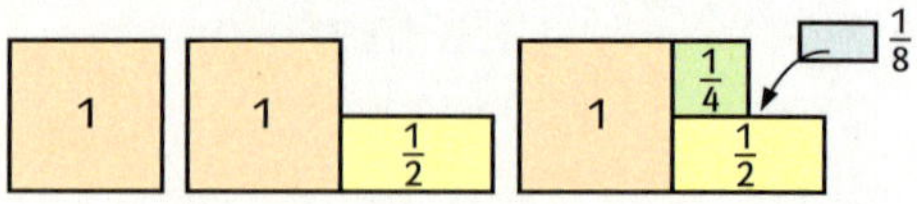

■ Berechne. Erkennst du eine Regel?

$3 - 1$

$3 - \left(1 + \frac{2}{3}\right)$

$3 - \left(1 + \frac{2}{3} + \frac{4}{9}\right)$

$3 - \left(1 + \frac{2}{3} + \frac{4}{9} + \frac{8}{27}\right)$

…

■ Wie geht es weiter? Vergleiche.

$\frac{3}{2} - 1$

$\frac{3}{2} - 1 - \frac{1}{3}$

$\frac{3}{2} - 1 - \frac{1}{3} - \frac{1}{9}$

$\frac{3}{2} - 1 - \frac{1}{3} - \frac{1}{9} - \frac{1}{27}$

…

■ Schreibe die nächste Zeile ohne zu rechnen. Prüfe dann nach.
Berechne den Unterschied zwischen den Ergebnissen und $\frac{1}{2}$. Was fällt dir auf?

$1 - \frac{1}{2} = \frac{1}{2}$

$1 - \frac{1}{2} + \frac{1}{4} = \frac{3}{4}$

$1 - \frac{1}{2} + \frac{1}{4} - \frac{1}{8} = \frac{5}{8}$

$1 - \frac{1}{2} + \frac{1}{4} - \frac{1}{8} + \frac{1}{16} = \frac{11}{16}$

$1 - \frac{1}{2} + \frac{1}{4} - \frac{1}{8} + \frac{1}{16} - \frac{1}{32} = \frac{21}{32}$

…

16 Schreibe zu dem Rechenbaum die Aufgabe und löse sie.

a)

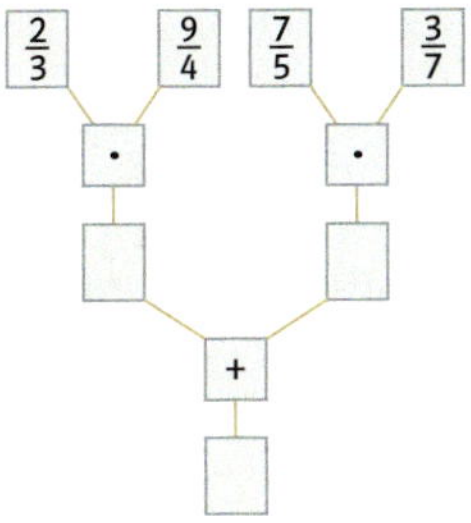

b)

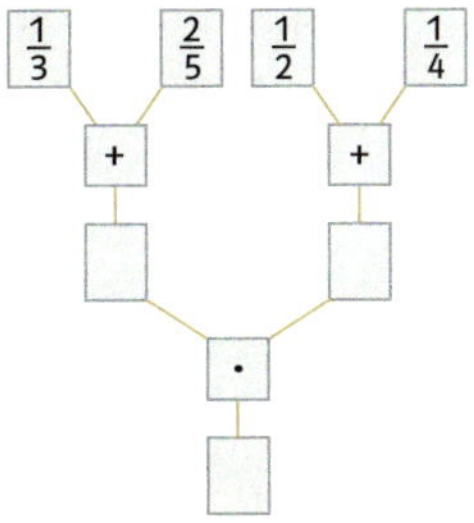

c)

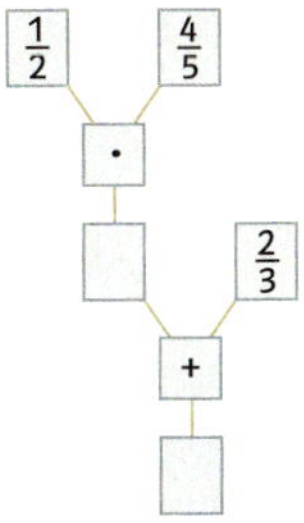

d)

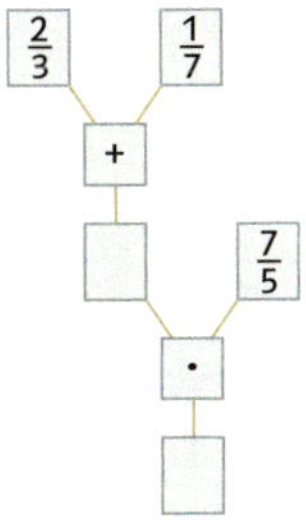

17 Zeichne erst den Rechenbaum und rechne dann.

a) $\frac{2}{9} + \frac{1}{3} \cdot \frac{3}{4}$ b) $\frac{2}{7} \cdot \left(\frac{5}{2} - \frac{3}{4}\right)$

c) $\left(\frac{8}{5} - \frac{2}{3}\right) : \frac{7}{15}$ d) $\frac{2}{5} : \frac{1}{3} + \frac{2}{3} \cdot \frac{4}{5}$

18 Berechne den Umfang der Fläche.

a)

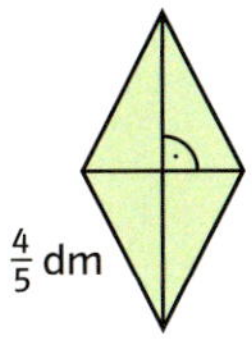

b)

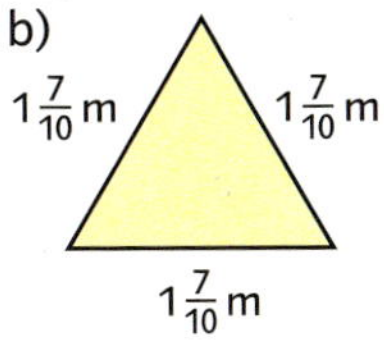

c)

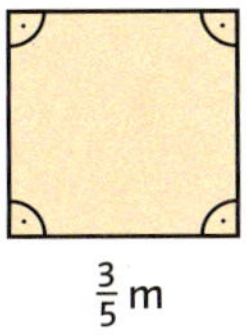

d)

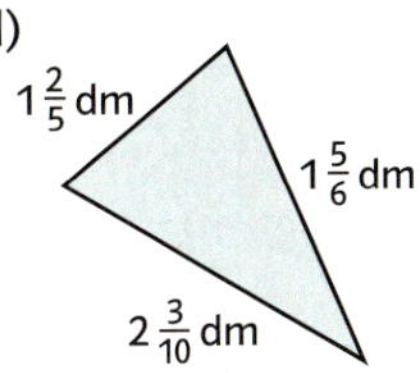

19 Berechne die Summe aller Kantenlängen des Körpers.

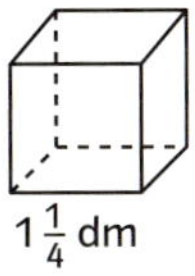

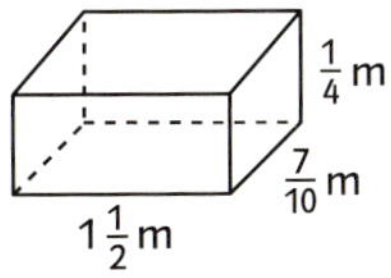

20 Subtrahiere die Summe aus $\frac{3}{4}$ und $\frac{5}{6}$

a) von der Summe der Zahlen $\frac{7}{4}$ und $\frac{5}{9}$.

b) von der Differenz der Zahlen $\frac{17}{3}$ und $\frac{7}{4}$.

c) vom Produkt der Zahlen $\frac{2}{3}$ und $\frac{11}{4}$.

d) vom Quotienten der Zahlen $\frac{3}{5}$ und $\frac{24}{75}$.

Ägyptische Bruchrechnung

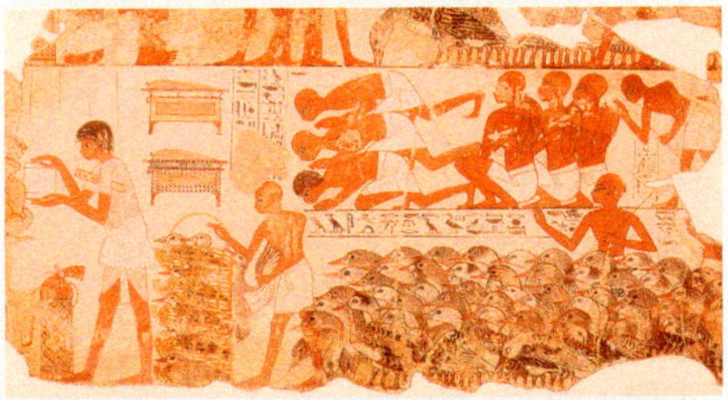

In dem mehr als 3500 Jahre alten ägyptischen Rechenbuch des Ahmes wird bereits mit Brüchen gerechnet. Allerdings kommen nur Brüche mit dem Zähler 1 vor, so genannte Stammbrüche. Andere Brüche werden als Summen von verschiedenen Stammbrüchen geschrieben.

Beispiele: $\frac{2}{7} = \frac{1}{4} + \frac{1}{28}$ $\frac{2}{9} = \frac{1}{5} + \frac{1}{45}$

$\frac{2}{11} = \frac{1}{6} + \frac{1}{66}$ $\frac{7}{8} = \frac{1}{2} + \frac{1}{4} + \frac{1}{8}$

■ Schreibe den folgenden Bruch als Summe aus verschiedenen Stammbrüchen.

a) $\frac{3}{4}$ b) $\frac{5}{6}$ c) $\frac{3}{8}$ d) $\frac{7}{12}$

e) $\frac{2}{9}$ f) $\frac{11}{12}$ g) $\frac{17}{18}$ h) $\frac{19}{20}$

Es gibt ein Rechenverfahren, mit dem man jeden Bruch in eine Summe aus verschiedenen Stammbrüchen umwandeln kann. Du kannst es am Beispiel $\frac{29}{60}$ lernen.

- Subtrahiere von $\frac{29}{60}$ den größtmöglichen Stammbruch: $\frac{29}{60} - \frac{1}{3} = \frac{9}{60} = \frac{3}{20}$
- Verfahre ebenso mit dem Restbruch: $\frac{3}{20} - \frac{1}{10} = \frac{1}{20}$

Der Restbruch ist ein Stammbruch.
Damit ist eine Zerlegung gefunden: $\frac{29}{60} = \frac{1}{3} + \frac{1}{10} + \frac{1}{20}$
Manchmal braucht man noch mehr Schritte.

■ Zerlege nach diesem Verfahren.

a) $\frac{25}{28}$ b) $\frac{17}{40}$ c) $\frac{59}{60}$ d) $\frac{39}{40}$

Mischungen

- Kann man mit zwei Gefäßen, die $\frac{3}{4}$ Liter und $\frac{2}{3}$ Liter fassen, eine Flüssigkeitsmenge von 5 Litern abmessen?
Kann man so auch $\frac{1}{3}$ Liter abmessen?

Die Hälfte des Kirschsafts wird in den Krug mit Apfelsaft umgefüllt. Dann wird gut gemischt. Anschließend wird ein Drittel in den Krug mit Kirschsaft zurückgegossen.

- Wie viel Liter Saftgemisch ist jetzt in jedem Krug?
- Wie groß ist der Anteil des Kirschsafts im linken Krug?
- Wie groß ist der Anteil des Apfelsafts im rechten Krug?

21 Von 1120 Schülerinnen und Schülern einer Schule kommen $\frac{2}{7}$ mit dem Bus, $\frac{3}{8}$ mit der Bahn und $\frac{1}{4}$ mit dem Fahrrad. Der Rest kommt zu Fuß.
Wie viele Schülerinnen und Schüler sind das jeweils?

22 Bei der Gemeinderatswahl haben 2400 Bürger ihre Stimme abgegeben.
Für Partei A haben 47 %, für Partei B 34 % und die übrigen für Partei C gestimmt.
a) Welchen Bruchteil hat Partei C und wie viele Stimmen hat jede Partei bekommen?
b) Zeichne ein Diagramm zur Wahl.

23 Die Heimatzeitung berichtet:
„In Bruchdorf ist $\frac{1}{8}$ der Fläche mit Wohnhäusern, $\frac{1}{24}$ mit öffentlichen Gebäuden und $\frac{1}{5}$ mit Scheunen und Ställen bebaut. Gärten und Wiesen nehmen den Anteil $\frac{7}{12}$ ein. Der Rest, das ist der Anteil $\frac{1}{10}$, wird von Straßen, Wegen und Plätzen beansprucht."
Wo steckt der Fehler?

24 Aus einem Tank mit 3600 Litern werden nacheinander $\frac{1}{4}$; $\frac{1}{5}$; $\frac{1}{8}$ und $\frac{1}{10}$ des ursprünglichen Inhalts entnommen.
a) Welcher Bruchteil bleibt übrig?
b) Wie viel Liter wurden schrittweise und insgesamt abgepumpt?

25 Eine Weinflasche enthält $\frac{7}{10}$ Liter und eine Sektflasche $\frac{3}{4}$ Liter.
a) Welche Flasche enthält mehr?
b) Wie groß ist der Unterschied?
c) Wie viele Gläser zu $\frac{1}{10}$ Liter kann man füllen?

26 Das Eintopf-Rezept ist für vier Personen gedacht.

$\frac{1}{2}$ kg Rindfleisch $\frac{1}{2}$ l Brühe
$\frac{1}{4}$ kg Kartoffeln $\frac{1}{8}$ l saure Sahne
$\frac{3}{4}$ kg Gemüse
50 g Fett
25 g Mehl

Welche Mengen sind für 6 Personen nötig?

27 Die Neubaustrecke der Bundesbahn zwischen Mannheim und Stuttgart ist etwa 100 km lang. Sie besteht zu einem großen Teil aus Tunnels, Geländeeinschnitten und Dämmen.

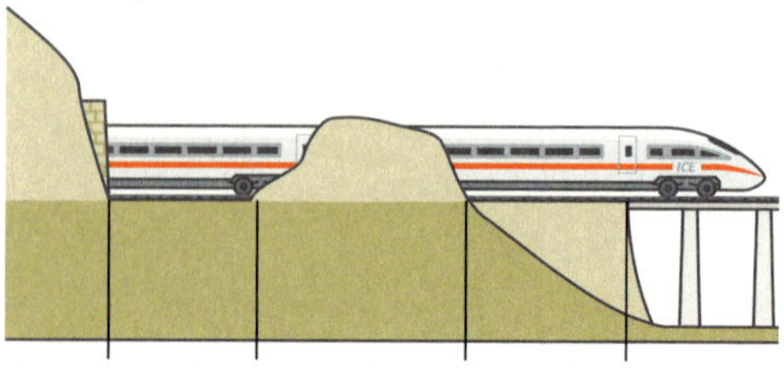

Vervollständige die Tabelle.

	Tunnels	freie Strecken	Geländeeinschnitte	Dämme	Brücken
Länge in km	□	□	□	24	□
Anteil	$\frac{13}{50}$	□	$\frac{2}{5}$	□	$\frac{3}{50}$

Rückspiegel

Rückspiegel

1 Berechne.

a) $\frac{1}{2}+\frac{1}{3}$; $\frac{2}{3}-\frac{1}{2}$; $\frac{3}{4}\cdot\frac{2}{5}$; $\frac{1}{6}:\frac{1}{5}$

b) $\frac{3}{4}-\frac{2}{3}$; $\frac{1}{4}:\frac{2}{5}$; $\frac{1}{3}+\frac{1}{4}$; $\frac{2}{3}\cdot\frac{4}{5}$

c) $\frac{4}{5}\cdot\frac{2}{7}$; $\frac{4}{7}-\frac{1}{5}$; $\frac{2}{7}:\frac{3}{4}$; $\frac{1}{4}+\frac{1}{5}$

2 Berechne. Nutze dabei Rechenvorteile.

a) $\frac{4}{3}\cdot\frac{5}{8}\cdot\frac{9}{5}$; $\frac{16}{7}:\frac{2}{5}-\frac{2}{7}:\frac{2}{5}$; $\frac{3}{7}\cdot\frac{13}{25}+\frac{4}{7}\cdot\frac{13}{25}$; $\left(\frac{5}{11}+\frac{4}{11}\right):\frac{3}{4}$

b) $\frac{5}{9}+1\frac{1}{2}+\frac{4}{9}$; $\left(\frac{3}{8}+\frac{3}{16}\right):3$; $\frac{4}{13}+\frac{2}{11}+\frac{9}{13}+\frac{4}{11}$; $\frac{3}{4}\cdot\left(\frac{4}{9}+\frac{2}{15}+\frac{1}{5}\right)$

3 Berechne und kürze.

a) $1\frac{2}{3}+\frac{7}{12}$; $\frac{7}{15}-\frac{7}{30}$; $\frac{36}{25}\cdot\frac{5}{9}$; $\frac{3}{4}:\frac{5}{3}$

b) $\frac{25}{36}\cdot\frac{63}{45}$; $1\frac{6}{7}+\frac{4}{21}$; $1\frac{3}{4}-\frac{7}{12}$; $\frac{16}{9}:\frac{8}{9}$

c) $2\frac{7}{9}-1\frac{2}{3}$; $\frac{3}{5}:\frac{57}{25}$; $3\frac{2}{9}+3\frac{1}{3}$; $\frac{27}{68}\cdot\frac{85}{36}$

4 Fülle die Leerstellen.

a) $\frac{7}{20}+\square=\frac{42}{60}$; $\frac{7}{5}\cdot\square=\frac{14}{15}$; $\square:\frac{14}{9}=\frac{2}{3}$; $\frac{1}{2}-\square=\frac{1}{5}$

b) $\square-\frac{1}{5}=\frac{11}{20}$; $\square+\frac{1}{4}=\frac{11}{20}$; $\square\cdot\frac{22}{3}=\frac{11}{9}$; $\frac{15}{18}:\square=\frac{1}{2}$

5 In der Technik benutzt man oft die Längenheit Zoll (1″ sind etwa $2\frac{3}{5}$ cm).

a) Welchen Durchmesser in cm hat ein 26-Zoll-Rad?

b) Berechne den Durchmesser der alten 8″-, $5\frac{1}{4}$″- und $3\frac{1}{2}$″-Disketten.

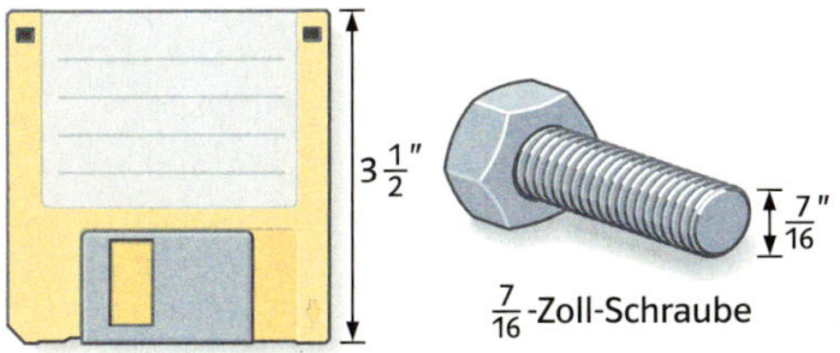

$\frac{7}{16}$-Zoll-Schraube

c) Rechne folgende Angaben in cm um: $\frac{1}{2}$ Zoll; $\frac{3}{4}$ Zoll; $\frac{7}{16}$ Zoll; 16 Zoll und 28 Zoll.

Rückspiegel

1 Berechne.

a) $\frac{3}{4}\cdot\frac{5}{7}$; $\frac{2}{3}+\frac{1}{4}$; $\frac{7}{10}-\frac{2}{7}$; $\frac{3}{5}:\frac{2}{3}$

b) $\frac{3}{8}:\frac{4}{5}$; $12\cdot\frac{17}{6}$; $\frac{1}{5}+\frac{1}{6}$; $\frac{4}{9}-\frac{4}{11}$

c) $\frac{4}{5}+\frac{1}{7}$; $\frac{3}{5}:\frac{5}{7}$; $\frac{5}{21}-\frac{3}{28}$; $\frac{7}{8}\cdot\frac{5}{6}$

2 Berechne. Nutze dabei Rechenvorteile.

a) $1\frac{5}{6}+1\frac{2}{3}+1\frac{1}{6}+1\frac{2}{3}$; $\frac{4}{5}+\frac{5}{12}-\frac{3}{10}$; $\frac{9}{4}\cdot\frac{1}{3}-\frac{4}{9}\cdot\frac{6}{5}$; $\left(\frac{5}{8}-\frac{3}{16}\right):\frac{21}{32}$

b) $\frac{13}{8}:\frac{3}{5}+\frac{19}{8}:\frac{3}{5}$; $\frac{4}{7}\cdot\frac{29}{5}-\frac{14}{5}\cdot\frac{4}{7}$; $\frac{12}{17}\cdot\frac{7}{12}+\frac{9}{4}:\frac{17}{12}$; $\frac{9}{2}\cdot\frac{8}{3}-\frac{2}{10}:\frac{3}{5}$

3 Berechne und kürze.

a) $\frac{7}{4}:\frac{21}{8}$; $4\frac{5}{12}-3\frac{5}{6}$; $\frac{4}{5}\cdot\frac{7}{2}$; $4\frac{2}{3}+2\frac{1}{2}$

b) $\frac{33}{23}\cdot\frac{46}{77}$; $1\frac{7}{20}+2\frac{2}{5}$; $2:\frac{17}{9}$; $3\frac{3}{4}-2\frac{5}{8}$

c) $\frac{45}{49}\cdot\frac{42}{25}$; $1\frac{1}{17}-1\frac{2}{51}$; $\frac{49}{6}:\frac{7}{12}$; $1\frac{7}{8}+1\frac{3}{4}$

4 Fülle die Leerstellen.

a) $\frac{2}{5}+\square=3\frac{11}{15}$; $\square:\frac{44}{21}=\frac{12}{55}$; $4\frac{1}{2}-\square=2\frac{3}{4}$; $\square\cdot\frac{24}{5}=\frac{20}{3}$

b) $\frac{7}{15}\cdot\square=\frac{28}{55}$; $\square-\frac{1}{2}=1\frac{5}{6}$; $\frac{9}{16}:\square=\frac{9}{28}$; $\square+1\frac{3}{4}=2\frac{13}{20}$

5 Rechne mit Bruchteilen von Flüssigkeits- und Mengenangaben.

a) Eine $\frac{3}{4}$-Liter-Flasche ist zu $\frac{1}{3}$ gefüllt. Wie viel Saft ist in der Flasche?

b) Eine $\frac{3}{4}$-Liter-Flasche ist zu $\frac{1}{4}$ gefüllt. Wie viel wurde getrunken?

c) Wie viele $\frac{3}{4}$-Liter-Flaschen werden benötigt, um $5\frac{1}{4}$ l Saft abzufüllen?

d) Für einen Früchtetrunk werden $1\frac{1}{2}$ l Milch, $\frac{3}{8}$ l pürierte Früchte und $\frac{1}{8}$ l Sirup gut verrührt. Wie viel Liter sind das?

e) Fleisch besteht durchschnittlich zu zwei Dritteln aus Wasser. Wie viel Wasser ist in $1\frac{1}{2}$ kg Fleisch?

f) 10 l Benzin wiegen $7\frac{1}{2}$ kg. Wie viel wiegt 1 l Benzin?

Genauer gehts nicht

Ob beim Umgang mit Geld, beim Messen der Körpergröße, bei der Angabe von Temperaturen oder beim Ablesen des Gaszählers – überall werden heutzutage Kommazahlen verwendet.

In der Mathematik nennt man die Kommazahlen auch Dezimalbrüche.

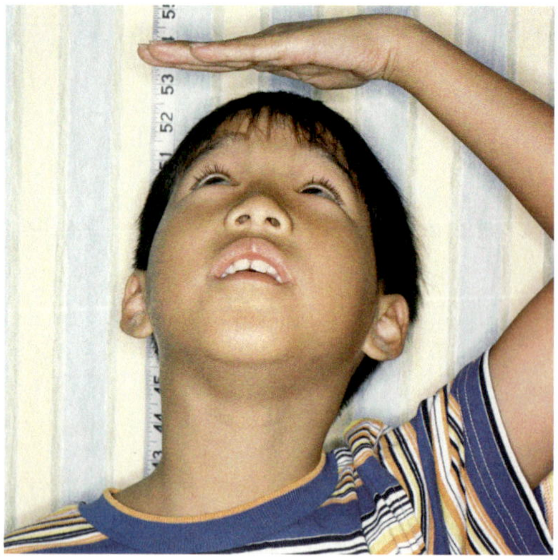

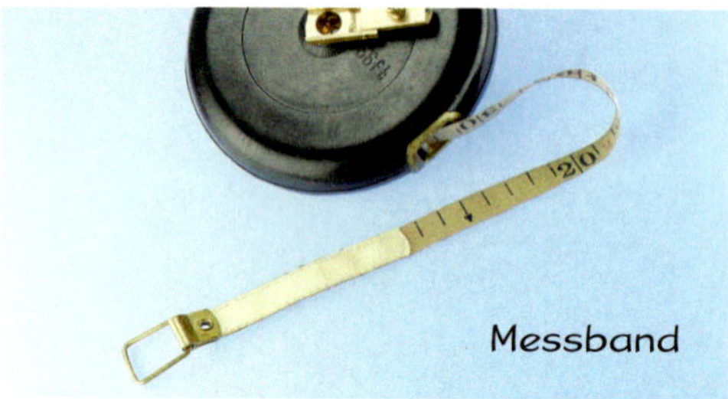
Messband

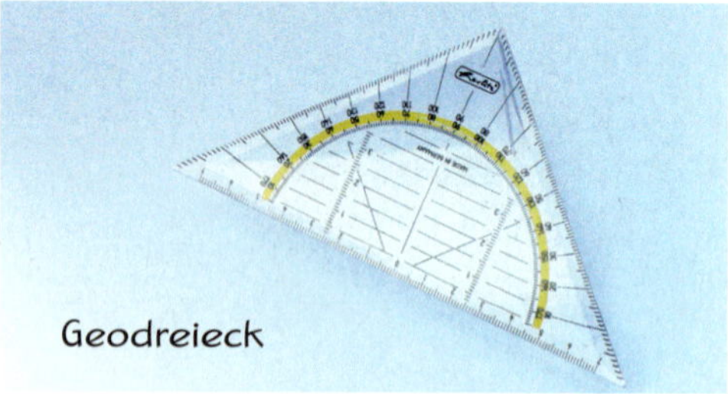
Geodreieck

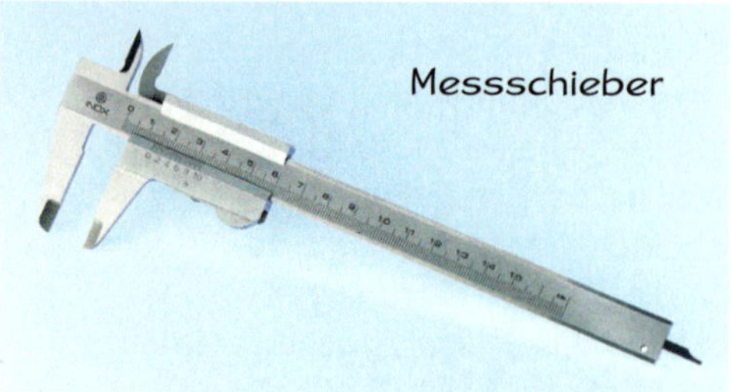
Messschieber

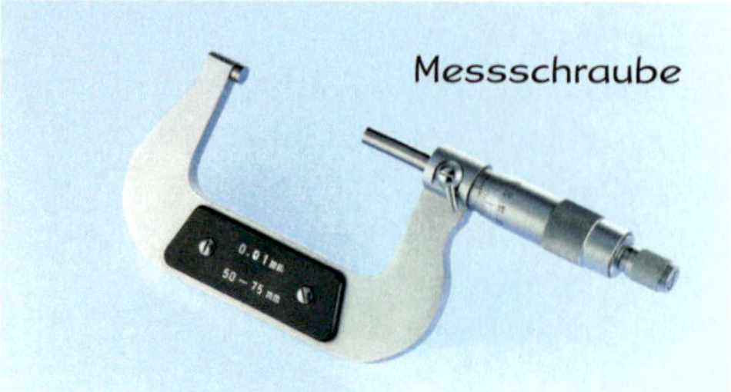
Messschraube

Immer genauer

Zur Längenmessung verwendet man je nach der Größenordnung der zu messenden Länge:

- Messband
  (für Längen zwischen 1 Meter und 10 m);
  Genauigkeit 1 cm = 0,01 m
- Meterstab
  (für Längen zwischen 20 cm und 1 Meter); Genauigkeit 1 mm = 0,001 m
- Lineal bzw. Geodreieck
  (für Längen zwischen 0,5 cm und 20 cm);
  Genauigkeit 1 mm = 0,001 m
- Messschieber
  (für Längen zwischen 1 mm und 10 cm);
  Genauigkeit 0,1 mm = 0,0001 m
- Messschraube
  (für Längen zwischen 0,1 mm und 1 cm);
  Genauigkeit 0,01 mm = 0,000 01 m

Bestimme die Dicke eines DIN-A4-Blattes. Miss dazu die Höhe eines 500-Blatt-Papierstapels.

In ähnlicher Weise kannst du auch das Gewicht eines Blattes bestimmen.

Wenn du mehrere Münzen aufeinander stapelst, kannst du ihre Dicke und ihr Gewicht recht genau ermitteln.

Wie hoch und wie schwer sind die 1-Cent-Münze und die 1-Euro-Münze?

Wie hoch würde ein Münzturm mit lauter 1-Euro-Münzen werden, wenn jeder der ca. 80 Millionen Bundesbürger einen Euro dazugeben würde?

Wie musst du vorgehen, um den Durchmesser der Münzen möglichst exakt zu bestimmen?

Grenzen der Sportzeitmessung

Bei den Olympischen Spielen 1972 in München entschieden im Schwimmen erstmals Tausendstelsekunden über einen Sieg. Im 400 m-Lagen-Finale war Gunnar Larsson zwei Tausendstel schneller als Tim McKee. Das entspricht einem Vorsprung von etwa 2 mm. Doch jede Messung ist nur so präzise wie die Rahmenbedingungen. Bedenkt man die erlaubte Abweichung eines Wettkampfbeckens von 2 bis 3 cm, so verliert die Messung von Tausendstelsekunden an Bedeutung. Erstmals wurden die Grenzen präziser Sportzeitmessung deutlich. Heute misst man beim Schwimmen nur noch Hundertstelsekunden. Beide Sportler erreichten übrigens eine Zeit von 4:31,98 über 400 m Lagen.

Rundet man diese Zeit grob auf 4 Minuten, kann man folgende „Rundungsüberlegungen" anstellen:

4 Minuten	für	400 m
1 Minute	für	☐ m
1 Sekunde	für	$\frac{100}{60}$ m ≈ 2 m
1 Zehntelsekunde	für	☐ m
1 Hundertstelsekunde	für	☐ m
1 Tausendstelsekunde	für	☐ m

Fülle die leeren Felder.

In diesem Kapitel lernst du,

- die Dezimalschreibweise anzuwenden,
- wie man Dezimalbrüche ordnet und rundet,
- Brüche in Dezimalbrüche umzuwandeln,
- wie man abbrechende und periodische Dezimalbrüche unterscheidet.

1 Dezimalschreibweise

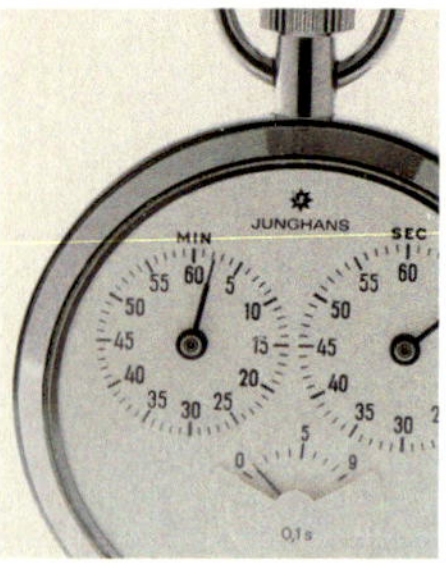

Im Sport findest du „Kommazahlen“. 1968 verbesserte Jim Hines den 100-m-Weltrekord von Armin Hary von 10,0 s auf 9,9 s. 2002 stellte Tim Montgomery mit 9,78 s eine neue Weltbestleistung auf. Die alte stand auf 9,79 s.

→ Was fällt dir auf?

→ Wie wurde vermutlich 1968 die Zeit gemessen, wie wird es heute gemacht?

Zehnerpotenzen:
$10^1 = 10$
$10^2 = 100$
$10^3 = 1000$
...

Die **Dezimalschreibweise** ist eine einfache Schreibweise für Brüche mit einer 10, 100, 1000, ... , also einer Zehnerpotenz, im Nenner.

0,4 m oder $\frac{4}{10}$ m sind 4 dm; die erste Stelle nach dem Komma gibt Zehntel (dezi) an.

0,08 € oder $\frac{8}{100}$ € sind 8 ct; die zweite Stelle sind Hunderstel (centi).

0,009 g oder $\frac{9}{1000}$ g sind 9 mg; die dritte Stelle sind Tausendstel (milli).

An der Stellenwerttafel kannst du die Bedeutung der Stellen nach dem Komma erkennen.

ganzer Teil der Zahl			gebrochener Teil der Zahl		
Hunderter H	Zehner Z	Einer E	Zehntel z	Hundertstel h	Tausendstel t
4	3	6	7	8	5
400 +	30 +	6 +	$\frac{7}{10}$ +	$\frac{8}{100}$ +	$\frac{5}{1000}$
		436,785			

Sprechweise: vierhundertsechsunddreißig Komma sieben acht fünf

Von links nach rechts erhält man den Wert der nächsten Stelle durch Division mit 10.

$100 \xrightarrow{:10} 10 \xrightarrow{:10} 1 \xrightarrow{:10} \frac{1}{10} \xrightarrow{:10} \frac{1}{100} \xrightarrow{:10} \frac{1}{1000}$

$1 \xrightarrow{:10} 0{,}1 \xrightarrow{:10} 0{,}01 \xrightarrow{:10} 0{,}001$

Bei der **Dezimalschreibweise** stehen nach dem Komma Zehntel, Hundertstel, Tausendstel, ...
Die Ziffern hinter dem Komma heißen **Nachkommaziffern** oder **Dezimalen**.

Beispiele

a) $0{,}7 = \frac{7}{10}$ $\quad 0{,}76 = \frac{7}{10} + \frac{6}{100} = \frac{70}{100} + \frac{6}{100} = \frac{76}{100}$

b) $2{,}3 = 2 + \frac{3}{10} = 2\frac{3}{10}$ $\quad 13{,}27 = 13 + \frac{2}{10} + \frac{7}{100} = 13 + \frac{27}{100} = 13\frac{27}{100}$

c) $0{,}07 = \frac{0}{10} + \frac{7}{100} = \frac{7}{100}$ $\quad 3{,}091 = 3 + \frac{0}{10} + \frac{9}{100} + \frac{1}{1000} = 3\frac{91}{1000}$

d) $0{,}3 = \frac{3}{10} = \frac{30}{100} = 0{,}30 = \frac{300}{1000} = 0{,}300$

Das Anhängen oder Weglassen von Nullen nach der letzten von null verschiedenen Nachkommaziffer ändert den Wert des Dezimalbruchs nicht.

Aufgaben

1 Schreibe als Bruch und in der Dezimalschreibweise.

a) 25 Hundertstel
b) 786 Tausendstel
c) 909 Tausendstel
d) 7 Hundertstel
e) 33 Tausendstel
f) 63 Hundertstel
g) 43 267 Tausendstel
h) 85 Zehntel

2 Schreibe als Dezimalbruch.

a) $\frac{5}{10}$; $\frac{8}{100}$; $\frac{4}{1000}$; $\frac{14}{100}$; $\frac{275}{1000}$; $\frac{13}{1000}$; $\frac{4376}{10\,000}$

b) $\frac{44}{1000}$; $\frac{17}{10\,000}$; $\frac{3}{100} + \frac{4}{1000} + \frac{5}{10\,000}$

c) $1 + \frac{3}{10}$; $4 + \frac{17}{100}$; $15 + \frac{3}{10} + \frac{2}{100} + \frac{7}{1000}$

3 Schreibe als Bruch.

a) 0,9; 0,08; 0,007; 0,0006
b) 0,12; 0,212; 0,012; 0,0102
c) 1,2; 3,45; 67,8; 901,109

4 Schreibe als Bruch und kürze wenn möglich.

a) 0,6; 0,04; 0,002; 0,7; 0,5; 0,25
b) 1,5; 2,4; 3,2; 4,1; 2,75; 5,50
c) 25,5 m; 3,75 kg; 0,8 min; 450,7 km; 12,85 g; 2,7 a

5 Wandle in einen Bruch um und vergleiche die Ergebnisse.
Wo kann man Nullen weglassen, ohne dass sich am Wert des Dezimalbruchs etwas ändert?

a) 0,40; 0,404; 0,040; 0,04
b) 0,3; 0,303; 0,300; 0,330
c) 1,01; 1,100; 1,10; 1,011

6 Bei Größenangaben haben die Dezimalen unterschiedliche Bedeutung. Bei 3,54 m gibt die zweite Dezimale cm, bei 3,54 dm aber mm an.
Was gibt die zweite Nachkommaziffer an?

a) 5,43 m; 7,755 km; 5,75 m^2; 99,08 cm^2
b) 6,875 dm^3; 1,25 l; 6,250 kg; 50,33 g
c) 1,25 dm; 11,03 s; 35,253 t; 15,750 cm^3

7 Fülle im Heft aus.

T	H	Z	E	z	h	t	Dezimalbruch
	5	7	1	5			571,5
1	2	3	0	4	5		
		4	3	0	1	5	
				2	0	9	
					1	7	
							7,09
							118,413
							7092,5
							0,663
							0,001

8 Schreibe ohne Komma.

a) 1,234 m; 1,234 m^2; 1,234 m^3
b) 0,111 m; 0,011 m^2; 0,001 m^3
c) 1,234 kg; 12,34 kg; 123,4 kg
d) 1,111 t; 10,01 t; 1,001 t
e) 1,234 l; 12,34 l; 123,4 l
f) 1,111 m^3; 11,11 m^3; 111,1 m^3

9 Schreibe in der größten Einheit mit Komma.

a) 1 m 1 dm 1 cm
b) 2 km 200 m 200 cm
c) 3 m^2 30 dm^2 30 cm^2
d) 4 ha 4 a 4 m^2
e) 5 m^3 5 dm^3 5 cm^3
f) 6 t 60 kg 600 g
g) 7 hl 7 l 70 ml
h) 5 h 30 min

Im Amerikanischen und Englischen wird bei Zahlen anstelle des Kommas ein Punkt geschrieben: 12.3
Man liest: twelve point three.

10 Gib die Größenangaben aus dem Tierreich in der Dezimalschreibweise an.

Dicke eines Schmetterlingsflügels: $\frac{3}{100}$ mm

Länge einer Laus: $\frac{7}{10}$ mm

Dicke eines Spinnenfadens: $\frac{7}{1000}$ mm

2 Vergleichen und Ordnen von Dezimalbrüchen

Beim Schulfest bietet die Klasse 6a ein Fahrrad-Geschicklichkeits-Training an. Folgende Zeiten wurden gemessen:

Lisa	33,51 s	Marco	34,05 s
Aishe	33,15 s	Pia	34,50 s
Roman	32,98 s	Timo	33,45 s
Philipp	35,02 s	Sarah	32,89 s
Enes	33,27 s	Julia	33,54 s

→ Wie heißen die drei Bestplatzierten?

→ Wer wurde Letzter?

Zum Vergleichen von Dezimalbrüchen wie 0,423 und 0,427 betrachtet man deren Lage auf dem Zahlenstrahl. Die kleinere der beiden Zahlen steht links von der größeren. Da die beiden Zahlen in der ersten und zweiten Nachkommaziffer übereinstimmen, muss die Unterteilung des Zahlenstrahls so verfeinert werden, dass die letzte Dezimale abgelesen werden kann.

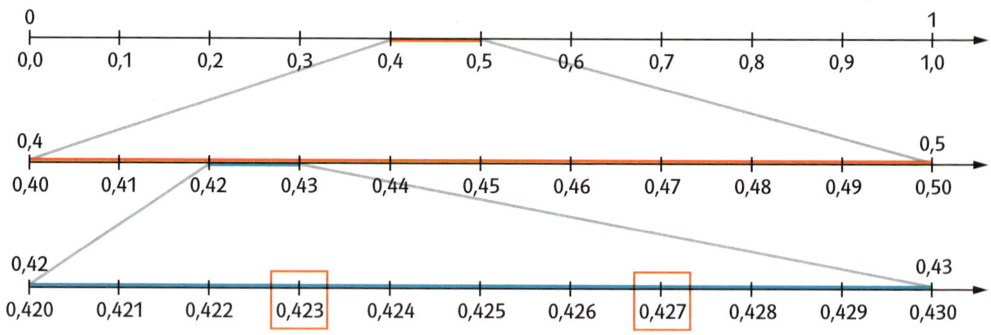

Um Dezimalbrüche zu vergleichen und zu ordnen, muss man die Stellenwerte von links nach rechts untersuchen. Entscheidend ist die erste Stelle, an der verschiedene Ziffern stehen.

0,32 5 71
0,32 6 48 also: 0,32571 < 0,32648

Beispiele

a) 4,6 3 4
4,6 4 3 also: 4,634 < 4,643

b) 0,0 1
0,0 0 9 also: 0,009 < 0,01

c) Wenn man die Dezimalbrüche 2,64; 2,46 und 4,62 ordnet, erhält man 2,46 < 2,64 < 4,62.

Bemerkung

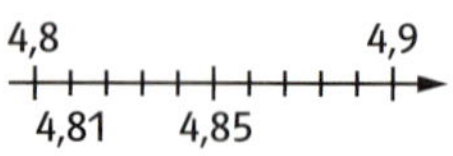

Unterteilt man den Zahlenstrahl immer feiner, erkennt man, dass zwischen zwei Dezimalbrüchen stets weitere Dezimalbrüche liegen. Zwischen 4,8 und 4,9 liegen neun weitere Dezimalbrüche mit zwei Nachkommastellen (4,81; 4,82; … ; 4,89). Zwischen 4,81 und 4,82 liegen dann wiederum neun Dezimalbrüche mit drei Nachkommastellen (4,811; 4,812; … ; 4,819) und so weiter.

Aufgaben

1 Ordne die Dezimalbrüche.
a) 7,84; 4,87; 8,74; 4,78; 8,47; 7,48
b) 459,8; 45,98; 49,58; 458,9; 495,8
c) 8,0981; 8,0109; 8,0819; 8,0918
d) 0,09; 0,0901; 0,0899; 0,0980; 0,091

2 Wie heißen die markierten Zahlen?

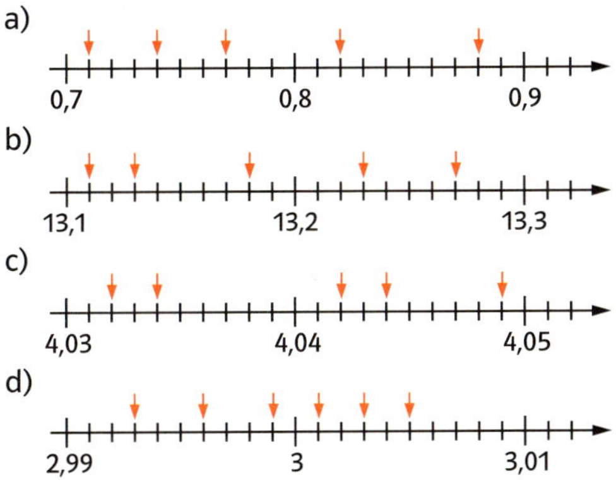

3 Zeichne einen geeigneten Ausschnitt des Zahlenstrahls und trage die Werte ein.
a) 1,01; 0,95; 1,10; 1,05; 0,98
b) 0,762; 0,758; 0,76; 0,769; 0,753
c) 4,1; 4,111; 4,094; 4,104; 4,099

4 Ordne.
a) 81,57 m; 8,175 m; 81,75 m; 8,71 m
b) 2,22 kg; 2,2 kg; 2,202 kg 2,02 kg
c) 333,3 g; 0,3 kg; 0,000 03 t; 0,33 kg
d) 1,23 a; 12,3 m^2; 1234,5 dm^2
e) 99,9 dm^3; 9,99 l; 9999,9 cm^3

5 Welche Zahl liegt in der Mitte? Schildere zusätzlich deine Überlegungen.
a) 3,48 und 3,56 b) 5,68 und 5,71
c) 0,43 und 0,444 d) 0,002 und 0,1

6 Vier Ziffern und ein Komma.

a) Lege aus diesen fünf Kärtchen alle möglichen Zahlen, die kleiner als 0,5 sind.
b) Welche Zahlen liegen zwischen 0,5 und 1?
c) Bilde mindestens zehn Zahlen, die größer sind als 1 und ordne sie nach der Größe.

7 Welche Ziffern kannst du einsetzen? Die Prüfsumme hilft dir bei der Kontrolle.
a) 9,78□ < 9,789 (36)
b) 14,3□5 > 14,325 (42)
c) 0,73□9 < 0,7345 (6)
d) 126,□5 < 126,5 (10)

Beispiel:
4,3□ < 4,34
4,30
4,31
4,32
4,33
6

8 Hier musst du gut überlegen.
a) Gib vier Dezimalbrüche an, die zwischen 1,42 und 1,47 liegen.
b) Gib sechs Dezimalbrüche an, die zwischen 5,39 und 5,43 liegen.
c) Wie viele Dezimalbrüche findet man überhaupt zwischen 5,39 und 5,43? Begründe deine Antwort.
d) Prüfe nach, ob der Wert des Bruches $\frac{630}{120}$ ebenfalls zwischen 5,39 und 5,43 liegt. Gib eine Begründung an.

9 Lege aus den Kärtchen alle möglichen Zahlen und ordne sie nach der Größe. Wie viele verschiedene Möglichkeiten ergeben sich zusätzlich, wenn du noch ein Kärtchen mit einer 0 dazunimmst?

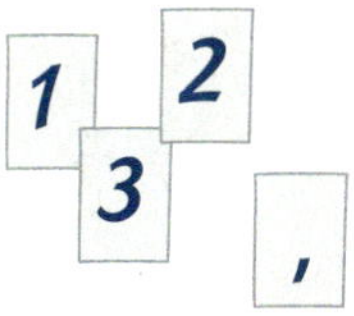

10 Welche Ziffern kannst du für die Zeichen □ und ▢ setzen? Nenne verschiedene Möglichkeiten.
a) 10,5□ < 10,6 < 10,▢5
b) 0,3□6 < 0,356 < 0,35▢
c) 8,□7 < 8,66 < 8,6▢
d) 5,□12 < 5,213 < 5,21▢
e) 5,4□2 < 5,432 < 5,▢32

11 Alle Äpfel haben den gleichen Kilopreis.

Gewicht der Beutel:
0,95 kg; 1,32 kg; 1,325 kg;
1,1 kg; 0,845 kg; 0,925 kg;
Ordne in einer Tabelle den Beuteln die richtigen Preise zu.

Runden von Dezimalbrüchen

Bei Messwerten, die mit Dezimalbrüchen angegeben sind, liegen normalerweise gerundete Werte vor. Die Genauigkeit der Werte hängt von den verwendeten Messinstrumenten ab. Beispielsweise bedeutet die Anzeige 49,7 kg auf der Personenwaage, dass das Gewicht auf 100 g genau angegeben wird.

Für das **Runden** von Dezimalbrüchen gelten dieselben Regeln wie für natürliche Zahlen.

Die Ziffer an der Rundungsstelle bleibt unverändert, wenn eine der Ziffern 0; 1; 2; 3 oder 4 folgt.

Auf zwei Nachkommaziffern gerundet:
3,654 ≈ 3,65

Die Ziffer an der Rundungsstelle wird um 1 erhöht, wenn eine der Ziffern 5; 6; 7; 8 oder 9 folgt.

Auf eine Nachkommaziffer gerundet:
3,654 ≈ 3,7

Rundungsstelle

12 Runde wie angegeben.
a) auf eine Nachkommaziffer
23,46; 212,391; 9,094; 0,893; 0,078
b) auf zwei Nachkommaziffern
76,362; 12,075; 4,9857; 1,0450
c) auf die Einerstelle
79,4; 0,96; 34,59; 990,84; 789,98

13 Runde auf die angegebene Einheit.

Beispiel: 45,8 cm (cm) ergibt 46 cm

a) 27,4 kg (kg); 77,6 g (g); 9,5 m (m)
b) 7,68 m (m); 2,35 s (s); 34,45 m^2 (m^2)
c) 9436 m (km); 327 600 kg (t); 789 dm^3 (m^3)

14 Runde auf die nächstgrößere Einheit.
a) 278 cm; 1240 m; 748 mm; 77 840 g
b) 312,3 mm; 19,38 a; 899,48 cm^3
c) 4545,45 kg; 658,5 ha; 83 838 mm^3

15 Runde die Einwohnerzahlen der Großstadtregionen auf Millionen mit einer Nachkommaziffer und ordne sie.

Beispiel: 7 773 000 = 7,8 Millionen

Kalkutta	13 119 000
São Paulo	17 964 000
Schanghai	12 879 000
Mexico-Stadt	18 144 000
Mumbai	16 087 000
New York	16 739 000
Los Angeles	13 193 000

Erstelle ein geeignetes Diagramm.

? *Zum Abtransport des Aushubs einer Baugrube kalkuliert der Bauunternehmer mit 83,27 Lastwagenladungen.*

16 Runde sinnvoll.
a) Jeder Teilnehmer müsste einen Anteil von 6,1875 € bezahlen.
b) Die Wanderung ist 17,4626 km lang.
c) Vaters Auto verbraucht durchschnittlich 8,162 Liter pro 100 km.
d) Die Essensvorräte der Expedition reichen noch für 7,85 Tage.

17 Gib den Bereich an, in dem der gerundete Wert liegt.

Beispiel: 4,6 cm liegt im Bereich von 4,55 cm bis 4,64 cm.

a) 5,3 cm; 16,5 cm; 4,9 t; 2,5 €
b) 25,8 kg; 1,0 ha; 13,5 s; 0,45 m^3
c) 0,6 t; 2,34 mm; 3,06 m^2; 0,005 kg

18 Wie könnte die tatsächliche Kostenabrechnung aussehen?

Die Kosten für den Neubau der Sporthalle betragen rund 4,5 Millionen Euro.

3 Umwandeln von Brüchen in Dezimalbrüche

Peter notiert sein Ergebnis beim Weitsprung: $3\frac{3}{4}$ Meter.
Außerdem hat er beim Ballwurf $42\frac{1}{2}$ Meter weit geworfen.
Für Sabine stehen folgende Werte in der Ergebnisliste: Weitsprung 3,78 m; Ballwurf 42,34 m.
→ Was sagst du zu diesen Angaben?

Die meisten Brüche kann man in Dezimalbrüche **umwandeln**. Besonders einfach ist dies, wenn im Nenner 10; 100; 1000; … steht: $\frac{63}{1000} = 0{,}063$.
Bei anderen Nennern versucht man durch Kürzen oder Erweitern Zehnerpotenzen im Nenner zu erhalten: $\frac{3}{5} = \frac{6}{10} = 0{,}6$ oder $\frac{142}{200} = \frac{71}{100} = 0{,}71$.

Es ist sehr hilfreich, wenn man wichtige Umwandlungen auswendig weiß:

$\frac{1}{2} = 0{,}5$
$\frac{1}{4} = 0{,}25$
$\frac{3}{4} = 0{,}75$
$\frac{1}{8} = 0{,}125$
$\frac{1}{5} = 0{,}2$
$\frac{1}{20} = 0{,}05$

Wenn man das Erweitern oder Kürzen nicht sofort erkennt, kann man den Bruchstrich als Rechenanweisung für die Division lesen: $\frac{19}{8} = 19:8 = 2$ Rest 3.

```
ZE zht   E  E zht
19,000 : 8 = 2,375
-16
  30
 -24
   60
  -56
   40
  -40
    0
```

Der Rest kann wieder dividiert werden. Wenn beim Dividieren das Komma überschritten wird, muss man im Ergebnis das Komma setzen.

3 Einer sind 30 Zehntel	30 z : 8 = 3 z Rest 6 z
6 Zehntel sind 60 Hundertstel	60 h : 8 = 7 h Rest 4 h
4 Hundertstel sind 40 Tausendstel	40 t : 8 = 5 t

- Brüche mit dem Nenner 10; 100; 1000; … kann man unmittelbar als Dezimalbruch darstellen.
- Manche Brüche kann man so erweitern oder kürzen, dass sie den Nenner 10; 100; 1000; … erhalten.
- Solche Brüche kann man auch in Dezimalbrüche **umwandeln**, indem man den Zähler durch den Nenner dividiert.

Beispiele

a) $\frac{7}{10} = 0{,}7$
b) $\frac{219}{100} = 2{,}19$
c) $\frac{80}{2000} = \frac{4}{100} = 0{,}04$
d) $\frac{9}{25} = \frac{36}{100} = 0{,}36$
e) $\frac{42}{30} = \frac{14}{10} = 1{,}4$
f) $\frac{27}{15} = \frac{9}{5} = \frac{18}{10} = 1{,}8$

f) $\frac{99}{72} = 99:72 = 1{,}375$

```
99,000 : 72 = 1,375
-72
 270
-216
  540
 -504
   360
  -360
     0
```

Aufgaben

1 Wandle um, nachdem du erweitert oder gekürzt hast.

a) $\frac{4}{5}$; $\frac{6}{20}$; $\frac{8}{40}$; $\frac{9}{50}$; $\frac{11}{20}$; $\frac{3}{200}$

b) $\frac{36}{60}$; $\frac{21}{20}$; $\frac{75}{300}$; $\frac{4}{125}$; $\frac{4}{200}$; $\frac{33}{330}$

2 Kürze vollständig und wandle dann in einen Dezimalbruch um.

a) $\frac{4}{8}$; $\frac{9}{12}$; $\frac{16}{80}$; $\frac{21}{70}$ b) $\frac{45}{18}$; $\frac{48}{32}$; $\frac{35}{28}$; $\frac{57}{15}$

c) $\frac{55}{88}$; $\frac{3}{75}$; $\frac{9}{1500}$; $\frac{6}{240}$ d) $\frac{21}{28}$; $\frac{42}{30}$; $\frac{39}{75}$; $\frac{9}{375}$

3 Wandle in einen Dezimalbruch um.

a) $\frac{9}{30}$; $\frac{7}{20}$; $\frac{14}{50}$; $\frac{99}{300}$ b) $\frac{6}{40}$; $\frac{15}{50}$; $\frac{8}{25}$; $\frac{9}{12}$

c) $1\frac{1}{2}$; $2\frac{3}{4}$; $3\frac{4}{5}$ d) $9\frac{9}{18}$; $7\frac{14}{35}$; $5\frac{3}{12}$

Finde alle Nenner bis 50, die durch Erweitern oder Kürzen auf die vorteilhaften Nenner 10; 100; 1000; ... umgewandelt werden können.

4 Erkläre, wie du umwandelst.

a) $\frac{3}{8}$; $\frac{7}{8}$; $\frac{10}{8}$; $\frac{12}{8}$; $\frac{17}{8}$; $\frac{22}{8}$

b) $\frac{3}{25}$; $\frac{30}{25}$; $\frac{300}{25}$; $\frac{33}{25}$; $\frac{303}{25}$; $\frac{333}{25}$

c) $\frac{1}{125}$; $\frac{10}{125}$; $\frac{100}{125}$; $\frac{1000}{125}$; $\frac{2}{125}$; $\frac{20}{125}$

5 Vervollständige den Bruch.

a) $\frac{\square}{5} = 0{,}8$ b) $\frac{12}{\square} = 0{,}24$

c) $\frac{3}{\square} = 0{,}15$ d) $\frac{\square}{25} = 5{,}16$

6 Welche Regelmäßigkeit findest du beim Umwandeln der Brüche in Dezimalbrüche?

a) $\frac{1}{20}$; $\frac{2}{20}$; $\frac{3}{20}$; $\frac{4}{20}$; $\frac{5}{20}$; ...

b) $\frac{1}{16}$; $\frac{2}{16}$; $\frac{3}{16}$; $\frac{4}{16}$; $\frac{5}{16}$; ...

7 a) Schreibe die Angaben des Rezepts in Dezimalschreibweise.

Erdbeerquark
$1\frac{1}{2}$ kg Erdbeeren waschen, vierteln und zu $\frac{1}{4}$ kg Quark geben. Dann $\frac{1}{8}$ l Sahne schlagen und gleichmäßig untermischen.
Guten Appetit!

b) Schreibe in Dezimalschreibweise und in Milliliter:
$\frac{1}{8}$ l; $\frac{3}{4}$ l; $1\frac{1}{2}$ l; $\frac{5}{8}$ l

c) Schreibe in Dezimalschreibweise und in Gramm:
$\frac{1}{2}$ kg; $\frac{3}{8}$ kg; $\frac{1}{4}$ kg; $1\frac{1}{4}$ kg

Prozent

In der Klasse 6 a spielen $\frac{3}{4}$ aller Schülerinnen und Schüler ein Musikinstrument; das sind 75 %.

In der Zeitung findest du oft Diagramme mit **Prozentangaben**.

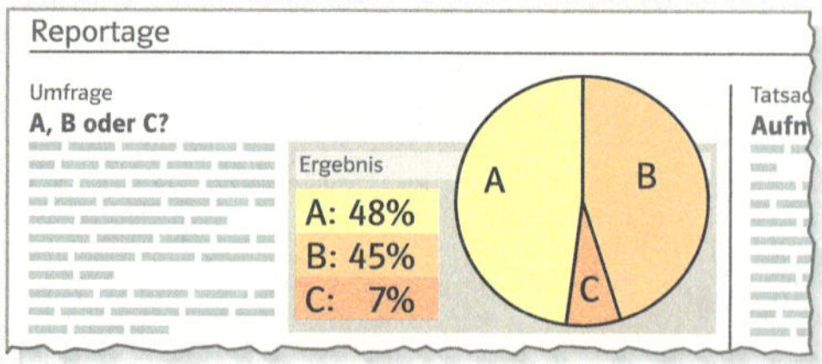

Was sagst du zu dieser Meldung in der Klassenzeitung:

> Dieses Jahr haben $\frac{3}{5}$ aller Mädchen unserer Klasse bei den Bundesjugendspielen eine Urkunde erhalten. Bei den Jungen waren es nur 60 Prozent.

Du hast gelernt, dass man Hundertstelbrüche auch als Prozentangaben schreiben kann. Dies geht ebenso leicht mit Dezimalbrüchen.

Beispiel: $0{,}38 = \frac{38}{100} = 38\,\%$

Die Prozentschreibweise kann man an den ersten beiden Nachkommaziffern ablesen.

- Drücke in Prozent aus: 0,45; 0,10; 0,04.
- Was ist mehr: $\frac{1}{4}$ oder 24 %; $\frac{34}{50}$ oder 70 %?
- Stimmt es, dass $\frac{1}{3}$ mehr ist als 30 %? Wie kannst du deine Entscheidung begründen?
- Sarah bekommt jedes Jahr 12 %, ihr Bruder dagegen $\frac{1}{8}$ mehr Taschengeld als im Vorjahr.

4 Periodische Dezimalbrüche

Tina, Mirelle und Juan haben bei einer Tombola gemeinsam Lose gekauft. Einen möglichen Gewinn wollen sie gleichmäßig untereinander aufteilen.
Mirelle zieht den Hauptgewinn, einen Gutschein eines Erlebnisparks in Höhe von 100 Euro.
Ursprünglich wollte sich Tim ebenfalls an der Spielgemeinschaft beteiligen.
→ Warum wäre dann alles einfacher gewesen?

Wandelt man die Brüche $\frac{3}{8}$ oder $\frac{17}{40}$ in Dezimalbrüche um, stellt man fest, dass die Division von Zähler durch Nenner nach einer bestimmten Anzahl von Schritten endet.

$\frac{3}{8} = 3:8 = 0{,}375$ $\qquad$ $\frac{17}{40} = 17:40 = 0{,}425$

Diese Dezimalbrüche brechen ab. Sie entstehen dann, wenn der in ein Produkt zerlegte Nenner des vollständig gekürzten Bruches nur die Faktoren 2 oder 5 beziehungsweise beide enthält. Diese Zahlen teilen nämlich die Nenner 10; 100; 1000 …
Für die beiden verwendeten Nenner gilt: $8 = 2 \cdot 2 \cdot 2$; $40 = 2 \cdot 2 \cdot 2 \cdot 5$.

Bei allen anderen vollständig gekürzten Brüchen bricht die Division nicht ab. Die Umwandlungen der beiden Brüche $\frac{1}{3}$ und $\frac{5}{11}$ verdeutlichen dies.

1 : 3 = 0,33…
− 0
10
− 9
10
− 9
10
…

Der Rest 1 wiederholt sich, also wiederholt sich auch die Dezimale 3.

5 : 11 = 0,4545…
− 0
50
− 44
60
− 55
50
…

Die Reste 5 und 6 wiederholen sich, also wiederholen sich auch die entsprechenden Dezimalen 4 und 5.

Wenn sich bei der Division von Zähler durch Nenner eines Bruches die Reste wiederholen, entsteht ein **periodischer Dezimalbruch**. Die sich wiederholende Ziffer oder Zifferngruppe heißt Periode, sie wird mit einem Strich gekennzeichnet.

$\frac{7}{9} = 0{,}777\ldots = 0{,}\overline{7}$ $\quad$ Sprechweise: null Komma Periode sieben

Beispiele

a) $\frac{8}{7} = 8:7 = 1{,}142\,857\,142\,857\ldots = 1{,}\overline{142\,857}$
(„eins Komma Periode eins vier zwei acht fünf sieben")

b) Es gibt Dezimalbrüche, deren Periode nicht sofort nach dem Komma beginnt.
$\frac{2}{15} = 2:15 = 0{,}1333\ldots = 0{,}1\overline{3}$ („null Komma eins Periode drei")

c) $\frac{101}{300} = 101:300 = 0{,}33666\ldots = 0{,}33\overline{6}$ („null Komma drei drei Periode sechs")

Aufgaben

1 Wandle in Dezimalbrüche um.

a) $\frac{2}{3}$; $\frac{4}{9}$; $\frac{3}{11}$; $\frac{4}{33}$; $\frac{4}{7}$; $\frac{5}{13}$; $\frac{7}{11}$

b) $\frac{1}{15}$; $\frac{5}{6}$; $\frac{7}{36}$; $\frac{1}{24}$; $\frac{5}{12}$; $\frac{7}{30}$; $\frac{11}{18}$

c) $\frac{13}{6}$; $\frac{22}{15}$; $\frac{23}{22}$; $\frac{37}{30}$; $\frac{11}{9}$; $\frac{15}{11}$; $\frac{50}{33}$

2 Welche Partner gehören zusammen?

$\frac{2}{3}$ $0{,}2$ $0{,}\overline{6}$ $0{,}\overline{4}$ $0{,}1\overline{6}$ $\frac{1}{6}$ $\frac{4}{9}$ $0{,}\overline{285714}$ $\frac{1}{5}$ $\frac{2}{7}$

3 Runde wie angegeben

a) auf eine Nachkommaziffer.

$0{,}1\overline{6}$; $1{,}2\overline{3}$; $3{,}4\overline{78}$; $2{,}0\overline{6}$; $8{,}37\overline{45}$

b) auf zwei Nachkommaziffern.

$0{,}1\overline{6}$; $1{,}2\overline{3}$; $3{,}4\overline{78}$; $2{,}0\overline{6}$; $8{,}37\overline{45}$

4 Wandle in einen Dezimalbruch um und runde auf eine Nachkommastelle. Trage die Werte anschließend an einem Ausschnitt des Zahlenstrahls ein.

a) $\frac{2}{3}$; $\frac{4}{7}$; $\frac{5}{9}$; $\frac{5}{6}$; $\frac{6}{7}$ b) $\frac{2}{3}$; $\frac{3}{11}$; $\frac{11}{12}$; $\frac{7}{9}$; $\frac{4}{15}$

5 Wandle die Brüche in Dezimalbrüche um. Durch Nachdenken kannst du dir Arbeit sparen.

a) $\frac{1}{9}$; $\frac{2}{9}$; $\frac{3}{9}$; $\frac{4}{9}$; $\frac{5}{9}$ …

b) $\frac{1}{11}$; $\frac{2}{11}$; $\frac{3}{11}$; $\frac{4}{11}$; $\frac{5}{11}$ …

c) $\frac{1}{15}$; $\frac{2}{15}$; $\frac{3}{15}$; $\frac{4}{15}$; $\frac{5}{15}$ …

d) $\frac{1}{18}$; $\frac{2}{18}$; $\frac{3}{18}$; $\frac{4}{18}$; $\frac{5}{18}$ …

6 Ordne.

$0{,}\overline{65}$ $0{,}\overline{56}$ $\frac{15}{27}$ $\frac{6}{11}$ $\frac{11}{20}$ $0{,}56$ $0{,}5\overline{6}$ $\frac{7}{12}$

7 Welcher Bruch hat in der Dezimalbruchdarstellung die längste Periode?

$\frac{1}{13}$; $\frac{1}{17}$; $\frac{1}{19}$; $\frac{1}{23}$

8 Wandle sämtliche Brüche mit dem Nenner 13 in Dezimalbrüche um.

$\frac{1}{13}$; $\frac{2}{13}$; $\frac{3}{13}$; … ; $\frac{12}{13}$

Was fällt dir auf? Durch Überlegen kann man sehr viel Zeit sparen.

9 Der Bruch $\frac{4}{7}$ hat die folgende sechsstellige Periode $0{,}\overline{571428}$.
Addiert man die beiden „Hälften" der Periode 571 + 428, erhält man 999.

a) Addiere ebenso die „Periodenhälften" von $\frac{4}{13}$; $\frac{9}{17}$ und $\frac{12}{19}$. Was fällt dir auf?

b) Warum gelingt die Addition der „Periodenhälften" bei $\frac{16}{31}$ nicht?

10 Liv behauptet: „Immer wenn bei einem Bruch eine Primzahl im Nenner steht, ist der zugehörige Dezimalbruch periodisch." Nadja hat ein Gegenbeispiel.

11 Zur genauen Berechnung ist es oft sinnvoll, periodische Dezimalbrüche in Brüche zurückzuverwandeln.

$\frac{1}{3} = 0{,}\overline{3}$ $\frac{1}{9} = 0{,}\overline{1}$ $\frac{1}{6} = 0{,}1\overline{6}$

Wandle mithilfe dieser Angaben die Dezimalbrüche in Brüche um.

$0{,}\overline{7}$; $0{,}\overline{2}$; $0{,}\overline{5}$; $0{,}\overline{4}$; $1{,}\overline{3}$; $2{,}\overline{2}$; $5{,}1\overline{6}$; $0{,}\overline{9}$

Erstaunliche Perioden

Die folgenden Brüche haben lange, aber erstaunliche Perioden.

$\frac{1}{81} = 0{,}\overline{012345679}$

$\frac{1}{891} = 0{,}\overline{001122334455667789}$

$\frac{1}{8991} = 0{,}\overline{000111222333444555666777889}$

- Welche Periode findest du wohl bei $\frac{1}{89991}$?
- Wie sehen hier die Perioden aus? $\frac{11}{90}$; $\frac{101}{900}$; $\frac{1001}{9000}$; …

$\frac{1}{61} = 0{,}\overline{016393442622950819672131147540983606557377049180327868852459}$

$\frac{1}{97} = 0{,}\overline{010309278350515463917525773195876288659793814432989690721649484536082474226804123711340206185567}$

Zusammenfassung

Dezimalschreibweise

Brüche mit den Nennern 10; 100; 1000; ... lassen sich direkt in der **Dezimalschreibweise** (Kommaschreibweise) darstellen.

$\frac{7}{10} = 0{,}7$ $\frac{43}{100} = 0{,}43$ $\frac{837}{1000} = 0{,}837$

Die Ziffern hinter dem Komma heißen **Dezimalen** oder Nachkommaziffern. Die Stellenwerttafel erklärt, was die Dezimalen bedeuten.

$2\frac{7}{100} = 2{,}07$
(Sprechweise: zwei Komma null sieben)

Hunderter	Zehner	Einer	Zehntel	Hundertstel	
H	Z	E	z	h	
3	0	5 ,	7	2	305,72
1	4	7 ,	0	5	147,05

Vergleichen und Ordnen

Zum **Vergleichen** und **Ordnen** von Dezimalbrüchen untersucht man die Ziffern von links nach rechts. Entscheidend ist die Stelle, an der sich die Zahlen erstmals unterscheiden.

1,567 3 4
1,567 6 2
An der vierten Nachkommastelle unterscheiden sich die Zahlen erstmals.
Somit gilt: 1,56734 < 1,56762.

Runden

Für das Runden von Dezimalbrüchen gelten dieselben Regeln wie für natürliche Zahlen.
Folgt auf die **Rundungsstelle** eine 0; 1; 2; 3 oder 4, wird abgerundet.
Folgen 5; 6; 7; 8 oder 9, wird aufgerundet.

Die Zahl 3,4506 ergibt gerundet
auf Tausendstel: 3,451
auf Hundertstel: 3,45
auf Zehntel: 3,5
auf Einer: 3

Umwandeln von Brüchen in Dezimalbrüche

Brüche, die durch **Erweitern** oder **Kürzen** den Nenner 10; 100; 1000; ... erhalten, können einfach als Dezimalbrüche dargestellt werden.

$\frac{3}{5} = \frac{6}{10} = 0{,}6$ $\frac{7}{25} = \frac{28}{100} = 0{,}28$
$\frac{147}{300} = \frac{49}{100} = 0{,}49$

Dividiert man den Zähler durch den Nenner, entsteht ebenfalls ein Dezimalbruch. Sobald man die Einerstelle überschreitet, setzt man im Ergebnis ein Komma.

$\frac{11}{8} = 11:8$

```
 11:8 = 1,375
- 8
  30
- 24
   60
 - 56
    40
  - 40
     0
```

Periodische Dezimalbrüche

Wiederholen sich bei der Division von Zähler durch Nenner eines Bruches die Reste, dann entsteht ein **periodischer Dezimalbruch**.

$\frac{2}{9} = 2:9 = 0{,}\overline{2}$
$\frac{7}{13} = 7:13 = 0{,}\overline{538461}$
$\frac{5}{12} = 5:12 = 0{,}41\overline{6}$

Üben • Anwenden • Nachdenken

1 Übertrage und ergänze die Tabelle.

H	Z	E	z	h	t	zt	Dezimalbruch
	7	8	0	2	4	1	
6	0	4	0	5	0	9	
	2	2	0	3	6		
		4	5	0	9	1	
			6	8	0	9	
							78,045
							111,0668
							3,0303
							0,291
							0,0101

? *Nach schwachen Leistungen schlägt der Fußballstar vor, sein Gehalt von 5 Millionen € auf 4,999 Mio. € zu kürzen.*

2 Wandle in Dezimalbrüche um. Erkläre dein Vorgehen.

a) $\frac{4}{5}$; $\frac{1}{2}$; $\frac{3}{4}$; $\frac{7}{20}$; $\frac{12}{30}$; $\frac{18}{60}$

b) $\frac{12}{15}$; $\frac{1}{8}$; $\frac{3}{25}$; $\frac{81}{30}$; $\frac{11}{125}$; $\frac{352}{110}$

c) $\frac{3}{24}$; $\frac{27}{18}$; $\frac{6}{75}$; $\frac{3}{16}$; $\frac{9}{375}$; $\frac{66}{48}$

d) $\frac{9}{12}$; $\frac{7}{28}$; $\frac{11}{88}$; $\frac{14}{40}$; $\frac{32}{12}$; $\frac{68}{8}$

3 Schreibe die Größen in der Dezimalschreibweise.

a) in **m**: 5 m 55 cm; 12 m 6 cm; 1 m 1 mm

b) in **m²**: 6 m^2 6 dm^2; 9 a 15 m^2; 9 dm^2 15 cm^2

c) in **m³**: 50 m^3 25 dm^3; 150 dm^3 35 cm^3

d) in **l**: 35 hl 35 l 35 dm^3 35 ml

Wer gehört zusammen?

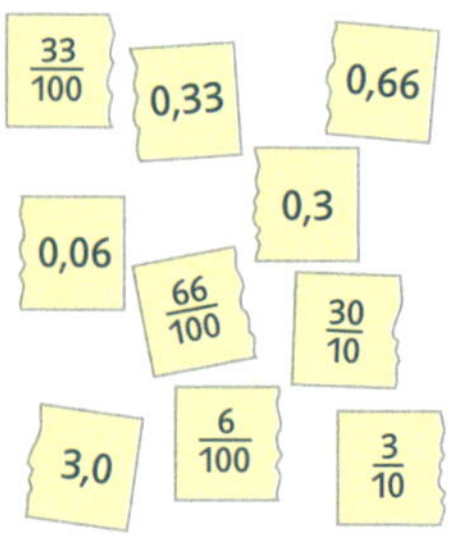

4 Setze für die Kästchen entsprechende Längenmaße so ein, dass die Umwandlungen richtig sind. Erkläre wie du vorgehst.

a) 5 □ 78 □ = 5,78 □

b) 5 □ 78 □ = 5,078 □

c) 57 □ 8 □ = 57,8 □

d) 57 □ 8 □ = 57,08 □

e) 578 □ = 0,578 □

5 Ersetze die Kästchen. Gibt es mehrere Möglichkeiten?

a) $0{,}6 > \frac{\square}{10}$

b) $4{,}\square 2 < \frac{42}{10}$

c) $0{,}0\square > \frac{5}{100}$

d) $\frac{6}{5} < 1{,}\square 1$

e) $0{,}\overline{3} > \frac{1}{\square}$

f) $0{,}0\square 5 > \frac{1}{20}$

6 Ordne nach der Größe.

a) 1,2; 1,02; 1,21; 1,201; 1,212; 1,012

b) 1001,01; 1010,10; 1000,10; 1010,01

c) 0,2314; 0,2134; 0,2341; 0,2413; 0,2143

d) 0,444; 0,4; 0,404; 0,04; 0,044; 0,040

e) 0,03; 0,030; 0,303; 0,033; 0,003; 0,333

7 Beginne mit der kleinsten Zahl.

a) 0,6; $\frac{1}{2}$; 0,55; $\frac{2}{5}$; $\frac{3}{4}$; 0,7

b) 0,95; $\frac{9}{10}$; $\frac{99}{100}$; 0,98; $\frac{999}{1000}$

c) 1,11; $1\frac{1}{10}$; $1\frac{11}{100}$; 1,01; 1; 1,001

d) $2\frac{1}{2}$; 2,4; $2\frac{7}{8}$; $2\frac{3}{4}$; 2,45; $2\frac{2}{5}$

8 Verwandle in Dezimalbrüche und runde auf zwei Stellen nach dem Komma.

$\frac{1}{3}$; $\frac{1}{6}$; $\frac{1}{7}$; $\frac{1}{8}$; $\frac{1}{9}$; $\frac{1}{11}$; $\frac{1}{12}$

9 Ordne der Größe nach.

a) $\frac{2}{3}$; $\frac{3}{5}$; $\frac{7}{10}$; $\frac{34}{50}$

b) $\frac{10}{3}$; $\frac{19}{6}$; $\frac{33}{10}$; $\frac{54}{17}$

c) $1\frac{2}{5}$; $\frac{15}{11}$; $1\frac{3}{7}$; $\frac{18}{13}$

10 Verwandle in Dezimalbrüche.

$\frac{3}{4}$; $\frac{3}{5}$; $\frac{3}{6}$; $\frac{3}{7}$; $\frac{3}{8}$; $\frac{3}{9}$; $\frac{3}{10}$; $\frac{3}{11}$

11 Welche Zahlen müssen an den roten Teilstrichen stehen?

a)

b)

c)

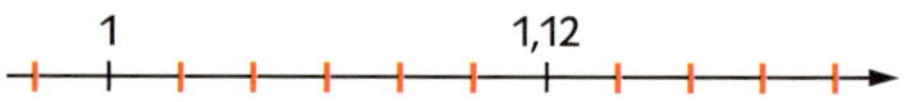

12 Gib die Zahlen an, die auf den Zahlenstrahlausschnitten markiert sind.

a)

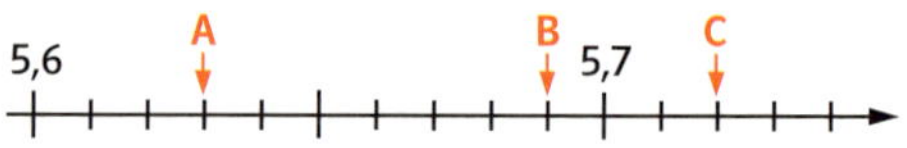

b)

c)

13 Markiere auf einem geeigneten Ausschnitt des Zahlenstrahls die Zahl, die genau in der Mitte der beiden anderen Zahlen liegt.
a) 4,5 und 5,3 b) 3,9 und 4,9
c) 12,2 und 12,9 d) 18,4 und 19,1
e) 0,36 und 0,39 f) 0,15 und 0,2
g) 1,005 und 1,015 h) 3,002 und 3,005

14 Vergleiche die Flächeninhalte.
a) $34\,dm^2$; $0{,}33\,m^2$; $3405\,cm^2$
b) 46,8 a; $469\,m^2$; 0,47 ha
c) $0{,}3\,km^2$; 30,3 ha; 303,3 a

15 Welches Volumen ist am größten?
a) $1{,}0\,m^3$; $100{,}1\,dm^3$ oder $10\,000{,}1\,cm^3$
b) 200 ml; 0,202 l oder $201\,dm^3$
c) 300,3 l; $0{,}303\,m^3$ oder 3,03 hl

16 Nicht immer ist die Anwendung der Rundungsregeln sinnvoll.
a) Drei Freunde wollen 100 € gerecht aufteilen. Welches Problem taucht auf, wenn sie auf Cent genau runden? Welches Problem haben sie beim Teilen von 200 €?
b) 400 kg Kartoffeln sollen in Säcke mit jeweils 24 kg abgefüllt werden. Warum darfst du beim Berechnen der Anzahl der Säcke nicht mit der normalen Rundungsregel rechnen?
c) Eine 5 Meter lange Strecke wird in drei gleich lange Teilstrecken unterteilt. Runde auf cm genau und addiere danach die drei Teile.

17 Verschieden und doch gleich – was gehört zusammen?

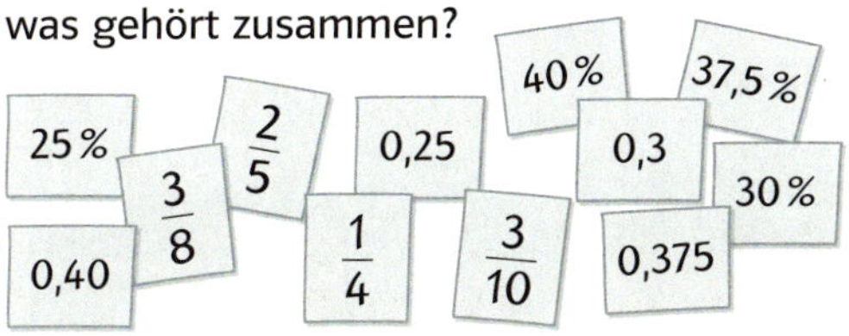

18 a) Was fällt dir bei der Periode von $\frac{3}{7}$; $\frac{2}{7}$; $\frac{6}{7}$; $\frac{4}{7}$; $\frac{5}{7}$ und $\frac{1}{7}$ auf?
b) Forme in Dezimalbrüche um. Erkläre, wie du geschickt vorgehst.
$\frac{1}{9}$; $\frac{2}{9}$; $\frac{3}{9}$; $\frac{4}{9}$; …

19 Die Abbildung zeigt die Entfernungen zwischen dem Bahnhof und den anderen öffentlichen Einrichtungen der Stadt maßstäblich verkleinert.

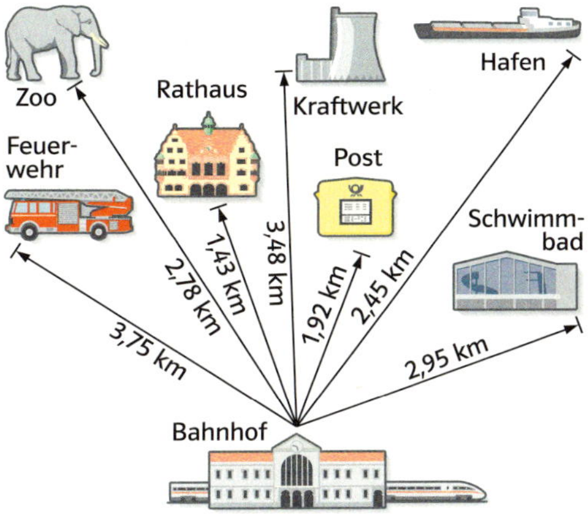

Die Längenangaben sind falsch zugeordnet. Stelle diese in einem geeigneten Diagramm dar und beschrifte richtig.

20 Wandle in Dezimalbrüche um.
$\frac{1}{11}$; $\frac{1}{111}$; $\frac{1}{1111}$
Musst du auch beim Umwandeln dieser Brüche noch rechnen?
$\frac{1}{11111}$ und $\frac{1}{111111}$

Groß gewinnt

Jeder Mitspieler stellt zunächst zehn Spielkarten her. Auf fünf wird ein Bruch geschrieben, bei dem der Zähler kleiner ist als der Nenner.
Der Nenner darf höchstens 20 sein.
Auf die restlichen fünf Kärtchen kommen Dezimalbrüche, die kleiner als 1 sind.
Erlaubt sind bis zu drei Dezimalen.
Alle Kärtchen werden verdeckt in die Tischmitte gelegt und gemischt. Dann deckt jeder Spieler ein Kärtchen auf.
Derjenige, der den höchsten Wert aufgedeckt hat, erhält alle aufgedeckten Kärtchen. Sind die Werte gleich, werden die Kärtchen wieder zurückgelegt.
Gewonnen hat, wer am Ende die meisten Kärtchen besitzt.

Spiel für 2 bis 4 Personen

0,26

$\frac{1}{12}$

0,185

„0,26 gewinnt!"

Name (Alter)	50-m-Lauf	Weitsprung			Ballweitwurf		
Barbara (12)	9,3	2,85	–	2,93	23,5	24,0	22,0
Christa (11)	7,9	–	2,97	3,05	26,0	27,0	27,5
Daniela (12)	8,2	2,54	2,65	2,65	18,5	19,0	–
Gabi (13)	8,6	2,22	2,77	2,55	22,0	21,5	25,0
Hatice (12)	7,6	–	2,98	3,01	–	12,5	17,5
Kerstin (11)	7,9	2,87	–	2,97	24,0	24,0	24,0
Nadine (13)	8,9	2,45	–	2,69	18,0	18,5	19,0
Stefanie (12)	8,2	2,73	2,71	2,34	15,0	17,7	19,5
Sinje (11)	7,8	2,36	2,65	–	19,0	15,5	–
Vivien (12)	8,8	2,69	2,45	2,05	21,0	22,5	12,5

Bei den Bundesjugendspielen haben die Schülerinnen und Schüler der Klasse 6 einen Dreikampf mit 50-m-Lauf, Weitsprung und Ballweitwurf gemacht. Ihr sollt nun die Ergebnisse nach unterschiedlichen Gesichtspunkten auswerten. Die Ergebnisse der Mädchen sind in der Tabelle in alphabetischer Reihenfolge notiert worden.
Ihr könnt auch eure eigenen Ergebnisse aufschreiben und diese auswerten.

Für die Leichtathletikschulmannschaft „Jugend trainiert für Olympia" soll jede Klasse ihre drei besten Schülerinnen bzw. Schüler pro Disziplin benennen.

Bei allen Auswertungen kann ein Tabellenkalkulationsprogramm wertvolle Hilfe leisten.

- Ordnet die Ergebnisse in der Tabelle so, dass ihr schnell auswählen könnt.

Für die Schulmeisterschaft werden die drei besten Dreikampfergebnisse in die Klassenwertung aufgenommen.
Besorgt euch bei eurer Sportlehrerin oder eurem Sportlehrer die Punktetabellen für eure Altersstufe. Damit könnt ihr alle Ergebnisse auswerten.
Beim Ballweitwurf und beim Weitsprung wird nur das beste Ergebnis gewertet.

- Stellt die Ergebnisse der fünf Besten in jeder Disziplin in einem Diagramm dar. Warum ist es erstaunlich, wenn dann 50-m-Lauf und Weitsprung miteinander verglichen werden?
- Wie könnte man die Darstellung gestalten, um die Ergebnisse aller drei Disziplinen miteinander zu vergleichen?
- Stellt die drei Besten im Dreikampf mit Wurf, Sprung und Lauf in einem Diagramm dar.
- Für das Erreichen einer Siegerurkunde oder einer Ehrenurkunde sind Mindestpunktzahlen vorgeschrieben.
Besorgt euch diese Zahlen für eure Altersgruppe und berechnet die Ergebnisse für alle Teilnehmer.
- Wie viel cm hätte Hatice (12) weiter springen müssen, um eine Ehrenurkunde zu bekommen? Wie viel Meter hätte Nadine (13) weiter werfen müssen, um eine Siegerurkunde zu bekommen? Welche Zeit hätte Vivien (12) laufen müssen, um im Dreikampf besser als Stefanie (12) zu sein?

Rückspiegel

1 Wandle in Dezimalbrüche um.

a) $\frac{23}{100}$; $\frac{2345}{1000}$; $\frac{2}{5}$; $\frac{3}{4}$; $\frac{14}{20}$; $\frac{46}{200}$

b) $\frac{19}{5}$; $\frac{7}{8}$; $2\frac{3}{5}$; $5\frac{7}{20}$; $8\frac{18}{40}$

2 Schreibe als gekürzte Brüche.

a) 0,8; 0,9; 0,76; 0,02; 0,65

b) 1,4; 2,64; 3,001; 8,55; 0,33

3 Schreibe die Größen in der Dezimalschreibweise.

a) in **m**: 5 m 6 dm 7 cm

b) in **t**: 12 t 34 kg 567 g

c) in **a**: 45 a 78 m^2 5 dm^2

4 Setze >, < oder = ein.

a) 12,3456 ☐ 123,456

b) 456,5 cm ☐ 4,56 m

c) 5,89 kg ☐ 5 kg 89 g

d) 0,71 ☐ 70 %

e) $\frac{4}{5}$ ☐ 0,8

f) 0,333 ☐ $0,\overline{3}$

5 Ordne nach der Größe.

a) 2,345; 2,435; 2,543; 2,354

b) 1,101; 1,010; 1,100; 1,001

c) 0,909; 0,0909; 0,9909; 0,0990

6 Runde die Dezimalbrüche

a) auf Zehntel.
1,34; 2,45; 0,789; 14,445

b) auf zwei Dezimalen.
25,834; 1,2345; 0,0987; 9,090 909

7 Wandle in Dezimalbrüche um.

a) $\frac{1}{3}$; $\frac{5}{6}$; $\frac{4}{9}$; $\frac{8}{12}$

b) $\frac{5}{11}$; $\frac{12}{7}$; $\frac{28}{9}$; $\frac{29}{6}$

8 Bilde aus den Kärtchen

12 | 3 | 7 | ,

a) eine möglichst große Zahl.

b) eine möglichst kleine Zahl.

c) eine Zahl möglichst nahe an 5.

Rückspiegel

1 Stelle als Dezimalbrüche dar.

a) $\frac{75}{100}$; $\frac{17}{1000}$; $\frac{3}{8}$; $\frac{4}{25}$; $\frac{8}{125}$

b) $\frac{11}{16}$; $\frac{13}{40}$; $\frac{33}{88}$; $4\frac{3}{20}$; $7\frac{12}{60}$

2 Schreibe als gekürzte Brüche.

a) 0,75; 0,04; 0,18; 0,025; 0,55

b) 4,32; 1,08; 0,202; 1,35; 3,005

3 Schreibe die Größen in der Dezimalschreibweise.

a) in **dm^2**: 12 dm^2 2 cm^2

b) in **m^3**: 300 m^3 30 dm^3 3 cm^3

c) in **hl**: 205 hl 5 l

4 Setze >, < oder = ein.

a) 4,5678 ☐ 4,5768

b) 12,5 m^2 ☐ 0,12 a

c) 0,75 l ☐ 750 cm^3

d) 0,4 ☐ 4 %

e) $\frac{1}{9}$ ☐ $0,\overline{1}$

f) 1,3 ☐ $1\frac{1}{3}$

5 Ordne nach der Größe.

a) 0,1101; 0,1010; 0,1001; 0,1011

b) 0,5 dm^3; 0,55 l; 5,55 cm^3

c) $8,\overline{81}$; $8,8\overline{1}$; $8,\overline{18}$; $8,1\overline{8}$

6 Runde die Dezimalbrüche

a) auf zwei Nachkommaziffern.
0,3645; 3,645; 0,036 45

b) auf Tausendstel.
9,8765; 98,876 54; 9,0085

7 Wandle in Dezimalbrüche um.

a) $\frac{5}{3}$; $\frac{5}{9}$; $\frac{5}{12}$; $\frac{5}{18}$

b) $\frac{81}{99}$; $\frac{15}{14}$; $4\frac{5}{6}$; $2\frac{3}{7}$

8 Bilde aus den Kärtchen

1 | 0 | 222 | , | 23

a) eine möglichst große Zahl.

b) eine möglichst kleine Zahl.

c) eine Zahl möglichst nahe an 250.

Ab ins Schullandheim

Die Klasse 6a der Thomas-Mann-Realschule fährt zum Schullandheimaufenthalt an den Bodensee.

Ein Party-Abend, eine Fahrt in die nahe gelegene Schweiz und ein Sportwettbewerb gehören neben anderen Aktivitäten zum Programm. Dabei rechnen die Schülerinnen und Schüler mit Geldbeträgen, Wechselkursen und Längen.

4 kg Äpfel
5 Packungen Salzstangen
8 Packungen Chips
1 Kiste Limonade
1 Kiste Cola

Party-Abend

Für einen Party-Abend werden Knabbergebäck, Obst und Getränke eingekauft.

Reichen die von der Klassenlehrerin vorgestreckten 40 €?

Überlege, ob eine Überschlagsrechnung ausreicht.

1 Kiste Cola	*8,49 €*
1 kg Äpfel	*1,99 €*
1 Packung Salzstangen	*0,99 €*
1 Kiste Limonade	*4,99 €*
1 Packung Chips	*1,49 €*

Ausflug in die Schweiz

Die Klasse unternimmt einen Ausflug zum Berg Säntis in der Schweiz. Michaela tauscht 20 Euro und erhält 30 Schweizer Franken.

Für die Fahrt mit der Seilbahn zahlt sie 16 Schweizer Franken, für Schokolade 4 Schweizer Franken.

Sie überlegt, was dies in Euro umgerechnet ergibt.

Spiel- und Sportfest

Bei einem Spiel- und Sportfest steht auch ein Standweitsprungwettbewerb auf dem Programm.

Die Klasse führt einen Gruppenwettbewerb durch.
Dabei werden folgende Ergebnisse erzielt:

Gruppe Blau

Name	1. Versuch	2. Versuch	3. Versuch
Peter	1,54 m	1,73 m	1,45 m
Nina	1,79 m	1,48 m	1,66 m
Özlem	1,50 m	1,67 m	1,81 m
Tim	2,01 m	ungültig	1,91 m

Gruppe Rot

Name	1. Versuch	2. Versuch	3. Versuch
Sandra	1,42 m	1,59 m	1,22 m
Paolo	1,89 m	1,76 m	1,79 m
Nadja	1,91 m	1,72 m	ungültig
Felix	ungültig	1,80 m	1,97 m

Die Klasse diskutiert, wie die Sieger-Gruppe ermittelt werden kann.

- Die Gesamtweite der jeweils besten Versuche eines jeden Springers entscheidet.
- Die beiden besten Sprünge jedes Springers werden addiert.
- Der beste und der schlechteste bzw. ungültige Sprung werden nicht gewertet.

Finde eigene Regeln um eine Reihenfolge der Gruppen festzulegen.

In diesem Kapitel lernst du,

- wie man Dezimalbrüche addiert, subtrahiert, multipliziert und dividiert,
- wie man Rechengesetze zum vorteilhaften Rechnen nutzt,
- welche Reihenfolge beim Berechnen von Rechenausdrücken zu beachten ist,
- wie man Ergebnisse sinnvoll abschätzt und überprüft.

1 Addieren und Subtrahieren

Bei einem Turnwettkampf ergaben sich an den Geräten folgende Wertungen:

Name	Boden	Balken	Sprung	Stufen-barren
Britta	8,4	7,4	8,0	7,2
Pia	7,9	8,4	8,0	7,5
Simone	8,2	7,8	8,3	8,1

→ Wer liegt nach Boden und Balken in Führung? Gewinnt dieses Mädchen auch den gesamten Wettkampf?
→ Wie viele Punkte Vorsprung hat die Siegerin auf die Zweitplatzierte, wie viele auf die Drittplatzierte?

Wie beim schriftlichen Addieren und Subtrahieren von natürlichen Zahlen muss man auch bei den Dezimalbrüchen darauf achten, dass die Zahlen stellengerecht untereinander geschrieben werden. Die Stellentafel verdeutlicht dies.

12,862 + 4,575 = 17,437

	Z	E	z	h	t
	1	2,	8	6	2
+		4,	5	7	5
		1	1		
	1	7,	4	3	7

73,287 − 19,68 = 53,607

	Z	E	z	h	t
	7	3,	2	8	7
−	1	9,	6	8	0
	1	1			
	5	3,	6	0	7

Beim **Addieren** und **Subtrahieren** von Dezimalbrüchen müssen die Zahlen so untereinander geschrieben werden, dass Komma unter Komma steht. Beginne von rechts mit dem stellengerechten Addieren oder Subtrahieren.

Beispiele

a)
```
   3,94
+ 14,37
+  8,05
  11 1
  26,36
```

b)
```
  0,0320
+ 4,3800
+ 0,0009
       1
  4,4129
```

c)
```
  13,678
−  6,030
−  5,271
      1
   2,377
```

Bemerkung
Oft ist es hilfreich, die fehlenden Endnullen zu ergänzen.

Mit einer **Überschlagsrechnung** kann man das Ergebnis kontrollieren. Durch geschicktes Runden lassen sich die Zahlen häufig im Kopf berechnen.

	123,86 + 37,41 = 161,27	1,736 − 0,497 = 1,239
Überschlag:	120 + 40 = 160	1,7 − 0,5 = 1,2

Aufgaben

1 Addiere oder subtrahiere im Kopf.

a) 3,8 + 4,1 b) 12,4 + 13,5
c) 7,6 − 4,2 d) 37,8 − 9,5
e) 0,62 + 0,21 f) 0,45 + 1,54
g) 0,87 − 0,53 h) 5,75 − 0,98

2 Berechne.

a) 3,685 + 4,214
b) 22,439 + 47,572
c) 0,8624 + 5,7896
d) 8,769 − 5,438
e) 5,406 − 3,728
f) 0,9078 − 0,5991

3 Achte beim Addieren und Subtrahieren auf die fehlenden Nullen.

a) 1,3476 + 3,67
b) 0,062 + 4,7195
c) 0,431 + 27,6
d) 50,683 − 9,49
e) 0,67 − 0,6088
f) 3 − 0,9821

4 Welche Zahl musst du für die Platzhalter einsetzen?

a) 7,2 + □ = 9,6 b) □ + 0,4 = 0,9
c) 4,01 + □ = 4,1 d) 5,8 − □ = 4,9
e) □ − 3,2 = 1,25 f) □ − 0,01 = 0,02

5 Setze die Ziffern 4; 5; 6 und 7 so ein,
a) dass das Ergebnis möglichst groß ist.
b) dass das Ergebnis möglichst klein ist.
c) dass das Ergebnis genau 55,7 ist.

□□,□ − 0,□ = ?

6 Hier fehlen Kommas.

a) 0,4 + 0,8 = 12
b) 99,6 + 104 = 110,0
c) 44 + 404 = 48,04
d) 15,43 − 4,32 − 2,31 = 880
e) 1,1 + 11,1 + 1111 + 0,1 = 123,4
f) 100 − 549 − 43,44 = 1,66
g) 989 − 898 − 0,987 = 898213

7 Berechne. Auf dem Rand findest du das Lösungswort. Es ist der Name eines Vogels.

a) 12,964 + 16,842 + 9,741
b) 0,384 + 82,47 + 1,042
c) 19,878 − 4,243 − 1,314
d) 5,912 + 17,84 + 9,6
e) 179,32 − 88,86 − 4,39
f) 18,926 − 0,434 − 9,21
g) 438,2 + 0,753 + 19,9 + 6,31
h) 18,9257 − 0,525 − 5,9007 − 9

A	14,321
B	7,07
C	68,70
E	2,987
F	39,547
G	465,163
H	41,123
I	86,07
L	83,896
M	33,352
N	9,282
O	3,5
P	5,024
R	53,207
S	93,069
W	1,5

8 Dieses Spiel könnt ihr zu zweit spielen. Würfelt dreimal mit je zwei Würfeln. Setzt die Augenzahlen so für die Platzhalter ein, dass ein Wert entsteht, der möglichst nahe bei 1 liegt.
Wer von euch beiden näher an der Zahl 1 liegt, erhält einen Punkt.

Beispiel: 5,2 + 1,4 − 5,6 = 1

9 Schreibe untereinander und berechne.

a) 12,34 + 1,234 + 0,1234
b) 11,1 + 1,11 + 0,111 + 111
c) 10,04 − 4,23 − 3,76 − 2,02
d) 15,05 − 3 − 0,428 − 6,619

10 Berechne möglichst vorteilhaft.

a) 2,8 + 2,9 + 3 + 3,1 + 3,2
b) 14,9 + 30,5 + 69,5 + 35,1 + 17,7
c) 0,85 + 2,36 + 6,5 + 1,14 + 0,15
d) 0,02 + 1,981 + 4,01 + 0,009 + 0,88

11 Welche Aufgabe gehört zu welchem Ergebnis? Überschlage bevor du rechnest.

2,4 + 0,5 + 1,9	7,5
13,43 − 6,72 + 3,89	4,8
20,05 − 0,57 − 11,98	10,6
4,7 − 3,2 + 3,1	8,5
17,07 + 8,16 − 16,73	12,5
5,91 − 0,83 + 7,42	4,6

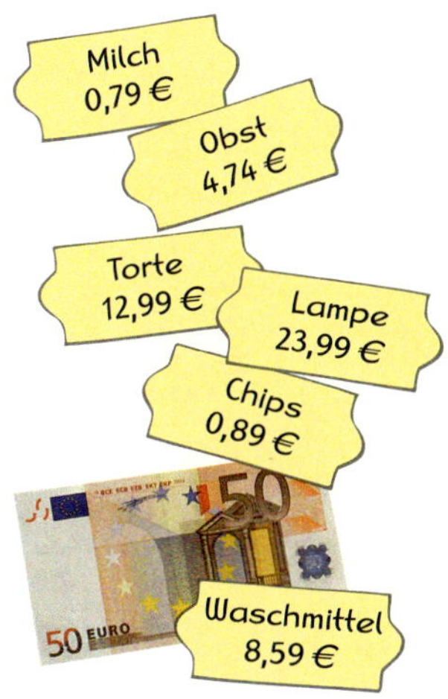

Reicht das Geld? Überschlage.

12 Fülle die Zahlenmauern.

a)

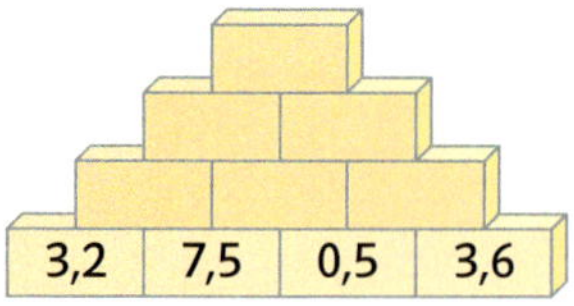

b)

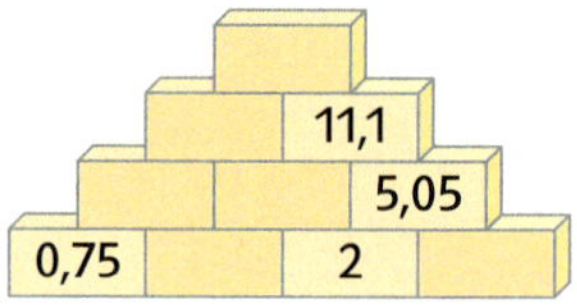

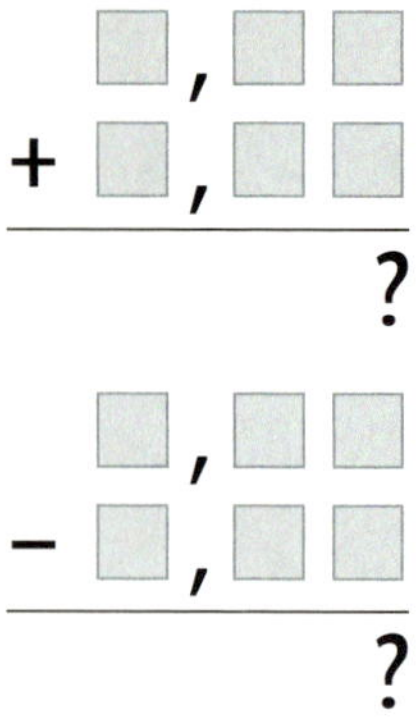

13 Setze in die Kästchen folgende Ziffern ein: 2; 3; 6; 7; 9; 0.
Jede Ziffer darf nur einmal vorkommen.

a) Der Wert der Summe soll möglichst groß sein.
b) Der Wert der Summe soll möglichst klein sein.
c) Der Wert der Summe soll 9,45 betragen.
d) Der Wert der Differenz soll möglichst klein sein.
e) Der Wert der Differenz soll möglichst groß sein.
f) Der Wert der Differenz soll 6,12 sein.

14 Fülle die Zauberquadrate. Wie heißt die magische Zahl?

		0,6
0,7	0,9	
1,2		

2,4			
5,4	4,2		7,2
3,0	6,6	6,0	4,8
	1,2		

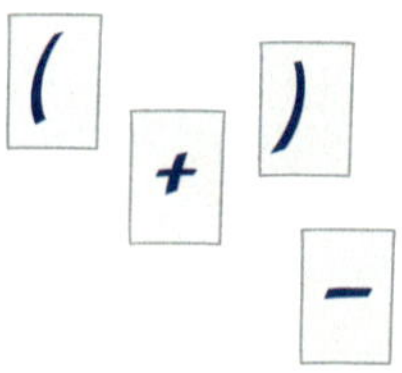

15 Setze +, – und Klammern und rechne.

□ 8,7 □ 5,6 □ 4,3 □ 1,2 □ = ?

a) Das Ergebnis soll möglichst groß sein.
b) Das Ergebnis soll möglichst nahe bei der Zahl 1 liegen.

16 Hier wurde falsch gerechnet.
Suche den Fehler und erkläre ihn.

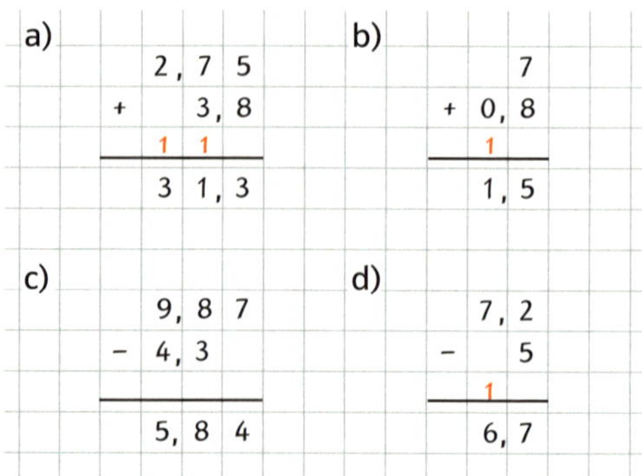

17 Ergänze.

a)

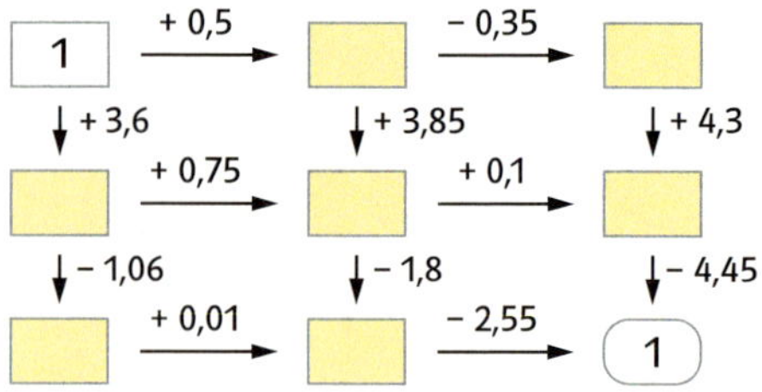

b)

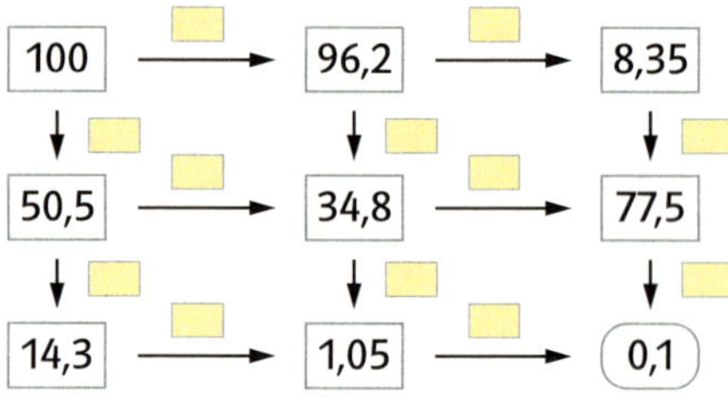

18 Achte auf die verschiedenen Rechenzeichen. Mache zunächst einen Überschlag. Die Summe aller Ergebnisse ist 250.

a) 22,222 + 2,222 – 0,222
b) 3,303 – 0,333 + 3,003 – 0,03
c) 44,4 – 4,04 – 4,444 + 4,404 – 0,404
d) 999 – 909,9 + 0,909 – 9,99 + 99,9

19 Ersetze die Leerstellen durch die passenden Ziffern.

a)
```
  2,45
+ □,3□
  6,□2
```
b)
```
  12,□5
– 1□,9□
   1,09
```
c)
```
  □,327
– 5,8□9
  0,□7□
```

20 Achte auf die Klammern.

a) 21,63 – (12,75 + 8,36)
b) 61,51 – (30,82 – 15,44)
c) (8,58 – 0,61) – (7,49 + 0,33)
d) 32,05 – (27,56 + 2,81) – 0,38
e) 7,77 + (31,15 – (98,06 – 72,43))
f) 3,333 – (18,054 – (60,703 – 45,982))

21 Stelle zuerst einen Rechenausdruck auf, rechne dann.

a) Wie groß ist die Summe der Zahlen 12,8 und 14,9 vermindert um 19,5?
b) Subtrahiere die Summe von 9,8 und 0,8 von 40,6.
c) Addiere die Differenz von 6,38 und 3,86 zur Summe von 9,62 und 1,35.
d) Wie groß ist der Unterschied zwischen 12,98 und der Differenz aus 6,3 und 4,7?

Zeitmessung bei großen Sportereignissen

Beim 100-m-Zieleinlauf der Leichtathletik-Weltmeisterschaften 2003 in Paris gab es nebenstehende Ergebnisse.

Bahn	Name	Land	Zeit in s	Reaktionszeit
1	Collins, Kim	SKN	10,07	0,148
2	Aliu, Deji	NGR	10,21	0,132
3	Williams, Bernard	USA	10,13	0,133
4	Brown, Darrel	TRI	10,08	0,152
5	Chambers, Dwain	GBR	10,08	0,145
6	Montgomery, Tim	USA	10,11	0,140
7	Campbell, Darren	GBR	10,08	0,112
8	Emedolu, Uchenna	NGR	10,22	0,164

- Warum sind die drei Medaillengewinner nicht so einfach zu ermitteln?
- Wie groß ist der Zeitabstand vom ersten zum letzten Läufer?
- Was meinst du zu der Aussage: „Wer am schnellsten reagiert, muss nicht unbedingt gewinnen"? Wie groß waren die Unterschiede bei den Reaktionszeiten?
- Vergleiche die Summe der Zeiten der vier Erstplatzierten mit der Weltrekordzeit der 4 × 100 m-Staffel von 37,40 s (USA; 1992). Erkläre.

Tim Montgomery (USA) lief bei seinem Weltrekord 29 Hundertstelsekunden schneller als Kim Collins. Der Weltrekord der Damen steht bei 10,49 s (Stand 2003).

Die Tabelle unten rechts zeigt die Ergebnisse des olympischen Rodelwettbewerbs der Damen 2002 in Salt Lake City.

- An wen gingen die Medaillen? Notiere die Reihenfolge nach jedem Lauf.
- Um wie viele Sekunden war die Siegerin schneller als die Silbermedaillengewinnerin?
- In welchem Lauf war der Zeitabstand zwischen den 6 Rodlerinnen am größten, in welchem am kleinsten?
- Stelle die Differenzen der Endzeiten jeder Athletin zur Siegerzeit in einem Diagramm dar.

Name	Land	1. Lauf	2. Lauf	3. Lauf	4. Lauf
Angelika Neuner	AUT	43,68	43,44	43,60	43,43
Barbara Niedernhuber	GER	43,34	43,13	43,21	43,09
Becky Wilczak	USA	43,50	43,48	43,42	43,84
Lilian Ludan	UKR	43,80	43,62	43,56	43,51
Silke Kraushaar	GER	43,29	43,22	43,19	43,15
Sylke Otto	GER	43,35	43,07	42,94	43,09

2 Multiplizieren und Dividieren mit Zehnerpotenzen

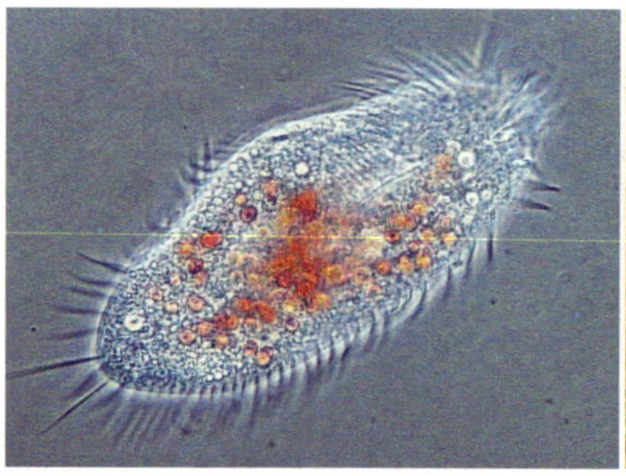

Der Elefant ist in Wirklichkeit 2,80 m hoch.
→ Wurde er 10-mal, 100-mal oder 1000-mal verkleinert?
Wenn du durch ein Mikroskop sehr kleine Lebewesen betrachtest, siehst du sie stark vergrößert. Auf dem Mikroskop steht beispielsweise „× 10 000".
→ Erkläre, weshalb das Pantoffeltierchen und der Elefant gleich groß sind.

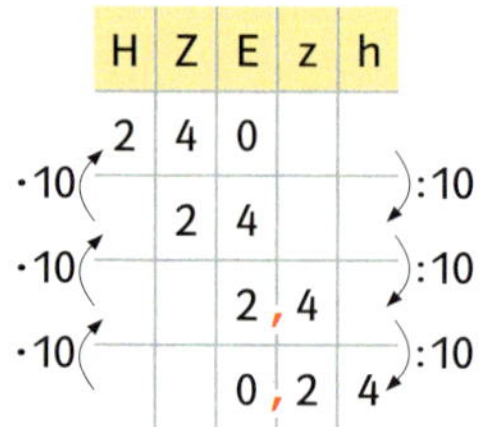

Beim Multiplizieren und Dividieren von Dezimalbrüchen mit Zehnerpotenzen wird nur das Komma verschoben, die Ziffernfolge bleibt im Ergebnis unverändert.

$0{,}26 \cdot 10 = \frac{26}{100} \cdot 10 = \frac{260}{100} = \frac{26}{10} = 2{,}6$ $\qquad$ $32{,}8 : 10 = \frac{328}{10} \cdot \frac{1}{10} = \frac{328}{100} = 3{,}28$

Wenn die Anzahl der Ziffern nicht reicht, werden Nullen angehängt oder vorangestellt.

7,8 · 100 = 780 $\qquad$ 7,8 : 100 = 0,078

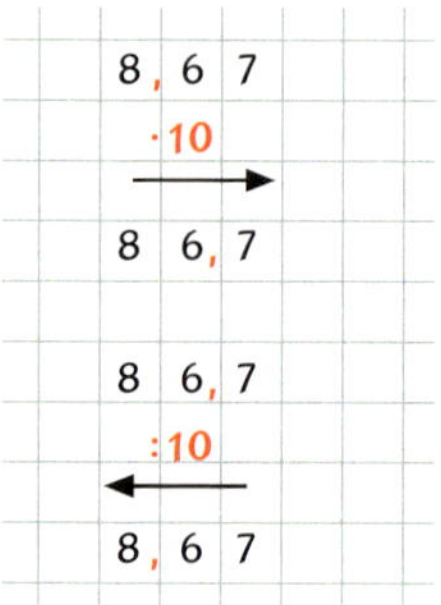

Beim **Multiplizieren** von Dezimalbrüchen mit 10; 100; … (Zehnerpotenzen) muss man das **Komma** um so viele Stellen **nach rechts** verschieben, wie die Zehnerpotenz Nullen hat. Beim **Dividieren** von Dezimalbrüchen durch 10; 100; … (Zehnerpotenzen) muss man das **Komma** um so viele Stellen **nach links** verschieben, wie die Zehnerpotenz Nullen hat.

Beispiele

a) 0,2967 · 10 = 2,967
   0,2967 · 100 = 29,67
   0,2967 · 1000 = 296,7

b) 327,2 : 10 = 32,72
   327,2 : 100 = 3,272
   327,2 : 1000 = 0,3272

c) 5,82 · 1000 = 5820
   58,2 · 1000 = 58 200
   582,0 · 1000 = 582 000

d) 126 : 100 = 1,26
   12,6 : 100 = 0,126
   1,26 : 100 = 0,0126

Aufgaben

1 Multipliziere im Kopf.

a) 3,9 · 10; 12,8 · 10; 4,92 · 100
b) 4,37 · 10; 1,888 · 100; 34,05 · 10
c) 0,74 · 100; 0,63 · 1000; 0,5 · 100
d) 1,85 · 100; 18,5 · 100; 0,185 · 100
e) 0,425 · 100; 4,25 · 10; 0,0425 · 10
f) 0,012 · 1000; 1,21 · 1000; 12,12 · 100

2 Dividiere im Kopf.

a) 13,6 : 10; 136,6 : 100; 1,366 : 100
b) 4,2 : 10; 42,12 : 100; 4,21 : 1000
c) 0,4 : 1000; 4,04 : 100; 0,04 : 10

3 Lege eine Stellenwerttafel an und trage die Ergebnisse untereinander ein.

a) 1,234 · 10; · 100; · 1000; · 10 000
b) 0,045 · 10; · 100; · 1000; · 10 000
c) 123,4 : 10; : 100; : 1000; : 10 000
d) 1,234 : 10; : 100; : 1000; : 10 000

4 Was fällt dir auf?

a) ☐ ←(: 10)— 24,85 —(· 10)→ ☐
b) ☐ ←(: 100)— 417,2 —(· 100)→ ☐
c) ☐ ←(: 1000)— 0,529 —(· 1000)→ ☐

5 Rechne. Findest du das Endergebnis auch ohne die Zwischenergebnisse aufzuschreiben?

a) $0{,}31 \cdot 100 \cdot 10 \cdot 10$
b) $((1736{,}2 : 10) : 100) : 100$
c) $((22{,}83 : 100) \cdot 1000) : 10$
d) $((0{,}0439 \cdot 1000) : 100) \cdot 1000$

6 Welche Rechnung wurde durchgeführt?

a) $6{,}83 \xrightarrow{\square} 0{,}683$
b) $1{,}41 \xrightarrow{\square} 1410$
c) $0{,}362 \xrightarrow{\square} 0{,}00362$
d) $0{,}07 \xrightarrow{\square} 7$
e) $111{,}1 \xrightarrow{\square} 0{,}1111$
f) $0{,}039 \xrightarrow{\square} 39$

7 Beim Umwandeln in kleinere Maßeinheiten wird die Maßzahl mit Zehnerpotenzen multipliziert.
Beim Umwandeln in größere Maßeinheiten wird entsprechend dividiert.

Beispiel: $1\,\text{dm}^2 = 1 \cdot 100\,\text{cm}^2 = 100\,\text{cm}^2$

Erkläre so die Umwandlungen.

a) $\text{m}^2 \rightarrow \text{dm}^2$
b) $\text{cm}^3 \rightarrow \text{l}$
c) $\text{kg} \rightarrow \text{g}$
d) $\text{a} \rightarrow \text{dm}^2$
e) $\text{mm}^3 \rightarrow \text{ml}$
f) $\text{km} \rightarrow \text{cm}$

8 Berechne und gib das Ergebnis in einer geeigneten Maßeinheit an.

a) $0{,}76\,\text{m}^2 \cdot 1000$
b) $12{,}8\,\text{mg} \cdot 100\,000$
c) $5{,}36\,\text{cm}^3 \cdot 10\,000$
d) $368{,}4\,\text{l} \cdot 10\,000$
e) $0{,}056\,\text{m}^3 : 10\,000$
f) $1{,}234\,\text{ha} : 1000$

9 Beachte die Kommaverschiebung.

a) 0,6835
↓ $\cdot 100$
□
↓ $\cdot 1000$
□

b) 56,12
↓ $:100$
□
↓ $:10$
□

c) □
↓ $\cdot 100$
138,2
↓ $:10$
□

d) □
↓ $\cdot 10$
□
↓ $:1000$
0,0438

10 Was ist größer?

a) 5,2 Millionen oder 0,0045 Milliarden
b) 2 340 000 oder 0,000 67 Milliarden
c) 0,032 Billionen oder 230 000 000 000
d) 3,45 Millionen oder 0,003 45 Milliarden

11 Ein Stapel Papier mit 1000 Blatt ist 10,8 cm dick und 5,65 kg schwer.
a) Wie dick und wie schwer ist ein Blatt? Mache die Angaben in verschiedenen Maßeinheiten.
b) Suche selbst ähnliche Beispiele, um solche Rechnungen durchführen zu können.

Berechne die Differenzen aufeinander folgender Ergebnisse. Was fällt dir auf? Versuche es mit anderen Anfangszahlen und mit anderen Faktoren.

0,045
↓ $\cdot 10$
□
↓ $\cdot 10$
□
↓ $\cdot 10$
□
↓ $\cdot 10$
□
…

12 a) Der Samen eines Riesenmammutbaums wiegt 4,7 mg. Das Gewicht eines ausgewachsenen Baumes kann mehr als die Hälfte des 1 000 000 000 000-Fachen betragen.
b) Eine Waldameise ist etwa 7,5 mm lang. Wie lang wäre eine Ameisenstraße aus 1 Million Tieren, wenn sie genau hintereinander liefen?
c) Ein Wassertropfen hat ungefähr einen Rauminhalt von $0{,}2\,\text{cm}^3$. Welches Gefäß könnte man mit 1 Milliarde Wassertropfen füllen? Reicht es für eine Badewanne oder sogar für einen Swimmingpool?
d) Das Blatt einer Linde hat etwa einen Flächeninhalt von $0{,}15\,\text{dm}^2$.
Wie groß wäre die Fläche, wenn man alle 100 000 Blätter eines ganzen Baums nebeneinander legen würde?

13 Landkarten haben unterschiedliche Maßstäbe. Manche sind besonders praktisch zum Umrechnen.
a) Welcher Streckenlänge in der Natur entsprechen 12,5 cm auf der Karte beim Maßstab 1 : 1000; 1 : 100 000?
b) Wie lang wird eine 400 m lange Straße auf der Karte mit dem Maßstab 1 : 10 000; 1 : 100 000 oder 1 : 1 000 000?
c) In Wirklichkeit sind es von A-Stadt nach B-Weiler 5,8 km, auf der Karte nur 5,8 cm. Welchen Maßstab hat die Karte?

3 Multiplizieren

Lena fliegt in den Sommerferien zu ihrer Tante in die USA. Von ihren Eltern erhält sie für die Reise einen Betrag von 500 €. Für einen Euro bekommt Lena 1,15 US-$.
→ Wie viel US-Dollar nimmt Lena mit?
Nach ihrer Rückkehr hat Lena noch 100 Dollar übrig. Beim Rücktausch erhält Lena für einen Dollar genau 0,87 €.
→ Wie viel Euro sind das?
→ Rechne auch mit dem aktuellen Kurs.

Um Dezimalbrüche miteinander zu multiplizieren, kann man sie in gewöhnliche Brüche umwandeln. $0{,}4 \cdot 1{,}8 = \frac{4}{10} \cdot \frac{18}{10} = \frac{72}{100} = 0{,}72$

1 Stelle 2 Stellen

4,8 · 3,42
144
192
96
11
16,416

3 Stellen

Das Produkt der beiden Dezimalbrüche 0,4 und 1,8 hat also dieselbe Ziffernfolge wie der Wert des Produkts $4 \cdot 18 = 72$.
Die Anzahl der Nachkommastellen im Ergebnis ist genauso groß wie die Anzahl der Nachkommastellen der einzelnen Faktoren insgesamt.

Dezimalbrüche werden zunächst ohne Berücksichtigung des Kommas **multipliziert**. Dann setzt man das Komma. Das Ergebnis hat gleich viele Nachkommastellen wie die beiden Faktoren zusammen.

2,3	·	4,05	=	9,315
1 Dezimale		2 Dezimalen		3 Dezimalen

Beispiele

a) 4,5 · 13

45
135
58,5

b) 0,436 · 0,35

1308
2180
1
0,15260

Oft müssen im Ergebnis eine oder mehrere Nullen ergänzt werden.

c) 0,038 · 1,4

38
152
1
0,0532

Bemerkung

Vor der genauen Berechnung ist es sinnvoll, eine **Überschlagsrechnung** zu machen.
Die Werte werden so gerundet, dass man im Kopf rechnen kann.
$212{,}4 \cdot 0{,}028$ wird überschlagen mit $200 \cdot 0{,}03 = 6$. Das genaue Ergebnis ist 5,9472.

Aufgaben

1 Rechne im Kopf.
a) 0,8 · 7 b) 1,2 · 6 c) 0,4 · 5
d) 1,5 · 9 e) 1,7 · 0,3 f) 25 · 0,4
g) 0,6 · 15 h) 0,07 · 8 i) 20 · 0,12

2 Rechne geschickt.
a) 0,25 · 8; 2,5 · 0,8; 25 · 0,08
b) 900 · 0,3; 90 · 3,0; 0,9 · 30
c) 1,1 · 1,1; 0,11 · 1,1; 0,11 · 0,11

3 Berechne.

a) 3,4 · 2,5 b) 7,2 · 3,4
c) 1,8 · 12,3 d) 6,4 · 9,6
e) 24,8 · 0,75 f) 5,48 · 12,5
g) 8,28 · 1,05 h) 0,84 · 0,26

4 Die Lösung grenzt ans Mittelmeer.

a) 10,8 · 4,5 b) 3,25 · 4,2
c) 0,75 · 12,5 d) 10,5 · 0,84
e) 5,6 · 2,25 f) 2,95 · 8,4
g) 7,5 · 6,64 h) 50,2 · 0,48

E | 49,8 A | 8,82 O | 9,375
L | 0,45 U | 1,828 K | 48,6
S | 21,8 T | 12,6 I | 24,78
G | 42,45 N | 24,096 R | 13,65

5 Führe zunächst eine Überschlagsrechnung durch.

a) 27,86 · 7 b) 0,0285 · 12
c) 7,843 · 192 d) 173,8 · 0,086
e) 83,8 · 0,042 f) 0,682 · 842,5
g) 0,04 · 72,61 h) 120,07 · 80,508

6 Rechne wie im Beispiel.

0,006 · 1200 = 0,06 · 120
= 0,6 · 12
= 6 · 1,2 = 7,2

a) 0,04 · 240 b) 0,005 · 1800
c) 800 · 0,009 d) 3000 · 0,0007
e) 0,000 009 · 15 000 000

7 Es ist 426 · 538 = 229 188.
Damit lassen sich folgende Produkte leicht berechnen.

a) 426 · 0,538 b) 0,0426 · 0,538
c) 42,6 · 5,38 d) 0,426 · 0,0538
e) 4,26 · 53,8 f) 426,0 · 53,8
g) 0,426 · 538 h) 4260 · 0,005 38

8 Wo musst du beim zweiten Faktor das Komma setzen?

1. Faktor		2. Faktor	Ergebnis
8,3	·	25	20,75
70,4	·	56	39,424
0,23	·	79	0,018 17
0,076	·	62	4,712
12,25	·	35	4,2875

9 Welche Fehler wurden gemacht?

a) 70 · 0,4 = 2,8 b) 0,1 · 0,1 = 0,1
c) 0,06 · 11,1 = 6,666 d) 4 · 0,08 = 4,08
e) 4 · 2,3 = 8,12 f) 3,2 · 2,4 = 6,8

10 Welche Aufgabe gehört zu welchem Ergebnis? Überschlage zuerst.

825 · 0,24	496
43,8 · 11,5	100,8
77,5 · 6,4	232,5
0,54 · 184	503,7
37,5 · 6,2	198
120 · 0,84	99,36

11 Setze die Ziffern 1; 3; 5 und 0 so in die Kästchen ein, dass

a) ein möglichst großer Wert entsteht.
b) ein möglichst kleiner Wert entsteht.
c) das Ergebnis 1,55 lautet.
d) das Produkt den Wert 4,5 hat.

□,□ · □,□ = ?

12 Multipliziere nebeneinander liegende Steine der Zahlenmauern. Der Deckstein hilft als Ergebniskontrolle.

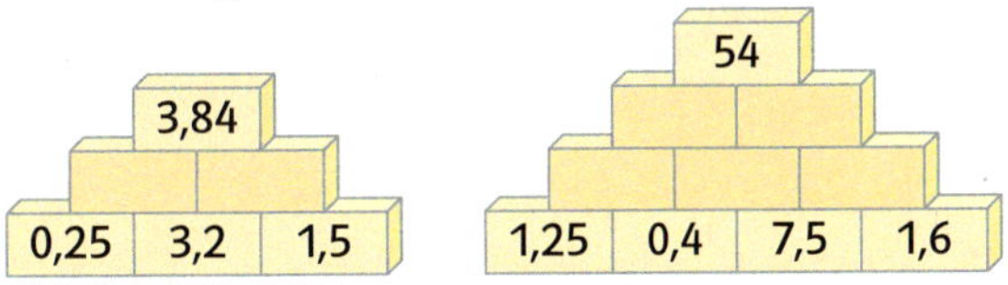

13 Zahlen in benachbarten Feldern werden miteinander multipliziert. Wenn du die Ergebnisse aller zwölf Produkte addierst, erhältst du die Zahl 79.

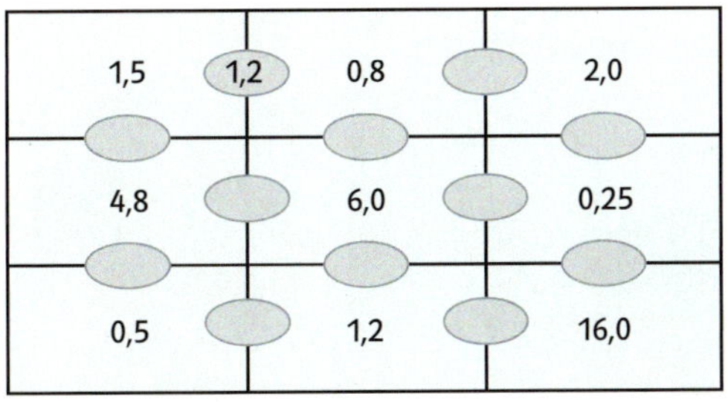

14 Rechne im Kopf.

a) 50 · 0,2 · 0,43
b) 0,02 · 40 · 500
c) 0,4 · 25 · 0,2
d) 0,2 · 7,5 · 0,5 · 10
e) 12,5 · 0,2 · 100 · 0,05 · 0,08

15 Berechne den Rechtecksflächeninhalt.

a)

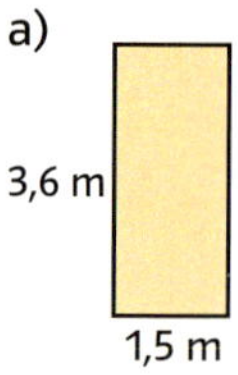

b)

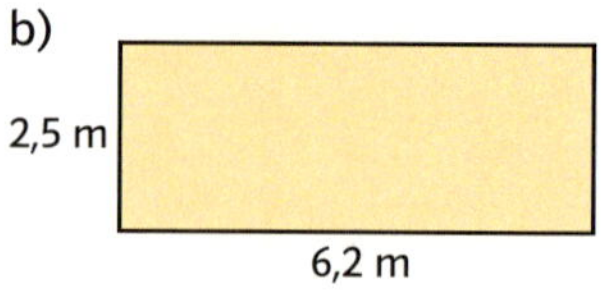

16 Der Quadratmeterpreis beider Bauplätze ist gleich hoch. Vergleiche.

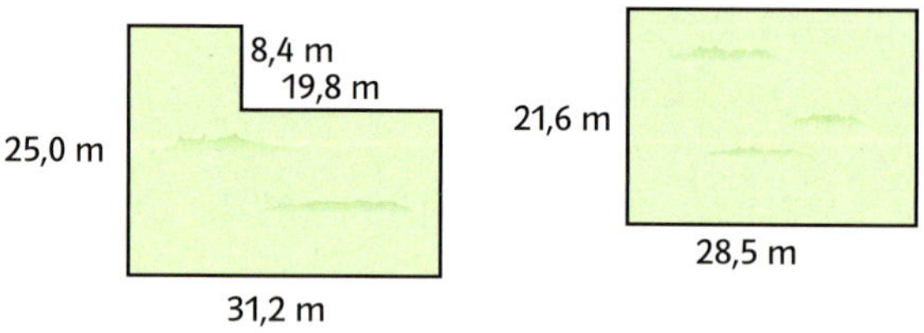

17 Sämtliche Räume der Wohnung haben eine rechteckige Form.

Raum	Küche	Bad	Flur	Kind 1	Kind 2	Eltern	Wohnen
Länge	5,25 m	4,00 m	11,25 m	6,25 m	5,00 m	4,00 m	7,00 m
Breite	4,00 m	2,50 m	1,80 m	3,20 m	3,20 m	4,00 m	4,00 m

Pro Quadratmeter wird ein Mietpreis von 6,50 € verlangt.

18 Jana möchte ihr Zimmer neu streichen. Der rechteckige Raum hat die Maße: Länge 4,85 m; Breite 4,20 m; Höhe 2,45 m. Für einen Quadratmeter rechnet man 0,25 Liter Farbe. Ein Eimer mit 10 Liter Inhalt kostet 29,95 €.
Hinweis: Rechne ohne Fenster und Türen zu berücksichtigen.

19 Welcher der beiden Quader hat das größere Volumen?

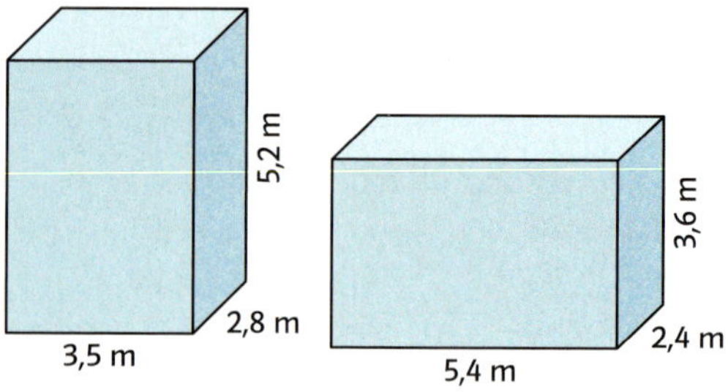

20 Ein Liter Luft wiegt 1,23 g bei einer Temperatur von 15 °C.
a) Wie schwer ist die Luft in eurem Klassenzimmer?
b) Wie schwer ist die Luft in eurer Sporthalle? Die Außenmaße der Halle könnt ihr schätzen.
c) Warme Luft ist leichter.
Bei 20 °C wiegt ein Liter 1,20 g, bei 30 °C sogar nur noch 1,16 g.

21 Ein Kubikmeter Beton kostet 90 €.
a) Wie teuer ist die Treppe?
b) Wie teuer wird die Treppe, wenn man sie eine Stufe höher baut?
c) Was kostet eine Treppe aus 6 Stufen mit gleicher Stufenhöhe und -tiefe?

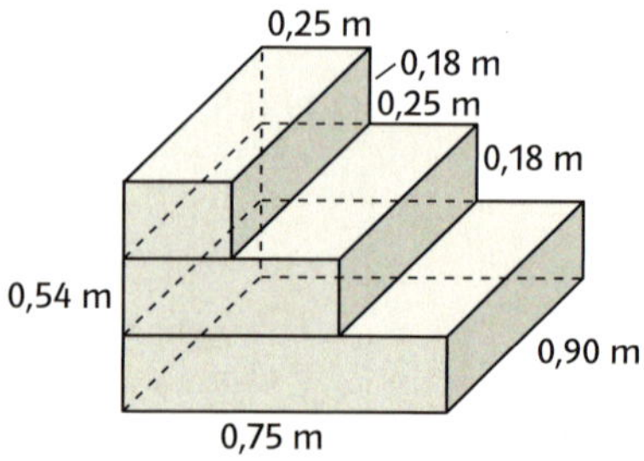

22 Das Schwimmbecken eines Hotels ist 12,50 m lang und 6,50 m breit.
a) Es wird bis zu einer Höhe von 1,60 m mit Wasser gefüllt. Der Preis pro m^3 Wasser beträgt 1,80 €.
b) Durch ein versehentlich geöffnetes Ventil senkt sich der Wasserspiegel über Nacht um 40 cm. Was kostet das?
c) Für die kommende Saison soll das Becken (Boden und Wände) neu gefliest werden.

Englische und amerikanische Maße

In vielen englischsprachigen Ländern werden anstatt der bei uns üblichen Maßbezeichnungen Meter, Kilogramm oder Liter andere Einheiten verwendet. Man misst dort mit inches, feet, yards, gallons oder ounces, die uns in vielfältiger Form begegnen.
Die Tabelle zeigt die Umrechnungen der am häufigsten vewendeten Größen.

Maßeinheit GB / USA	Umrechnung D
inch (in)	2,54 cm
foot (ft)	30,48 cm
yard (yd)	0,914 m
mile (mi)	1,609 km
gallon (ga)	4,544 l
ounce (oz)	28,35 g
pound (lb)	453,59 g
barrel (ba)	158,987 l

- Wie viel ft sind 12 in?
- Wie viel yd sind 3 ft?
- Wie viel lb sind 16 oz?
- Prüfe nach: 1 Meile = 1760 yards.

CanadaTimes

Ungefähr zwei Tonnen Ölsand werden gebraucht, um ein Barrel Rohöl herstellen zu können. Die monströsen Lastwagen, die die geförderten Erdmassen zu Weiterverarbeitungsanlagen bringen, haben mehr als 10 Fuß hohe Reifen – und werden zum Teil auch von Frauen bedient. 250 000 Barrel Rohöl werden am Tag produziert. Bis spätestens zum Jahr 2012 soll diese Menge auf 500 000 Barrel steigen. Die Vorräte reichen noch lange. Man schätzt, dass mit dem Einsatz heutiger Technologien 50 Jahre lang eine tägliche Menge von mehr als 500 000 Barrel produziert werden kann. Das Unternehmen beziffert die gesamten abbaubaren Ölreserven in Alberta auf 300 Milliarden Barrel.

- Ersetze die Angaben des Zeitungsartikels durch unsere Maße.

Die Route 66 ist eine Fernstraße der USA, die vom Michigan-See zum Pazifik reicht. Sie hat eine Gesamtlänge von 2448 Meilen. Im Atlas findest du auch die Panamericana. Sie verbindet Alaska mit Feuerland an der Südspitze Argentiniens. Dort steht eine Entfernungsangabe mit 17 848 km. Vergleiche.

Der Airbus und die Boeing 747 zählen zu den am meisten eingesetzten Passagierflugzeugen der Welt.
Vergleiche die Angaben.

Airbus 340-600	
Länge	75,30 m
Höhe	17,80 m
Spannweite	63,60 m
max. Abfluggewicht	365 000 kg
Reisegeschwindigkeit	890 km/h
Flughöhe	12 500 m
Tankkapazität	195 500 l
Passagiere	378–440
Reichweite	14 000 km

Boeing 747-400	
Länge	231 ft 10 in
Höhe	63 ft 8 in
Spannweite	211 ft 5 in
max. Abfluggewicht	910 000 lb
Reisegeschwindigkeit	567 mph
Flughöhe	35 000 ft
Tankkapazität	63 500 ga
Passagiere	416–524
Reichweite	8830 mi

4 Dividieren

In der Schülercafeteria verkauft die Klasse 6b Fruchtsäfte. Im Apfelsaftkasten für 9,60 € sind zwölf 1-l-Flaschen.
Eine Orangensaftkiste mit sechs 0,75-l-Flaschen kostet 4,20 €.
→ Was muss ein Glas mit 0,2 Liter Inhalt im Verkauf kosten, wenn pro Glas ein Gewinn von etwa 50 Cent erzielt werden soll?

Will man 21,50 € in 5 gleiche Teile zerlegen, muss man die 21,50 € durch 5 teilen.
21 € : 5 ergibt 4 €; es bleibt 1 € Rest.
Um weiter teilen zu können, muss man in Cent umwandeln:
150 ct : 5 ergibt 30 ct.
Nach der 4 muss man im Ergebnis ein Komma setzen:
Man erhält also 4,30 €.
Das Komma trennt die Einer und die Zehntel.

```
 21,50 : 5 = 4,30
-20
  15
 -15
  00
```

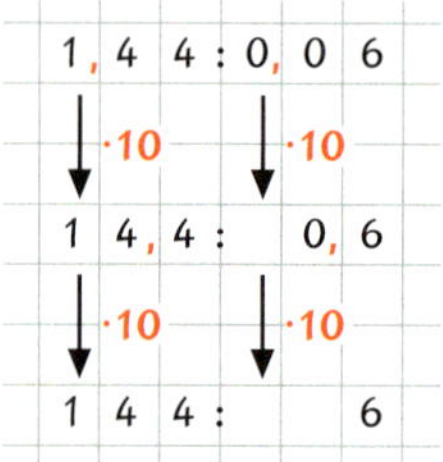

Wenn beim Dividieren eines Dezimalbruchs durch eine natürliche Zahl das Komma überschritten wird, muss man auch im Ergebnis das Komma setzen.
Ansonsten rechnet man wie bei den natürlichen Zahlen.

Dividiert man zwei Dezimalbrüche, wird das Komma im Dividend und im Divisor so lange verschoben, bis der Divisor eine natürliche Zahl ist.

45,67 : 1,25 = 456,7 : 12,5 = 4567 : 125

Weil Dividend und Divisor dadurch beide bei jedem Schritt mit 10 multipliziert werden, ändert sich am Wert des Quotienten nichts.

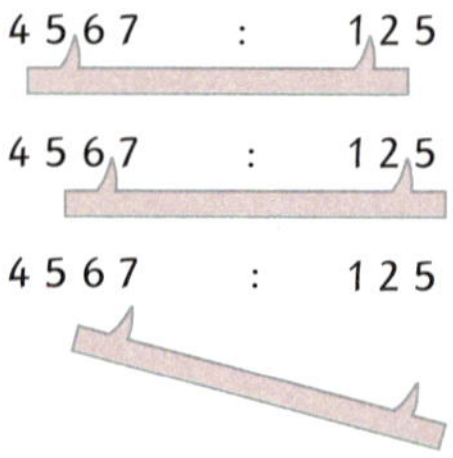

Wenn man einen Dezimalbruch **durch einen Dezimalbruch** dividieren will, muss man zuerst bei Dividend und Divisor das Komma um so viele Stellen nach rechts verschieben, bis der Divisor eine natürliche Zahl ist.
Dann rechnet man nach dem bekannten Verfahren.

Beispiele

a) 27,9 : 6

```
 27,90 : 6 = 4,65
-24
  39
 -36
   30
  -30
    0
```

Um alle Nachkommaziffern zu berechnen, muss man manchmal noch Endnullen ergänzen.

b) 5,865 : 1,7

```
 58,65 : 17 = 3,45
-51
  76
 -68
   85
  -85
    0
```

! *Beim Dividieren das Komma immer in die gleiche Richtung verschieben.*

c) 15 : 1,25

1500 : 125 = 12
− 125
250
− 250
0

Hat der Divisor mehr Nachkommaziffern als der Dividend, so muss man Nullen anhängen.

Probe:

1	2	·	1,	2	5	
		1	2			
			2	4		
			1	6	0	
		1	5,	0	0	

d) Bei der Division von Dezimalbrüchen durch Dezimalbrüche ist es sinnvoll und hilfreich, eine **Überschlagsrechnung** durchzuführen. Hierbei hilft das Verschieben der Kommas von Dividend und Divisor nach rechts. Man muss die Zahlen für die Überschlagsrechnung so wählen, dass man leicht im Kopf rechnen kann.

1064,25 : 0,0215

Überschlag: 1000 : 0,02
= 100 000 : 2
= 50 000

Exakte Rechnung: 1064,25 : 0,0215
= 106 425 : 215
= 49 500

? *Kann das sein? Beim Dividieren durch einen Dezimalbruch, der kleiner als 1 ist, wird das Ergebnis größer!*

Aufgaben

1 Rechne im Kopf.

a) 15,8 : 10
218,5 : 10
4530,9 : 100

b) 2,1 : 7
3,6 : 6
4,8 : 4

c) 9,9 : 11
8,4 : 12
9,1 : 13

d) 86,4 : 20
99,9 : 30
80,8 : 40

e) 10 : 0,2
15 : 0,3
24 : 0,6

f) 20,4 : 0,4
25,5 : 0,5
35,7 : 0,7

g) 0,8 : 0,2
0,9 : 0,3
0,5 : 0,25

h) 0,75 : 0,05
1,50 : 0,03
4,2 : 0,07

2 Diese Aufgaben kannst du auch im Kopf rechnen.

a) 7,2 : 0,36
4,8 : 0,16
6,25 : 0,25

b) 0,7 : 0,02
0,32 : 0,001
0,75 : 0,025

c) 0,064 : 0,008
42,7 : 0,7
12,1 : 0,011

d) 40 : 0,08
3,03 : 0,101
5000 : 0,025

3 Durch 5 und durch 50 kannst du geschickt teilen:
Verdopple die zu teilende Zahl und teile dann durch 10 bzw. 100.
Rechne im Kopf.

a) 17,5 : 5
38,2 : 5
48,6 : 5
93,8 : 5

b) 180,5 : 50
242,2 : 50
421,1 : 50
924,7 : 50

4 Zeige durch Berechnung auf zwei Arten, dass

: 0,5 dasselbe ergibt wie · 2
: 0,25 dasselbe ergibt wie · 4
: 0,2 dasselbe ergibt wie · 5
: 0,1 dasselbe ergibt wie · 10.

a) 6,5 : 0,5
9,03 : 0,5

b) 3,1 : 0,25
0,21 : 0,25

c) 13,4 : 0,2
4,3 : 0,2

d) 0,64 : 0,1
6,9 : 0,1

e) 54,1 : 0,05
0,56 : 0,01

f) 4,23 : 0,02
3,4 : 0,025

5 In die Kästchen kann man natürliche Zahlen einsetzen. Finde sie durch Schätzen und überprüfe dann deine Vermutung durch eine Rechnung.

a) 8,28 : ☐ = 1,38
19,32 : ☐ = 2,76
12,84 : ☐ = 3,21
42,64 : ☐ = 5,33

b) 2,97 : ☐ = 0,27
8,46 : ☐ = 0,94
2,34 : ☐ = 0,18
25,74 : ☐ = 2,34

6 Ersetze das Kästchen durch die richtige Zahl.

a) ☐ : 7 = 2,36
49,92 : 8 = ☐
☐ : 9 = 2,48

b) ☐ : 11 = 0,25
13,23 : 12 = ☐
☐ : 13 = 0,36

7 Wo stecken Fehler? Kannst du sie erklären?

a) 8,48 : 4 = 2,12
8,48 : 8 = 1,6

b) 0,48 : 0,12 = 4
0,48 : 0,6 = 8

:	0,2	0,4	0,8
4,8			
7,6			
10,8			
15,5			
36,3			
49,5			
99,9			

8 Was wurde falsch gemacht?

a) 0,21 : 7 = 0,3 b) 6,06 : 6 = 1,1
c) 0,144 : 0,12 = 12 d) 3 : 0,6 = 0,2
e) 0,48 : 0,06 = 0,8 f) 12,4 : 0,2 = 6,2

9 Berechne schriftlich.

a) 40,3 : 8
127,5 : 4
337,8 : 6

b) 4,32 : 16
54,3 : 12
100,5 : 15

c) 1016,6 : 13
1698,6 : 19
34,56 : 21

d) 0,1524 : 6
0,8757 : 7
0,8984 : 8

e) 0,282 : 12
0,7952 : 14
0,387 : 15

f) 40,5 : 110
325,6 : 120
11,04 : 90

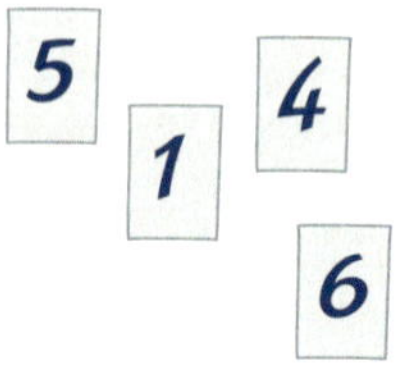

10 Setze die Ziffern so in die Kästchen ein, dass

a) ein möglichst großes Ergebnis entsteht.
b) ein möglichst kleines Ergebnis entsteht.
c) das Ergebnis 32,8 ist.
d) das Ergebnis 12,9 ist.
e) das Ergebnis kleiner als 5 ist.

□□,□ : 0,□ = ?

11 a) Wo musst du beim Dividenden das Komma setzen, damit das Ergebnis stimmt?

Dividend		Divisor	Ergebnis
124	:	4	3,1
395	:	5	7,9
984	:	8	12,3
5472	:	12	4,56
11835	:	15	0,789

b) Setze mithilfe einer geschickten Überschlagsrechnung das Komma im Ergebnis an die richtige Stelle.

Dividend		Divisor	Ergebnis
10,7616	:	4,56	236
579,916	:	12,83	452
57,904	:	0,47	1232
0,020 52	:	0,038	54
5033,7	:	0,765	658

Zu Aufgabe 16

12 Das Ergebnis von 156 : 6 ist 26. Damit kannst du die folgenden Aufgaben leicht berechnen.

a) 15,6 : 6
1,56 : 6
0,156 : 6
0,0156 : 6

b) 156 : 60
15,6 : 60
1,56 : 60
0,156 : 60

13 Rechne geschickt.

a) 1792 : 7
1,792 : 0,7
1,792 : 0,07
179,2 : 0,7

b) 1512 : 36
15,12 : 3,6
1,512 : 0,036
151,2 : 0,36

14 Berechne schriftlich.

a) 3,24 : 1,2
5,46 : 1,5
6,89 : 1,3

b) 13,84 : 0,4
18,96 : 0,8
31,71 : 0,7

c) 9,216 : 3,6
23,856 : 4,2
29,148 : 8,4

d) 4,5 : 0,18
9,1 : 0,14
48,3 : 0,23

e) 1,695 : 0,03
1,7574 : 3,03
16,968 : 30,3

f) 13,986 : 0,21
11,946 : 0,22
10,212 : 0,23

15 Hier wurden die Ergebnisse der verschiedenen Aufgaben vertauscht. Du musst die Aufgaben nicht ganz rechnen, um die Ergebnisse richtig zuordnen zu können. Ein Überschlag kann sehr hilfreich sein.

39,42 : 0,09	8,69
5,334 : 2,1	9,39
10,428 : 1,2	438
14,085 : 1,5	2,54

16 Frank, Tina und Rafael machen gemeinsam Hausaufgaben.
Frank fragt Tina:
Möchtest du lieber das Doppelte oder den 0,2-ten Teil von 10 Euro?
Tina antwortet:
Das sage ich dir, wenn du mir sagst, ob du lieber das 8-Fache oder den 0,1-ten Teil der Mathematik-Hausaufgaben aufbekommen möchtest.
Rafael mischt sich ein und fragt:
Was ist eigentlich mehr, 0,01 : 0,1 oder 0,1 : 0,01?
Worauf Tina entgegnet: Da kommt doch beide Male dasselbe heraus.

Erstaunliche Abmessungen im Sport

Viele Sportarten wie zum Beispiel Fußball oder Tennis haben ihren Ursprung in England oder Amerika. Deshalb finden wir so seltsame Abmessungen wie die Breite des Tores mit 7,32 m oder die Länge des Tennisplatzes mit 23,77 m.

Fußball
Das Tor ist 7,32 m breit und 2,44 m hoch. Sind das nicht merkwürdige Maße? Sie stammen aus England.
■ Wandle die Meterangaben in Yard um. Teile auch die Breite durch die Höhe. Auch die Maße der Spielfeldmarkierungen werden klarer, wenn du sie in die englischen Maße umwandelst. Eigentlich müsste der 11-Meter-Punkt bei 10,98 m sein.

In der Übersicht findest du die Umrechnung der wichtigsten englischen Längenmaße in Meter:

1 mile (Meile) = 1609,3 m	1 foot (Fuß) = 0,3048 m
1 yard = 0,9144 m	1 inch = 0,0254 m

■ Teile einmal die Meterangabe von Yard durch die von Foot und Foot durch Inch.

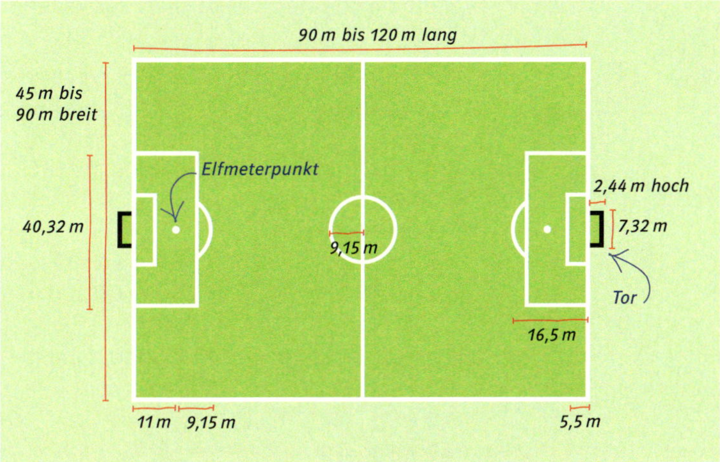

Tennis
Auch die Abmessungen eines Tennisspielfeldes sind ursprünglich von den Engländern mit deren Maßen festgelegt worden.
Das Netz, das die beiden Felder teilt, ist in einer Höhe von 1,06 m außen befestigt und ist in der Mitte 0,915 m hoch.
■ Gib alle Maße in Yard an.

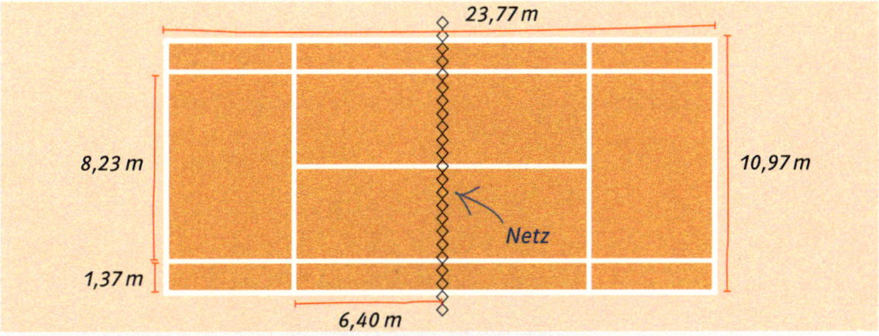

Tischtennis
Hier wurde mit Brüchen gerechnet.
Die Gesamthöhe (Platte mit Netz) beträgt genau 1 Yard. Das Netz ist 15,25 cm hoch. Das ist ein Sechstel der Gesamthöhe.
Die Platte ist 2,74 m lang, auch das ist ein ganzzahliges Maß in Yard.
Die Breite der Platte ist doppelt so groß wie die Höhe des Tisches.

5 Verbindung der Rechenarten

Frau Nagel kauft Topfblumen. Als sie die Preise schnell addieren will, ärgert sie sich über die umständliche Rechnerei.
→ Ihre Tochter Anne hat die Lösung sofort.

Wenn in einem Rechenausdruck verschiedene Rechenarten und Klammern vorkommen, gelten die von den natürlichen Zahlen und Brüchen bekannten Regeln.

Punktrechnung kommt vor Strichrechnung.
Was in Klammern steht, wird zuerst berechnet.

Beispiele

a) Punkt vor Strich

$5{,}2 + 3{,}4 \cdot 8{,}1$
$= 5{,}2 + 27{,}54$
$= 32{,}74$

$25{,}9 - 4{,}2 : 0{,}7$
$= 25{,}9 - 6{,}0$
$= 19{,}9$

c) Punkt vor Strich und Klammern zuerst

$9{,}2 + 3{,}1 \cdot (14{,}2 - 3 \cdot 3{,}2)$
$= 9{,}2 + 3{,}1 \cdot (14{,}2 - 9{,}6)$
$= 9{,}2 + 3{,}1 \cdot 4{,}6$
$= 9{,}2 + 14{,}26$
$= 23{,}46$

b) Klammer zuerst

$14{,}3 - (3{,}8 + 2{,}6)$
$= 14{,}3 - 6{,}4$
$= 7{,}9$

$48{,}1 : (3{,}1 + 4{,}3)$
$= 48{,}1 : 7{,}4$
$= 6{,}5$

d) innere Klammer zuerst

$(0{,}8 \cdot (5{,}4 - 1{,}4)) : (2{,}2 - 1{,}4)$
$= (0{,}8 \cdot 4) \quad : 0{,}8$
$= 3{,}2 \quad : 0{,}8$
$= 4$

Aufgaben

1 Rechne im Kopf.
a) $5{,}0 + 0{,}5 - 1{,}5 - 2{,}5 - 1{,}0$
b) $9{,}8 - 4{,}8 + 3{,}5 - 1{,}5 + 2{,}5$
c) $9{,}0 + 0{,}9 - 0{,}9 + 3{,}2 - 2{,}2$
d) $2{,}5 + 5 \cdot 0{,}5$
e) $12{,}5 - 5 \cdot 1{,}5$
f) $10{,}2 - 4{,}5 : 5$

2 Berechne.
a) $4{,}25 + 3{,}16 - 2{,}45 + 1{,}39 - 4{,}31$
b) $17{,}84 - 3{,}075 + 1{,}87 - 0{,}0043$
c) $14{,}5 - 3{,}2 - 4{,}15 - 1{,}35 - 2{,}68$
d) $25{,}999 - 5{,}99 - 5{,}009 - 5{,}0009$
e) $3{,}25 + 4{,}3 \cdot 5{,}4 + 1{,}86$
f) $7{,}21 + 2{,}6 \cdot 0{,}7 - 3{,}09$

3 Achte auf die Klammern.
a) $23{,}45 + (34{,}55 - 12{,}34)$
b) $414{,}14 - (23{,}232 + 65{,}656)$
c) $(12{,}34 - 5{,}67) + (43{,}21 - 12{,}34)$
d) $(0{,}987 - 0{,}789) - (0{,}321 - 0{,}123)$
e) $(1{,}23 + (9{,}87 - (6{,}54 - 3{,}21)))$

4 Wenn du alle Ergebnisse addierst, erhältst du genau 150.
a) $(36{,}7 - 12{,}8) \cdot 3{,}5$
b) $1{,}25 \cdot (3{,}58 + 1{,}58)$
c) $(11{,}6 + 4{,}6) : 6$
d) $30{,}1 : (6{,}7 + 1{,}9)$
e) $(9{,}1 - 4{,}6) \cdot (7{,}2 + 2{,}4)$
f) $(25{,}8 - 17{,}4) : (17{,}4 - 16{,}6)$

5 Hier fehlt immer ein Komma.
a) 48 + 3,3 · 1,6 = 10,08
b) 27 − 43 · 5,1 = 5,07
c) 2,3 · 14 + 0,52 · 18 = 12,58
d) 0,9 · 17 − 1,5 · 36 = 9,9

6 Hier fehlen Klammern. Ergänze so, dass das Ergebnis stimmt.
a) 3,2 + 4,7 · 2,5 = 19,75
b) 4,2 · 10,6 − 6,8 = 15,96
c) 0,5 + 3,6 · 4,2 + 0,8 = 20,5
d) 2,5 · 4,2 − 2,4 − 1,8 = 2,7

7 Hier wimmelt es von Klammern.
a) (9,8 · (7,6 − 5,4) − 3,2) · 1,0
b) 9,8 · (7,6 − (5,4 − 3,2) − 1,0)
c) (9,8 − 7,6) · (5,4 − 3,2) + 1,0
d) 9,8 + 7,6 · (5,4 − (3,2 − 1,0))

8 Rechne vorteilhaft.
a) 12,4 − 1,2 − 2,3 − 3,4 − 4,5
b) 0,5 · 8 + 0,4 · 8 + 0,1 · 8
c) 2,5 · 3,5 + 2,5 · 3,7 + 2,5 · 2,8
d) 0,5 · (24,8 − 12,8)
e) 4,2 · 7 + 5,8 · 7 − 5 · 3,6 − 5 · 6,4
f) 0,3 · 1,8 + 0,3 · 8,2 − 0,7 · 0,9 − 0,7 · 0,1

9 Schreibe zuerst den Rechenausdruck und berechne dann seinen Wert.
a) Addiere 4,6 zur Differenz von 17,4 und 3,9.
b) Subtrahiere von 29,8 die Summe von 9,3 und 0,35.
c) Multipliziere die Differenz von 14,9 und 8,45 mit 12,4.
d) Subtrahiere das 2,5-Fache der Summe von 12,8 und 7,2 vom Quotienten der Zahlen 15,2 und 0,1.
e) Berechne das Produkt aus der Summe von 8,5 und 4,4 und der Differenz dieser beiden Zahlen.

10 Yvonne kauft zwölf Farbstifte, das Stück für 1,25 €, und 15 Hefte für je 0,85 €. Sie bezahlt mit einem 50-Euro-Schein. Auf dem Heimweg kauft sie noch acht Brötchen zu je 0,45 € und ein Brot für 2,30 €.
Sie möchte sich noch Zeitschriften für 4,80 € kaufen.

11 In dieser Rechnung sollst du die vier Rechenzeichen +; −; · und : einsetzen.
a) Wie musst du die Zeichen einsetzen, damit du als Endergebnis wieder 0,5 erhältst? Findest du mehrere Möglichkeiten? Was fällt dir auf?
b) Wie musst du die Zeichen setzen, um ein von 0,5 verschiedenes Ergebnis zu bekommen?
c) Stelle die verschiedenen Möglichkeiten mit jeweils einem Rechenausdruck dar. Denke dabei auch an Klammern.

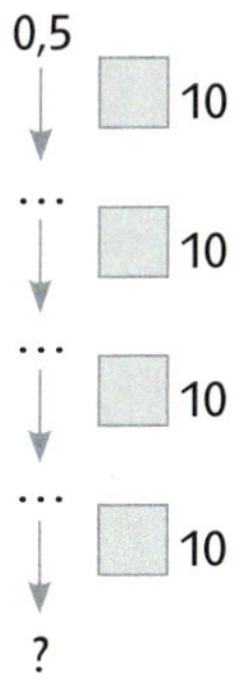

12 Paul hat 15 Euro im Geldbeutel.
Ein Becher Fruchtjogurt kostet 0,79 €, ein Becher Naturjogurt 0,59 €.
a) Er will von jeder Sorte gleich viel einkaufen.
b) Er will doppelt so viel Fruchtjogurt wie Naturjogurt kaufen.

13 Die Klasse 6a hat 26 Schülerinnen und Schüler. Die Kosten für den Schulausflug setzen sich aus 480,00 € für den Bus und 76,40 € für Eintritt und Führung auf dem Schloss zusammen.
In der Klassenkasse sind 136,50 €.

14 Familie Hoffmann und Familie Mosler gehen gemeinsam in den Zoo. Zusammen sind es vier Erwachsene und fünf Kinder. Für Erwachsene kostet der Eintritt 12,50 €, für Kinder 6,50 €.

Skispringen

Die Bewertung beim Skispringen setzt sich aus zwei Noten zusammen.

Haltungsnote

Die Haltungsnoten werden von fünf Punktrichtern vergeben und reichen von 0 bis 20 (in 0,5-Punkte-Schritten). Die höchste und die niedrigste Wertung werden gestrichen und die übrigen drei addiert. Somit beträgt die maximale Haltungsnote für einen Sprung 60 Punkte.

Beispiel:

PR heißt Punktrichter

PR 1	PR 2	PR 3	PR 4	PR 5
16,5	17,0	~~18,5~~	~~16,0~~	18,0

Haltungsnote:
Die Summe der drei Wertungen ist 51,5.

Weitennote

Jede Schanze hat einen so genannten K-Punkt (Kalkulationspunkt). Für einen Sprung genau auf den K-Punkt gibt es 60 Weitenpunkte. Springt man kürzer oder weiter, werden Punkte addiert oder subtrahiert.

Beispiel:

Die Olympiaschanze in Garmisch-Partenkirchen hat einen K-Punkt von 115 m.
Der Punktwert pro Meter beträgt 1,8.
Ein Sprung auf 122 m wird so bewertet:
122 m − 115 m = 7 m
7 · 1,8 Punkte = 12,6 Punkte

Weitennote:
60 Punkte + 12,6 Punkte = 72,6 Punkte

Der Springer erhält damit 51,5 Punkte für Haltung und 72,6 Punkte für Weite, also 124,1 Punkte.

Name	Land	PR 1	PR 2	PR 3	PR 4	PR 5	Weite
Janne Ahonen	FIN	18,5	18,5	18,5	18,5	18,0	123,5 m
Sven Hannawald	GER	18,0	18,5	18,0	18,0	18,0	123,5 m
Georg Späth	GER	18,5	19,5	19,0	18,5	19,0	129,0 m
Martin Höllwarth	AUT	18,5	18,5	19,0	18,5	18,5	126,5 m
Michael Uhrmann	GER	18,5	18,5	18,5	18,5	18,0	128,5 m
Sigurd Pettersen	NOR	19,0	19,5	19,5	19,0	18,5	133,0 m
Thomas Morgenstern	AUT	19,0	19,0	19,0	19,0	19,0	132,5 m

Bei der Vierschanzentournee 2004 auf der Oberstdorfer Schattenberg-Schanze (K-Punkt 120 m) erzielten die Athleten nach dem ersten Durchgang nebenstehendes Ergebnis (Meterwert: 1,8 Punkte pro Meter).

- Welche Reihenfolge ergab sich damit nach dem ersten Durchgang?

Sigurd Pettersen stellte im zweiten Durchgang mit 143,5 m einen neuen Schanzenrekord auf.

- Berechne die Weitennote.

Von den Punktrichtern erhielt er die Noten 17,0 / 18,0 / 17,0 / 17,5 / 17,5.

- Welche Gesamtpunktzahl erzielte er somit?

Sven Hannawald sprang 124,5 m.
Er bekam dafür die Noten 18,0 / 19,0 / 18,0 / 18,0 / 18,5.

- Wie groß war am Ende sein Rückstand auf den Tagessieger Pettersen?

Martin Höllwarth erzielte im zweiten Durchgang eine Weite von 133,0 m und erreichte insgesamt 269,1 Punkte.

- Berechne seine Haltungsnote.

Zusammenfassung

Addieren und Subtrahieren

Beim **Addieren** und **Subtrahieren** von Dezimalbrüchen stehen die Zahlen so untereinander, dass **Komma unter Komma** steht. Die Rechnung beginnt rechts.

```
  234,56          11765,28
+  86,253       −   245,734
  -------       -----------
  320,813         11519,546
```

Multiplizieren und Dividieren mit Zehnerpotenzen

Beim **Multiplizieren** von Dezimalbrüchen mit Zehnerpotenzen wird das **Komma** um so viele Stellen **nach rechts** verschoben, wie die Zehnerpotenz Nullen hat.

$0{,}3456 \cdot 1000 = 345{,}6$

Beim **Dividieren** von Dezimalbrüchen durch Zehnerpotenzen wird das **Komma** um so viele Stellen nach **links** verschoben, wie die Zehnerpotenz Nullen hat.

$987{,}65 : 100 = 9{,}8765$

Multiplizieren

Dezimalbrüche werden zunächst ohne Berücksichtigung des Kommas multipliziert. Dann setzt man das Komma. Das Ergebnis hat gleich viele Nachkommastellen wie die beiden Faktoren zusammen.

5,3	·	8,45	=	44,785
1 Dezimale		2 Dezimalen		3 Dezimalen

Dividieren

Wenn beim **Dividieren** eines Dezimalbruchs durch eine natürliche Zahl das Komma überschritten wird, muss man auch im Ergebnis das Komma setzen.

```
 57,4 : 7 = 8,2
−56
 ---
  1 4
 −1 4
  ---
    0
```

Beim **Dividieren von zwei Dezimalbrüchen** muss man bei Dividend und Divisor das **Komma** so weit **nach rechts verschieben**, bis der Divisor eine natürliche Zahl ist.

```
 1,179 : 0,45
 117,9 : 45 = 2,62
− 90
 ----
  27 9
− 27 0
 -----
    90
  − 90
   ---
     0
```

Berechnen von Rechenausdrücken

Rechenausdrücke mit Dezimalbrüchen werden nach denselben Regeln berechnet wie Rechenausdrücke mit natürlichen Zahlen.

Punktrechnung kommt **vor Strich**rechnung.

$22{,}5 - 3{,}5 \cdot 1{,}9$
$= 22{,}5 - 6{,}65$
$= 15{,}85$

Was in **Klammern** steht, wird **zuerst** berechnet.

$12{,}8 - (4{,}5 + 2{,}7)$
$= 12{,}8 - 7{,}2$
$= 5{,}6$

Innere Klammer vor **äußerer Klammer**

$9{,}2 - 1{,}5 \cdot (10{,}2 - (9{,}5 - 0{,}7) \cdot 0{,}5)$
$= 9{,}2 - 1{,}5 \cdot (10{,}2 - 8{,}8 \cdot 0{,}5)$
$= 9{,}2 - 1{,}5 \cdot (10{,}2 - 4{,}4)$
$= 9{,}2 - 1{,}5 \cdot 5{,}8$
$= 9{,}2 - 8{,}7$
$= 0{,}5$

Üben • Anwenden • Nachdenken

1 Rechne schriftlich.
a) 5,784 + 2,731 + 0,208
b) 7,77 − 2,82 − 0,947 − 0,36
c) 6,8 · 9,6
d) 9,24 : 0,6
e) 4,85 · 0,7
f) 688,94 : 49,21

2 Welche Zahl musst du für den Platzhalter einsetzen?
a) 4,5 + □ = 6,7 b) □ − 8,2 = 4,7
c) □ + 0,4 = 2,04 d) 0,66 = □ − 0,6
e) 2,4 · □ = 7,2 f) □ · 3,7 = 111
g) 12,6 : □ = 25,2 h) □ : 0,2 = 1,5

3 Runde das Ergebnis auf Hundertstel.
a) 4,321 + 0,9 b) 4,321 − 0,09
c) 4,321 · 9 d) 432,1 : 9
e) 43,21 · 0,9 f) 0,4321 : 0,09

4 Setze ein Komma an die richtige Stelle.
a) 4,26 · 30,6 = 130 356
b) 824 · 9,25 = 762,2
c) 0,011 745 : 0,015 = 783
d) 2233 : 3,08 = 0,725

5 Berechne die Summe und die Differenz der beiden Zahlen jeweils exakt und nach dem Runden auf Zehntel.
a) 5,55 und 4,44 b) 0,999 und 0,888
c) $\frac{1}{8}$ und 0,0625 d) $\frac{1}{3}$ und $\frac{33}{100}$

6 Berechne.
a) $\frac{1}{2}$ + 0,9 + 4,25 b) $2\frac{1}{4}$ − 1,7 − $\frac{2}{5}$
c) $\frac{3}{4}$ + 0,25 − $\frac{1}{3}$ d) $\frac{3}{8}$ + $\frac{3}{5}$ − 0,875

7 Ergänze die Zahlenmauer durch Addieren und Subtrahieren.

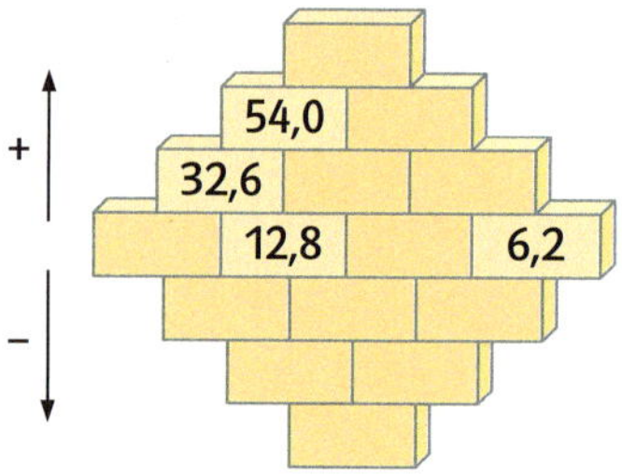

8 Aus den Zahlen und Rechenzeichen der drei Spalten lassen sich Rechenausdrücke bilden.

Beispiel: 5,8 − 0,3

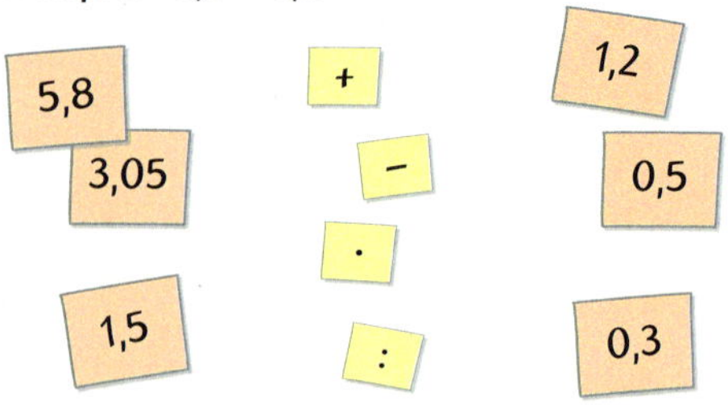

a) Welcher Rechenausdruck hat den größten Wert?
b) Welcher Rechenausdruck hat den kleinsten Wert?
c) Wie viele Rechenausdrücke lassen sich insgesamt bilden?

9 Fülle die Lücken.

a)
```
   4□,3□
 + □8,□5
 -------
   77,77
```

b)
```
   27,□6
 − □□,0□
 -------
    8,88
```

c)
```
    3□,63
 +   1,□5
 + □□8,0□
 --------
   555,55
```

d)
```
   □8,82□
 −  6,8□1
 −  □,□93
 --------
   11,111
```

10 Beachte „Punkt vor Strich".
a) 0,65 + 3,2 · 8,5 − 5,85
b) 9,05 − 16,32 : 2,4 + 2,75
c) 4,5 : 2,25 − 0,3 + 8,4 · 0,75
d) 4,5 · 0,5 + 5,8 : 0,5 + 2,3 · 0,5
e) 2,4 · 8,6 − 0,192 : 0,2 + 3,4 · 4,8
f) 11,4 : 0,6 − 0,7 · 0,09 − 4,1 · 0,07 − 0,65
Auf die Lösung freuen sich alle.

A | 28	E | 5	E | 36
F | 22	I | 15	L | 7
N | 18	R | 8	S | 9

11 Setze jeweils die richtigen Rechenzeichen ein.
a) 6,2 □ 3,4 □ 2,5 = 23,58
b) 0,35 □ 9,4 □ 2,8 = 0,49
c) 12,4 □ 0,8 □ 3,4 = 18,9
d) 29,4 □ 6,8 □ 0,25 = 2,2

12 Ein Produkt hat folgenden Wert:
$9{,}83 \cdot 40{,}6 = 399{,}098$
Nütze dies und fülle damit die Lücken.
a) $98{,}3 \cdot 0{,}406 = \square$
b) $\square \cdot 40{,}6 = 3990{,}98$
c) $399{,}098 : 4{,}06 = \square$
d) $0{,}399\,098 : \square = 406$

13 Beachte die Klammern.
a) $7{,}2 - (3{,}2 + 1{,}9)$ b) $0{,}7 \cdot (4{,}1 + 3{,}5)$
c) $(14{,}3 - 7{,}4) \cdot 9{,}8$ d) $(6{,}9 + 3{,}5) : 4$
e) $(7{,}9 - 3{,}85) : 0{,}5$ f) $25{,}5 : (6{,}9 - 1{,}8)$

14 Nutze Rechenvorteile.
a) $\left(3{,}6 + \frac{4}{5}\right) \cdot 2{,}1$ b) $\left(0{,}45 + \frac{3}{20}\right) : \frac{1}{5}$
c) $0{,}9 \cdot \left(\frac{10}{9} + 3{,}2\right)$ d) $(3{,}07 - 1{,}57) : \frac{3}{7}$

15 Klammern über Klammern – wer behält den Überblick?
a) $(7{,}3 - 2{,}9) \cdot (5{,}5 + 14{,}6)$
b) $(12{,}3 - 5{,}6) \cdot (9{,}2 - 0{,}4 + 1{,}7)$
c) $(12{,}8 + 2{,}6 + 1{,}4) : 5 - 0{,}36$
d) $0{,}99 - (0{,}8 - 0{,}45) : 7$
e) $3 \cdot (6{,}2 - 4{,}3) - (0{,}8 + 3{,}4) : 1{,}4$
f) $(2{,}8 + 0{,}4 \cdot 2) : (3{,}2 : 0{,}8 - 0{,}8 \cdot 0{,}5)$
g) $(32{,}7 - (8{,}4 : 0{,}28 - 2{,}25 \cdot 0{,}8)) : 0{,}75$
h) $3{,}2 - ((0{,}35 + 5{,}12 : 0{,}8) \cdot 0{,}2 + 1{,}85)$

16 Schreibe zuerst den Rechenausdruck auf. Rechne dann.
a) Addiere 49 zum Produkt von 4,9 und 9,4.
b) Subtrahiere das Produkt aus 0,75 und 5,2 von 16,8.
c) Addiere zum Fünffachen von 5,3 das Dreifache von 3,5.
d) Addiere zur Differenz von 11,1 und 0,11 das Doppelte von 4,7.
e) Multipliziere die Summe von 3,8 und 4,3 mit 6,5.

17 Welche Zahl muss man für das Kästchen einsetzen?
Du brauchst etwas Ausdauer.
Tipp: Die Summe aller Einsetzungen ist 20.
a) $3{,}2 + \square \cdot 0{,}5 = 3{,}3$
b) $4{,}8 \cdot 0{,}5 - \square = 0{,}9$
c) $12{,}5 - 0{,}3 : 1{,}2 + 0{,}75 = \square - 0{,}8$
d) $2{,}4 \cdot 3{,}5 - \square = 0{,}72 \cdot (1{,}5 : 0{,}2)$
e) $0{,}14 : (2{,}85 - (2{,}25 : \square + 0{,}65)) = 0{,}2$

18 Gib Beispiele an und erkläre sie.
a) Kann der Wert des Produkts aus zwei Dezimalbrüchen kleiner sein als jeder der beiden Faktoren?
b) Kann der Wert eines Quotienten aus zwei Dezimalbrüchen größer sein als der Dividend?
c) Mit welcher Zahl muss man die Zahl 0,8 multiplizieren, damit der Wert des Produkts die Zahl 1 ist?

19 Nach Protesten einiger Teilnehmer beim Weitsprungwettbewerb wurde eine neue Bewertungsmethode beschlossen: Für jeden Teilnehmer wird die Sprungweite durch die Körperlänge dividiert. Aus dem Ergebnis ergibt sich die neue Reihenfolge.

Alte Reihenfolge	Weite	Körperlänge
1. Harald Hirsch	11,03 m	2,45 m
2. Klara Känguru	8,98 m	1,32 m
3. Leo Löwe	4,98 m	1,92 m
4. Helga Heuschrecke	1,95 m	0,06 m
5. Willi Waldmaus	0,76 m	0,09 m
6. Fritz Floh	0,58 m	0,003 m

Berechne die neue Reihenfolge.

20 Auf der Wanderkarte sind verschiedene Wandertouren eingezeichnet.
a) Welcher der Rundwege ①; ② und ③ ist der längste?
b) Um wie viele Kilometer unterscheiden sich die Wanderungen von A nach B über C und von A nach B über D?
c) Stelle eine Wanderung zusammen, die möglichst genau 30 km lang ist.

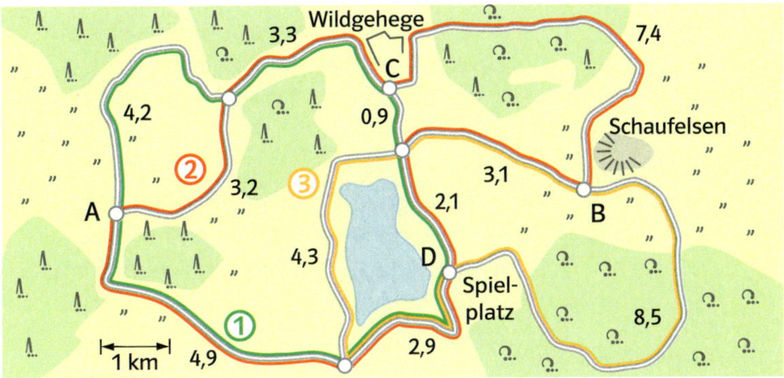

Ob als Küchenwaage, Funkwetterstation oder Messanlage für Solarstrom – Messgeräte sind aus dem Haushalt nicht mehr wegzudenken.

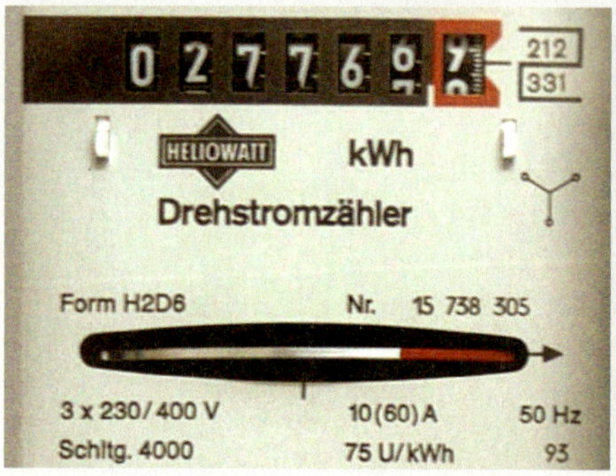

Die am häufigsten im Haushalt verwendeten Messgeräte sind jedoch nach wie vor Strom- und Gaszähler sowie die Wasseruhr, mit denen die Verbrauchskosten ermittelt werden.

Strom

Der Stromverbrauch eines Haushalts wird in Kilowattstunden (kWh) gemessen. Aus den Zählerständen zu Monatsanfang lässt sich der Stromverbrauch im gerade vergangenen Monat ablesen.

1.3.

1.4.

1.5.

- Wie viele Kilowattstunden (kWh) wurden im April mehr verbraucht als im März?
- Wie lautet der Zählerstand am 1.6., wenn im Mai 437,7 kWh verbraucht wurden?
- Berechne die Verbrauchskosten für die Monate März bis Mai, wenn für eine Kilowattstunde 12 Cent bezahlt werden muss.
- Gib einen ungefähren Wert für den Zählerstand am 31.12. an.

Wasser

Familie Müller hat die Zählerstände der Wasseruhr notiert. Die linke Wasseruhr zeigt einen Verbrauch von 348,4257 m³ an.

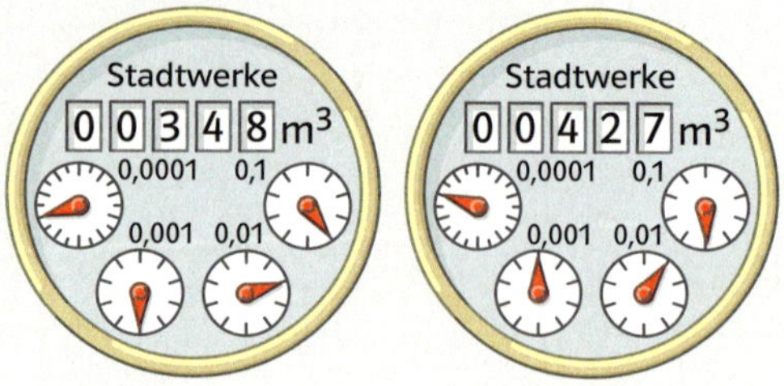

Stand am 1. Januar ?

- Wie groß ist die Differenz der beiden Zählerstände?
  Gib die Zählerstände auch in Liter an.
- Familie Müller rechnet pro Tag mit einem Verbrauch von 150 Liter.
  In welchem Monat wurde dann der rechte Zählerstand notiert?

Familie Walter und Familie Peters hatten in einem Jahr folgenden Wasserverbrauch.

Monat	Familie Walter	Familie Peters
Januar	15,8 m³	8,4 m³
Februar	16,2 m³	8,8 m³
März	15,9 m³	9,2 m³
April	16,3 m³	7,9 m³
Mai	16,7 m³	8,5 m³
Juni	24,6 m³	8,4 m³
Juli	23,7 m³	10,9 m³
August	33,2 m³	2,8 m³
September	16,8 m³	7,9 m³
Oktober	16,5 m³	8,3 m³
November	15,9 m³	8,1 m³
Dezember	16,0 m³	7,8 m³

- Welche Gründe kann es für den höheren Verbrauch von Familie Walter geben?
- Erkläre den Wasserverbrauch der beiden Familien im August.

Rückspiegel

1 Berechne.

a) 7,5 + 4,2 + 12,3 + 0,6
b) 90,5 − 47,4 + 5,4
c) 9,506 − 0,521 − 0,073

2 Nutze Rechenvorteile.

a) 3,5 + 11,2 + 6,5 + 8,8
b) 2,45 + 8,07 − 0,95 + 1,93

3 Berechne.

a) 7,8 · 12,6
b) 34,1 : 6,2
c) 0,85 · 4,8 + 2,72
d) 0,85 + 12,15 : 0,9 − 1,35

4 Achte auf die Klammern.

a) 18,8 − (2,8 + 1,8 · 7,5)
b) 7,7 − (12 : 2,5 + 5,7) : 1,4
c) (0,6 − (0,42 + 1,38) : 4,5 − 0,3) · 0,5

5 Fülle die Zahlenmauern.
Zwei nebeneinander stehende Zahlen werden addiert.

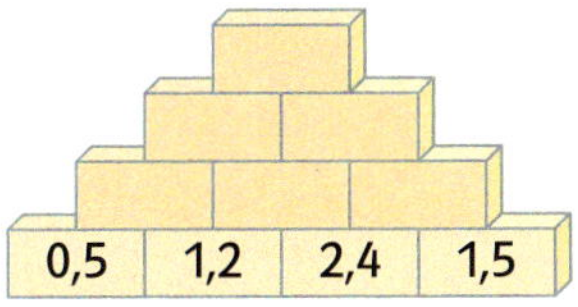

6 Setze die Ziffern 9; 5 und 2 so in die Kästchen ein, dass
a) ein möglichst großer Wert entsteht.
b) das Produkt den Wert 22,5 hat.

☐,☐ · ☐ = ?

7 Addiere zum Produkt der Zahlen 3,2 und 10,5 den Wert 6,4.

8 Die Klasse 6c kauft für das Klassenfest ein: sieben Flaschen Orangensaft zu je 0,89 €, acht Tüten Chips zu 0,99 € sowie Girlanden und Luftballons für insgesamt 4,98 €. Der Klassensprecher zahlt an der Kasse des Supermarktes mit einem 20-Euro-Schein.

Rückspiegel

1 Berechne.

a) 0,57 + 4,09 + 9,87 + 0,08
b) 38,37 + 0,5 − 26,01 − 7
c) 70,4 − 0,704 − 47,04 − 0,004 − 4

2 Nutze Rechenvorteile.

a) 1,52 + 3,70 + 6,04 + 2,28 + 0,46
b) $(0{,}38 - \frac{7}{25}) : \frac{1}{5}$

3 Berechne.

a) 0,382 · 0,47
b) 1,4991 : 0,19
c) 2,42 − 8,64 : 3,6 − 0,25 · 0,04

4 Achte auf die Klammern.

a) 9,35 − (0,35 + 5,12 : 0,8) · 0,2
b) 1,64 − (0,36 : (0,9 + 1,5 · 2,4)) : 0,125
c) $8{,}4 - 3 \cdot \left(\frac{12}{5} : 0{,}75 - \left(\frac{3}{4} + 0{,}55\right)\right)$

5 Fülle die Zahlenmauern.
Zwei nebeneinander stehende Zahlen werden addiert.

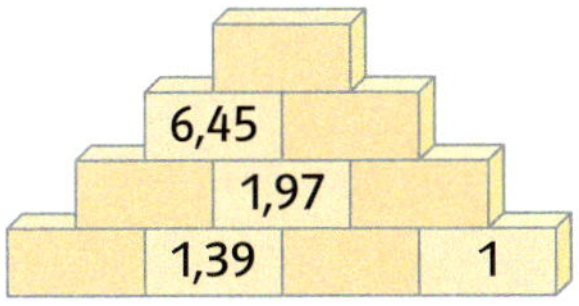

6 Setze die Ziffern 9; 8; 4 und 0 so in die Kästchen ein, dass
a) ein möglichst kleiner Wert entsteht.
b) das Ergebnis möglichst nahe bei 1 liegt.

☐,☐ : ☐,☐ = ?

7 Subtrahiere von der Summe der Zahlen 1,7 und 1,6 den Quotienten der Zahlen 7,68 und 2,4.

8 Ein rechteckiger Bauplatz mit der Länge 25,6 m und der Breite 16,8 m soll gegen einen flächengleichen, ebenfalls rechteckigen Bauplatz mit der Länge 22,4 m getauscht werden. Berechne die Breite des neuen Bauplatzes.

Schöner als ein Quader!

Zeichne und schneide aus.

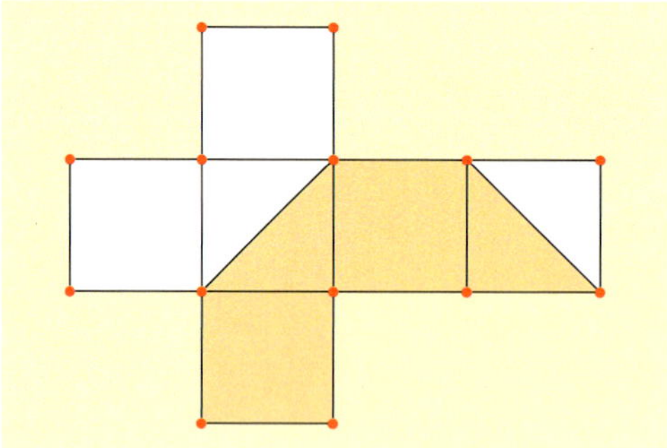

Ein halbes Würfelnetz gibt einen halben Würfel.

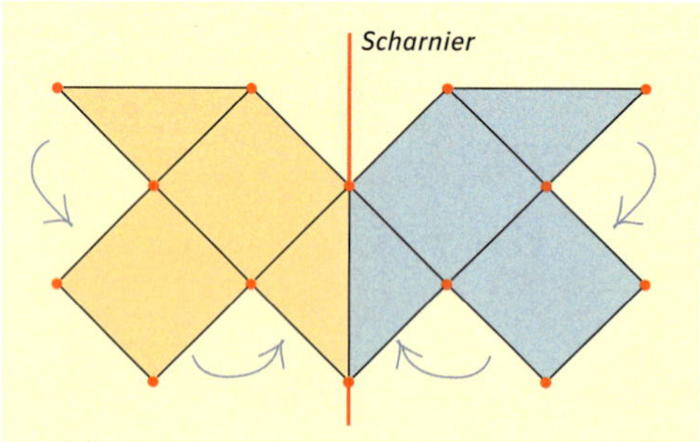

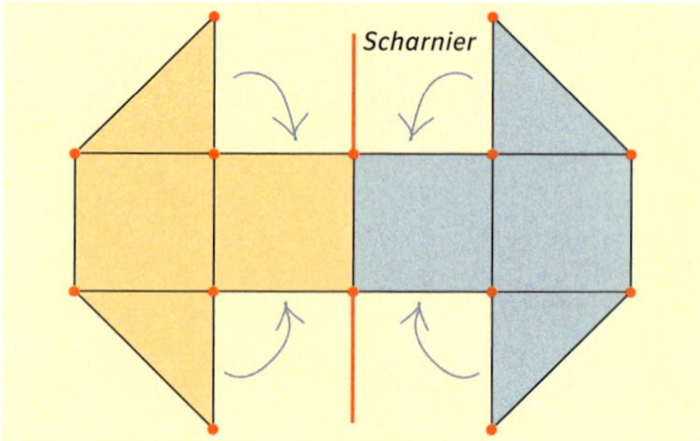

Zwei halbe Würfel kannst du wieder zum ganzen Würfel zusammenklappen.

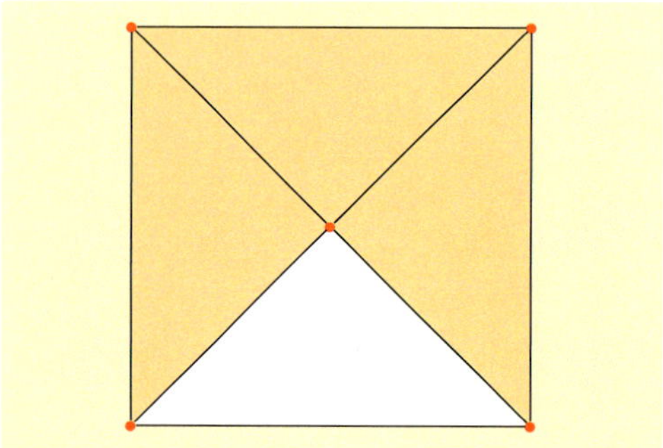

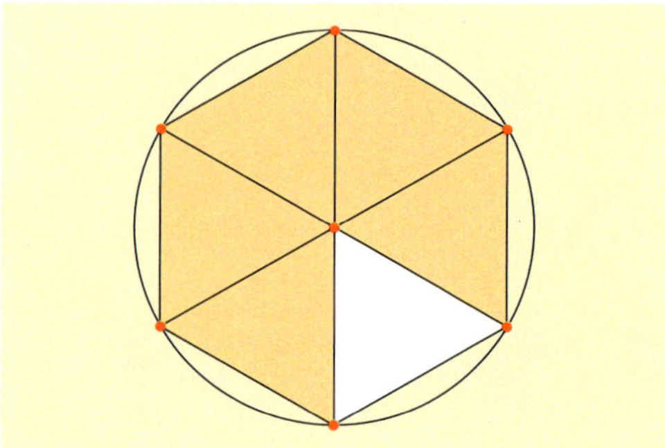

Schneide ein Dreieck weg, und schon kannst du ein Zelt falten.

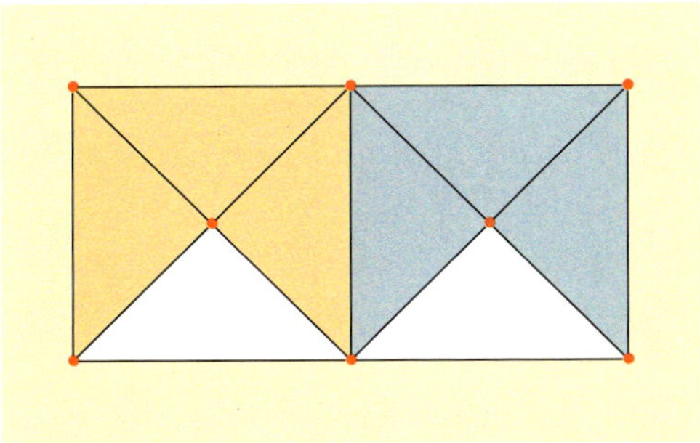

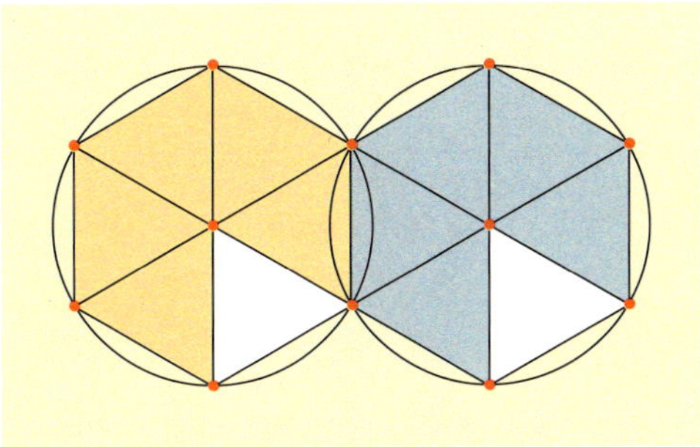

Zwei solche Zelte kannst du zu einem Körper zusammenklappen.

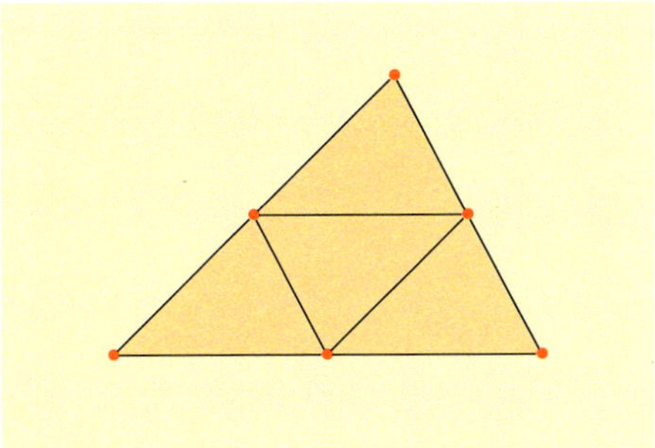

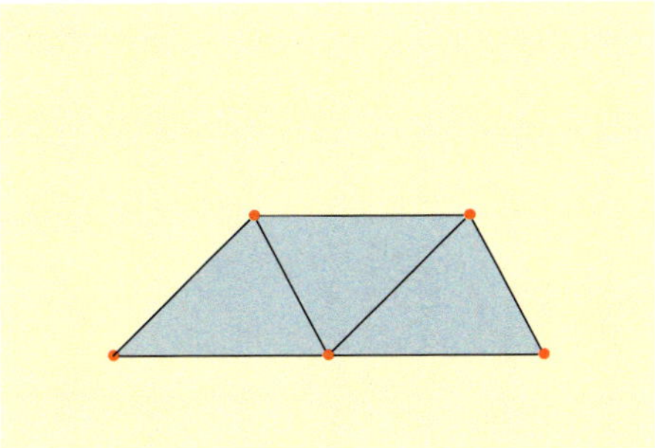

Der Körper aus dem linken Netz wirkt etwas schief. Seine vier Ecken passen aber alle in dieselbe Tüte.

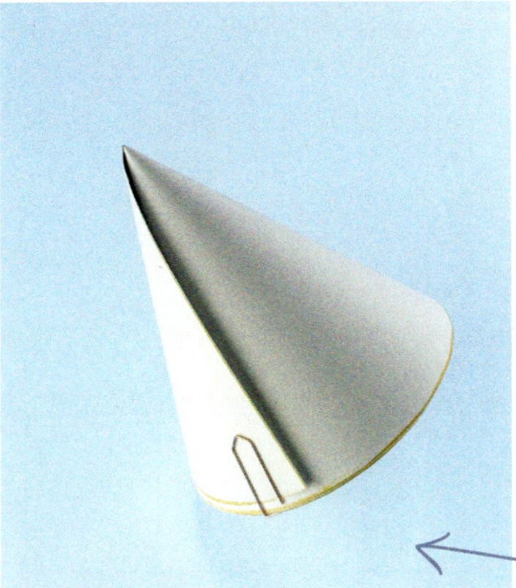

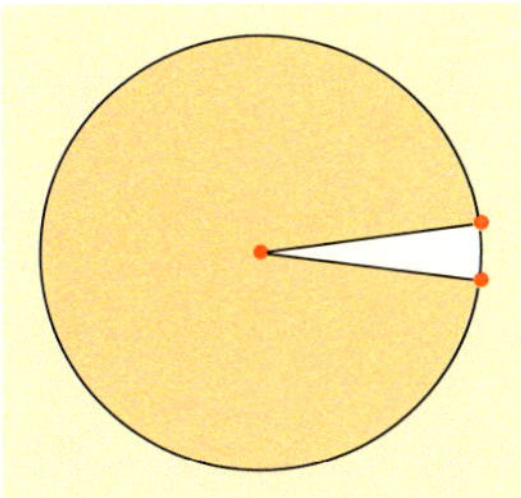

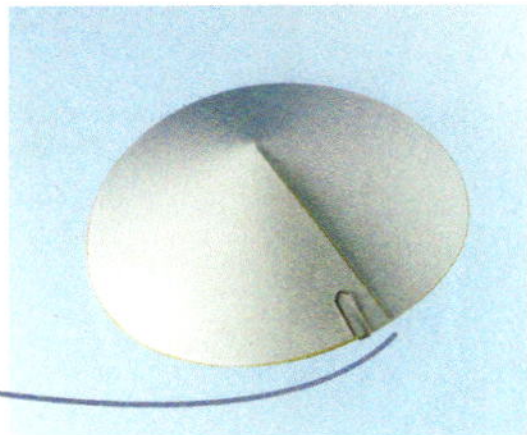

Dem Kreisausschnitt fehlt zum Kreis nur ein schmales Stück.
Du kannst ihn immer weiter zusammendrehen.

In diesem Kapitel lernst du,

- was Prismen und Pyramiden sind,
- wie man diese Körper herstellen kann,
- wie man diese Körper richtig zeichnet,
- was Zylinder und Kegel sind,
- dass man eine Kugel nicht aus Papier falten kann.

1 Prisma

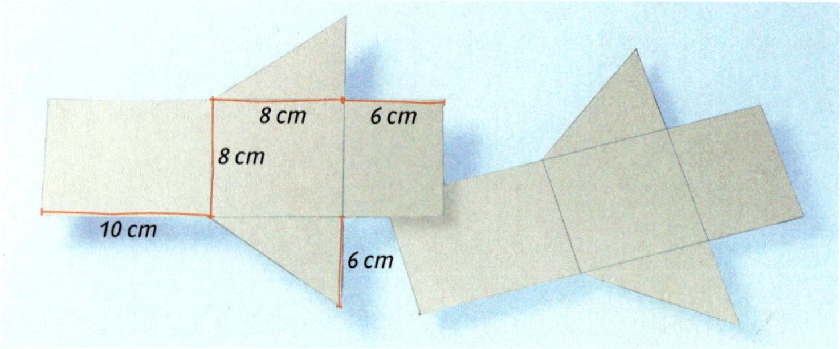

→ Stelle mit den gezeichneten Schnittmustern zwei Körper her.
→ Sie lassen sich auf verschiedene Arten zusammenfügen, nicht nur zu einem Quader.
→ Mit vier solchen Körpern gibt es noch viel mehr Möglichkeiten. Arbeitet gemeinsam.

Zerlegt man einen Quader senkrecht zu seiner Grundfläche durch einen oder mehrere Schnitte, so entstehen Prismen. Die Einzahl heißt **Prisma**.

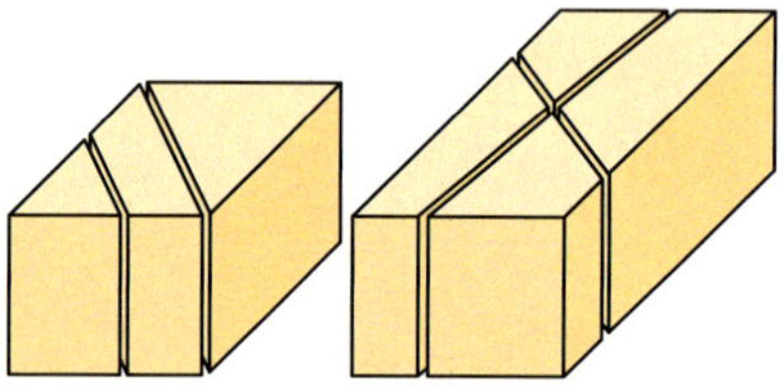

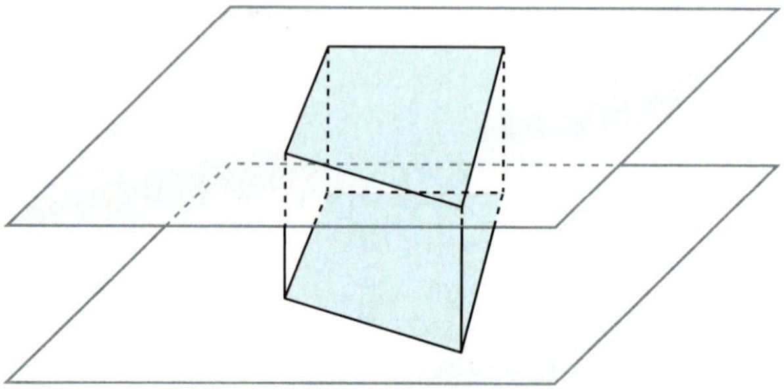

Ein **Prisma** ist begrenzt durch die Grundfläche, die Deckfläche und den Mantel. Der Mantel besteht aus Rechtecken. Die Grundfläche und die Deckfläche sind von gleicher Form und Größe. Sie bestimmen den Namen des Prismas: Dreiecksprisma, Sechseckspríma, usw.

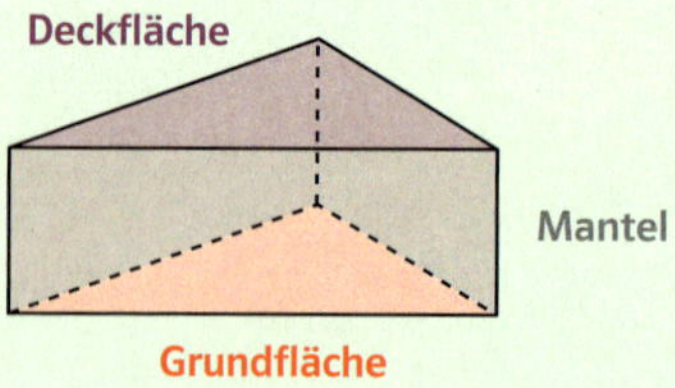

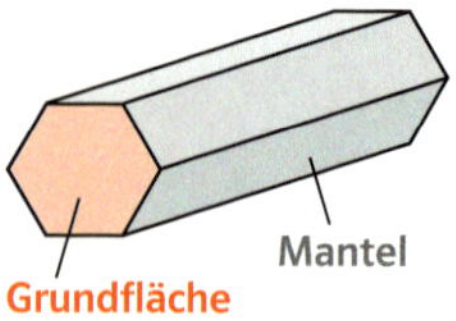

Bemerkungen

Ein Prisma darf auch auf einer Mantelfläche liegen.
Quader und Würfel kann man als Rechtecksprismen ansehen.

Beispiel

Das Bild zeigt das Netz eines Dreiecksprismas. Die Seiten, die sich beim Zusammenfalten vereinigen, sind gleich lang. Man zeichnet zuerst die drei Mantelrechtecke. Dann werden die Seiten mit dem Zirkel übertragen und geben die Grundfläche und die Deckfläche.

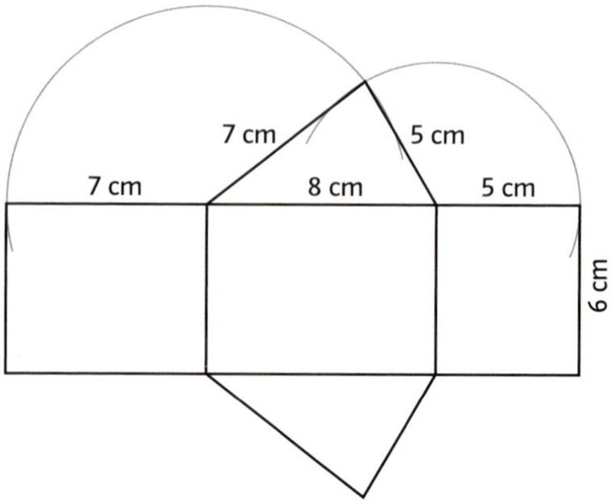

Aufgaben

1 Beschreibe die Prismen, die auf dem Rand abgebildet sind.
Suche auch andere Prismen.

2 Welcher Würfel wird in Prismen zerschnitten?

a)

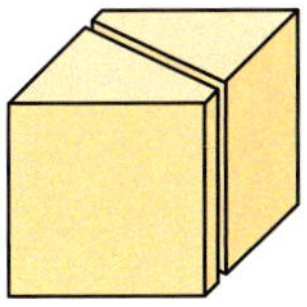

b)

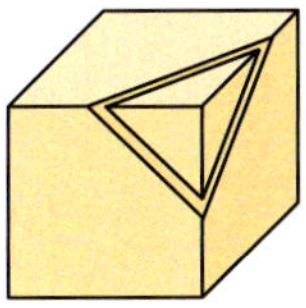

c)

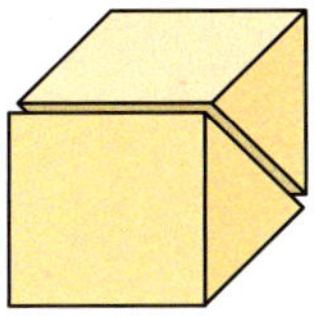

d)

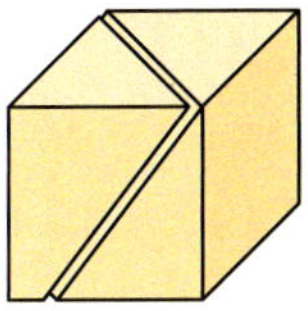

3 Zeichne die Netze und falte Prismen.

a)

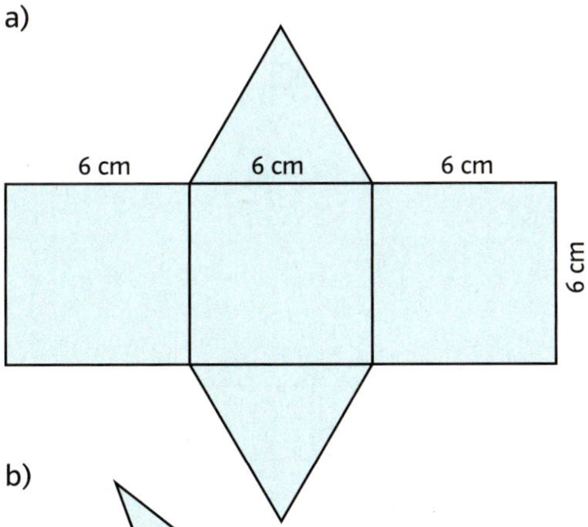

b)

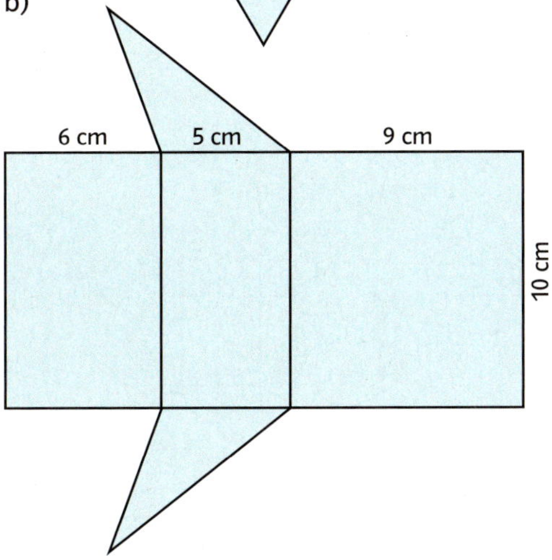

4 Zeichne die Teile in der richtigen Anzahl auf Karopapier.
Schneide sie aus und klebe sie mit Klebestreifen zu einem Prisma zusammen.

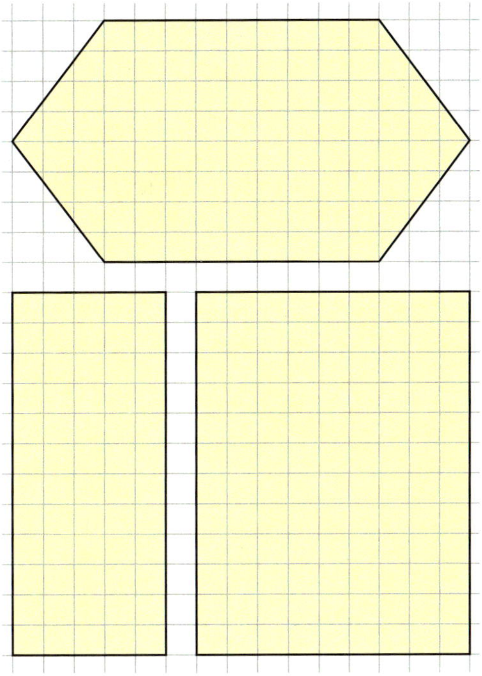

5 Zeichne diese Prismen mit freier Hand auf weißes Papier.

a)

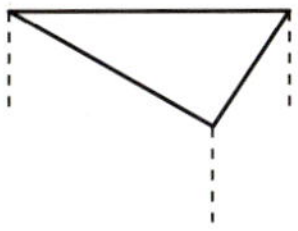

b)

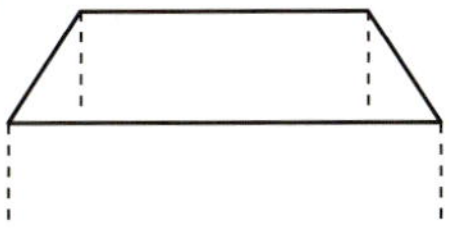

c)

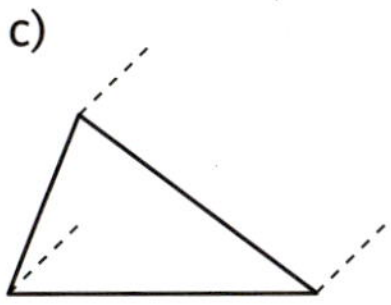

d)

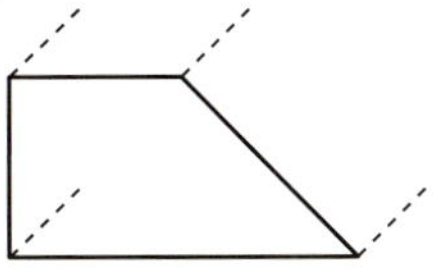

6 Zähle die Ecken, Kanten und Flächen dieser Körper.

a)

b)

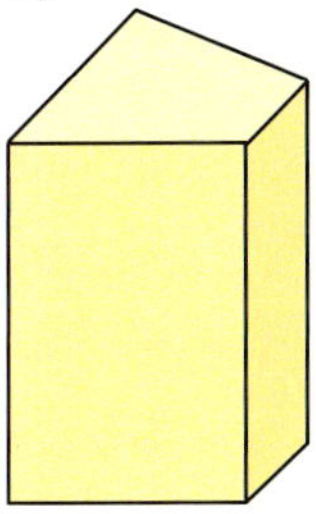

c)

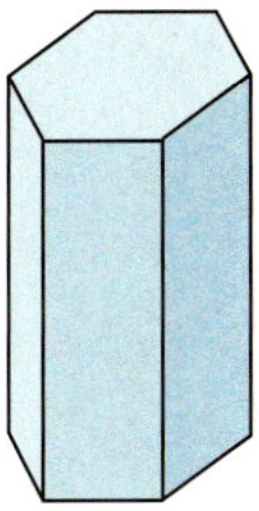

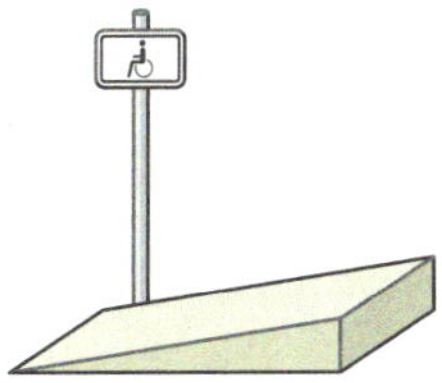

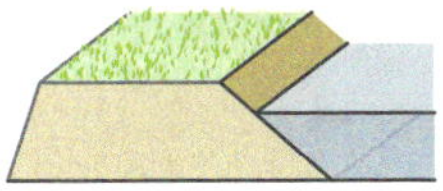

7 Zeichne ein Netz des Prismas.

a)

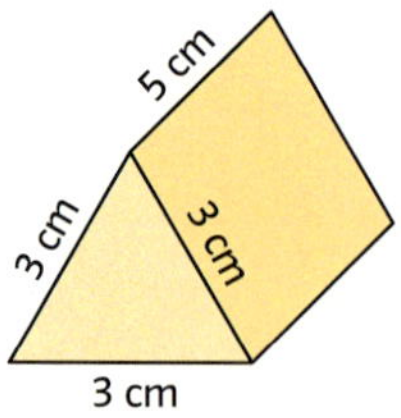

b)

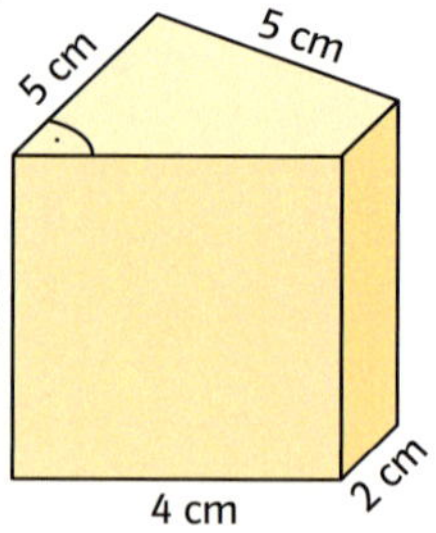

8 Zeichne ein Netz des Prismas mit der abgebildeten Grundfläche. Nimm 7 cm für die Höhe.

a)

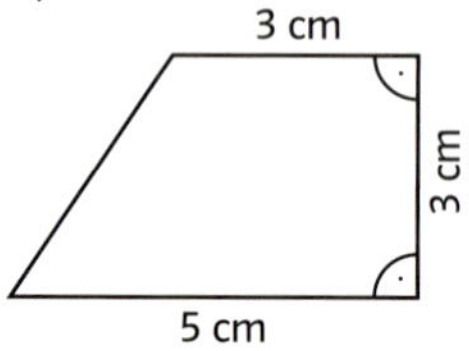

b)

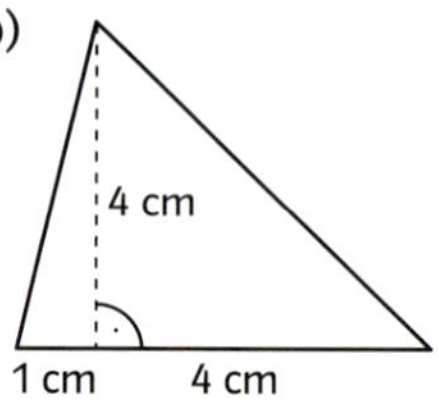

c)

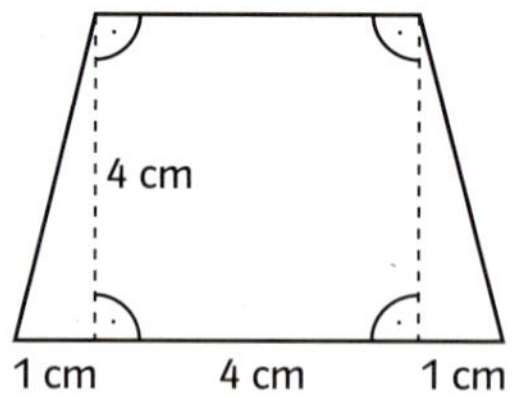

9 Welche Bauteile gehören zusammen?

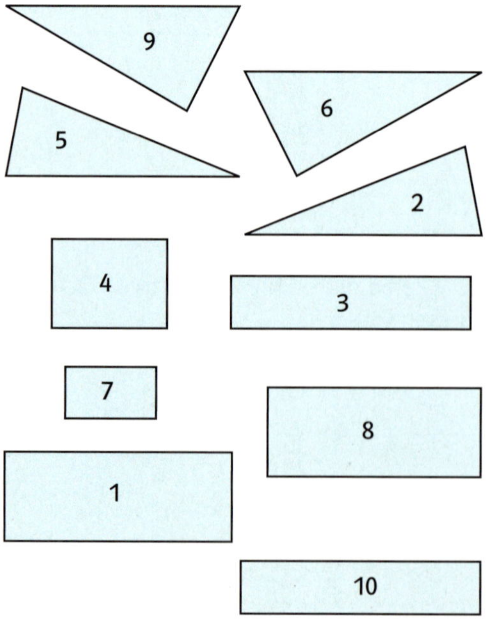

10 Prisma oder kein Prisma? Begründe deine Antwort.

a)

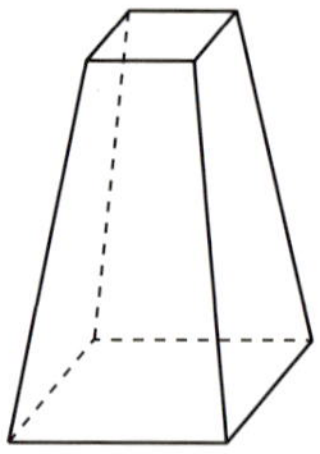

b)

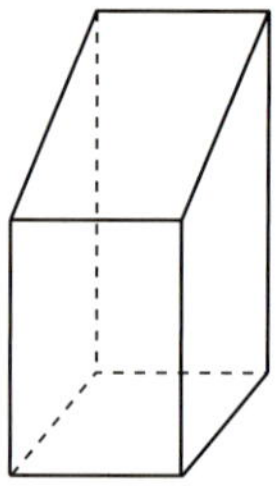

c)

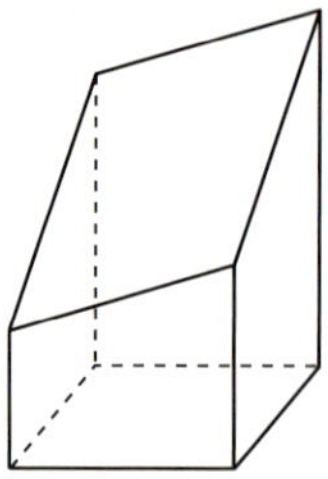

11 Welche Seiten des Netzes vereinigen sich beim Zusammenfalten zu einer Kante? Welche Eckpunkte des Netzes vereinigen sich zu einem Eckpunkt des Prismas?

a)

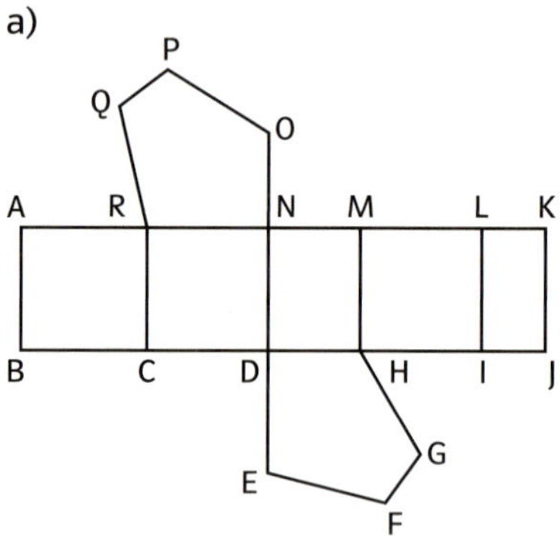

b)

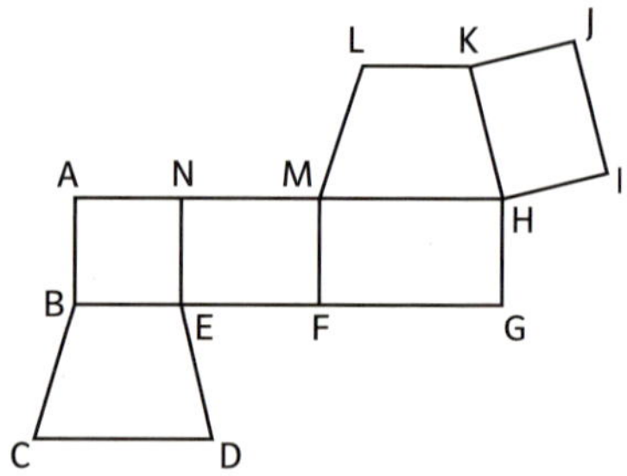

c)

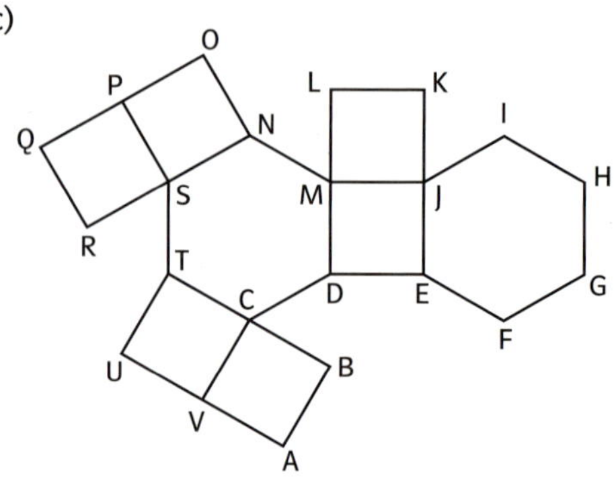

2 Pyramide

→ Zeichne das Netz und falte den Körper. Es gibt viele Möglichkeiten, solche Körpernetze in zwei Kreise einzuzeichnen.
→ Stelle auf diese Weise flache Körper, spitze Körper, Körper mit mehr und mit weniger Flächen her.

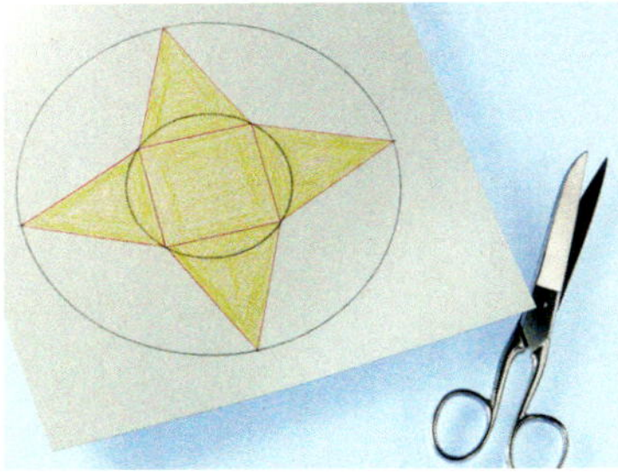

Ein über seiner Grundfläche spitz zulaufender Körper heißt **Pyramide**.

Eine **Pyramide** ist begrenzt durch die Grundfläche und den Mantel.
Die Dreiecke, aus denen der Mantel besteht, treffen sich in der Spitze.
Die Grundfläche kann 3; 4 oder mehr Eckpunkte haben. Sie bestimmt den Namen der Pyramide: Dreieckspyramide, Quadratpyramide, usw.

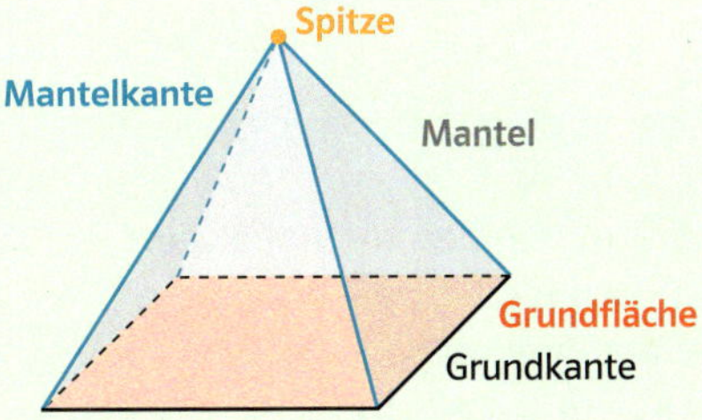

Beispiele

a) Das Netz einer Quadratpyramide ist im Quadratgitter leicht zu zeichnen. Die Seiten der Manteldreiecke, die in einer Kante zusammenkommen, sind gleich lang.

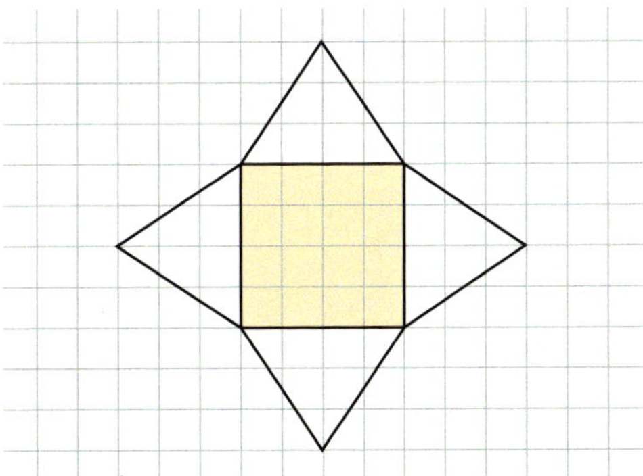

b) Im Netz einer Rechteckspyramide lässt sich die Länge der Mantelkanten nicht immer durch Auszählen von Kästchen bestimmen. Man überträgt sie mit dem Zirkel.

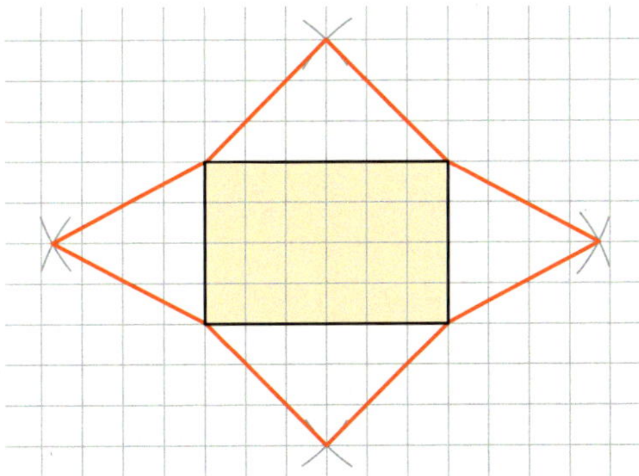

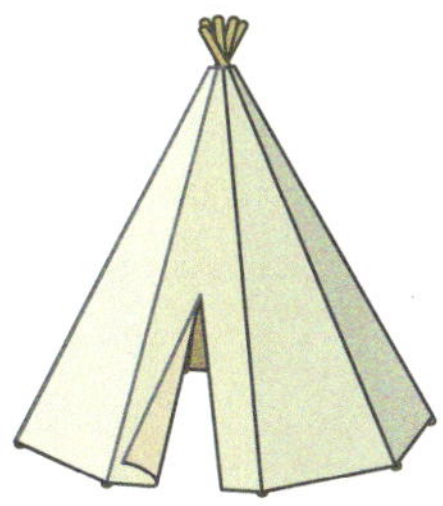

Aufgaben

1 Stelle über einem 10-cm-Quadrat eine Pyramide her. Überlege, ob die Pyramide hoch oder niedrig werden soll. Wähle dann die Länge der Mantelkanten.

2 Nenne Pyramiden, die du in deiner Umgebung siehst.
Manchmal findest du auch Pyramiden als Teile von zusammengesetzten Körpern.

3 a) Stelle diese Rechteckspyramide her.

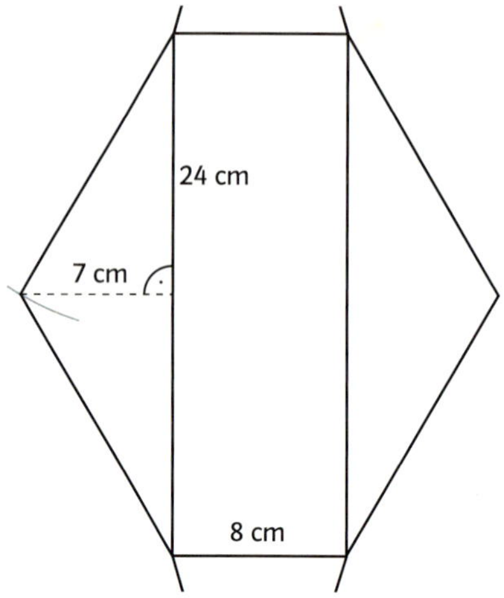

b) Baue deine eigene Rechteckspyramide.

4 Quadratpyramiden einmal anders – wie fügen sich die Flächen zusammen? Versuche die Pyramiden herzustellen.

a)

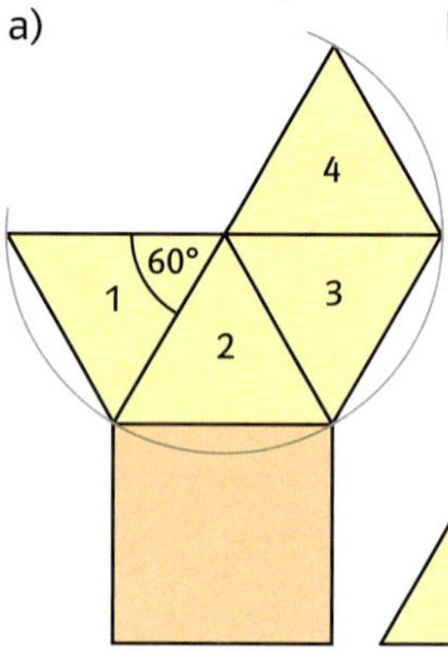

b)

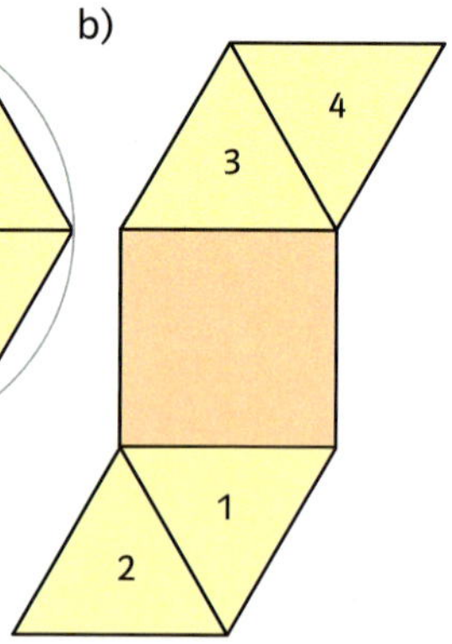

5 Das sind keine Pyramidennetze. Wo steckt der Fehler?

a)

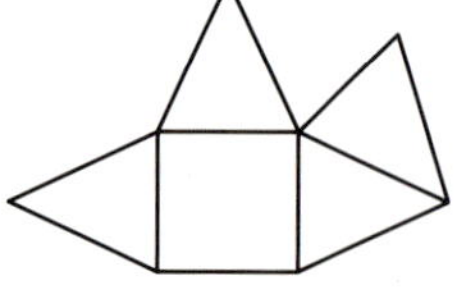

b)

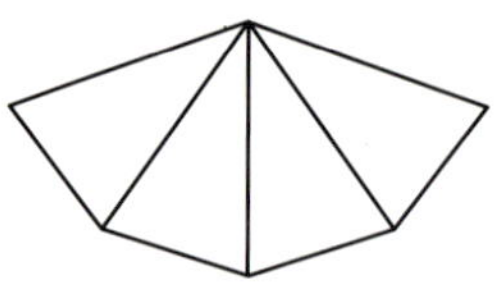

c)

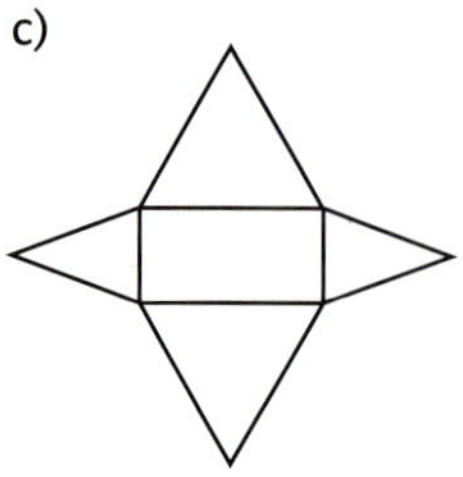

d)

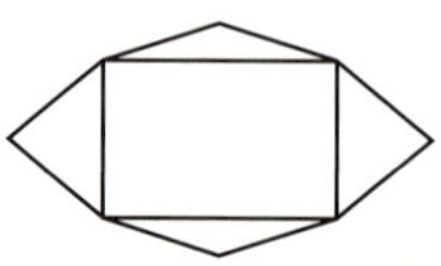

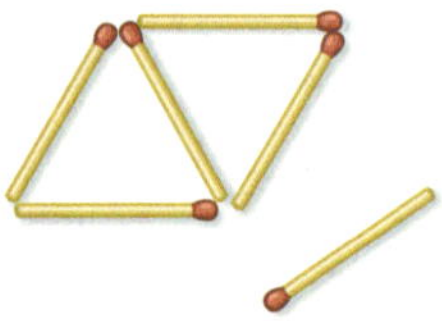

? *Kannst du aus sechs Hölzchen vier Dreiecke mit lauter gleich langen Seiten bilden?*

6 Vom Kreismuster zur Sechseckspyramide. Zeichne. Schneide. Falte.

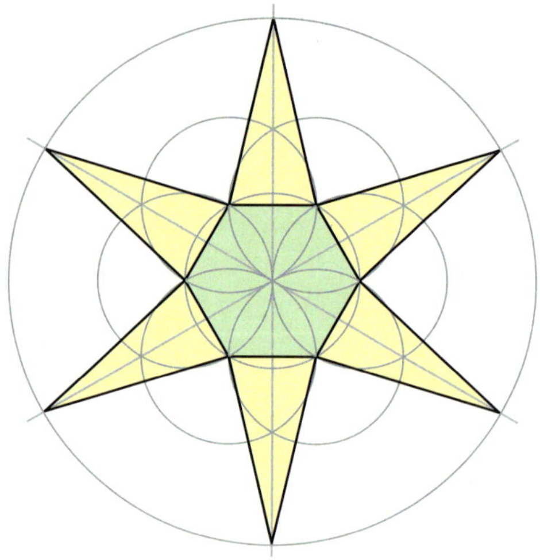

7 Wie viele Eckpunkte, Kanten und Flächen hat eine Pyramide über diesen Grundflächen?

a) Dreieck
b) Viereck
c) Fünfeck
d) Sechseck
e) Zehneck
f) Hunderteck

8 Welche Eckpunkte des Netzes treffen sich beim Zusammenfalten im selben Eckpunkt der Pyramide? Welche Seiten treffen sich in derselben Kante?

a)

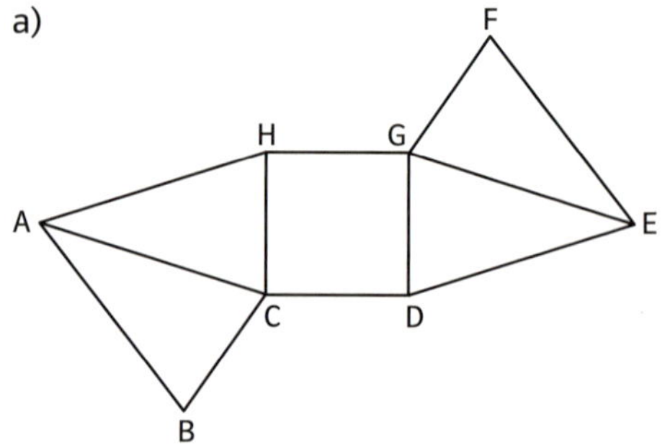

b)

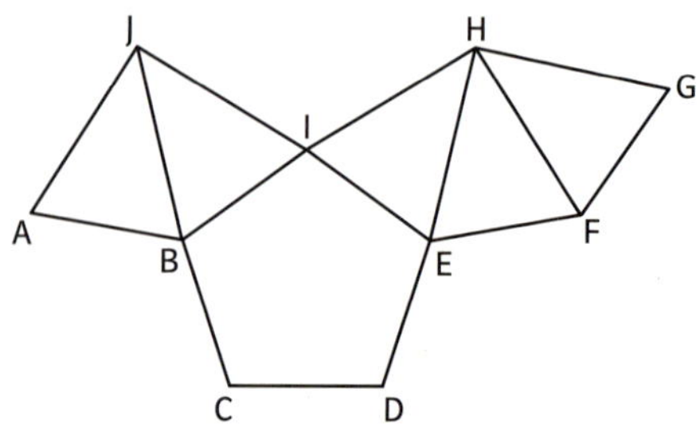

3 Schrägbilder

→ Zeichne mit freier Hand einige Quader und Würfel mit eingeschlossener Pyramide.
→ Zeichne auch so, dass
- die Pyramide auf der Spitze steht,
- die Spitze zu dir hin zeigt,
- die Pyramide aufrecht steht und trotzdem alle Manteldreiecke sichtbar sind.

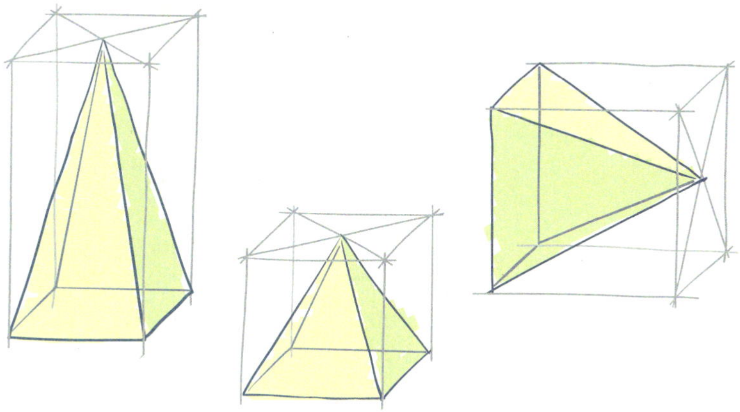

Das Schrägbild der Pyramide und des Prismas werden nach denselben Regeln wie das Schrägbild des Quaders gezeichnet. Es ist oft vorteilhaft, wenn man sich Pyramide und Prisma als Teilkörper eines Quaders vorstellt und diesen mitzeichnet.

Kanten, die in der Zeichenebene oder parallel zu ihr liegen, bleiben im **Schrägbild** unverändert. Senkrecht zur Zeichenebene laufende Kanten werden unter einem 45°-Winkel und auf die Hälfte verkürzt gezeichnet.
Man darf solche Kanten auch alle etwas verlängern oder alle etwas verkürzen, damit sie in Gitterpunkten enden. Verdeckte Kanten werden gestrichelt.

Beispiele

a) Eine Quadratpyramide steht auf ihrer Grundfläche. Das Quadrat wird zum Parallelogramm verzerrt. Die Spitze liegt in Wirklichkeit senkrecht über dem Mittelpunkt des Quadrats. Im Bild liegt sie senkrecht über dem Mittelpunkt des Parallelogramms. Die Höhe bleibt unverändert.
b) Ein Dreiecksprisma liegt auf einem seiner Mantelrechtecke. Die Grundfläche liegt in der Zeichenebene.
Die drei Mantelkanten laufen schräg nach hinten und werden verkürzt. Aus der wahren Länge 4 cm wird die Bildlänge 2 cm. Diese darf auf drei Kästchendiagonalen verkürzt werden.
c) Ein 3 cm hohes Dreiecksprisma steht auf seiner dreieckigen Grundfläche. Diese ist ein halbes Rechteck. Das Schrägbild des Dreiecks ist eine Hälfte des Schrägbilds des Rechtecks.
Die Höhe bleibt unverändert.

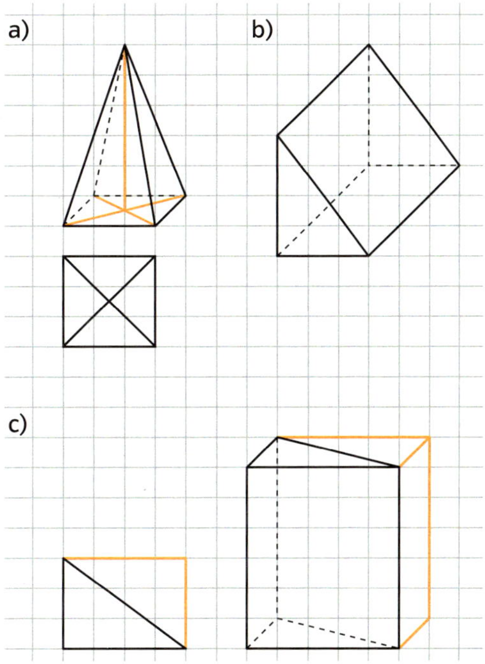

Aufgaben

1 Zeichne die Quadratpyramide.

	a)	b)	c)	d)
Grundkante	8 cm	8 cm	6 cm	6 cm
Höhe	6 cm	3 cm	6 cm	2 cm

2 Zeichne das Dreiecksprisma. Es soll auf einem Mantelrechteck liegen.

	a)	b)	c)
Grundfläche	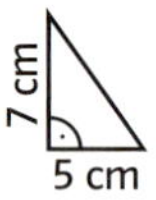	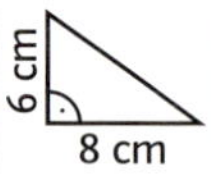	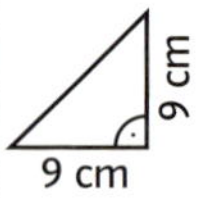
Mantelkanten	10 cm	8 cm	9 cm

3 Zeichne die Rechteckspyramide.

	a)	b)	c)
Grundkanten	8 cm	8 cm	7 cm
	6 cm	10 cm	4 cm
Höhe	7 cm	3 cm	7 cm

4 Zeichne das Prisma mit der abgebildeten Grundfläche. Die Mantelkanten sollen 8 cm lang sein.

a)

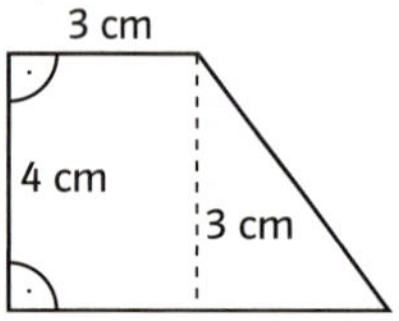

b)

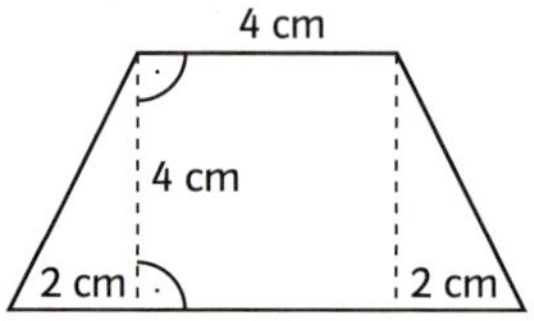

5 Zeichne eine Quadratpyramide, die auf ihrer Spitze steht.
Achte besonders darauf, welche Kanten verdeckt sind.

	a)	b)	c)
Grundkante	8 cm	6 cm	7 cm
Höhe	8 cm	5 cm	2 cm

6 Zeichne einen Würfel mit einer auf die Deckfläche aufgesetzten Pyramide. Die Maße kannst du selbst wählen.

7 Zeichne das Dreiecksprisma mit der abgebildeten Grundfläche und mit Mantelkanten der Länge 8 cm, und zwar
a) auf einem Mantelrechteck liegend.
b) auf der Grundfläche stehend.

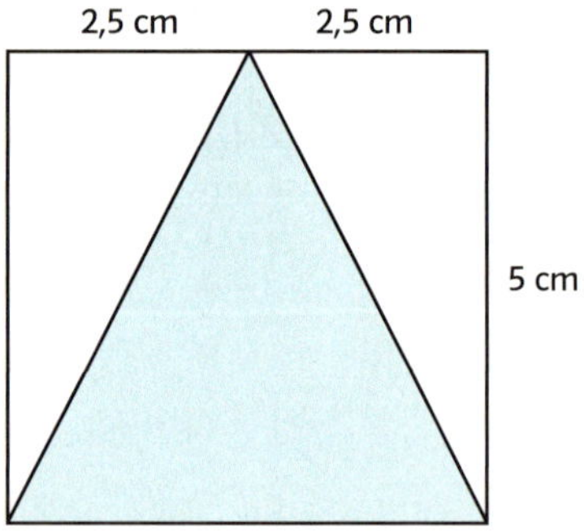

8 Aus diesem Würfel wurde eine Pyramide herausgeschnitten.
Zeichne die Figur.

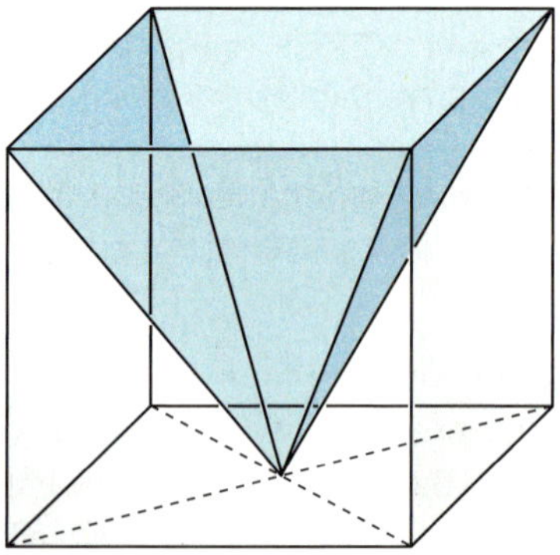

9 Schräg im Würfel liegt eine Doppelpyramide. Zeichne die Figur.
Hier sollst du hinten liegende Kanten nicht stricheln.
Stelle dir ein Modell aus Draht vor.

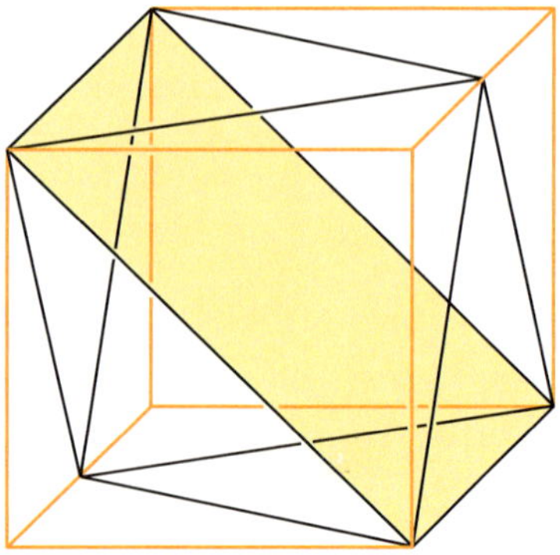

4 Zylinder. Kegel. Kugel

Der Zylinder entsteht aus einem Rechteck und zwei Kreisen.
→ Aus welchen Teilen entsteht ein Kegel?

Versuche doch einmal, eine Kugel aus Streifen herzustellen.
→ Geht das auch mit sehr breiten Streifen?

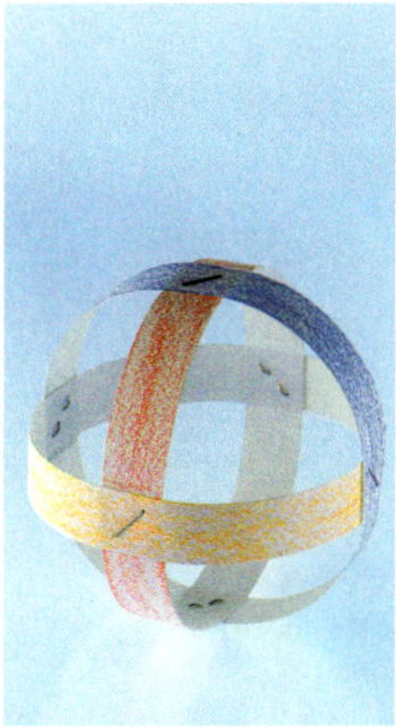

Der Zylinder hat eine gekrümmte Fläche und zwei ebene Flächen. Der Kegel hat eine gekrümmte und eine ebene Fläche. Die Kugel hat nur eine Fläche. Diese ist gekrümmt.

Der **Zylinder** besteht aus einem **Grundkreis**, einem **Deckkreis** und einem aufgerollten Rechteck als **Mantel**.
Der **Kegel** besteht aus einem **Grundkreis** und einem aufgerollten Kreisausschnitt als **Mantel**.
Die **Kugel** lässt sich nicht aus ebenen Flächenstücken zusammensetzen.

Beispiel

Ein Rechteck lässt sich auf zwei Arten zu einem Rohr zusammenwickeln. Mit zwei Kreisen wird das Rohr zum Zylinder verschlossen. Den Durchmesser der Kreise kann man am Rohr abmessen.

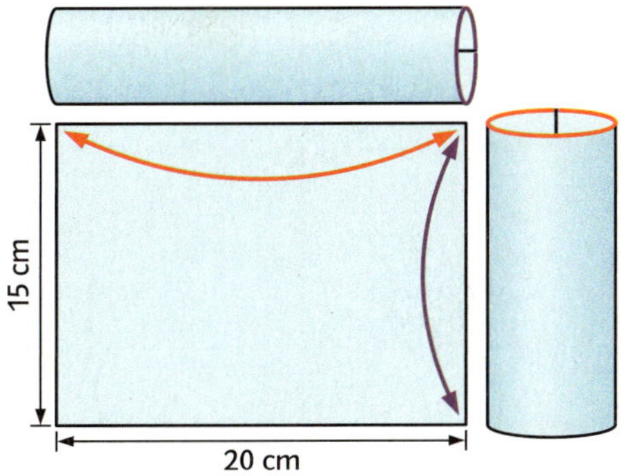

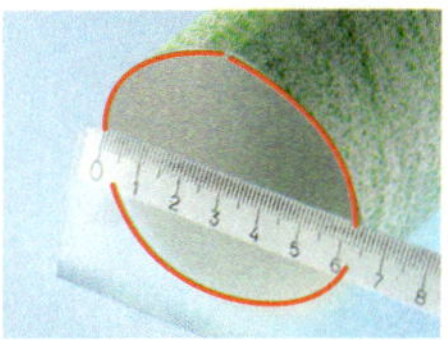

Aufgaben

1 Wo siehst du Zylinder, Kegel, Kugeln oder wenigstens Teile dieser Körper? Denke an Gegenstände aus dem Haushalt, dem Supermarkt, der Technik.

2 Zylinder, Kegel und Kugel unterscheiden sich durch die Art zu rollen und durch die Art, wie sie auf einer ebenen Unterlage aufliegen. Erkläre das genauer.

3 Wickle eine Kugel in ein Blatt Papier. Was beobachtest du?
Kann man ein Stück Orangenschale flach auf den Tisch legen?

4 Beschaffe Tischtennisbälle und experimentiere, wie man sie platzsparend in einen Karton packen kann. Wirf sie zum Vergleich auch ungeordnet in den Karton.

5 Welcher der vier Kegel wird am höchsten, welcher am niedrigsten?
Das kannst du herausfinden, ohne die Kegel herzustellen.

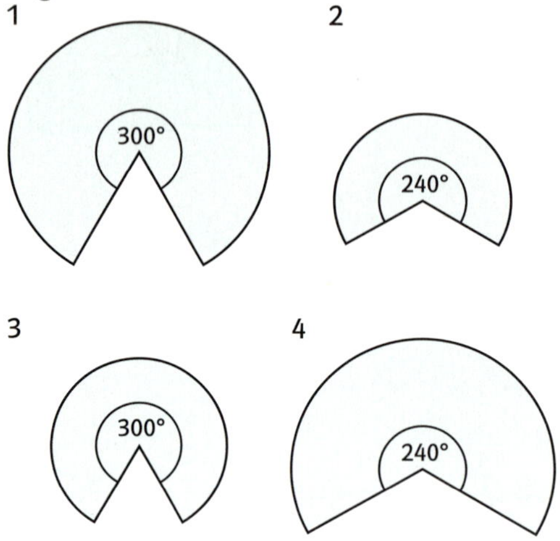

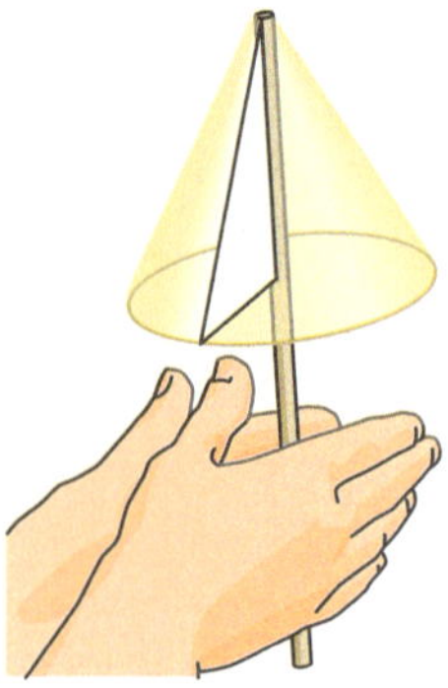

6 Beschreibe die Körper, die erscheinen, wenn du die Flächenstücke um die rote Achse drehst.

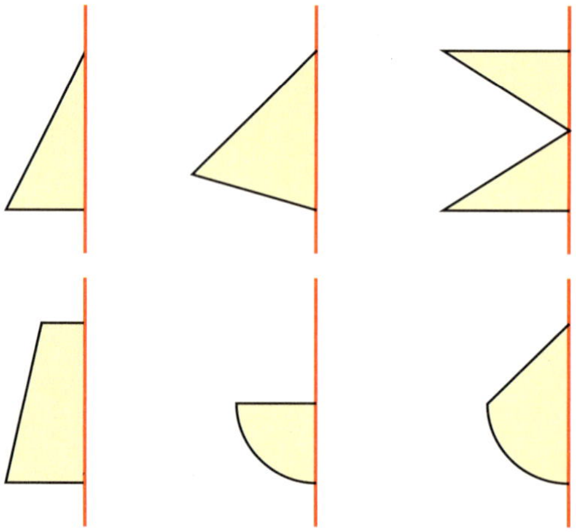

7 Zeichne auf ein Transparentpapier oder auf eine Folie eine Strecke schräg von Rand zu Rand. Rolle das Blatt so auf, dass mehrere Schichten übereinander liegen. Was beobachtest du?

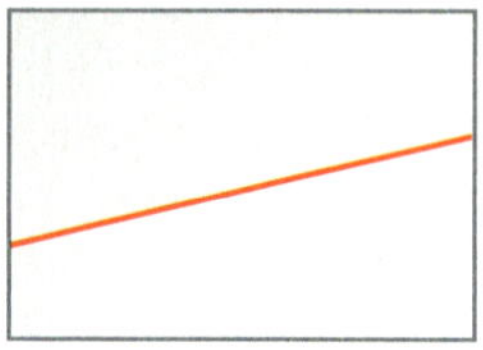

8 Schneide aus einer Folie einen Kreisausschnitt aus. Zeichne eine Strecke auf. Experimentiere damit wie in Aufgabe 7.

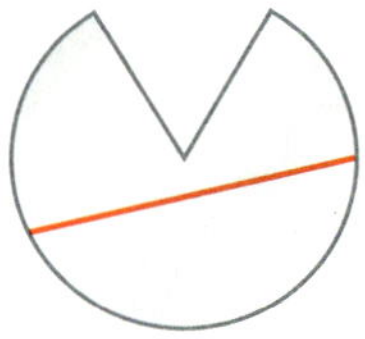

9 Welche Figuren ergeben Zylindermäntel?

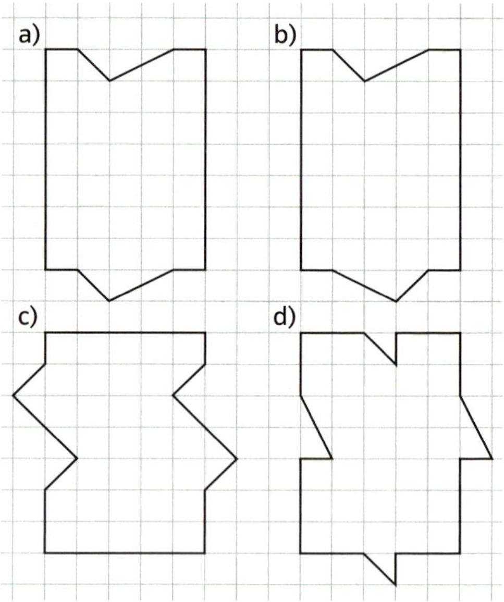

10 Zeichne das Parallelogramm in vierfacher Größe ab und schneide es aus. Die Seite a soll also 12 cm und die Höhe 16 cm lang sein.
Lege entweder die zwei langen oder die zwei kurzen Seiten ohne Überstand aneinander. Was beobachtest du?

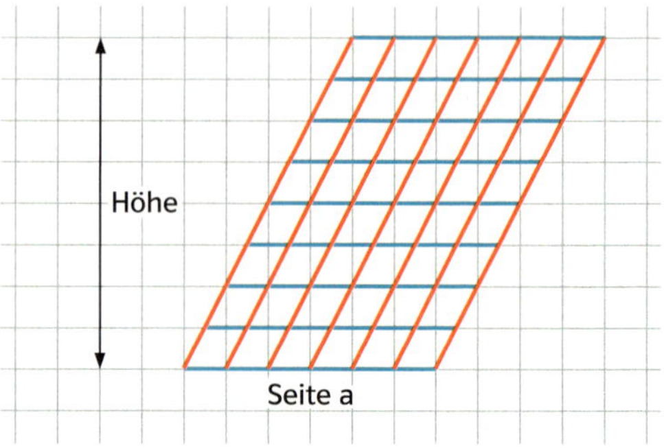

? *Warum gibt es Plakatsäulen, aber keine Plakatkugeln?*

Zusammenfassung

Prisma

Ein **Prisma** entsteht, wenn ein Quader senkrecht zu seiner Grundfläche zerschnitten wird.
Ein Prisma ist begrenzt durch die **Grundfläche**, die **Deckfläche** und den aus Rechtecken zusammengesetzten **Mantel**.
Die Grundfläche und die Deckfläche sind von gleicher Form und Größe.

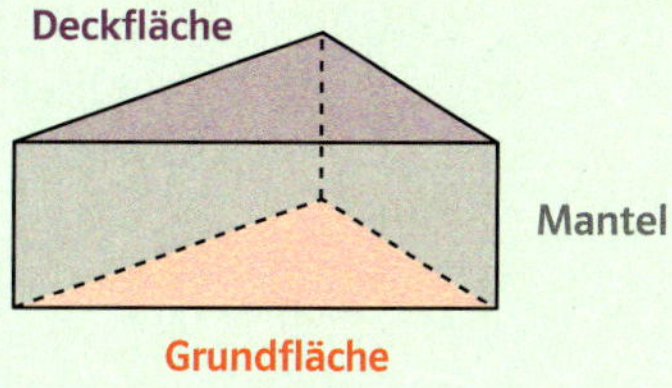

Pyramide

Ein über seiner Grundfläche spitz zulaufender Körper heißt **Pyramide**. Eine Pyramide ist begrenzt durch die **Grundfläche** und den aus Dreiecken zusammengesetzten **Mantel**. Die Grundfläche kann 3; 4; 5 oder mehr Eckpunkte haben. Die Manteldreiecke treffen sich in der **Spitze**.

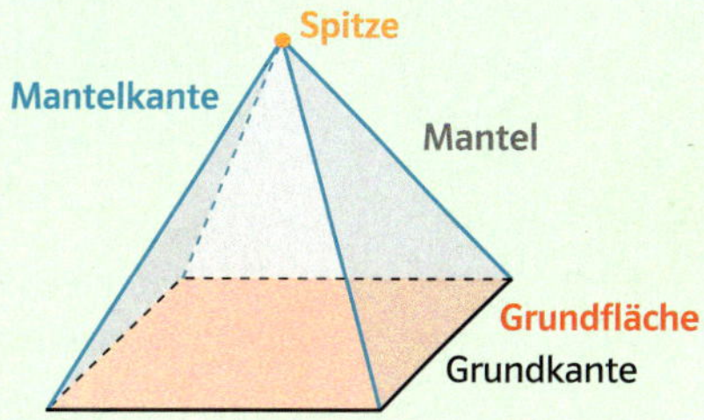

Schrägbilder

Im **Schrägbild** bleiben Kanten unverändert, die in der Zeichenebene oder parallel zu ihr liegen. Senkrecht zur Zeichenebene laufende Kanten werden unter einem 45°-Winkel und auf die Hälfte verkürzt gezeichnet.

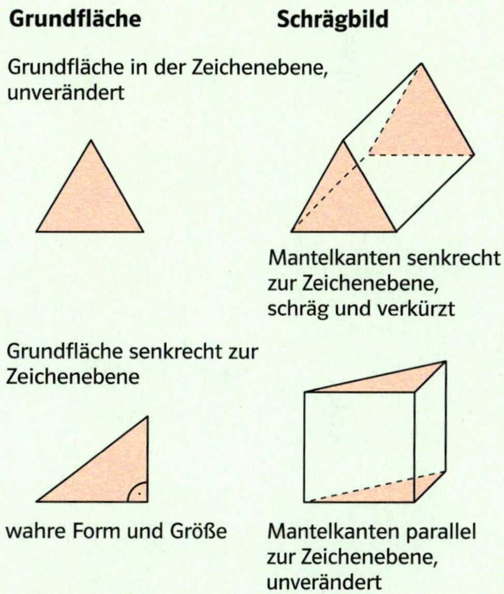

Zylinder

Der **Zylinder** besteht aus einem **Grundkreis**, einem **Deckkreis** und einem aufgerollten Rechteck als **Mantel**.

Kegel

Der **Kegel** besteht aus einem **Grundkreis** und einem aufgerollten Kreisausschnitt als **Mantel**.

Kugel

Die **Kugel** lässt sich nicht aus ebenen Flächenstücken zusammensetzen.

Üben • Anwenden • Nachdenken

1 a) Zeichne das Prisma auf einem Mantelrechteck liegend. Die Mantelkanten sollen 7 cm lang sein.

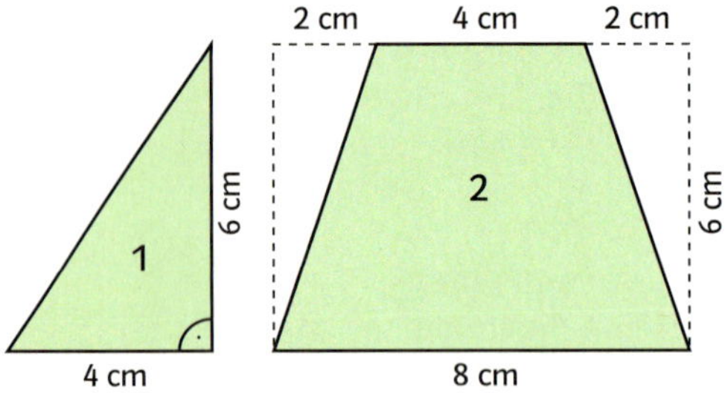

b) Zeichne das Prisma auf seiner Grundfläche stehend. Die Mantelkanten sollen wieder 7 cm lang sein.

2 Zeichne die Quadrat- oder Rechteckspyramide.

	a)	b)	c)
Seiten des Rechtecks	8 cm	8 cm	6 cm
	8 cm	6 cm	4 cm
Höhe	6 cm	6 cm	8 cm

3 Für das dritte Rechteck des Prismennetzes sind fünf Lagen angegeben. Welche sind möglich, welche sind unmöglich? Begründe deine Antwort.

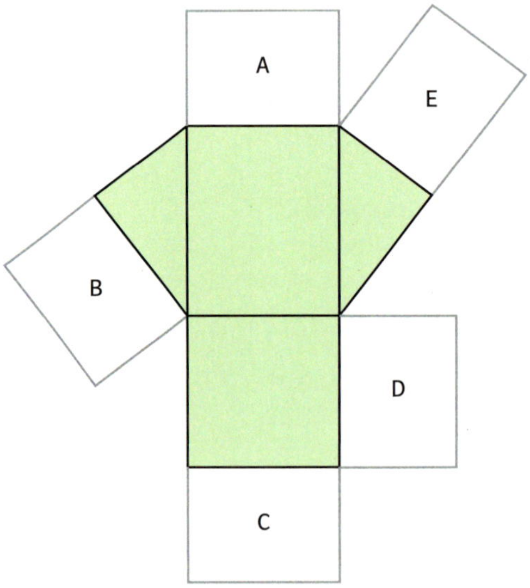

4 Welche Figuren lassen sich zum Prisma falten, welche nicht? Begründe.

a)

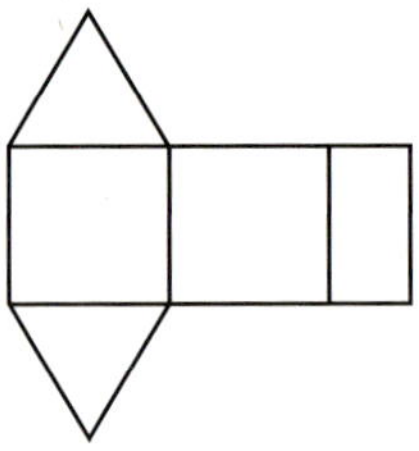

b)

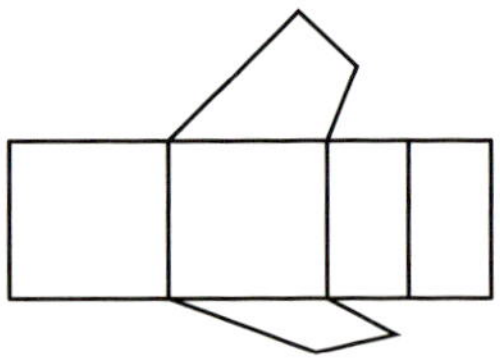

c)

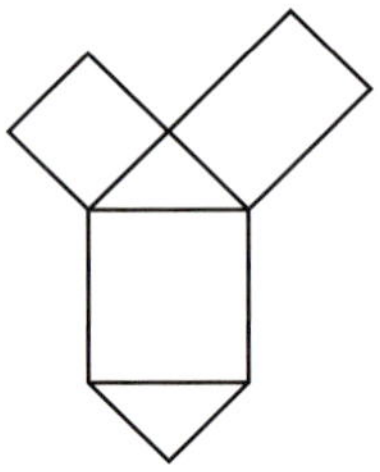

d)

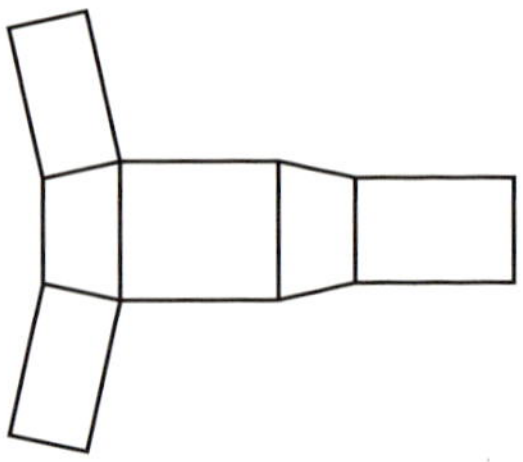

5 Welche Figuren sind Pyramidennetze, welche nicht? Begründe.

a)

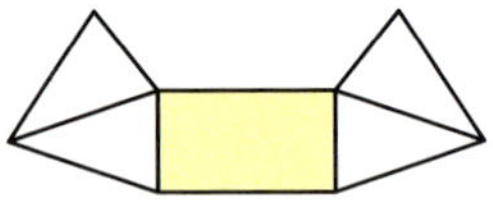

b)

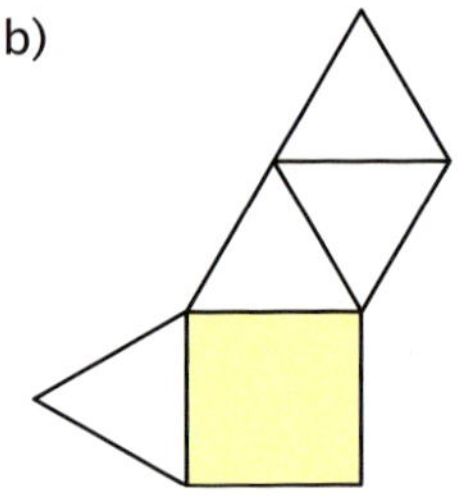

c)

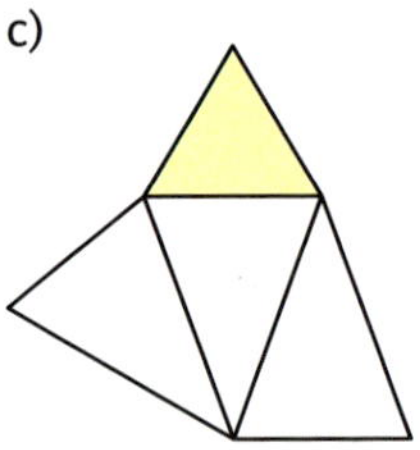

d)

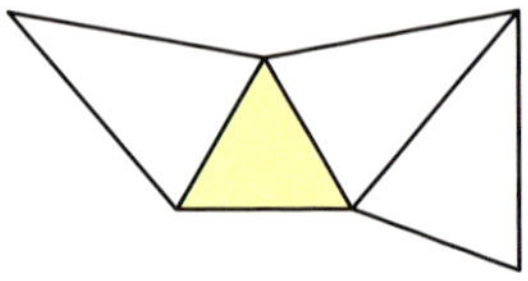

e)

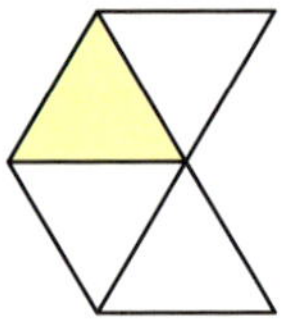

f)

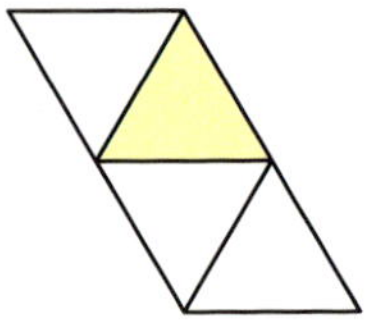

6 An welchem Rechteck muss die Tür ausgeschnitten werden?

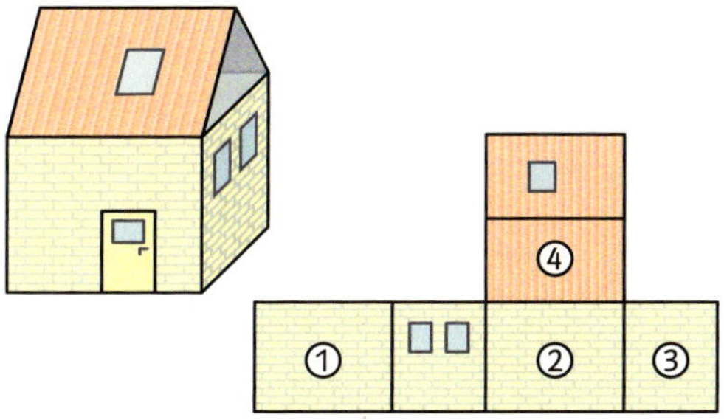

An welche Dachfläche gehört die Dachgaube?

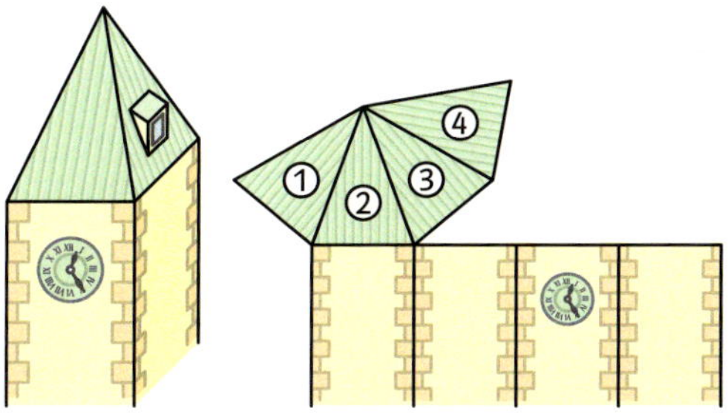

Über welchem Fenster hängt die Fahne heraus? Aus welchem Fenster des Turms kommt die Fledermaus?
Schau sie genau an.

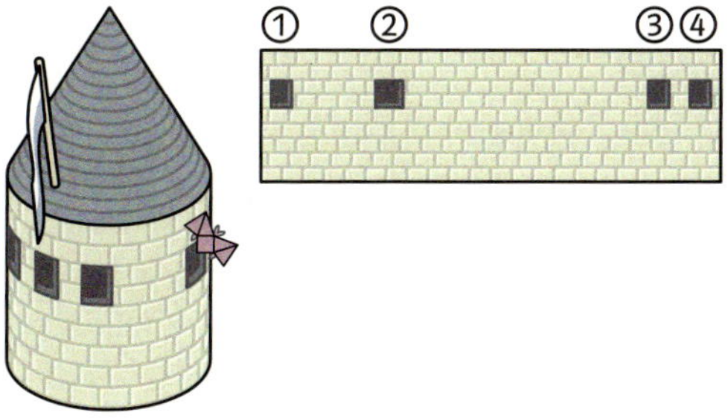

Welche Zeltbahnen sind zurückgeschlagen?

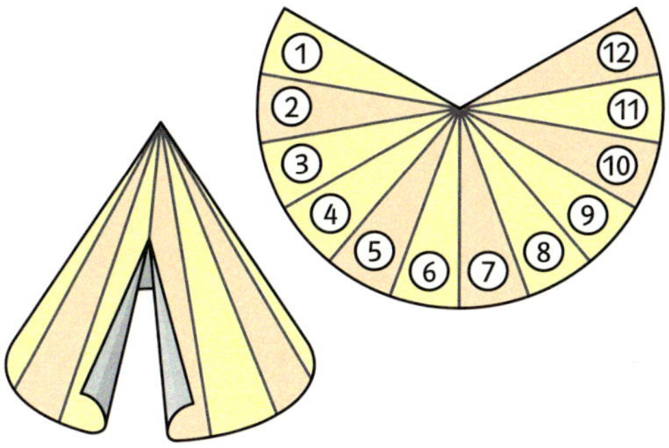

7 Wo kannst du das vierte Dreieck anhängen, damit ein Pyramidennetz entsteht? Es gibt mehrere Möglichkeiten. Zeichne die Netze mit freier Hand.

a)

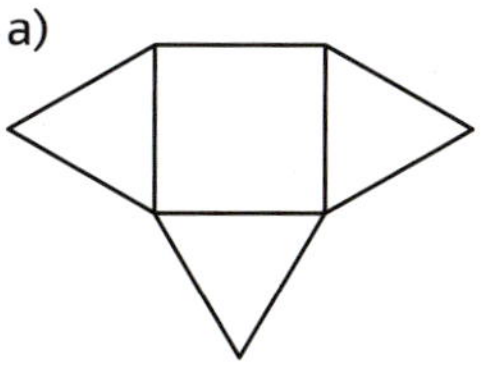

b)

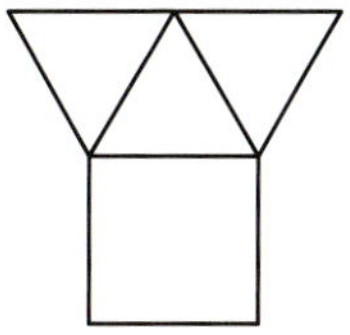

8 Wie viele Eckpunkte, wie viele Kanten und wie viele Flächen hat ein Prisma, dessen Grundfläche die folgende Form hat?

a) Dreieck
b) Viereck
c) Sechseck
d) Zwanzigeck
e) 100-Eck
f) 1000-Eck

9 Von einem Sechseckprisma wird ein Dreiecksprisma abgeschnitten.

a) b) c)

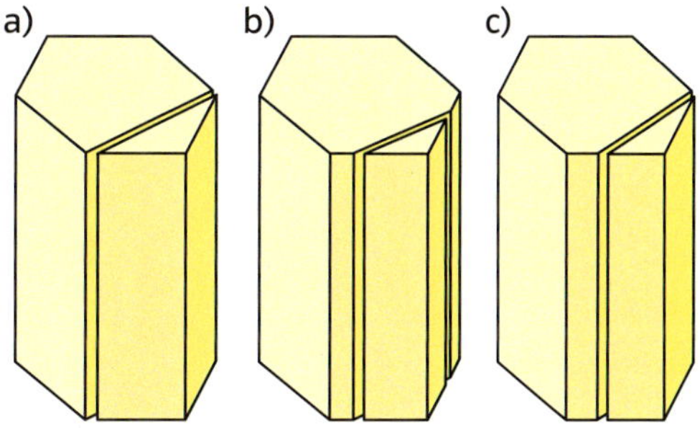

Zähle die Eckpunkte, Kanten und Flächen des ganzen Prismas, des abgeschnittenen Prismas und des Restprismas.

10 Wie wird der Körper aussehen, der dieses Netz hat? Zeichne, schneide aus und falte.

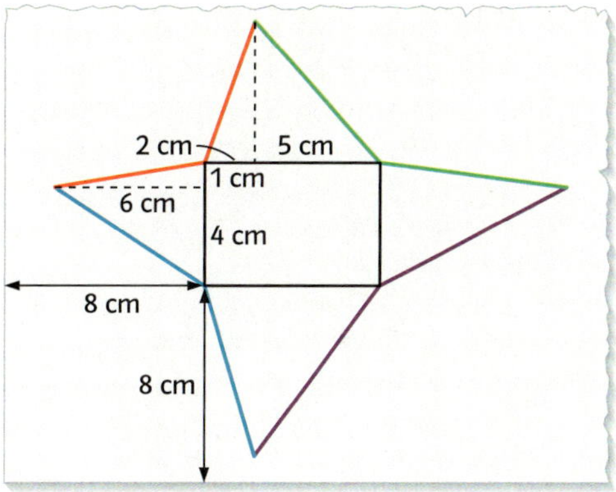

Die ägyptischen Pyramiden sind 4500 Jahre alt. Die größte ist etwa 137 m hoch. Die Seite ihres Grundquadrats ist 233 m lang.

■ Wenn du das Netz ergänzt, kannst du eine Pyramide herstellen, die etwa dieselbe Form hat wie das riesige Vorbild.

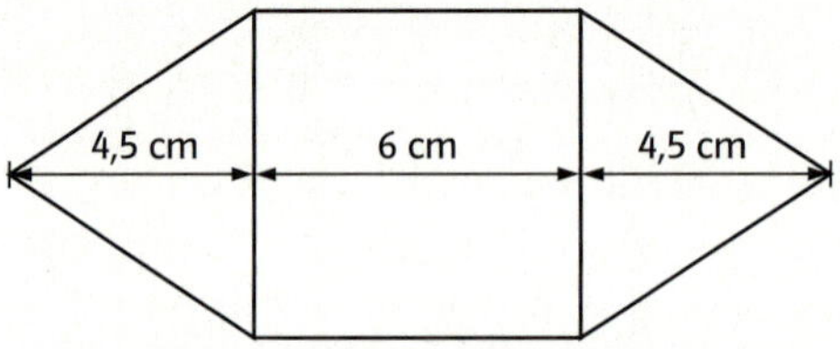

■ Baut gemeinsam eine wirklich große ägyptische Pyramide.

■ Stellt vier Pyramiden mit dem abgebildeten Netz her. Sie lassen sich zu einer einzigen Pyramide zusammensetzen, das ist gar nicht so einfach.

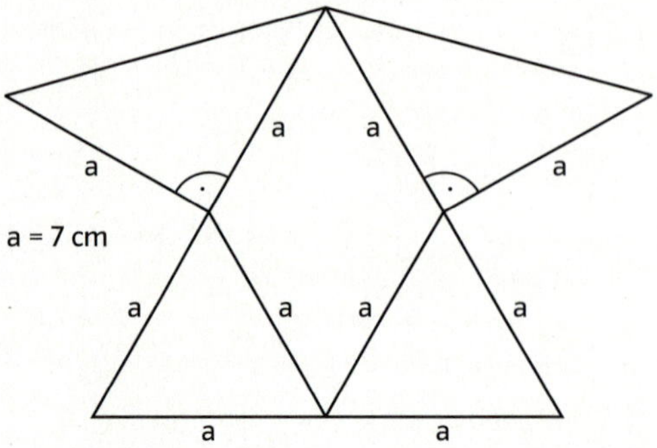

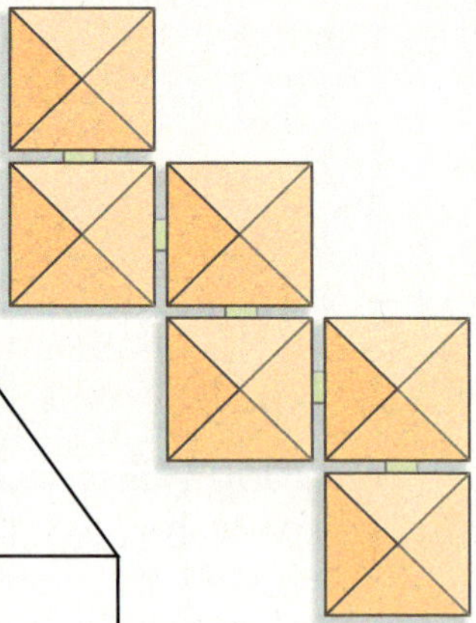

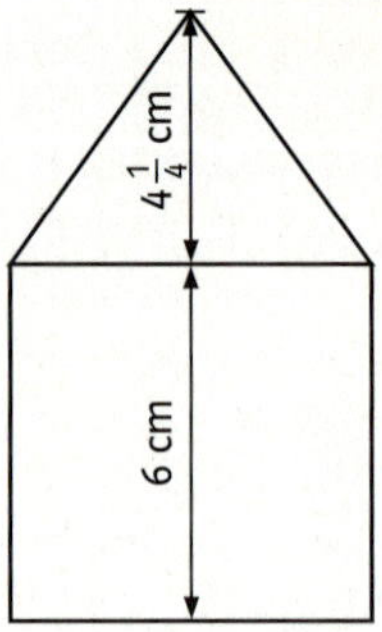

■ Ergänzt das Netz und baut sechs Pyramiden mit diesem Netz.
■ Klebt die Grundflächen mit Klebeband zu einem Würfelnetz zusammen.
Lasst kleine Zwischenräume zwischen den Quadraten.
■ Baut einen Würfel mit 6 cm Kantenlänge und verpackt ihn im Pyramidensechsling.
■ Beschreibt den entstandenen Körper.
■ Ihr könnt den Pyramidensechsling auch anders herum zusammenwickeln.

■ Stellt drei Pyramiden mit diesem Netz her. Sie werden ziemlich schief. Trotzdem lassen sie sich zu einem ganz einfachen Körper zusammenlegen.

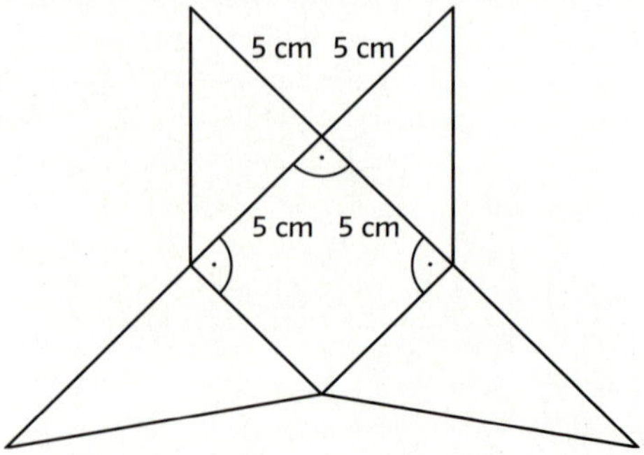

Rückspiegel

1 Zeichne ein Netz des Prismas.
Die Mantelkanten sollen 3 cm lang sein.

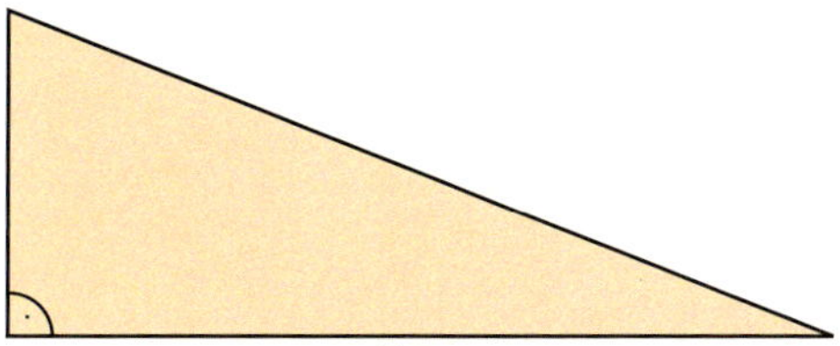

2 Wie viele Flächen, Kanten und Eckpunkte hat die Pyramide
a) mit quadratischer Grundfläche?
b) mit sechseckiger Grundfläche?

3 Welche Eckpunkte treffen zusammen, wenn man das Netz zum Prisma faltet?

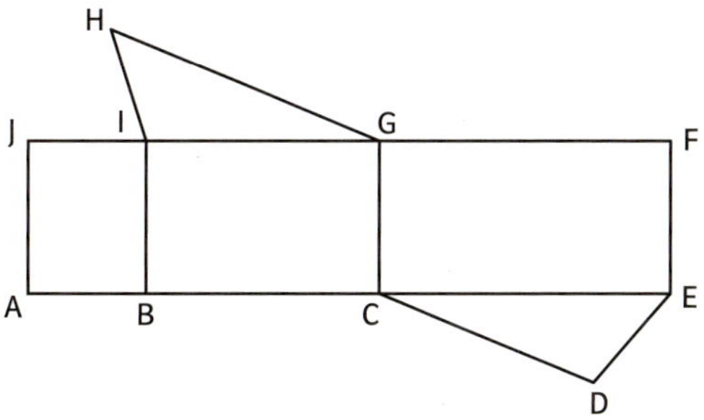

4 Zeichne das Prisma mit der abgebildeten Grundfläche im Schrägbild. Die Mantelkanten sind 8 cm lang.
Das Prisma soll
a) auf einem Mantelrechteck liegen.
b) auf einer Grundfläche stehen.

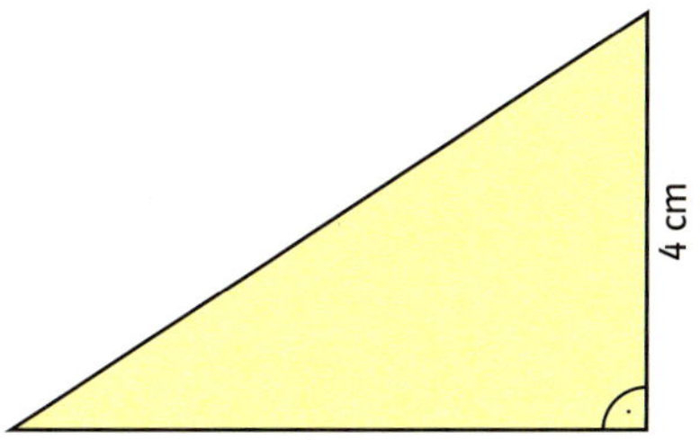

5 Welcher Körper entsteht, wenn sich ein Rechteck um eine Seite dreht?

Rückspiegel

1 Zeichne ein Netz des Prismas.
Die Mantelkanten sollen 4 cm lang sein.

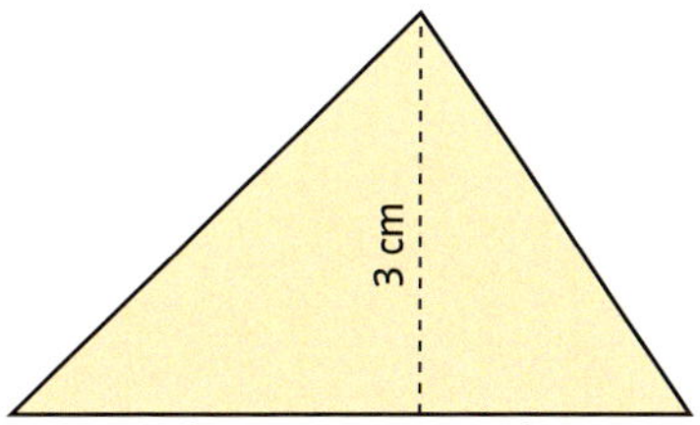

2 Wie viele Flächen, Kanten und Eckpunkte hat das Prisma
a) mit fünfeckiger Grundfläche?
b) mit zwölfeckiger Grundfläche?

3 Welche Eckpunkte treffen zusammen, wenn man das Netz zur Pyramide faltet?

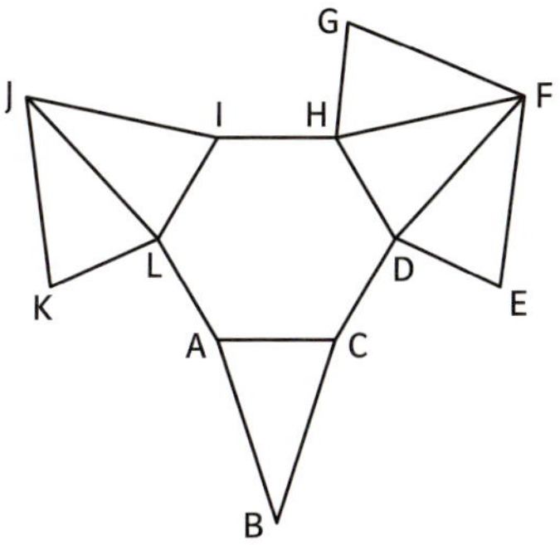

4 Zeichne das Prisma mit der abgebildeten Grundfläche im Schrägbild. Die Mantelkanten sind 6 cm lang.
Das Prisma soll
a) auf einem Mantelrechteck liegen.
b) auf der Grundfläche stehen.

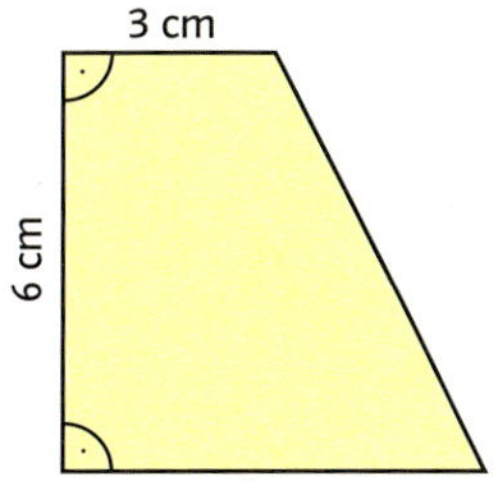

5 Welcher Körper entsteht, wenn sich ein Halbkreis um den Durchmesser dreht?

Mit Buchstaben rechnen

Labyrinthe

Du lässt dich per Anweisung durch ein Labyrinth dirigieren.
Dabei sind folgende Abkürzungen vereinbart:
10 n bedeutet 10 Meter nach Norden.
30 o bedeutet 30 Meter nach Osten.
20 s bedeutet 20 Meter nach Süden.
50 w bedeutet 50 Meter nach Westen.

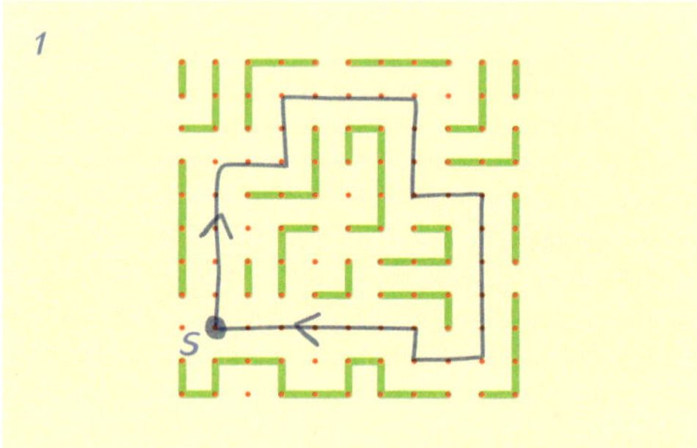

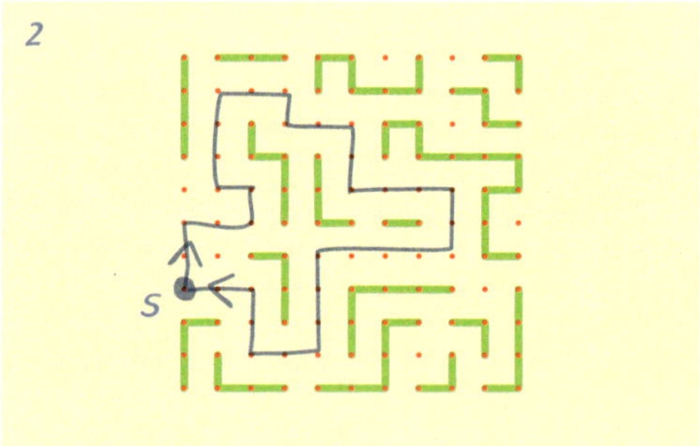

Mit der Anweisung
50 n • 20 o • 20 n • 40 o • 30 s • 20 o •
50 s • 20 w • 10 n • 60 w
kommst du wieder an den Start S zurück.
Formuliere eine Anweisung, wenn du den Weg umgekehrt gehst.

Wie lautet die Weganweisung durch Labyrinth 2?

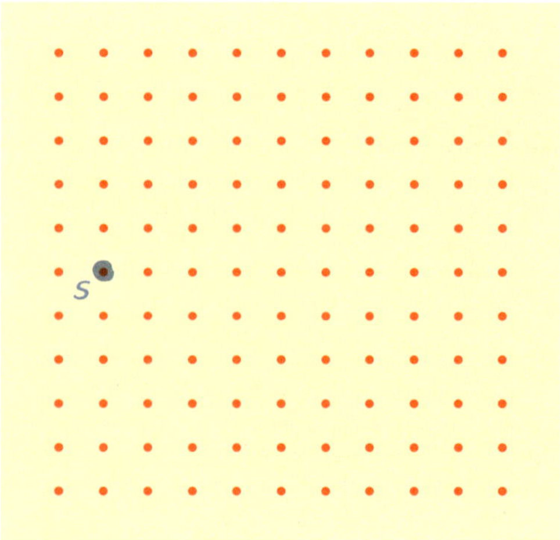

Zeichne in ein 11 × 11-Punktegitter den Weg nach der Anweisung:
30 s • 40 o • 10 n • 20 o • 10 s • 20 o •
30 n • 10 w • 20 n • 30 w • 20 s • 40 w.
Starte in der zweiten Reihe von links beim sechsten Punkt von oben.

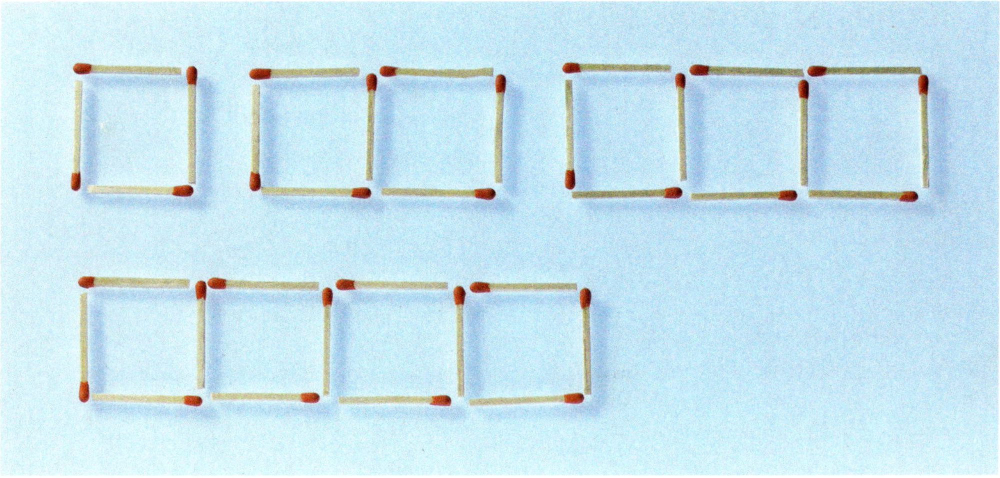

Streichholzketten

Lege Streichhölzer so aneinander, dass eine Kette zusammenhängender Quadrate entsteht.

Aus der Anzahl der Quadrate kannst du die Zahl der benötigten Streichhölzer systematisch ermitteln.

Anzahl der Quadrate	1	2	3	4	...
Anzahl der Streichhölzer	4	7	10	13	...
Umfang der Gesamtfigur	4	6	8	10	...

Wie viele Streichhölzer würdest du für 10 Quadrate, wie viele für 100 Quadrate brauchen? Und für deren Umfang? Wie viele Quadrate könntest du mit 400 Streichhölzern aneinanderlegen?

In diesem Kapitel lernst du,

- was eine Variable ist,
- was man unter einem Term versteht,
- wie man den Wert eines Terms berechnet,
- wie man Terme aufstellt,
- was eine Gleichung ist,
- wie man einfache Gleichungen löst.

1 Terme mit Variablen

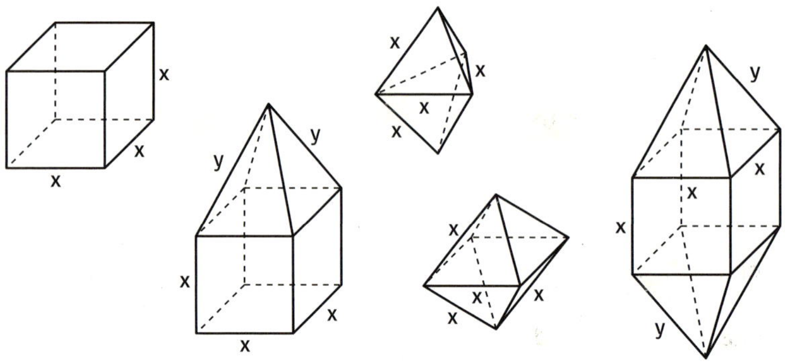

➔ Welcher Rechenausdruck gehört zu welchem Kantenmodell?

- $9 \cdot x$
- $12 \cdot x + 4 \cdot y$
- $12 \cdot x + 8 \cdot y$
- $12 \cdot x$

Zusammenhängende Sachverhalte oder Rechenwege lassen sich allgemein mit einem Rechenausdruck oder **Term** beschreiben. Dabei werden für unbekannte Zahlen oder Größen Symbole oder Zeichen verwendet. Meist sind dies Buchstaben. Man nennt sie **Platzhalter** oder **Variablen**.

Ein Zeichen, das man anstelle von Zahlen oder Größen verwendet, nennt man **Variable**.
Terme sind Rechenausdrücke, in denen Zahlen, Variablen und Rechenzeichen vorkommen können.

Beispiele

$3 + 18$ $5 + \square$ $\square : 7$ $2 \cdot x$ $a - b - 5$ $\frac{x + y}{2}$ sind Terme.

Aber auch 6; $\frac{1}{2}$; $\square$ oder z können als Term aufgefasst werden.

Aufgaben

1 Was ist damit gemeint?
a) Claus zieht eine x-beliebige Karte.
b) Diana hat x-mal versucht, Beate zu erreichen.
c) Es kamen zig-Tausende von Zuschauern.

2 Kannst du die Bedeutung erklären?
a) die Sendung „Akte X“
b) Wer A sagt, muss auch B sagen.
c) Sie lässt sich kein X für ein U vormachen.

3 a) Bilde mit den Kärtchen, die auf dem Rand stehen, Terme.
b) Bilde eine Summe als Term.
c) Bilde ein Produkt als Term.

4 Erzähle eine Geschichte zum Term.
a) 2,89 € · 3 + 6,15 €
b) (6 · 1,2 kg) · 3 + 4 · 0,25 kg
c) 25 € − (75 · 0,06 € + 17 · 0,12 €)
d) 10 · (45 ct + 55 ct + 144 ct)
e) $\frac{1}{2}$ (1,20 € + 2,40 € − 0,50 €)

5 Wofür stehen die Variablen?
a) Umfang eines Quadrats: $4 \cdot a$
b) Umfang eines Dreiecks: $a + b + c$
c) Umfang eines Rechtecks: $2 \cdot a + 2 \cdot b$
d) Oberfläche eines Würfels: $6 \cdot a \cdot a$
e) Volumen eines Quaders: $a \cdot b \cdot c$
f) Größe des Nebenwinkels: $180° - \alpha$
g) eine Bruchzahl: $\frac{a}{b}$

6 Ordne jeder Figur den richtigen Term für ihre Umfangsberechnung zu.

- $a + a + b$
- $2 \cdot a + 2 \cdot b$
- $2 \cdot (a + b)$
- $x + x + x$
- $2 \cdot x + 1$
- $2 \cdot a + b$

7 Ersetze die Variable.
a) x ist die kleinste Primzahl.
b) 0,25 hat den gleichen Wert wie der Bruch y.
c) z ist eine Quadratzahl.
d) w ist Teiler von 32.
e) s ist die Quadratzahl von 25.
f) m ist das Vierfache von 17.

8 Ordne die Terme den Sätzen zu und erkläre die Bedeutung der Variablen.
- $b + 20$
- $2 \cdot x - 30$
- $c : 4$
- $6 \cdot a$
- $t - 3$
- $t \cdot 4$
- $x : 2 - 1$
- $2 \cdot y + 30$

a) vom doppelten Gewicht 30 kg abziehen
b) den Kuchen in vier gleiche Teile teilen
c) Das Hochhaus ist um 20 m höher als der Bungalow.
d) Charlotte hat für diese Aufgabe sechsmal so lange gebraucht wie Sophie.
e) Das Tempo ist jetzt viermal höher als vorher.
f) Der Brief kam drei Tage später an als die Karte.
g) ein Jahr weniger als die Hälfte deines Alters
h) Es kostet 30 Euro mehr als das Doppelte des Vorjahrespreises.

9 Erkläre die Gesetzmäßigkeit.
a) $a + a + a + a = 4 \cdot a$
b) $x \cdot x \cdot x = x^3$
c) $a + b = b + a$
d) $x \cdot y = y \cdot x$
e) $(a + b) + c = a + (b + c)$

10 Was drückt der Term aus? Wofür steht die Variable?

Beispiel: „Peter ist 2 Jahre jünger als Ute." $y - 2$ drückt das Alter von Peter aus, die Variable y steht für das Alter von Ute.

a) Timo ist 5 Jahre älter als Turan: $x + 5$
b) Britta ist dreimal so groß wie Ina: $t \cdot 3$
c) Kai besitzt 5 Kaninchen mehr als er Meerschweinchen besitzt: $x - 5$
d) Sara hat viermal mehr Münzen als Geldscheine bei sich: $4 \cdot z$
e) Vater wiegt doppelt so viel wie Anna und noch 8 kg dazu: $2 \cdot x + 8$

Variablen in Ägypten

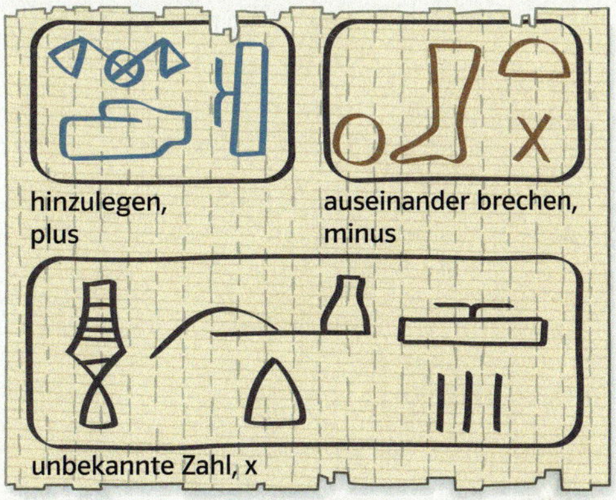

Mathematische Zeichen in Ägypten

Zeichen für cosa (c^0)

Papyrusrollen aus dem alten Ägypten beweisen, dass die dortigen Mathematiker schon damals für unbekannte Zahlen eigene Symbole verwendeten.
Der Haufen △ stellt die unbekannte Zahl dar. Heute schreiben wir dafür den Buchstaben x.
Michael Stiefel (geb. 1486 in Esslingen, gest. 1567 in Jena) und seine Zeitgenossen benannten die zu berechnende Zahl meist „cosa" (ital.: Ding, Sache).
Die Lehre von den Termen und Gleichungen hieß demnach „coss", also „x-Rechnung".

2 Berechnen von Termwerten

Für den Piloten eines Kleinflugzeugs ist es sehr wichtig, vor Flugbeginn die ausreichende Kraftstoffmenge zu berechnen.
Außer dem Verbrauch pro Flugstunde kommen aus Sicherheitsgründen dazu
- ein Zuschlag von einem Fünftel des stündlichen Verbrauchs,
- eine Reserve für mindestens 30 Flugminuten,
- für Anlassen und Rollen etwa sechs Liter.

Der Term für eine Maschine mit dem Verbrauch von 40 Litern je Stunde lautet:
$40 \cdot x + \frac{1}{5} \cdot 40 + \frac{1}{2} \cdot 40 + 6$
Die Variable x steht für die reine Flugzeit.
→ Berechne den Verbrauch für ein, zwei, drei Flugstunden.
→ Ein anderes Flugzeug verbraucht 50 Liter je Stunde.

Ersetzt man die Variable in einem Term durch Zahlen, erhält man als Ergebnis einen Zahlenwert. So hat der Term $x - 8$ für $x = 15$ den **Wert** 7.

Werden die Variablen in einem Term durch Zahlen ersetzt, lässt sich der **Wert des Terms** für diese Zahlen berechnen.

Beispiele

a) $5 \cdot x + 2 \cdot x$ für $x = 4$
$5 \cdot x + 2 \cdot x = 5 \cdot 4 + 2 \cdot 4$
$= 20 + 8$
$= 28$

b) $6 \cdot y^2 + y$ für $y = 3$
$6 \cdot y^2 + y = 6 \cdot 3^2 + 3$
$= 6 \cdot 9 + 3$
$= 57$

In einem Term können verschiedene Variablen vorkommen.

c) $4 \cdot a - 3 \cdot b$ für $a = 6$ und $b = 5$
$4 \cdot a - 3 \cdot b = 4 \cdot 6 - 3 \cdot 5$
$= 24 - 15$
$= 9$

d) Achte besonders auf die Klammern.
$2 \cdot p + (4 \cdot q - r)$ für $p = 1;\ q = 4;\ r = 12$
$2 \cdot p + (4 \cdot q - r) = 2 \cdot 1 + (4 \cdot 4 - 12)$
$= 2 + (16 - 12) = 6$

e) Sollen in einen Term nacheinander mehrere Zahlen für die Variablen eingesetzt und der Termwert berechnet werden, benutzt man eine **Wertetabelle**.

Wertetabelle:

x	1	2	3	4	5	6
Term: $3 \cdot x + 2$	5	8	11	14	17	20

Aufgaben

! *Die „unsichtbare Eins"*
$a = 1 \cdot a = 1a$

1 Setze für x die Zahlen 1; 4; 8; 0 ein.
a) $6 \cdot x$
b) $12 \cdot x$
c) $\frac{1}{2} \cdot x$
d) $1 \cdot x + 5$
e) $x^2 + 1$
f) $x + 3 \cdot x$
g) $8 - x$
h) $2 \cdot x - x$

2 Setze die Zahlen 4; 5; 6; 10; 20 ein und gib den Wert des Terms an.
a) $q - 2$
b) $22 - a$
c) $t - 3{,}5$
d) $(35 - a) - 1$
e) $2 \cdot p - 8$
f) $100 - y - y$

3 Setze für die Variable x nacheinander die Zahlen 1 bis 10 ein.
Beispiel:

x	1	2	3	4	5	6	7	8	9	10
$2 \cdot x + 1$	3	5	7	9	11	13	15	17	19	21

a) $x + 2$
b) $26 - x$
c) $x \cdot (5 + x)$
d) $x \cdot 5 + \frac{x}{2}$
e) $\frac{1}{2} \cdot x + 2$
f) $1{,}5 \cdot (x - 1)$

4 Setze für x die Zahl 2 und für y die Zahl 1,5 ein und berechne den Wert des Terms.
a) $2 \cdot x + 3 \cdot y$
b) $2 \cdot y - x$
c) $\frac{3}{4} \cdot x + \frac{1}{2} \cdot y$
d) $x^2 - \frac{2}{3} \cdot y$

5 Erfinde eine Geschichte zum Term. Welcher Wert ergibt sich?
a) $6 \cdot x + 3 \cdot y + 8 \cdot z$
b) $5 \cdot a - 11{,}25$
c) $50 - (x \cdot 0{,}06 + y \cdot 0{,}11)$

6 Berechne den Wert des Terms für $x = 2; 7; 17; 729$.
$3 \cdot x - 2 \cdot x + 1 - x$
Was fällt dir auf? Erkläre.

7 Trage in die Tabelle für x und y alle natürlichen Zahlen ein, deren Summe 20 ergibt. Für welches Zahlenpaar hat das Produkt $x \cdot y$ den größten Wert?

x	y	$x \cdot y$
1	19	19
2	18	36
3	...	...
4	...	...

8 Berechne den Wert des Terms für $x = 2;\ 3;\ 4;\ 5$.
Achte auf die Rechenreihenfolge.
a) $7 \cdot x - 2 \cdot (2 \cdot x + 1)$
b) $2 \cdot x \cdot (x + 5)$
c) $\frac{1}{2} \cdot x + x^2 + 2$
d) $x : 2 + 5 \cdot x$

9 Welche natürlichen Zahlen x und y musst du in den Term $7 \cdot x + 11 \cdot y$ einsetzen, um den Wert 100 zu erhalten? Lege eine Tabelle an.

x	y	$7 \cdot x$	$11 \cdot y$	$7 \cdot x + 11 \cdot y$
1	1	7	11	18
2	1	14	11	25
2	2	14	22	36

Tabellenkalkulation I

Mit einem Tabellenkalkulationsprogramm kannst du selbst Terme als „Formel" eingeben und mit verschiedenen Einsetzungen für die Variablen deren Wert berechnen lassen.

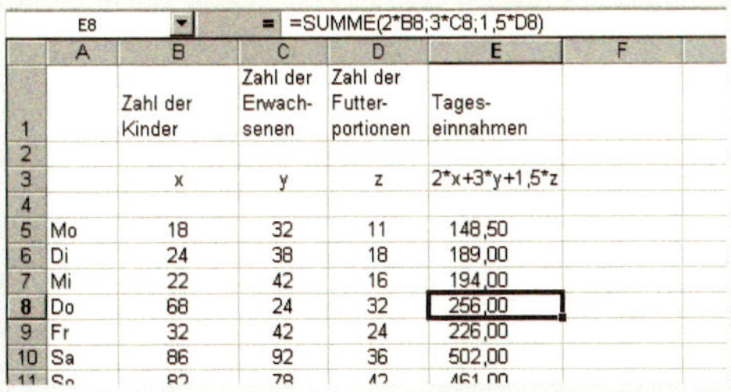
E8 = =SUMME(2*B8;3*C8;1,5*D8)

	A	B	C	D	E	F
1		Zahl der Kinder	Zahl der Erwach-senen	Zahl der Futter-portionen	Tages-einnahmen	
2						
3		x	y	z	2*x+3*y+1,5*z	
4						
5	Mo	18	32	11	148,50	
6	Di	24	38	18	189,00	
7	Mi	22	42	16	194,00	
8	Do	68	24	32	256,00	
9	Fr	32	42	24	226,00	
10	Sa	86	92	36	502,00	
11	So	82	78	42	461,00	

Die Einnahmen eines Wildparks ergeben sich aus Eintrittsgeldern und dem Verkauf von Futter. Der zugehörige Term lautet:
$2 \cdot x + 3 \cdot y + 1{,}5 \cdot z$.

Tag	Mo	Di	Mi	Do	Fr	Sa	So
Kinder	18	24	22	68	32	86	82
Erwachsene	32	38	42	24	42	92	78
Futter	11	18	16	32	24	36	42
Gesamt							

3 Aufstellen von Termen

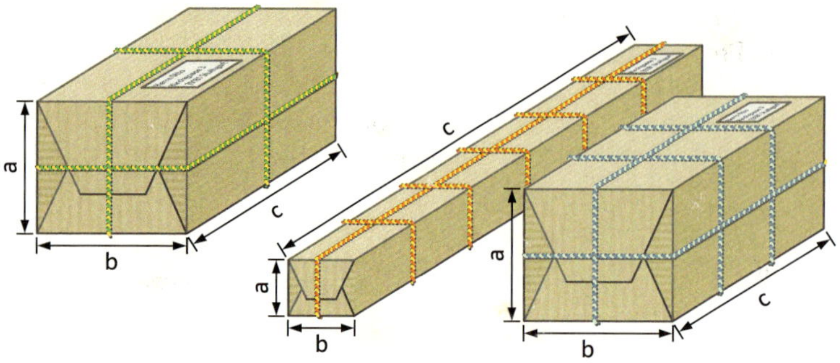

Drei Pakete sollen verschnürt werden. Bezeichnet man die Höhe mit a, die Breite mit b und die Länge mit c, lässt sich die benötigte Länge der Paketschnur (ohne Knoten) für jedes Paket mit einem Term ausdrücken.
Für das linke Paket gilt:
$4 \cdot a + 4 \cdot b + 4 \cdot c$.
→ Wie lauten die Terme für die beiden anderen Pakete?

Um eine Rechenvorschrift wie „Addiere zum Doppelten einer Zahl die Zahl 3 und dividiere dann das Ergebnis durch 4." in einem Term auszudrücken, geht man schrittweise vor. Zuerst wird für die gedachte Zahl oder Größe eine Variable festgelegt. Anschließend überträgt man die Aussagen in die mathematische Schreibweise.

Bezeichnen der gesuchten Zahl mit einer Variablen:	x
Verdoppeln der Zahl:	$2 \cdot x$
Addition der Zahl 3:	$2 \cdot x + 3$
Division des Ergebnisses durch 4:	$(2 \cdot x + 3):4$

Ein Term wird **aufgestellt**, indem man
- Variablen für unbekannte Zahlen oder Größen festlegt,
- Variablen sowie Größen und Zahlen durch Rechenzeichen in der richtigen Reihenfolge verknüpft.

Beispiele

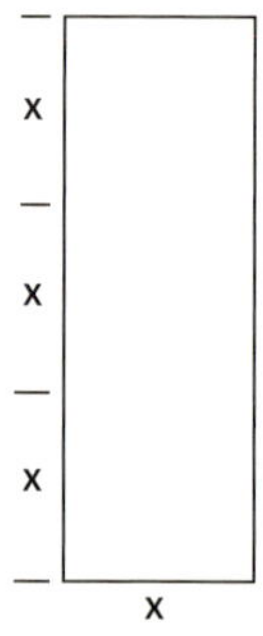

a) Den Umfang eines Rechtecks, das dreimal so lang wie breit ist, beschreibt man:

Breite des Rechtecks:	x
Länge des Rechtecks:	$3 \cdot x$
Umfang des Rechtecks:	$(3 \cdot x + x) \cdot 2$

Kommt eine Variable mehrmals vor, können die Faktoren vor der Variablen zusammengefasst werden:
$3 \cdot x + x = (3 + 1) \cdot x$
$= 4 \cdot x$

b) Addiere zum Doppelten einer Zahl das Vierfache einer zweiten Zahl und dividiere das Ergebnis durch 3.

Die gesuchte erste Zahl:	x
Das Doppelte dieser Zahl:	$2 \cdot x$
Die gesuchte zweite Zahl:	y
Das Vierfache der zweiten Zahl:	$4 \cdot y$
Die Summe daraus:	$2 \cdot x + 4 \cdot y$
Dividiert durch 3:	$(2 \cdot x + 4 \cdot y):3$

Aufgaben

1 Übersetze in einen Term.
a) die Differenz aus 15 und 9
b) das Produkt aus 4 und 17
c) 34 vermindert um 11
d) der Quotient aus 85 und 17
e) die Summe aus 7 und ihrem Doppelten

2 Drücke mit einer Variablen aus.
a) das Fünffache einer Zahl
b) die Hälfte einer Zahl
c) das Quadrat einer Zahl
d) die Summe aus einer Zahl und 5
e) der achte Teil einer Zahl vermindert um 1

3 Drücke die Länge der Strecke durch einen Term aus.

a)

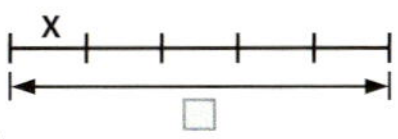

b)

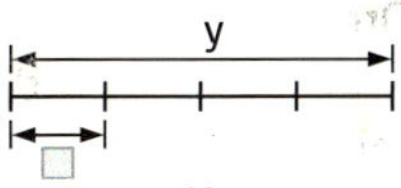

c)

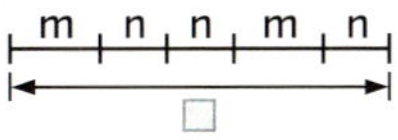

d)

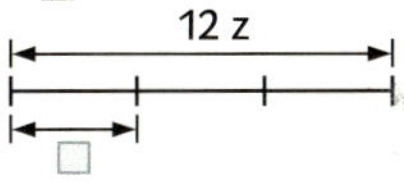

4 Schreibe als Term.

a) das Doppelte der Summe von x und 4
b) das Doppelte der Differenz von 9 und a
c) die Hälfte der Summe von x und 1
d) die Hälfte des Produkts aus z und 5
e) das Drittel der Differenz von m und 15
f) der fünfte Teil des Produkts von a und b

5 Stelle für den Umfang einen Term auf.

a)

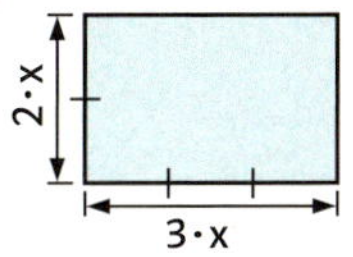

b)

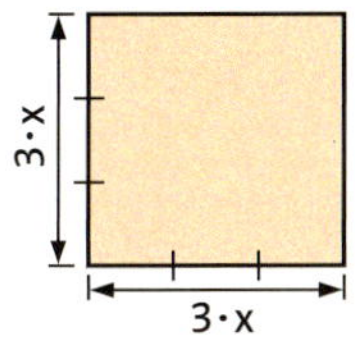

c)

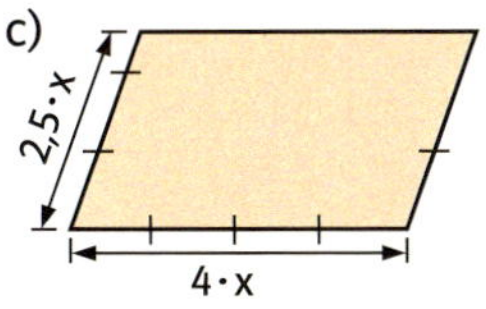

d)

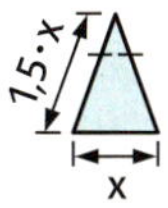

6 Drücke mit einem Term aus.

a) die Summe des dritten Teils einer Zahl und des Fünffachen einer anderen Zahl
b) das Produkt des Doppelten einer Zahl und der Differenz dieser Zahl und 10
c) die Differenz aus der Summe einer Zahl und 8 und dem Produkt einer anderen Zahl und 6
d) die Summe aus dem Produkt einer Zahl und 10 und dem Quotienten einer anderen Zahl und 3

7 Stelle für die Summe aller Teilstrecken einen Term auf.

a)

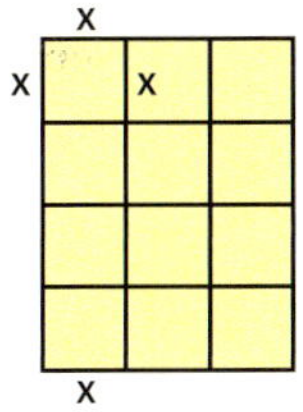

b)

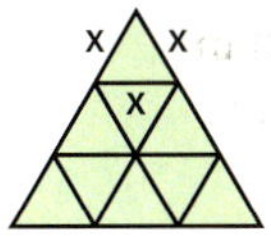

c)

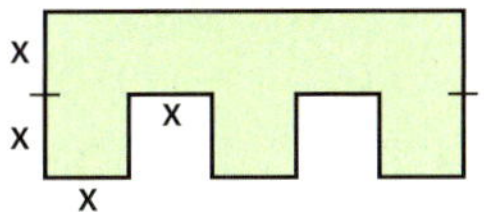

d)

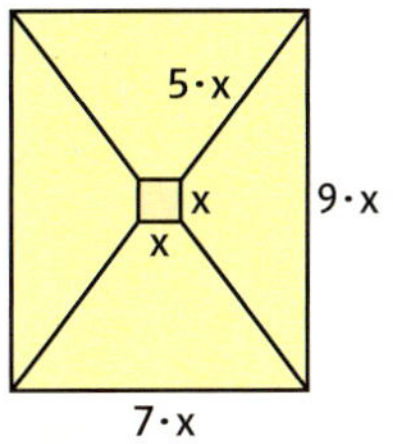

„Übersetzungshilfen"

die Hälfte, halbieren	*: 2*
der □. Teil	*: □*
das □fache	*· □*
um □ größer, vermehrt um □	*+ □*
um □ kleiner, vermindert um □	*– □*
Summe	*□ + □*
Differenz	*□ – □*
Produkt	*□ · □*
Quotient	*$\frac{□}{□}$*

Variablen festlegen

Miriam ist 20 cm größer als Fabian und 5 cm kleiner als Lisa.

Legt man für die Körpergröße von Fabian die Variable x fest, lauten die Terme für die Körpergrößen:

Fabian	x
Miriam	x + 20
Lisa	x + 20 + 5

Legt man für die Körpergröße von Miriam die Variable y fest, lauten die Terme für die Körpergrößen:

Miriam	y
Fabian	y – 20
Lisa	y + 5

Lege für eine Größe eine Variable fest und drücke damit die andere aus.

- Tamara hat 8 Münzen mehr in ihrer Geldbörse als Matthias.
- Das Hochhaus ist 6 Stockwerke höher als das Nebengebäude.
- Temels Mutter ist um zwei Jahre älter als das doppelte Alter von Temel.
- Der Preis liegt um 10 Euro über der Hälfte des ursprünglichen Preises.

8 Durch welchen Term lassen sich die Rechenausdrücke beschreiben?

Beispiel: $8 \cdot 2 + 7$
$11 \cdot 2 + 3$
$15 \cdot 2 + 10$
Term: $x \cdot 2 + y$

a) $10:2 + 3$
$17:2 + 3$
$55:2 + 3$

b) $9 \cdot 5 + 9$
$12 \cdot 5 + 12$
$137 \cdot 5 + 137$

c) $11 \cdot (109 - 11)$
$11 \cdot (217 - 11)$
$11 \cdot (318 - 11)$

d) $4 \cdot 6 + 3 \cdot 9$
$4 \cdot 6 + 3 \cdot 2$
$4 \cdot 15 + 3 \cdot 10$

9 Stelle für die gesamte Kantenlänge einen Term auf. Setze für x die Zahlen 2; 4; 8; 16 ein.

a)
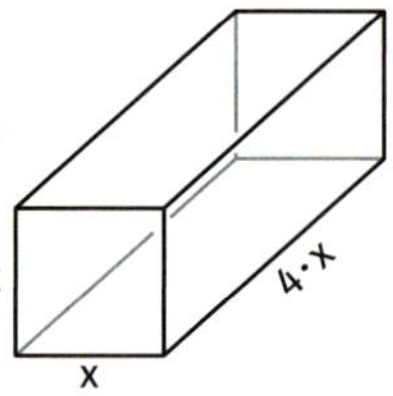

d)
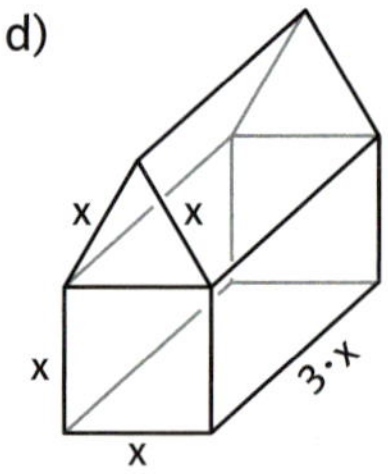

b)
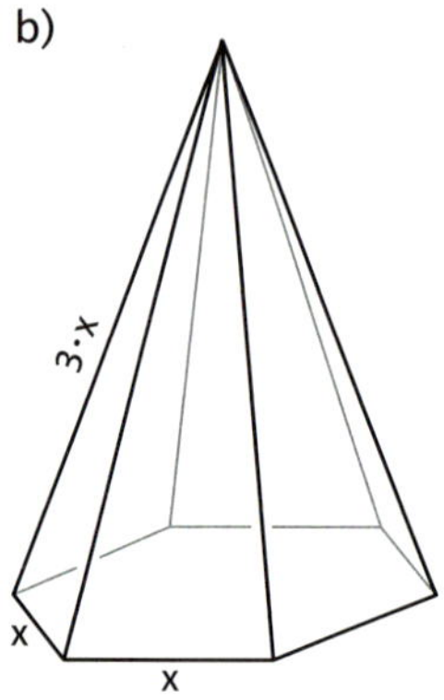

c)
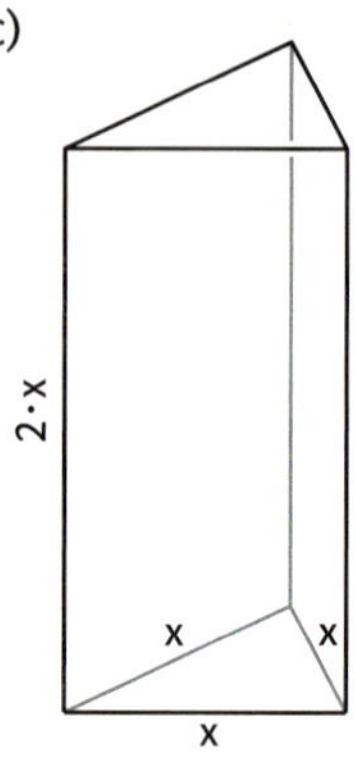

10 Übersetze den Term in Worte.

a) $5 \cdot x + 3$
b) $x:4 - 10$
c) $(5 - z) \cdot 2$
d) $x \cdot (z + 10)$
e) $(x + 3):5$
f) $x \cdot 4 - z \cdot 10$
g) $(x - 5) \cdot (z + 4)$
h) $(z + 10):(3 - x)$
i) $3 + x \cdot (5 + z)$
j) $15 - (x:3):4$

11 In einer Firma, die Stahlmuttern herstellt, produziert eine Maschine 350 Stück in der Stunde.
a) Stelle einen Term auf, mit dem man für x Maschinen und y Stunden die Gesamtproduktion angeben kann.
b) Berechne mit verschiedenen Werten für x und y die erzielten Stückzahlen.
c) Die Stahlmuttern, die nicht verkauft werden können, werden aussortiert. Man nennt das Ausschuss. Der Betrieb rechnet damit, dass 1% der Schraubenmuttern Ausschuss sind.

Abrechnungen

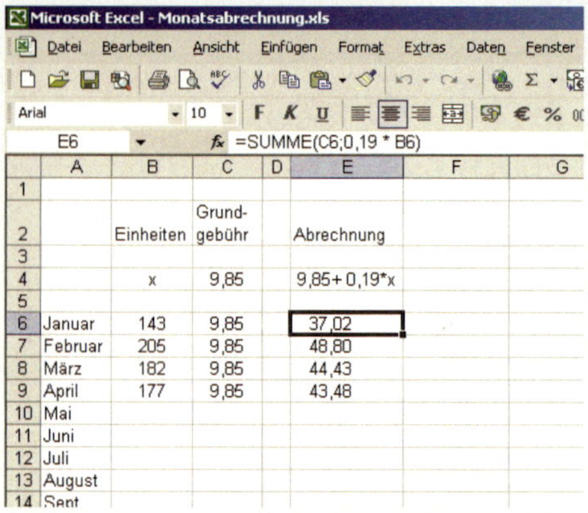
Microsoft Excel - Monatsabrechnung.xls
Datei Bearbeiten Ansicht Einfügen Format Extras Daten Fenster
E6 =SUMME(C6;0,19 * B6)

	A	B	C	D	E	F	G
1							
2		Einheiten	Grund-gebühr		Abrechnung		
3							
4		x	9,85		9,85+0,19*x		
5							
6	Januar	143	9,85		37,02		
7	Februar	205	9,85		48,80		
8	März	182	9,85		44,43		
9	April	177	9,85		43,48		
10	Mai						
11	Juni						
12	Juli						
13	August						
14	Sept						

Ein Mobilfunkkunde bezahlt eine monatliche Grundgebühr von 9,85 €. Eine Gesprächseinheit kostet im Monatstarif 0,19 €.
Es werden abgerechnet

im Januar	143 Einheiten
im Februar	205 Einheiten
im März	182 Einheiten
im April	177 Einheiten

■ Beschreibe eine Monatsabrechnung allgemein mit einem Term.
Beim Berechnen kann dir ein Computerprogramm helfen.

Die Stromrechnung setzt sich aus der Grundgebühr und den Verbrauchskosten zusammen.
Monatliche Grundgebühr: 6,38 €
Preis je Kilowattstunde: 10,89 ct

■ Drücke den Rechnungsbetrag für den Jahresverbrauch mit einem Term aus.

■ Erstelle mithilfe eines Tabellenkalkulationsprogramms eine Kostenaufstellung ab einem Verbrauch von 300 kWh in 10-kWh-Schritten.

4 Einfache Gleichungen

Beim Dart-Spiel beginnen alle mit demselben Punktestand, z. B. 301. Wer als Erster mit möglichst wenig Würfen genau 0 erreicht, ist Sieger. Dabei zählen die Treffer in den Farbringen sogar mehrfach.

→ Bei einem Punktestand von 59 Punkten rechnet sich Simon mit zwei Würfen noch Siegchancen aus. Wie muss er werfen?

→ Renata hat mit den ersten drei Würfen zusammen 51 Punkte erzielt. Dabei steigerte sie sich beim zweiten Wurf um 2 Punkte, beim dritten Wurf sogar um 4 Punkte gegenüber dem ersten Wurf.

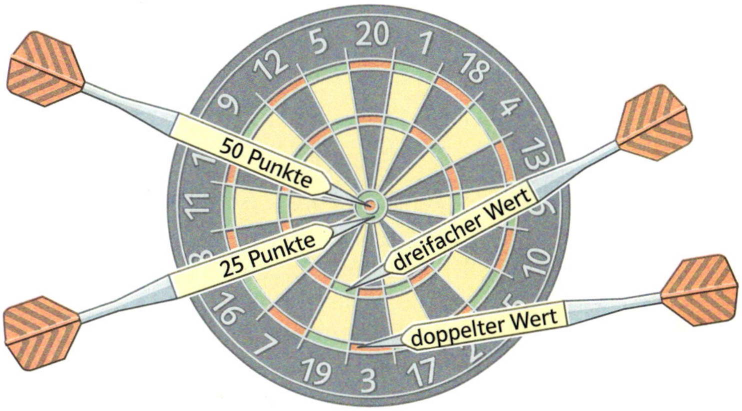

Häufig ist für einen Term mit einer Variablen ein bestimmter Wert vorgegeben.
Dann muss man für die Variable die passende Zahl suchen.
Dies lässt sich mit einer **Gleichung** beschreiben:
Bei einfachen Gleichungen kann man die gesuchte Zahl durch **Probieren** finden.

$3 \cdot x + 2 = 14$
$3 \cdot 1 + 2 = 5$
$3 \cdot 2 + 2 = 8$
$3 \cdot 3 + 2 = 11$
$3 \cdot 4 + 2 = 14$
$3 \cdot 5 + 2 = 17$
…

Die Zahl, die man einsetzen muss, um 14 zu erhalten, ist also die Zahl 4.

Eine **Gleichung** besteht aus zwei Termen, die durch ein Gleichheitszeichen miteinander verbunden sind.
Gleichungen lösen heißt, für die Variable die Zahl zu finden, die beide Terme der Gleichung zu demselben Wert führt.

Beispiele

a) $2 \cdot x + 3 = 9$ $5 \cdot \square = 20$ $9 \cdot x - 5 = 40$ und $3 \cdot x + 12 = 7 \cdot x$ sind Gleichungen, aber auch $y = \frac{1}{3}$.

b) Einfache Gleichungen kannst du im Kopf lösen:

$x + 6 = 15$	$12 - y = 5$	$a \cdot 5 = 60$
$x = 9$	$y = 7$	$a = 12$

c) Lösen einer Gleichung durch systematisches Probieren:

	$9 \cdot x + 2 = 29$	
11	$9 \cdot 1 + 2 \neq 29$	29
20	$9 \cdot 2 + 2 \neq 29$	29
29	$9 \cdot 3 + 2 = 29$	29

Die gesuchte Zahl ist 3.

	$x \cdot 4 - 8 = 32$	
	…	
40	$12 \cdot 4 - 8 \neq 32$	32
28	$9 \cdot 4 - 8 \neq 32$	32
32	$10 \cdot 4 - 8 = 32$	32

Die gesuchte Zahl ist 10.

	$3 \cdot x + 12 = 7 \cdot x$	
15	$3 \cdot 1 + 12 \neq 7 \cdot 1$	7
18	$3 \cdot 2 + 12 \neq 7 \cdot 2$	14
21	$3 \cdot 3 + 12 = 7 \cdot 3$	21
24	$3 \cdot 4 + 12 \neq 7 \cdot 4$	28

Die gesuchte Zahl ist 3.

Aufgaben

1 Ordne die Gleichungen den Sätzen zu und erkläre die Bedeutung der Variablen.

$a - 4 = 6$ $\quad$ $6 = 4 \cdot y$

$a + \frac{a}{2} = 6$ $\quad$ $2 \cdot x - 4 = 6$

$n + 1 = 6$ $\quad$ $3 \cdot y + y = 6$

a) Eine Zahl vermindert um 4 ergibt 6.
b) Das Doppelte einer Zahl vermindert um 4 beträgt 6.
c) Die Summe des Dreifachen einer Zahl und der Zahl selbst beträgt 6.
d) Eine Zahl vermehrt um die Hälfte dieser Zahl beträgt 6.
e) Der Nachfolger einer natürlichen Zahl ist 6.
f) Das Vierfache einer Zahl beträgt 6.

2 Wie heißt die gesuchte Zahl?
a) Das Fünffache einer Zahl ist 70.
b) Eine Zahl vermehrt um 13 ist 85.
c) Die Summe aus einer Zahl und 7 ist 10.
d) Ein Viertel einer Zahl ist 18.
e) Subtrahiert man von einer Zahl 6, erhält man 7.
f) Dividiert man eine Zahl durch 12, erhält man 12.

3 Löse die Gleichung im Kopf.

a) $17 + x = 34$ $\quad$ b) $x + 15 = 16$
c) $y - 12 = 29$ $\quad$ d) $17 - y = 1$
e) $3 \cdot z = 39$ $\quad$ f) $16 = z \cdot 4$
g) $m : 3 = 15$ $\quad$ h) $42 = m : 2$
i) $7 + 2 \cdot x = 37$ $\quad$ j) $3 \cdot x - 7 = 20$
k) $6 = 12 - 3 \cdot x$ $\quad$ l) $18 - 2 \cdot x = 15 + x$

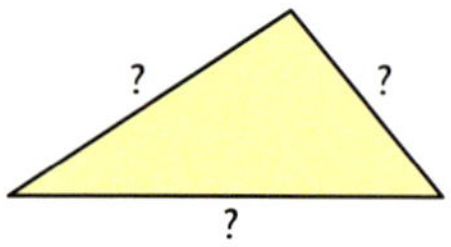

$a + b = 12\,cm$
$b + c = 16\,cm$
$c + a = 14\,cm$

Mit Gleichungen Probleme lösen

Auf einem Bücherbrett stehen Lexika, Sachbücher und Romane. Insgesamt sind es 39 Bücher. Es sind 6 Sachbücher mehr als Romane und 3 Lexika weniger als Romane.

Sachbücher	Romane	Lexika
$x + 6$	x	$x - 3$

Gesamtzahl: 39

$$(x + 6) + x + (x - 3) = 39$$
$$x + 6 + x + x - 3 = 39$$
$$3 \cdot x + 3 = 39$$

Durch Probieren kommt man auf die Zahl 12. Es sind also 12 Romane, 18 Sachbücher und 9 Lexika.

- In Turgays Klasse gehen insgesamt 31 Schülerinnen und Schüler. Es gibt 7 Mädchen mehr als es Jungen gibt.
- Natalies Klasse besuchen 29 Jugendliche, neun Jungen mehr als Mädchen.
- Eine 58 cm lange Leiste wird in zwei Teile zersägt. Das größere Stück ist 14 cm länger als das andere.
- Katrin warf doppelt so viele Tore wie ihre Mitspielerin Sonja. Beide warfen zusammen 27 Tore.

4 Wer hat die Scheibe eingeschossen? Wenn man die Trikotnummer des Unglücksschützen verdoppelt und dazu 4 addiert, dann davon wiederum 7 subtrahiert, erhält man 13.

5 Schreibe selbst ein Zahlenrätsel für deinen Rechenpartner auf.

6 Übertrage die Tabelle ins Heft und bestimme mit ihrer Hilfe die Lösung der Gleichung.

a)

x	$15 \cdot x = 90$
0	
1	
…	

b)

x	$3 \cdot x - 2 = 7$
1	
2	
…	

c)

x	$2 \cdot x + 2 = 18$
0	
2	
…	

d)

y	$88 + 8 \cdot y = 30 \cdot y$
0	
1	
…	

7 Ordne die Lösung richtig zu.

a) $7 \cdot x + 4 = 8 \cdot x$	$x = 2$
b) $12 + x = 6 + 2 \cdot x$	$x = 8$
c) $3 \cdot x + 6 = 38 - x$	$x = 4$
d) $6 \cdot x - 7 = 5 \cdot x + 7$	$x = 14$
e) $2 \cdot x - 5 = 3 - 2 \cdot x$	$x = 6$

8 Löse durch Einsetzen der Zahlen von 1 bis 10.

a) $4 \cdot x - 12 = 16$
b) $80 - 5 \cdot x = 35$
c) $x : 4 + 9 = 11$
d) $30 - x : 3 = 27$
e) $5 \cdot x - 3 = 2 \cdot x + 15$
f) $3 \cdot x + 10 = x + 30$
g) $x + 5 = 2 \cdot x + 3$
h) $5 \cdot x - 2 = 8 \cdot x - 23$
i) $4 + 5 \cdot x = 15 \cdot x - 86$
j) $3 \cdot x + 4 \cdot x = 42$

9 a) Denke dir eine Zahl. Verdopple sie und addiere 3. Multipliziere dann das Ergebnis mit 5 und subtrahiere schließlich 6. Nenne mir das Ergebnis und ich verrate dir deine Zahl.
b) Merke dir eine gerade Zahl. Verdreifache sie. Halbiere das Ergebnis und verdreifache wiederum. Dividiere das Ergebnis durch 9. Nenne das Ergebnis und ich sage dir deine Zahl.
Wie bin ich darauf gekommen?

10 a) Max und Moritz sind zusammen 312 cm groß. Max überragt Moritz um 6 cm.
b) Ein Füller und ein Bleistift kosten zusammen 11 €. Der Füller ist um 10 € teurer als der Bleistift.

Tabellenkalkulation II

Wenn du durch Probieren nicht so schnell zur Lösung kommst, kannst du einen Computer zu Hilfe nehmen.

$3 \cdot x + 116 = 5 \cdot x$

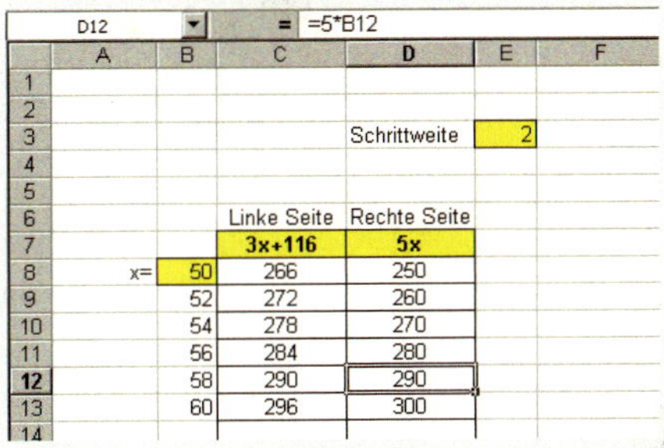

D12 | = =5*B12

	A	B	C	D	E	F
1						
2						
3			Schrittweite		2	
4						
5						
6			Linke Seite	Rechte Seite		
7			3x+116	5x		
8	x=	50	266	250		
9		52	272	260		
10		54	278	270		
11		56	284	280		
12		58	290	290		
13		60	296	300		
14						

für $x = 58$ ergibt sich:

Wert des linken Terms	Wert des rechten Terms
$3 \cdot 58 + 116$ $= 174 + 116$ $= 290$	$5 \cdot 58$ $= 290$

■ Löse ebenso.
a) $7 \cdot x - 225 = 2 \cdot x$
b) $110 + 9 \cdot x = 526 + 5 \cdot x$
c) $348 - 4 \cdot x = 3 \cdot x + 82$

11 Die Figur hat einen Umfang von 56 cm.

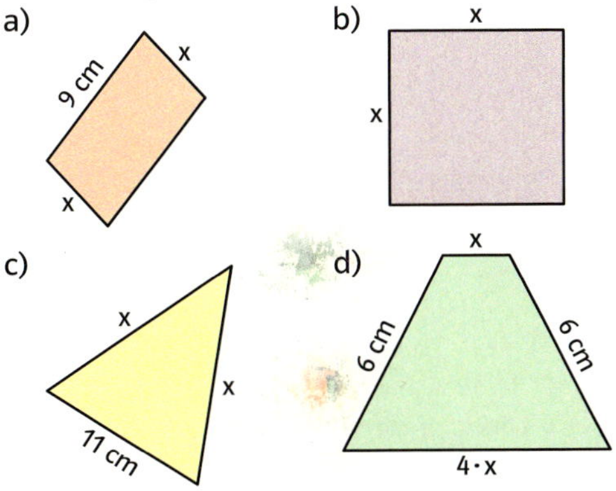

12 a) Ein Ziegelstein wiegt 1 kg und einen halben Ziegelstein.
b) Bei einem Fisch macht der Kopf ein Drittel, der Schwanz ein Viertel des Gewichts aus, das Mittelstück wiegt 1 kg.

Zusammenfassung

Variable

Buchstaben oder andere Symbole, die für Größen oder Zahlen stehen, nennt man **Variablen**.

$5 \cdot a + 3 \cdot b - 12 \cdot c$

Term

Terme sind **Rechenausdrücke** aus Zahlen, Variablen und Rechenzeichen.

$18 - 7$ 3^2 $x : 5$ $3 \cdot y \cdot (y - 6)$

Wert des Terms

Werden die Variablen in einem Term durch Zahlen ersetzt, lässt sich der **Wert des Terms** berechnen.

Term: $3 \cdot x - 1$

x	1	2	3	4	5	6
3 · x − 1	2	5	8	11	14	17

Aufstellen von Termen

Variablen, Größen und Zahlen werden mithilfe von Rechenzeichen in der richtigen Reihenfolge verknüpft.

Term für die Kantenlänge eines Quaders

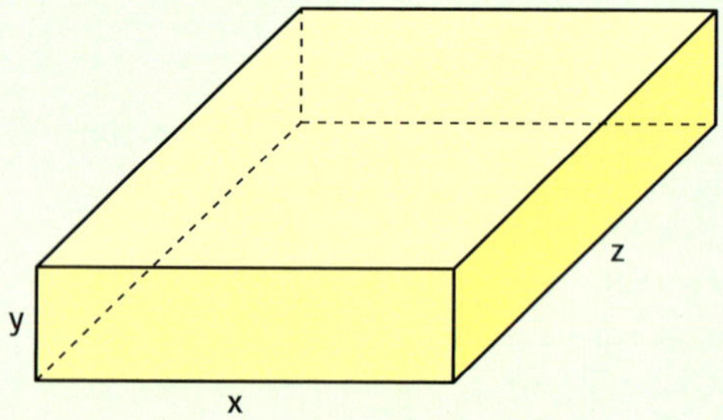

$4 \cdot x + 4 \cdot y + 4 \cdot z$ oder
$4 \cdot (x + y + z)$

Gleichung

Eine **Gleichung** besteht aus zwei Termen, die durch das Gleichheitszeichen verbunden sind.

$18 + 2 \cdot x = x + 20$

Gleichungen lösen

Beim **Lösen einer Gleichung** sucht man für die Variable die Zahl, die beide Terme der Gleichung zu demselben Wert führt.

	x · 4 − 8 = 32	
	…	
24	8 · 4 − 8 ≠ 32	32
28	9 · 4 − 8 ≠ 32	32
32	10 · 4 − 8 = 32	32

Die gesuchte Zahl ist 10.

Üben • Anwenden • Nachdenken

1 Stelle einen Term auf.
a) die Summe aus 12 und x
b) die Zahl 30, vermindert um 18
c) das Doppelte einer Zahl um 10 vermehrt
d) die auf x folgende natürliche Zahl
e) die Summe aus einer Zahl und dem Doppelten dieser Zahl

2 Stelle einen Rechenausdruck auf.
a) In einer Klasse sind n Kinder. Drei Viertel davon sind Jungen.
b) Luigi ist y Jahre alt. Seine Mutter ist dreimal so alt wie er.
c) Ina hat 4 Goldfische mehr als sie Goldorfen hat.
d) Vier Hefte und 5 Umschläge kosten zusammen 6 Euro.

3 Erzähle eine passende Geschichte.
a) $2 \cdot x + 5$
b) $2 \cdot x + 2 \cdot y$
c) $3 \cdot z - 2 \cdot y$
d) $8 + 4 \cdot b$
e) $x : 2 - x : 3$
f) $5 \cdot a - 4 + 2 \cdot b$

4 Wie viel Draht braucht man für das Kantenmodell? Drücke den Bedarf auch allgemein mit einem Term aus. Alle Angaben in cm.

a)
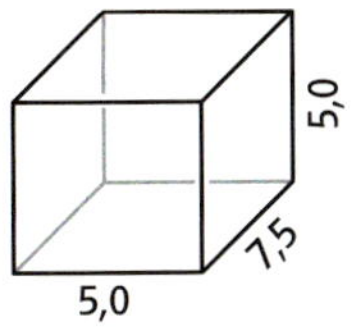

b)
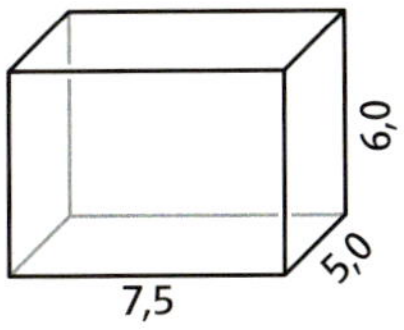

c)
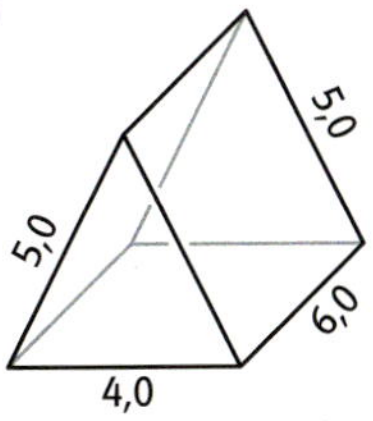

d)
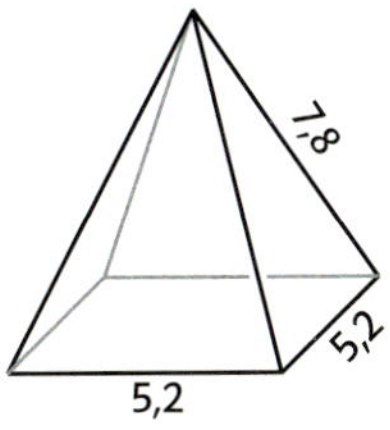

e)
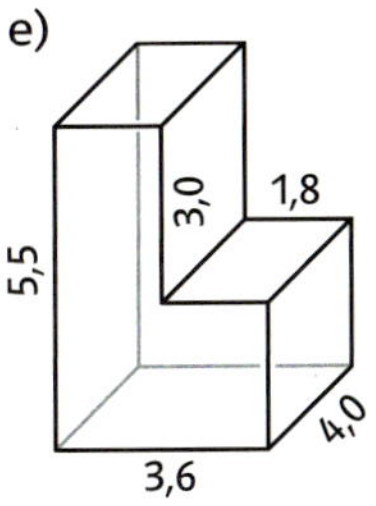

f)
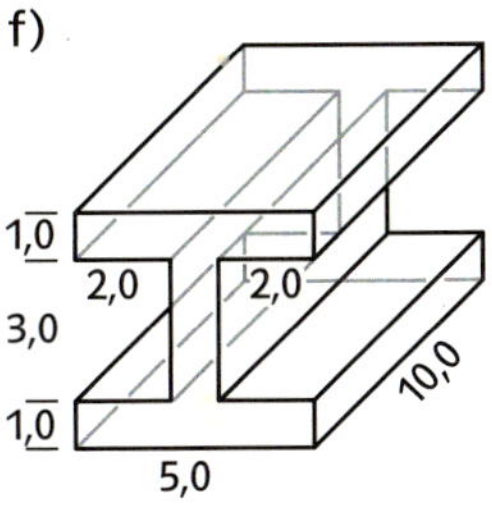

5 Übertrage die Tabelle ins Heft und berechne die Werte der Terme.

x	0	2	7	12	18
x + 3					
4 · x + 2					
x · 4 − x					

6 Setze in den Term des ersten Dominosteins eine Startzahl ein. Berechne den Wert und setze diese Zahl in den Term des zweiten Dominosteins ein usw.

Beispiel:
Startzahl 4
$2 \cdot 4 = 8$; $8 + 5 = 13$; $5 \cdot 13 - 15 = 50$; …
Was fällt dir auf?

7 Bei einem liegenden Würfel sieht man fünf Quadratflächen.
Bei zwei aufeinander liegenden Würfeln sieht man neun Quadratflächen.
Bei drei aufeinander liegenden Würfeln sieht man …

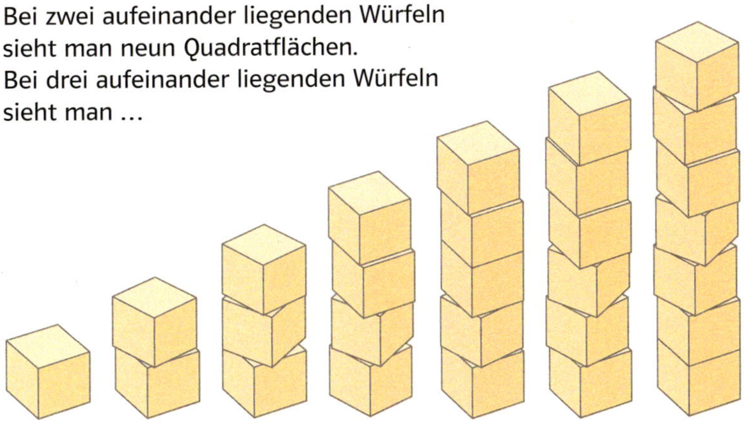

a) Baue den Turm Etage für Etage höher und zähle dann die sichtbaren Quadratflächen.
b) Stelle einen Term auf, mit dem die Anzahl der sichtbaren Quadratflächen berechnet werden kann.
c) Wie viele Quadratflächen würdest du bei einem Turm aus 100 Würfeln sehen?

8 Die Gesamtlänge aller Kanten eines Modells beträgt 144 cm.

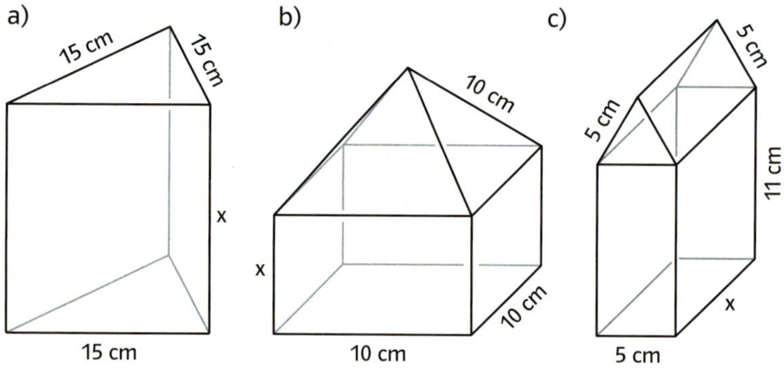

9 Wie heißt die Zahl?

a) Wenn man die Zahl mit 7 multipliziert, erhält man 7.

b) Wenn man die Zahl mit 16 multipliziert, erhält man 144.

c) Welche Zahl muss man zu 105 addieren, um 501 zu erhalten?

d) Wenn man die Zahl durch 15 dividiert, erhält man 15.

10 Löse durch Probieren.

a) $4 \cdot x + 6 = 30$	b) $5 \cdot x - 3 = 22$
c) $9 \cdot x - 11 = 70$	d) $7 + 2 \cdot x = 27$
e) $8 + x - 5 = 42$	f) $5 \cdot (x + 2) = 15$
g) $8 \cdot x + 3 = 99$	h) $11 \cdot x - 11 = 11$

11 Stelle zunächst eine Gleichung auf. Löse dann das Zahlenrätsel.

a) Multipliziere eine Zahl mit 5 und subtrahiere vom Ergebnis 2. Du erhältst 13.

b) Multipliziere eine Zahl mit 6 und addiere 7. Du erhältst 25.

c) Verdoppelt man die Summe aus 5 und 12, erhält man die Differenz aus einer Zahl und 17.

d) Subtrahiert man von einer Zahl 5, multipliziert das Ergebnis mit 8, addiert dann 4 und teilt die Summe durch die Zahl selber, so erhält man 2.

e) Addiert man das Fünffache einer Zahl zu 5, so erhält man denselben Wert, wie wenn man den Quotienten aus den Zahlen 75 und 3 bildet.

f) Subtrahiert man vom Produkt einer Zahl und 7 die Summe aus 3 und der Zahl, so erhält man 3.

Rätsel

■ Wie viel kostet nun 1 kg Pflaumen, für das bisher 2,40 € zu bezahlen war?

■ Welche Zahl ergibt 24, wenn man zu ihr ihre Hälfte addiert?

■ Welche Zahlen ergeben 2, wenn man sie durch ihre Hälfte dividiert?

■ Simon behauptet: Wenn ich die Zahl der Münzen, die ich bei mir habe, verdopple und 3 Münzen dazugebe, habe ich insgesamt 13 Geldstücke.

■ Stefanie behauptet: An meinem Geburtstag bin ich doppelt so alt wie meine Schwester Saskia. Zusammen sind wir 26 Jahre alt.

■ Mein Vater, sagte Pit, gab mir gestern 3 €. Heute habe ich 50 ct ausgegeben, aber ich habe jetzt trotzdem doppelt so viel wie vorgestern.

■ Löse das Knopfrätsel.

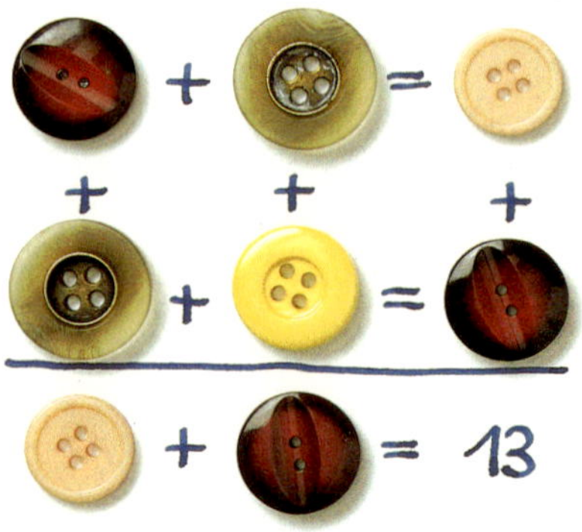

Rückspiegel

1 Setze für x die Zahlen 2; 5; 8 ein und berechne den Wert.

a) $4 \cdot x + 3$
b) $22 + 3 \cdot x$
c) $5 \cdot (x - 1)$
d) $6 \cdot x - 2{,}5$
e) $7 \cdot x + 3 - 2 \cdot x$
f) $10 + x \cdot (x - 1)$

2 Fülle die Tabelle in deinem Heft aus.

x	1	2	3	4	5	6	7
$2 \cdot x + 1$							

3 Schreibe als Term.

a) die Summe einer Zahl und 11
b) die Differenz aus einer Zahl und 22
c) das Produkt aus 13 und einer Zahl
d) der Quotient aus einer Zahl und 9
e) die Summe aus dem Vierfachen einer Zahl und der Zahl selbst

4 Drücke sowohl die Summe aller Kanten des Quaders als auch seine Oberfläche mit einem Term aus.

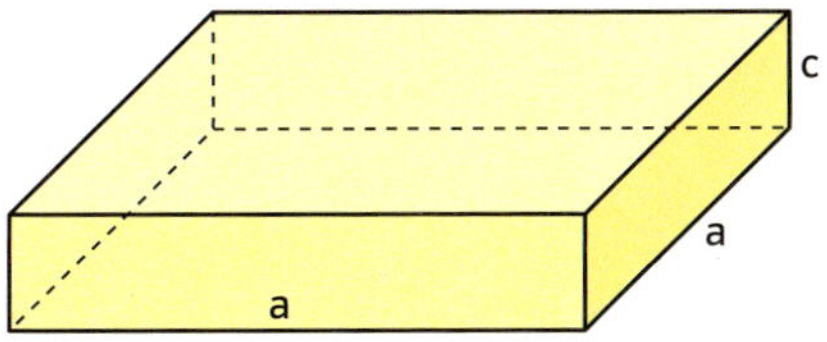

5 Bücher mit einem Gewicht von je 300 g werden in einen Karton verpackt, der leer 500 g wiegt.

a) Gib einen Term für das Gesamtgewicht von x Büchern samt Karton an.
b) Das Gesamtgewicht beträgt 4,7 kg. Wie viele Bücher sind im Karton?

6 Löse die Gleichung durch Probieren.

a) $2 \cdot y + 6 = 28$
b) $5 \cdot y + y = 30$
c) $4 \cdot y = 2 \cdot y + 16$
d) $35 = 3 \cdot x + 5$

7 a) Die Summe aus 2 und einer Zahl, vermindert um 4, ergibt 6.
b) Das Doppelte einer Zahl, vermehrt um 7, ergibt 21.

Rückspiegel

1 Berechne den Wert des Terms für $a = 3$; $b = 7$ und $c = 1$.

a) $2 \cdot a + 3 \cdot b$
b) $(a + 2 \cdot c) \cdot 4$
c) $5 \cdot b - 8 \cdot c$
d) $2 \cdot b - a + 2 \cdot c$
e) $6 \cdot b + 8 \cdot c - a$
f) $2 \cdot c \cdot (4 \cdot a + b)$

2 Fülle die Tabelle in deinem Heft aus.

x	0	1	2	3	4	5	6
$6 \cdot x + 13$							

3 Schreibe als Term.

a) das doppelte Produkt aus einer Zahl und 18
b) die Hälfte der Differenz des doppelten einer Zahl und 4
c) der Quotient aus der Summe von 2 und einer Zahl und 6

4 Drücke sowohl die Summe aller Kanten des Quaders als auch seine Oberfläche mit einem Term aus.

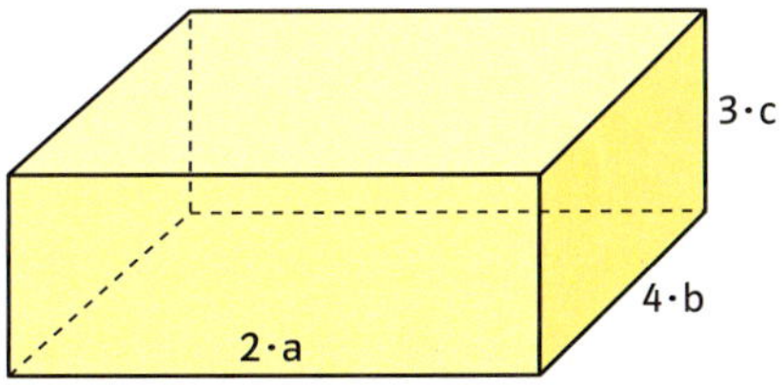

5 Die Entwicklung eines Films mit 36 Aufnahmen kostet 2,80 €. Zusätzlich wird von jedem Bild ein Abzug hergestellt.

a) Gib den Gesamtpreis an, wenn ein Abzug n Euro kostet.
b) Der Gesamtpreis beträgt 28,00 €.

6 Löse die Gleichung durch Probieren.

a) $11 + 6 \cdot x = 33 + 8$
b) $20 \cdot x - 59 = 21$
c) $6 - 2 \cdot x = 3 \cdot x - 9$

7 a) Vermindert man das Produkt aus einer Zahl und 4 um 16, so erhält man 8.
b) Addiert man zum Sechsfachen einer Zahl 17, so erhält man 41.

Sommerfest

Alle zwei Jahre findet an der Theodor-Heuss-Realschule ein großes Sommerfest statt, bei dem auch verschiedene Laufspiele angeboten werden.

Aus den Schaubildern kannst du ablesen, wie weit die Kinder zu einem bestimmten Zeitpunkt gelaufen sind.

Wettlaufen

Paula erzählt:
„Zuerst bin ich schwach gestartet und lief als dritte Läuferin hinter Anna und Marie her. Nachdem ich etwa die halbe Strecke gelaufen war, konnte ich mein Tempo steigern und meine Mitschülerin Anna kurz vor dem Ziel überholen. So kam ich schließlich als zweite Läuferin ins Ziel."
Überprüfe mithilfe des Schaubildes Paulas Aussagen. Erzähle den Rennverlauf aus der Sicht von Anna und Marie.

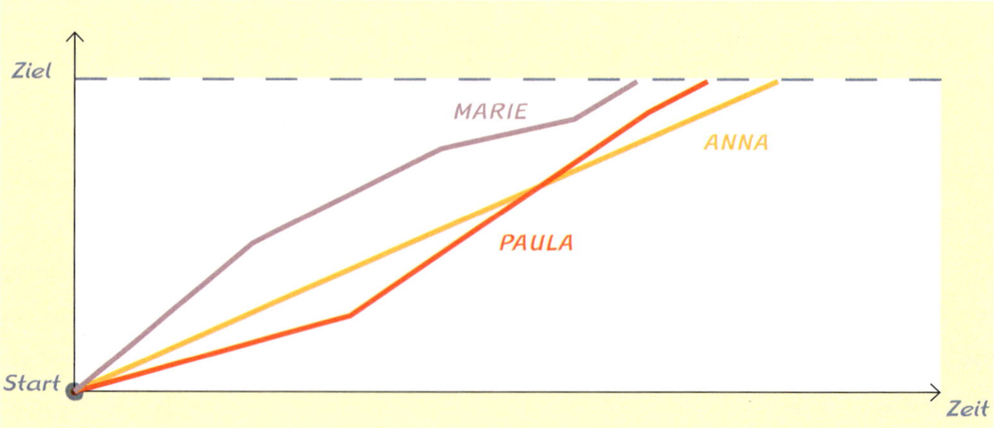

Was ist hier passiert? Erzähle.

Eierlauf

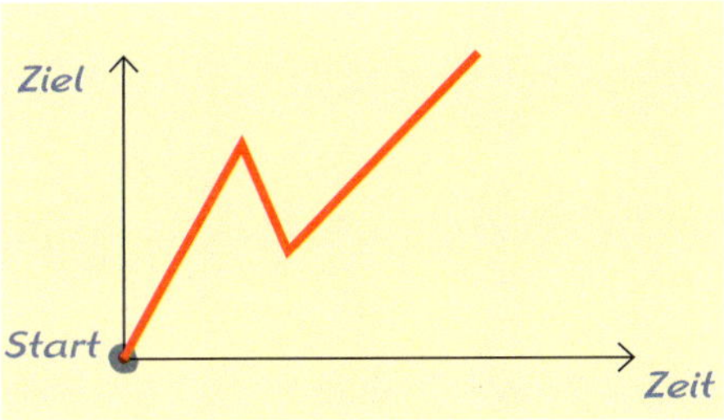

Sackhüpfen

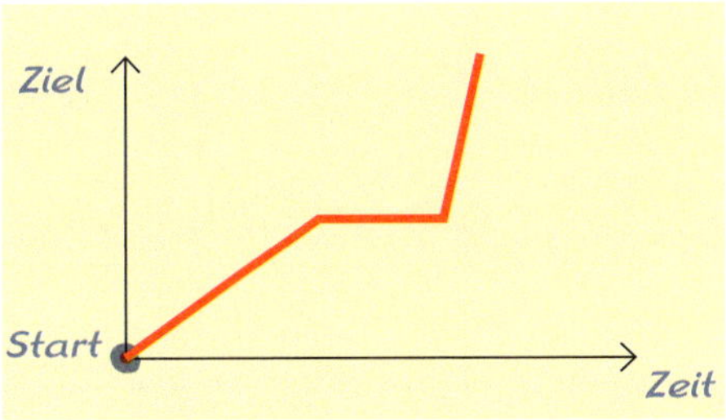

Staffellauf

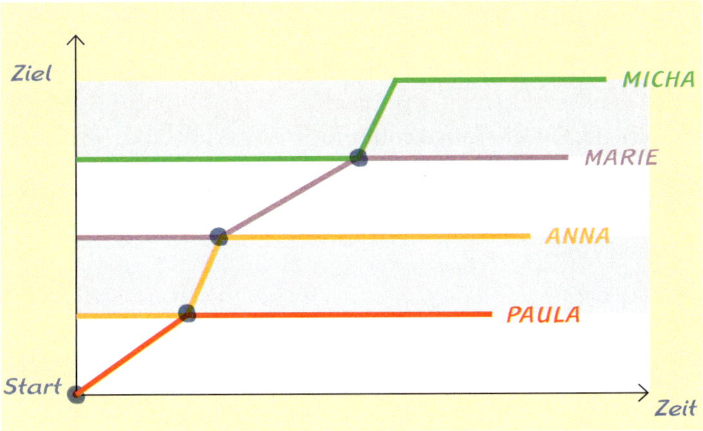

Lauf doch einmal wie Timo.

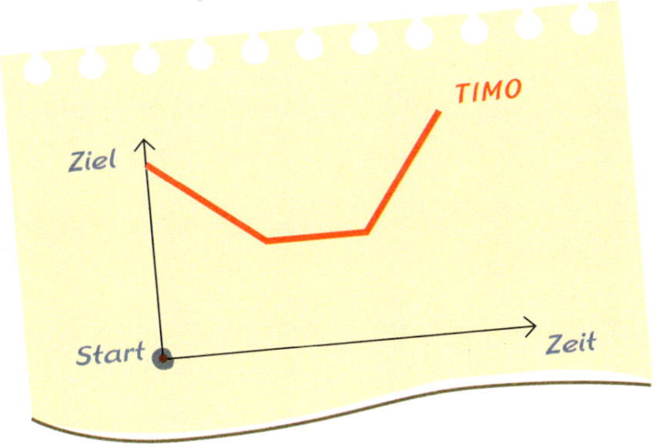

In diesem Kapitel lernst du,

- was man unter Zuordnungen versteht und wie man sie beschreibt,
- was Schaubilder aussagen,
- was proportionale Zuordnungen sind und wie man sie beschreibt,
- wie die Schaubilder proportionaler Zuordnungen aussehen,
- wie man Werte von proportionalen Zuordnungen einfach berechnen kann.

1 Zuordnungen und Schaubilder

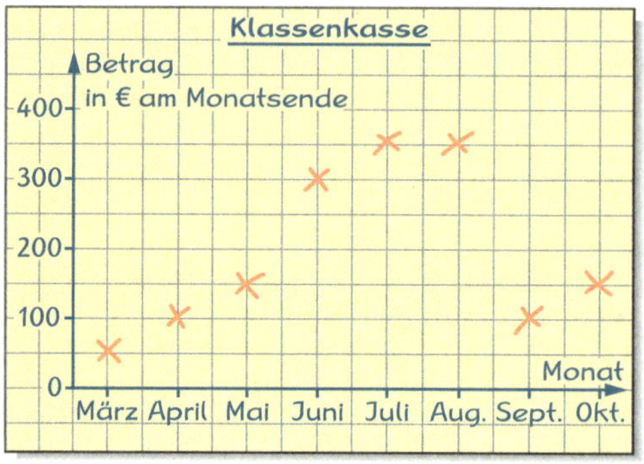

Das Schaubild zeigt den Kontostand einer Klassenkasse.

→ Wie war der Kontostand Ende Mai?

→ An welchem Monatsende war der Kontostand am niedrigsten?

→ In welchem Monat muss Geld vom Konto abgehoben worden sein?

→ Stelle weitere Fragen und beantworte sie.

→ Kannst du den Kontostand auch in einer Tabelle darstellen?

Zwischen dem letzten Tag eines Monats und dem Kontostand besteht ein Zusammenhang. Jedem letzten Tag eines Monats ist ein Kontostand zugeordnet.
Zuordnungen findet man in vielen Alltagssituationen.

Bei einer **Zuordnung** werden zwei Größenbereiche zueinander in Beziehung gesetzt. Jeder **Eingabegröße** wird eine **Ausgabegröße** zugeordnet.

Beispiele

Zuordnungen können durch **Tabellen**, **Schaubilder** und manchmal durch **Rechenvorschriften** festgelegt werden.

a) Familie Merker fährt in den Urlaub. Für die Fahrtkosten rechnet sie 180,00 €, für jeden Urlaubstag 120,00 €.

Tabelle

Anzahl der Urlaubstage	Urlaubskosten
1	300,00 €
2	420,00 €
3	540,00 €
4	660,00 €
5	780,00 €

Schaubild

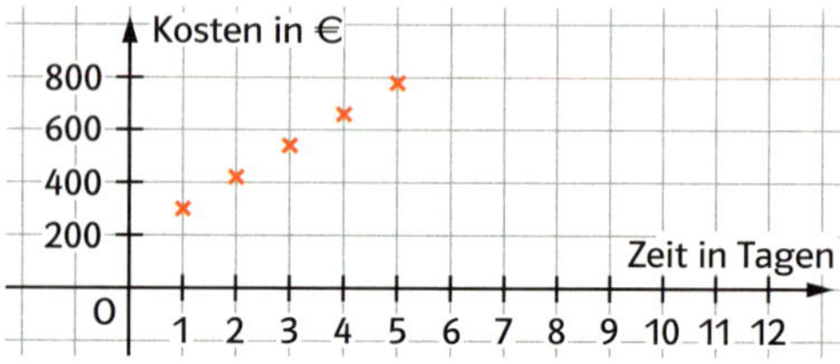

Rechenvorschrift

Multipliziere die Anzahl der Urlaubstage mit 120 € und addiere 180 € Fahrtkosten.
Kurz: $n \cdot 120\,€ + 180\,€$; dabei bezeichnet n die Anzahl der Urlaubstage.

b) Das Schaubild zeigt Tinas Weg zur Schule. Dabei wird der verstrichenen Zeit der zurückgelegte Weg zugeordnet.
Tina braucht insgesamt 50 min für ihren Schulweg.
Nachdem sie das Haus verlassen hat, geht sie zur Bushaltestelle und wartet dort auf den Bus. Der Bus fährt sie leider nicht bis vor die Schule. Das letzte Stück muss sie zu Fuß gehen.

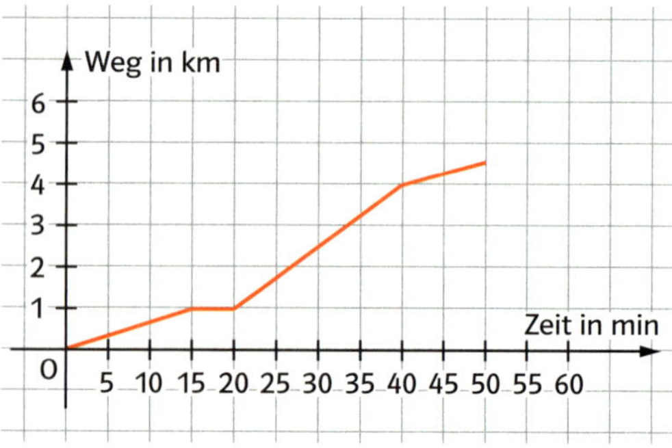

Aufgaben

1 Ein Wasserbecken wird gefüllt
- mithilfe eines Feuerwehrschlauchs.
- mithilfe eines Gartenschlauchs.
- mithilfe eines Wassereimers.

a) Skizziere in einem Schaubild, wie die Wasserstandshöhe im Becken in den drei Fällen steigt.
b) Trage in das Schaubild von Aufgabe a) den Fall ein, dass der Feuerwehrschlauch und der Gartenschlauch gleichzeitig das Becken füllen.
c) Trage in einem Schaubild den Fall ein, dass das Becken gleichzeitig mit Gartenschlauch und 10-Liter-Eimer gefüllt wird.
d) Wie sieht das Schaubild aus, wenn erst mit dem Gartenschlauch Wasser eingefüllt wird und nach einiger Zeit der Feuerwehrschlauch hinzugenommen wird?

2 Je schneller ein Auto fährt, umso mehr Benzin verbraucht es auf 100 km.

Geschwindigk. in $\frac{km}{h}$	40	80	120	160
Verbrauch in $\frac{l}{100\,km}$	6,8	8,0	10,9	13,5

Übertrage die Werte in ein Schaubild und verbinde die Punkte. Lies die Verbrauchswerte für 60 $\frac{km}{h}$; 100 $\frac{km}{h}$ und 140 $\frac{km}{h}$ ab.

3 Ein Kubikmeter Wasser kostet 1,50 €. Außerdem ist eine Grundgebühr von 84,00 € pro Jahr zu bezahlen.
a) Familie Aretz verbrauchte in einem Jahr 120 m^3 Wasser. Stelle eine Rechenvorschrift auf.
b) Familie Simon verbrauchte 60 m^3, Familie Stein 96 m^3.
c) Für das Abwasser ist Kanalgebühr zu zahlen. Die Grundgebühr beträgt 72,00 € pro Jahr. Pro m^3 Abwasser müssen 4,00 € gezahlt werden. Dabei wird mit der gleichen Menge wie beim Frischwasser gerechnet.
d) Für das kommende Jahr wird eine monatliche Abschlagszahlung für Frischwasser und Abwasser berechnet. Wie hoch fällt sie für die drei Familien aus?

4 Kerzen brennen gleichmäßig ab. Dicke Kerzen brennen länger als dünne.
Stelle das Abbrennen der drei Kerzen in einem Schaubild dar.

a)
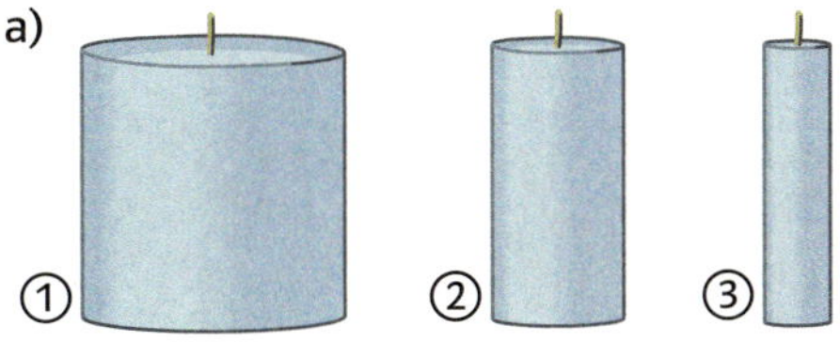

b)

c) Das Schaubild zeigt das Abbrennen dreier Kerzen. Beschreibe, was du dem Schaubild entnehmen kannst. Du findest sicher mehr als drei Sätze.

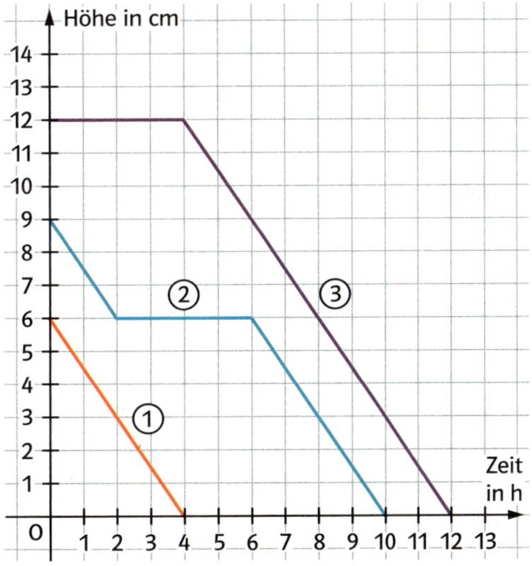

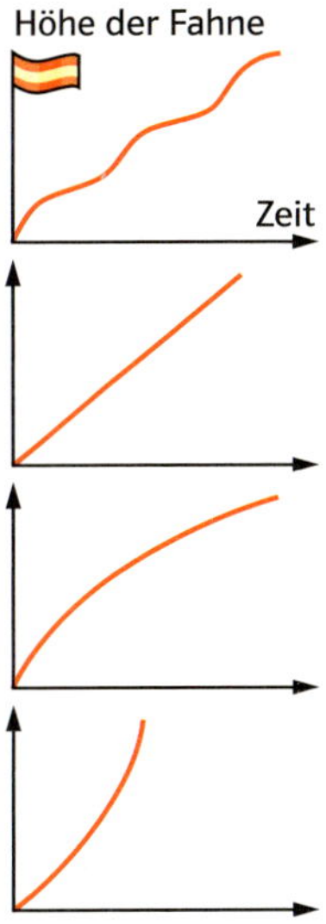

Erkläre, wie das Hochziehen der Fahnen durchgeführt wurde. Welches Schaubild entspricht am ehesten der Realität?

5 a) Stelle in einem Zeit-Längen-Schaubild das Abbrennen der Kerze dar.
b) Lies im Schaubild ab, wie lang die Kerze nach 2; 5; 6; 8 Stunden ist.
c) Übertrage die Wertetabelle in dein Heft und fülle sie aus.

Zeit in Stunden	0	2	4	…
Länge in cm	15	12	…	…

Kurze Geschichten

Laura ist älter als Tim.
Tim ist leichter als Laura.
- Finde weitere solche Sätze.

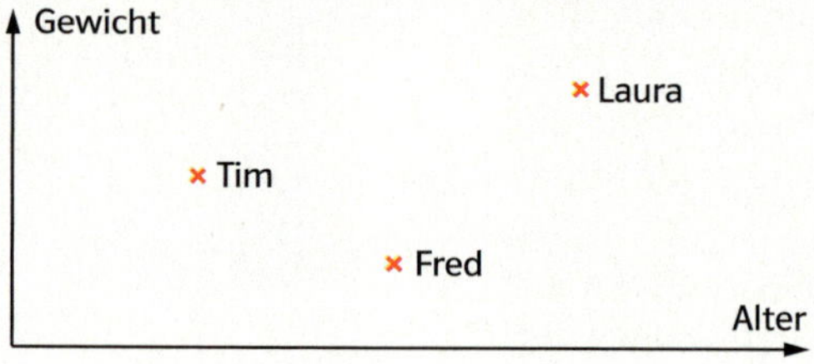

- Schreibe zu den beiden Schaubildern unten vergleichende Sätze auf.

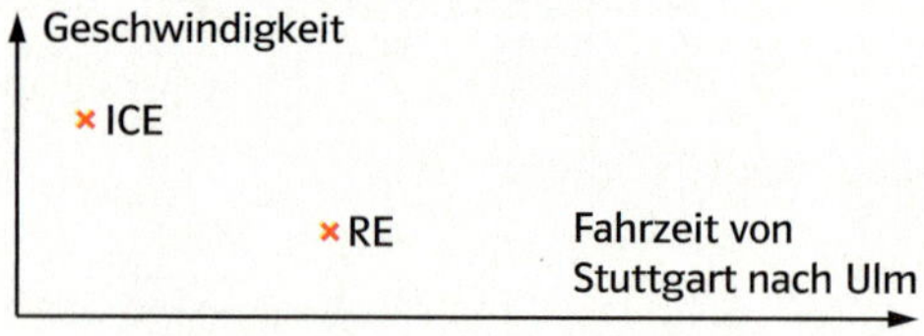

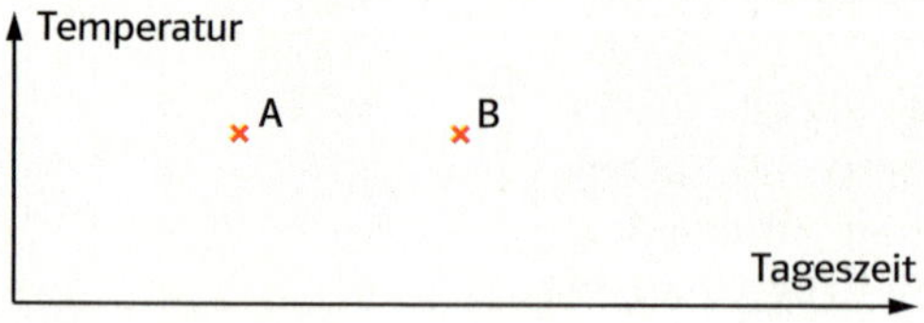

Geschichten mit mehr Mitspielern

- Gib für jeden Punkt an, welches Fahrzeug er darstellt.

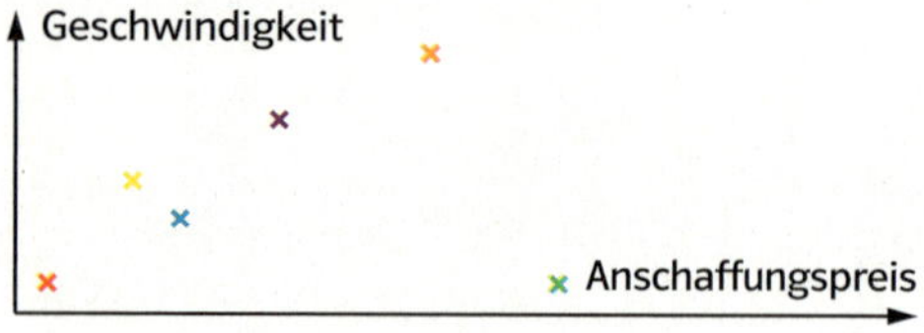

Verzwicktere Geschichten

Peter badet.
- Erzähle eine „Badewannengeschichte", die zum Schaubild passt.

Überlege, wodurch sich die Wasserstandshöhe verändert.

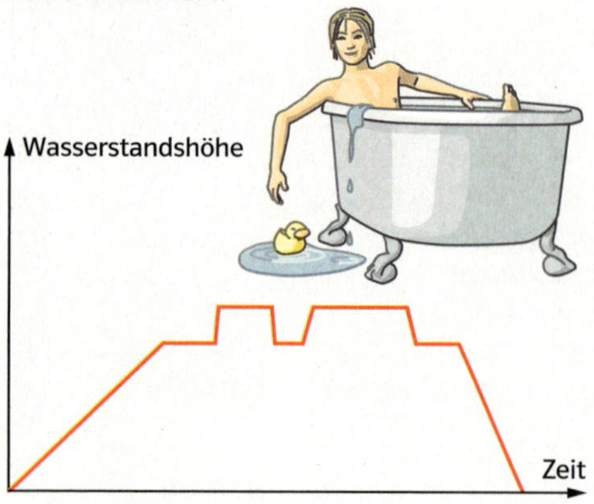

Das Schaubild zeigt die Leistungsfähigkeit eines Menschen in Abhängigkeit von der Tageszeit.
- Erkläre das Schaubild und beantworte die Fragen.
- Zu welcher Tageszeit bist du besonders leistungsfähig?
- Wann sollte eine Klassenarbeit geschrieben werden?
- Wann solltest du die Hausaufgaben machen?
- Was kannst du sonst noch aus dem Schaubild ablesen?

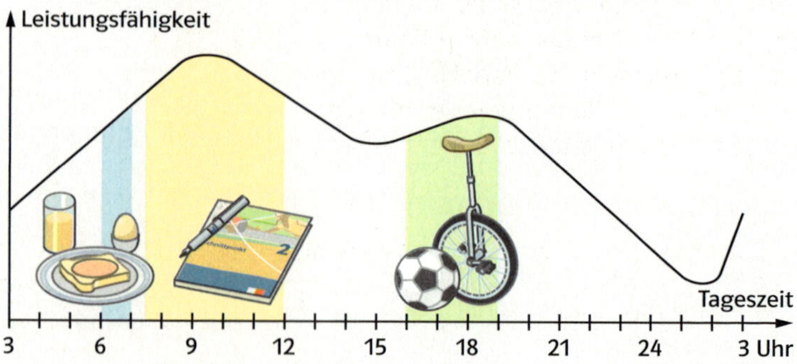

2 Proportionale Zuordnungen

Ergänze die Preistabellen.

Katzenfutter in Dosen	1	2	5	10	20
Preis in €	0,60				

Jogurt in Bechern	1	3	6	12	15
Preis in €			2,40		

Hackfleisch in kg	$\frac{1}{5}$	$\frac{1}{2}$	1	1,5	2
Preis in €			3,00		

→ Warum kann man die fehlenden Preise so einfach bestimmen?

Zwischen der Menge einer Ware und dem zu zahlenden Preis besteht in der Regel ein einfacher Zusammenhang.
Kostet z. B. 1 kg Tomaten 2,00 €, so muss für die
- doppelte Menge Tomaten (2 kg) doppelt so viel gezahlt werden (4,00 €).
- dreifache Menge Tomaten (3 kg) dreimal so viel gezahlt werden (6,00 €).
- halbe Menge Tomaten ($\frac{1}{2}$ kg) halb so viel gezahlt werden (1,00 €).

Wenn bei einer Zuordnung zum Zweifachen, Dreifachen, ... der Eingabegröße das Zweifache, Dreifache, ... der Ausgabegröße gehört, spricht man von einer **proportionalen Zuordnung**.

Proportional bedeutet, dass pro Portion immer ein gleicher Anteil vorliegt.

Beispiele

a) Der Preis für 1 kg Äpfel beträgt 1,40 €. Die Zuordnung zwischen Gewicht und Preis ist proportional.
Der Preis für die doppelte Menge (2 kg) beträgt also $2 \cdot 1{,}40\,€ = 2{,}80\,€$.
Der Preis für die halbe Menge ($\frac{1}{2}$ kg) beträgt also $\frac{1}{2} \cdot 1{,}40\,€ = 0{,}70\,€$.

b) Der 533 m hohe CN-Tower in Toronto ist eines der höchsten Gebäude der Welt. Ein Expressaufzug bringt die Besucher schnell in das 346 m hohe Drehrestaurant. Eine Höhe von 100 m hat der Aufzug bereits nach 16 s erreicht. In der Tabelle lässt sich die proportionale Zuordnung der erreichten Höhe nach benötigter Zeit darstellen.

Höhe in m	Zeit in s
20	3,2
50	8
100	16
200	32
250	40
300	48

(: 2 von 100 zu 50 bzw. 16 zu 8; · 3 von 100 zu 300 bzw. 16 zu 48)

Bemerkung

Bei einer proportionalen Zuordnung können fehlende Werte auch durch Addition oder Subtraktion ermittelt werden. Die benötigte Zeit für 250 m Höhe ergibt sich z. B. auch aus dem Wert für 200 m Höhe (32 s) und dem Wert für 50 m Höhe (8 s):
Für eine Höhe von 250 m Höhe benötigt der Aufzug $32\,s + 8\,s = 40\,s$.

Aufgaben

1 Vervollständige im Heft.

a)

	Gewicht in kg	Preis in €	
	8	16	
· 4	32	□	· 4
: 8	□	□	: 8
$\cdot \frac{1}{4}$	□	□	$\cdot \frac{1}{4}$
· 5	□	□	· 5

b)

	Zeit in h	Weg in km	
	6	24	
· 3	18	□	· 3
: 9	□	□	: 9
· 5	□	□	· 5
$\cdot \frac{1}{2}$	□	□	$\cdot \frac{1}{2}$

2 Ergänze die fehlenden Werte. Überlege dir ein passendes Beispiel für die proportionale Zuordnung.

a)

Zeit in h	3	9	1,5	4,5
Weg in km	12			

b)

Menge in l	4	20	40	64
Preis in €		30		

c)

Zeit in min	7,5	15	60	135
Weg in km		4		

d)

Einzelpreis in €	1	2	2,5	5
Gesamtpreis in €			10	

e)

Zeit in s	6	18	24	27
Anzahl der Umdrehungen		3		

3 Übertrage die Tabelle in dein Heft. Durch geschicktes Addieren bzw. Subtrahieren kannst du die Tabelle schnell ausfüllen.

	Anzahl Flaschen	Volumen in l	
⊕	5	3,5	⊕
	3	2,1	
	8	□	
	13	□	
	21	□	
	18	□	
	10	□	

Fahrrad

Dreht sich beim Fahrrad das Kettenblatt einmal, so dreht sich das Ritzel je nach Übersetzung mehrmals.

drei Ritzel: 16, 18 und 24 Zähne

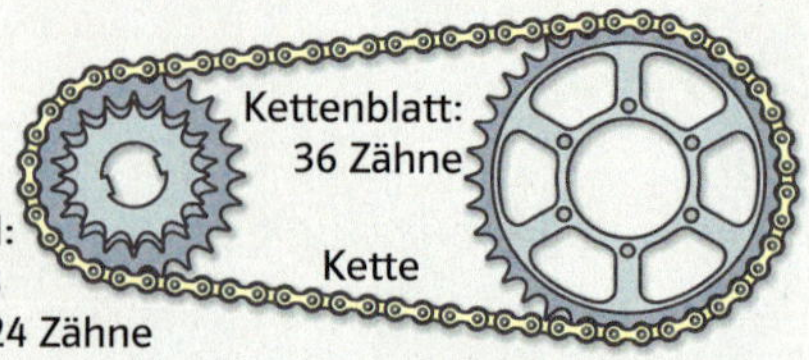

Die Tabelle gibt die Anzahl der Umdrehungen von Ritzel und Kettenblatt an.

Kettenblatt	3	10	150	200
Ritzel 1	4,5	15	225	300
Ritzel 2	6	20	300	400
Ritzel 3	6,75	22,5	337,5	450

■ Bilde die Quotienten aus der Anzahl der Umdrehungen des Ritzels und der Anzahl der Umdrehungen des Kettenblatts. Was stellst du fest? Welche Bedeutung hat das Ergebnis?

Der Quotient aus der Anzahl der Umdrehungen des Ritzels und der Anzahl der Umdrehungen des Kettenblatts wird Übersetzung ü genannt.

$$ü = \frac{\text{Anzahl der Umdrehungen des Ritzels}}{\text{Anzahl der Umdrehungen des Kettenblatts}}$$

■ Wie kannst du die Übersetzung nutzen, um die Anzahl der Umdrehungen des Ritzels zu berechnen?
■ Übertrage die Tabelle in dein Heft und fülle sie aus.

Anzahl der Umdrehungen Kettenblatt	1	5	20	150
Anzahl der Umdrehungen Ritzel bei ü = 2				
Anzahl der Umdrehungen Ritzel bei ü = $1\frac{1}{2}$				
Anzahl der Umdrehungen Ritzel bei ü = 1,7				
Anzahl der Umdrehungen Ritzel bei ü = 0,9				

4 a) Bestimme für die proportionale Zuordnung den Quotienten. Was stellst du fest? Welche Bedeutung hat der Quotient?

Anzahl der Eier	3	5	12	20
Kosten in Cent	60	100	240	400
$\frac{\text{Kosten in Cent}}{\text{Anzahl der Eier}}$				

b) Stelle die proportionale Zuordnung in einer Tabelle mit mindestens fünf unterschiedlichen Werten dar, wenn der Quotient den folgenden Wert hat.

- $\frac{\text{Weg in km}}{\text{Zeit in h}}$: $12\,\frac{\text{km}}{\text{h}}$
- $\frac{\text{Kosten in €}}{\text{Anzahl}}$: $0{,}80\,\frac{€}{\text{Stück}}$
- $\frac{\text{Kosten in €}}{\text{Menge in l}}$: $2{,}5\,\frac{€}{\text{l}}$

5 Entscheide und begründe, welche Tabelle eine proportionale Zuordnung darstellt.

Anzahl	5	10	20	100
Kosten in €	8	16	30	120

Wasserverbrauch in l	10	30	50	80
Kosten in €	25	75	125	200

Zurückgelegter Weg in km	40	60	80	100
Reststrecke in km	80	60	40	20

Höhe in m	8	12	20	50
Zeit in s	12	18	30	75

Rabatte

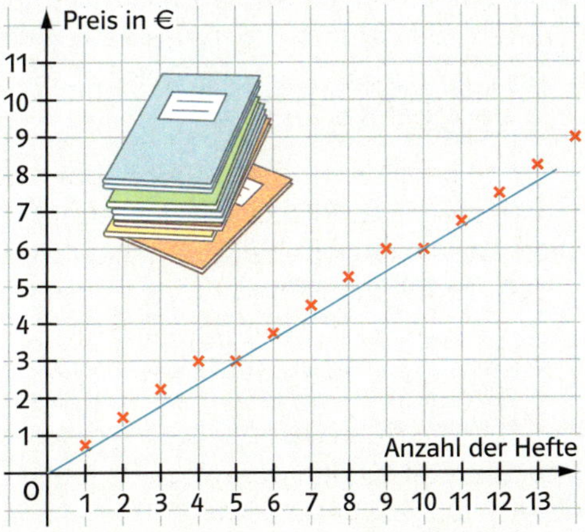

Ein Schulheft kostet 0,75 €. Ein Fünferpack Hefte kostet 3,00 €. In der Preistabelle wird immer der günstigste Preis angegeben.

Anzahl der Hefte	1	2	3	4	5	6
Kosten in €	0,75	1,50	2,25	3,00	3,00	3,75

Anzahl der Hefte	7	8	9	10	11	12
Kosten in €	4,50	5,25	6,00	6,00	6,75	7,50

Durch den Mengenrabatt liegt ab dem fünften Heft keine proportionale Zuordnung mehr vor.
Die Zuordnung Anzahl der Fünferpakete und deren Preis ist aber eine proportionale Zuordung.

- Begründe.

Ihr Kopiershop

Angebot der Woche

nur 8 ct pro Kopie
ab 100 Kopien nur 7 ct
ab 300 Kopien nur 6 ct

- Wie viel kosten 50 (150; 250; 350) Kopien?
- Zeichne ein möglichst großes Schaubild bis 400 Kopien. Was stellst du fest?
- Durch den Mengenrabatt ist es billiger, 100 Kopien anfertigen zu lassen als nur 90 Kopien. Rechne nach.
- Bestimme mithilfe des Schaubildes, ab welcher Kopienzahl es günstiger ist, 100 bzw. 300 Kopien anfertigen zu lassen.

3 Schaubilder proportionaler Zuordnungen

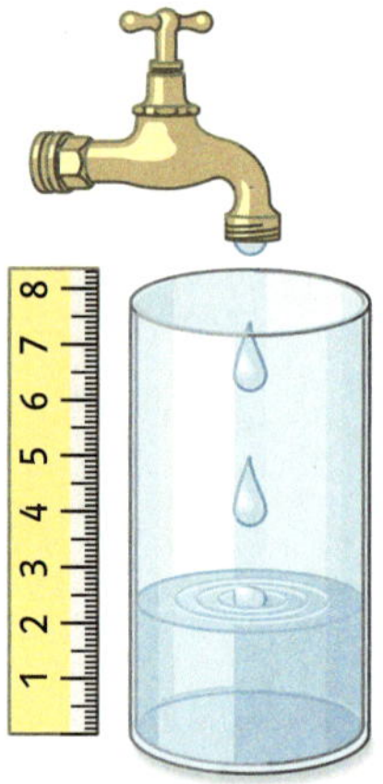

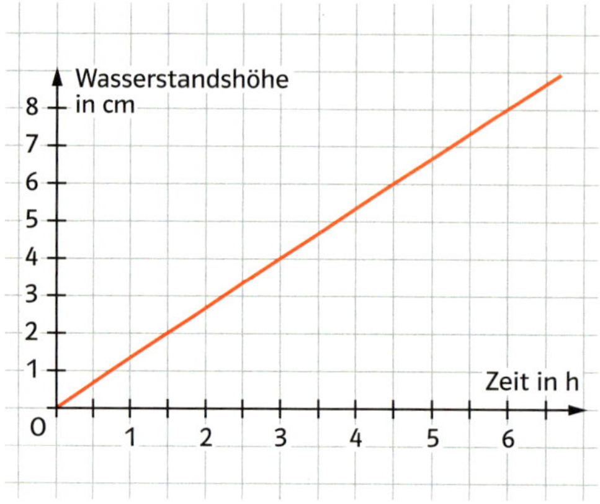

Der tropfende Wasserhahn füllt langsam, aber gleichmäßig das Gefäß.
Der proportionale Zusammenhang zwischen der verstrichenen Zeit und der Höhe des Wasserstandes im Glas ist im Quadratgitter dargestellt.

→ Wie hoch ist der Wasserstand nach 3 h?

→ Nach welcher Zeit steht das Wasser 6 cm hoch im Becher?

→ Erkläre, wie du die Werte ermittelt hast.

Jede Zuordnung lässt sich im Quadratgitter zeichnerisch darstellen.
Auf der Rechtsachse wird eine Skala für die Eingabegröße (z. B. Zeit), auf der Hochachse für die Ausgabegröße (z. B. Wasserstandshöhe) abgetragen. Dabei wird jedes Wertepaar durch einen Punkt im Gitter dargestellt.
Schaubilder proportionaler Zuordnungen sind besonders einfach.

Schaubild einer proportionalen Zuordnung
Die Punkte einer proportionalen Zuordnung liegen alle auf einer Geraden.
Die Gerade verläuft immer durch den Punkt O des Quadratgitters.

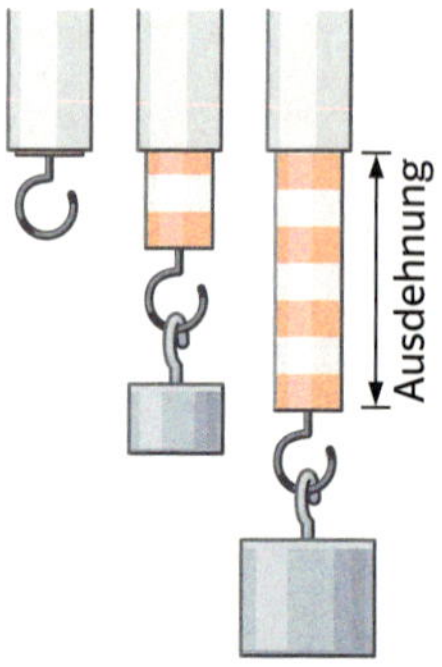

Beispiele

a) Die Ausdehnung einer Federwaage ist proportional zur angehängten Masse. Aus der Tabelle können die Punkte zur Darstellung im Quadratgitter entnommen werden.

Masse in g	0	10	20	50	100
Ausdehnung in cm	0	0,8	1,6	4,0	8,0

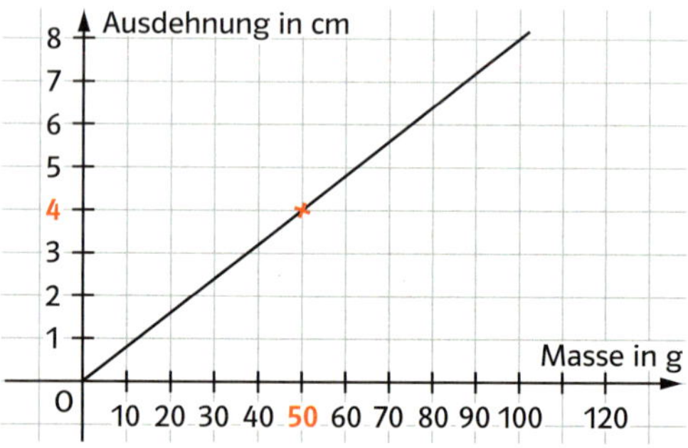

b) Eine Zahnradbahn fährt von der Talstation mit gleichmäßiger Geschwindigkeit bergauf. Pro Minute gewinnt sie 60 m Höhe.
Nach 3 Minuten ist sie 180 m höher. Eine Höhe von 300 m hat sie nach 5 Minuten erreicht.

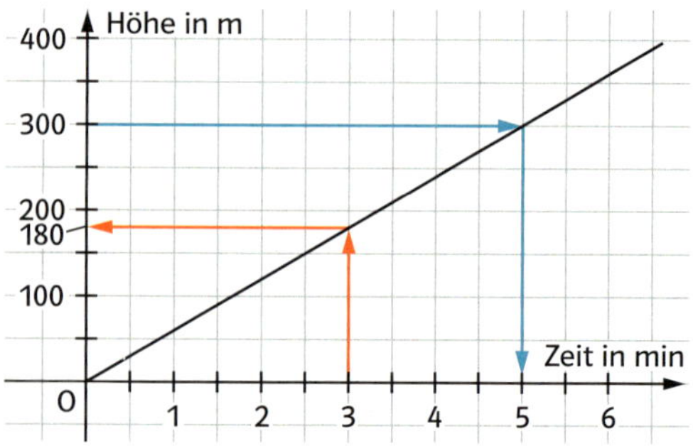

Aufgaben

1 Trage die Wertepaare in ein Quadratgitter ein und zeichne das Schaubild. Achte auf die Vorgaben der Einheiten auf den beiden Achsen.

a)

Zeit in h	0	2	4	6	8
Weg in km	0	6	12	18	24

Rechtsachse: 1 cm für 1 h
Hochachse: 1 cm für 3 km

b)

Anzahl	0	2	6	10	20
Preis in €	0	3	9	15	30

Rechtsachse: 1 cm für 2 Stück
Hochachse: 1 cm für 3 €

c)

Volumen in l	0	250	400	700	1000
Höhe in mm	0	50	80	140	200

Rechtsachse: 1 cm für 100 l
Hochachse: 1 cm für 20 mm

2 In der Tabelle ist eine proportionale Zuordnung dargestellt. Trage die Wertepaare in ein Quadratgitter ein und zeichne das Schaubild. Lies fehlende Werte ab.

a)

Anzahl Eiskugeln	0	1	2	3	4	5
Preis in ct	0		140		280	

b)

Anzahl der Kiwis	0	3	5	7	15
Preis in €					4,50

c)

Milch in l	0	0,5	1	1,5	2
Preis in €					1,60

d)

Füllhöhe in cm	0	15	45	90
Volumen in cm³		100		

3 a) Ein Flugzeug legt pro Stunde 700 km zurück. Erstelle eine Tabelle, in der die Werte von 0 Std. bis 8 Std. in 1-Std.-Schritten eingetragen sind.
Zeichne das dazugehörige Schaubild.
b) In einer Minute legt ein Spaziergänger 60 m zurück. Erstelle eine Tabelle, in der die Werte von 0 min bis 90 min in 10-min-Schritten eingetragen sind.
Zeichne das dazugehörige Schaubild.

4 Im Quadratgitter sind die Wertepaare zweier proportionaler Zuordnungen eingetragen. Übertrage die zusammengehörigen Wertepaare in eine Tabelle und erweitere jede Tabelle um zwei Wertepaare.

5 Zeichne und prüfe, ob eine proportionale Zuordnung vorliegt. Begründe deine Entscheidung.

a)

Anzahl der Personen	2	3	5
Preis in €	4	6	10

b)

Alter in Jahren	0	2	6
Körpergröße in cm	50	85	120

c)

Strecke in km	5	10	15
Preis in €	7	12	17

6 In den USA wird für Flüssigkeitsmengen die Maßeinheit Gallon verwendet. Die Umrechnung von Gallons in Liter ist im Schaubild dargestellt.

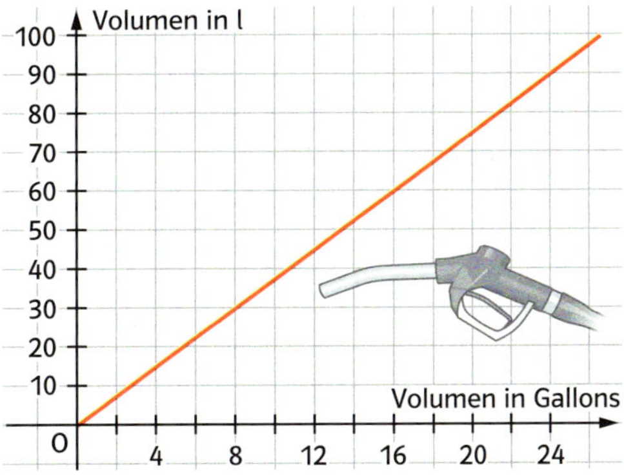

Ergänze die Tabelle, indem du die fehlenden Werte aus dem Schaubild möglichst genau abliest.

Gallons	5		10		19	25
Liter		23		60		

? Hat Firma B einen größeren Umsatzanstieg zu verzeichnen als Firma A?

Firma A

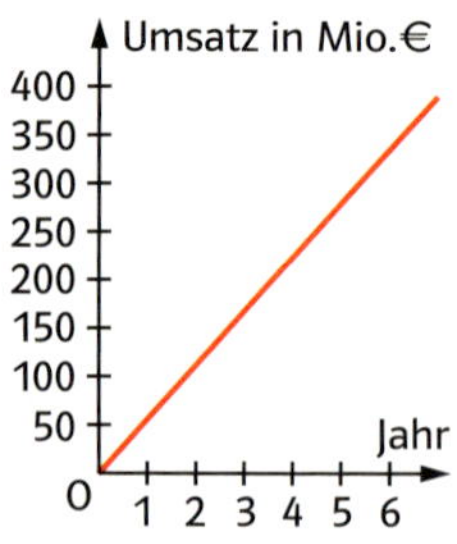

Firma B

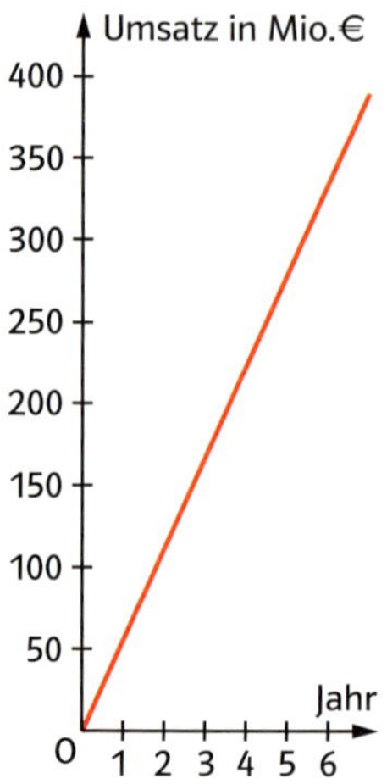

7 Erstelle für das angebotene Obst Tabellen von 0 kg bis 3 kg in 0,5-kg-Schritten und zeichne die Schaubilder in ein Quadratgitter. Lege die Einheiten auf den Achsen sinnvoll fest.

8 In den Schaubildern ist der durchschnittliche Benzinverbrauch von vier Autos dargestellt.

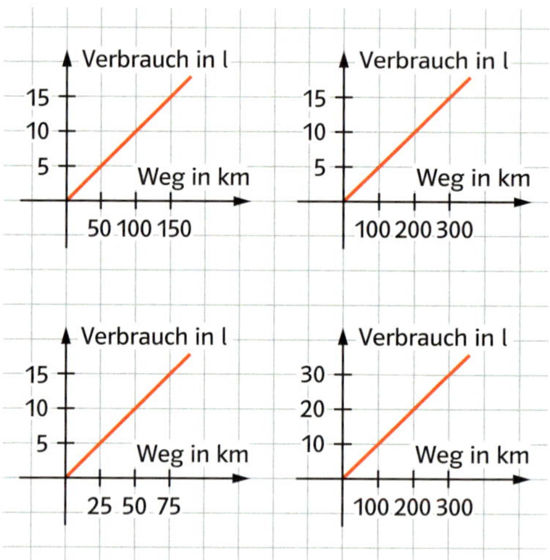

a) Welches Auto hat den höchsten, welches den geringsten Verbrauch?
b) Fasse die vier Schaubilder in einem Quadratgitter zusammen.

Reifengrößen, Rohrdurchmesser, Bildschirmdiagonalen werden auch heute noch in Zoll (1″ = 2,54 cm) angegeben.

9 Die Umwandlung von Zoll in Zentimeter oder umgekehrt kann mithilfe eines Schaubildes auch zeichnerisch erfolgen.
a) Zeichne dazu ein Quadratgitter mit einer 10 cm langen Rechtsachse und einer 13 cm langen Hochachse. Markiere auf der Rechtsachse 5″ bei 10 cm. Teile die Hochachse in Zentimeterschritte ein. Trage den Wert (5″|12,7 cm) ein und zeichne das Schaubild der proportionalen Zuordnung.
b) Lies ab: in cm: $\frac{1}{2}$″; 2″; 3,5″; 4″
in Zoll: 4 cm; 7,5 cm; 11 cm.

10 Unterschiedliche Materialien mit gleichem Volumen haben meist unterschiedliche Gewichte. An den Schaubildern kannst du die Unterschiede erkennen.

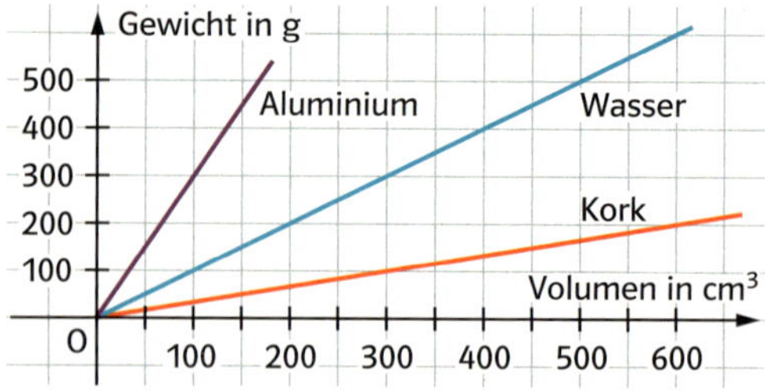

a) Wie viel wiegen 150 cm³ des jeweiligen Materials?
b) Welches Volumen haben die Materialien bei einem Gewicht von 200 g?
c) Wie viel cm³ Kork sind genauso schwer wie 100 cm³ Wasser?

Vorsicht Steigung

Das Verkehrsschild zeigt die Steigung von 13 % an. Das bedeutet, dass die Straße auf 100 m um 13 m steigt.

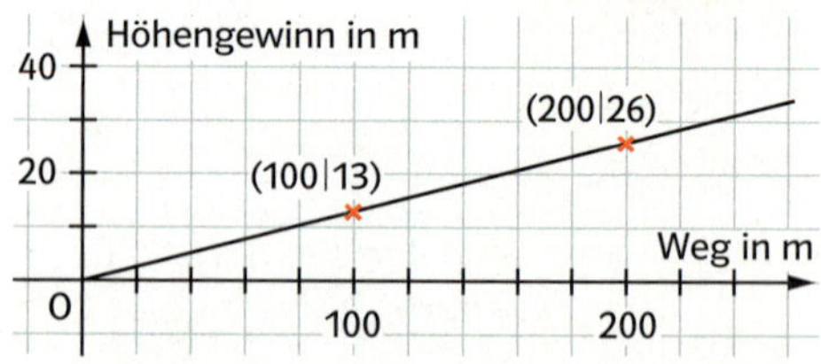

Der Höhengewinn ist also proportional zum horizontalen Weg.

- Wie groß ist der Höhengewinn auf einer Strecke von 2 km; 0,8 km; 7 km; $4\frac{1}{2}$ km; 6,3 km?
- Zeichne in ein gemeinsames Quadratgitter die Schaubilder für eine Steigung von 7 %; 10 %; 15 %; 20 %; 30 %. Was stellst du fest?
- Wie steigt eine Gerade bei einer Steigung von 100 %? Können es auch 150 % oder sogar 300 % sein?

4 Dreisatz

→ Sven hat sich drei Schulhefte für 2,10 € gekauft. Pia hat 5 € und möchte dafür acht Hefte kaufen.

Am Ende des Schuljahres haben die 30 Schülerinnen und Schüler der Klasse 6c in ihrer Klassenkasse 750 €. Vier Kinder verlassen die Klasse. Wie viel Euro muss die Klassenlehrerin, Frau Santoleri, vom Konto abheben?

1. Satz: 30 Kinder haben 750 €.
2. Satz: 1 Kind hat 750 € : 30 = 25 €.
3. Satz: 4 Kinder haben 25 € · 4 = 100 €

Die Bezeichnung Dreisatz kann man sich gut merken, wenn man daran denkt, dass der Rechenvorgang mit drei Sätzen beschrieben wird.

Diese Rechnung lässt sich übersichtlich in Tabellenform schreiben.

	Anzahl der Kinder	Betrag in €	
	30	750	
:30	1	25	:30
·4	4	100	·4

Frau Santoleri muss für die vier Kinder 100 € vom Klassenkonto abheben.

Liegt eine proportionale Zuordnung vor, so schließt man durch Dividieren vom Vielfachen erst auf die Einheit, dann durch Multiplizieren auf das gesuchte Vielfache. Der Rechenvorgang wird **Dreisatz** genannt.

Beispiel

Manchmal ist es günstiger, statt auf die Einheit auf ein kleineres Vielfaches zu schließen.

	Anzahl der Besucher	Kosten in €	
	27	360	
:9	3	40	:9
·2	6	80	·2

Aufgaben

1 Berechne im Kopf.
a) 5 kg Birnen kosten 10 €. Wie viel kosten 8 kg Birnen?
b) 6 Flaschen Limonade kosten 3,00 €. Wie viel kosten 20 Flaschen?
c) In 6 h fährt ein Radfahrer etwa 120 km. Wie weit kommt er in $2\frac{1}{2}$ h?
d) 12 Trainerstunden kosten 180 €. Wie viel kosten 5 Trainerstunden?

2 Löse mithilfe einer Tabelle.
a) Um mit dem Fahrrad 12 km zu fahren braucht Edwin 30 Minuten. Er plant eine 20 km lange Radtour.
b) Eine Tankfüllung von 50 l reicht für 650 km. Wie weit kommt man mit 20 l?
c) Ein ICE braucht für eine 480 km lange Strecke vier Stunden. Nach $1\frac{1}{2}$ h Fahrzeit hält der Zug und Karin steigt aus.

3 Eine Gruppe Mädchen fährt mit dem Fahrrad 20 km in 60 Minuten.
a) Wie lange brauchen sie ungefähr für eine Strecke von 12 km?
b) Wie weit sind sie nach 45 Minuten schon gefahren?

4 Frau Peters arbeitet von Montag bis Freitag jeden Nachmittag drei Stunden in einem Büro und erhält für jeden Tag 21 €.
a) An einem Nachmittag ist besonders viel zu tun. Frau Peters arbeitet 2 Stunden länger.
b) Die Firma zahlt das Geld wöchentlich aus. In einer Woche hat Frau Peters nur elf Stunden gearbeitet.
c) Frau Peters möchte in fünf Tagen 120 € verdienen. Sie bittet den Chef, den Stundenlohn entsprechend zu erhöhen.

! *Erst die Zahlen anschauen, dann rechnen!*

5 Bei günstigen Zahlen kann man beim Lösen mit dem Dreisatz Brüche vermeiden.

Beispiel:

16 km	56 h
1 km	$\frac{56}{16}$ h
12 km	$\frac{56 \cdot 12}{16}$ h

16 km	56 h
4 km	14 h
12 km	42 h

Löse vorteilhaft.

a)

27 h	90 km
□ h	□ km
36 h	□ km

b)

24 km/h	63 km
□ km/h	□ km
32 km/h	□ km

c)

15 l	70 €
□ l	□ €
24 l	□ €

d)

75 m	12,9 s
□ m	□ s
100 m	□ s

e)

180 cm	360 cm³
□ cm	□ cm³
150 cm	□ cm³

f)

72 km	24 min
□ km	□ min
120 km	□ min

? *Zwei Eier sind nach vier Minuten hart gekocht. Wie lange brauchen sechs Eier?*

? *Sechs Musiker benötigen für ein Lied drei Minuten. Wie viele Minuten benötigen vier Musiker?*

6 a) Pascal hat 250 € in Schweizer Franken gewechselt. Er hat dafür 375 CHF erhalten. Sein Freund wechselt 400 €.
b) Nachdem Simone aus den USA zurückkommt, hat sie noch 200 $. Sie erhält dafür 180 €. Vor ihrem Urlaub zahlte sie für einen Dollar 0,93 €.

7 a) Die Klasse 6b plant eine Wanderung. Auf der Karte ist der Weg 24 cm lang. Dabei entsprechen 4 cm auf der Karte 1 km in der Natur.
b) Auf einer Autokarte ist eine 60 km lange Strecke 3 cm lang. Herr Stein plant eine Autofahrt von Stuttgart nach Köln. Er misst auf der Karte eine Entfernung von 19 cm.
c) Auf einer Karte im Maßstab 1 : 25 000 ist eine Brücke 1,6 cm lang.
d) Begründe, dass es sich beim Rechnen mit Maßstäben um einen Dreisatz handelt. Welche Bedeutung hat dabei der Maßstab?

8 a) Ein Wanderer hat für eine 12 km lange Strecke vier Stunden gebraucht. Welche Zeit muss er für die restlichen 9 km einplanen?
b) Ein Langläufer will eine 12 km lange Strecke in höchstens 60 Minuten laufen. Nach 5 km schaut er auf die Uhr. Es sind 24 Minuten vergangen.

Näherungsweise proportional i

Manche Zuordnungen können als nahezu proportional angenommen werden. In diesem Fall kann man mit dem Dreisatz auch Näherungswerte berechnen.

80 Mio. Bundesbürger halten 6,8 Mio. Katzen und 4,8 Mio. Hunde.

■ Wie viele Katzen bzw. Hunde leben ungefähr
- in Baden-Württemberg (9,5 Mio. Einwohner)?
- im Kreis Ludwigsburg ($\frac{1}{2}$ Mio. Einwohner)?
- in deinem Kreis?

Renovierung

Familie Miller möchte die Wohnung renovieren. Sie hat folgende Materialliste aufgestellt:
Wohnzimmer: 13 Rollen Tapete
Flur: 7 Rollen Tapete
Küche: Farbe für 55 m^2

- Im Tapetengeschäft wird ihnen eine schöne Tapete günstig angeboten, drei Rollen für 14,00 €. Diese günstigen Tapeten können jedoch nur im Dreierpack gekauft werden. Familie Miller gefällt auch noch eine andere Tapete zu 6,00 € pro Rolle.

- Für die 7 Rollen Flurtapete bezahlt Familie Miller 56,00 €. Zwei Rollen benötigen sie jedoch nicht und geben sie später wieder zurück.

- Eine Tapetenrolle ist 54 cm breit und 10 m lang. Zum Anbringen der Tapete wird Tapetenkleister benötigt. Für 40 m^2 braucht man etwa 200 g Tapetenkleister. 500 g Tapetenkleister kosten 2,50 €.

- Ein Eimer Küchenfarbe mit 2,5 l Inhalt reicht für 15 m^2.

- Die Küchenfarbe soll leicht getönt werden. Um die richtige Pastellfarbe zu erhalten, müssen auf 1 l Küchenfarbe 50 ml Abtönfarbe zugegeben werden. 250 ml Abtönfarbe kosten 3,50 €.

9 Bauer Reinartz hält 240 Hühner, 20 Kühe und 162 Schafe. Täglich holt der Milchwagen durchschnittlich 360 l Milch ab. Jede Woche fährt Herr Reinartz zweimal zum Wochenmarkt und nimmt jedes Mal durchschnittlich 600 Eier mit.
a) Herr Reinartz kauft noch 6 Milchkühe dazu.
b) Eines Nachts hat der Fuchs 20 Hühner gerissen.
c) Die 162 Schafe stehen auf einem quadratisch abgezäunten Weideland. Insgesamt wurden 72 m Zaun benötigt. Herr Reinartz kauft 38 Schafe hinzu und vergrößert das Weideland entsprechend. Wie viel Meter Zaun benötigt er zusätzlich?

10 Familie Grimm sucht ein möglichst günstiges Baugrundstück. Ihr werden zwei Grundstücke angeboten.

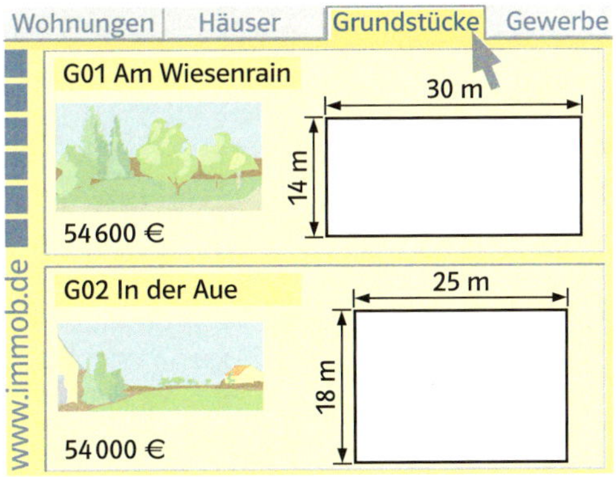

a) Welches Baugrundstück wird günstiger angeboten?
b) Was würde das Grundstück „Am Wiesenrain" kosten, wenn es genauso groß wäre wie das Grundstück „In der Aue"?

11 Die Schattenlänge von Bäumen, Gebäuden, Menschen usw. ist bei gleichem Sonnenstand proportional zu ihrer Höhe. Klaus ist 1,80 m groß und wirft einen 1,20 m langen Schatten. Bestimme die Höhe bei gleichem Sonnenstand für:
Straßenlaterne – Schattenlänge 2 m;
Wohnhaus – Schattenlänge 6 m;
Eiche – Schattenlänge 10 m;
Funkturm – Schattenlänge 42 m;
Zaunpfosten – Schattenlänge 60 cm.

Zusammenfassung

Zuordnung

Bei einer **Zuordnung** werden zwei Größenbereiche in Beziehung gesetzt. Jeder **Eingabegröße** wird eine **Ausgabegröße** zugeordnet.

Das Wasser eines Tauchbeckens wird abgelassen. Die Wasserstandshöhe hängt von der verstrichenen Zeit ab und nimmt pro Minute um 30 cm ab. Man kann also jeder Zeit in Minuten als **Eingabegröße** eine Wasserstandshöhe in cm als **Ausgabegröße** zuordnen.

Darstellungsformen einer Zuordnung

Eine Zuordnung kann durch
- eine **Tabelle**,

Zeit in Minuten	0	1	2	3
Wasserhöhe in cm	240	210	180	150

- ein **Schaubild** oder

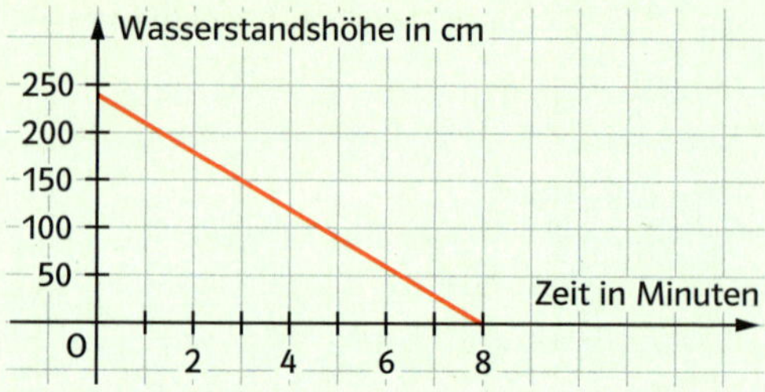

- eine **Rechenvorschrift** festgelegt werden.

Subtrahiere von 240 cm die Anzahl der Minuten multipliziert mit 30 cm.
Kurz: 240 cm − n · 30 cm; dabei bezeichnet n die Anzahl der verstrichenen Minuten.

Proportionale Zuordnung

Wird bei einer Zuordnung dem Zweifachen, Dreifachen, … der Eingabegröße das Zweifache, Dreifache, … der Ausgabegröße zugeordnet, so liegt eine **proportionale Zuordnung** vor.

Der Schall braucht 3 s, um 1 km zurückzulegen. Ist man doppelt so weit entfernt, so braucht der Schall auch doppelt so lang, ist man dreimal so weit entfernt, dreimal …

Entfernung in km	0	1	2	3	4
Zeit in s	0	3	6	9	12

Schaubild einer proportionalen Zuordnung

Im **Schaubild einer proportionalen Zuordnung** liegen alle Punkte auf einer Geraden, die durch den Punkt O verläuft.

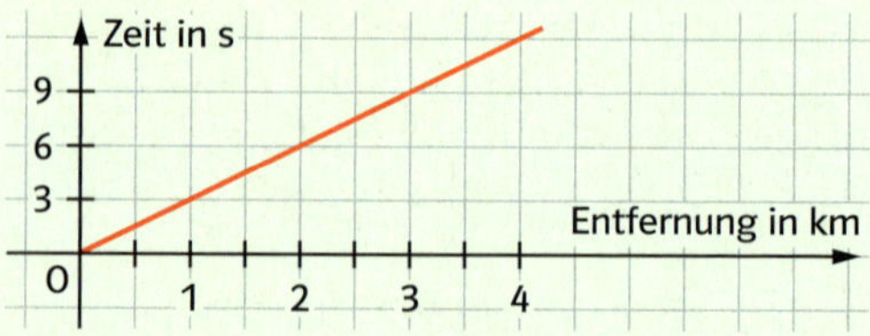

Dreisatz

Der **Dreisatz** ist ein Rechenverfahren für proportionale Zuordnungen. Dabei schließt man durch Dividieren vom Vielfachen auf die Einheit und durch Multiplizieren von der Einheit auf das Vielfache.

12 kg kosten 16,80 €. Was kosten 7 kg?
Die Kosten in € sind proportional zum Gewicht in kg, deswegen kann die Aufgabe mit einem Dreisatz gelöst werden.

1. Satz 12 kg kosten 16,80 €.
2. Satz 1 kg kostet 16,80 € : 12 = 1,40 €.
3. Satz 7 kg kosten 1,40 € · 7 = 9,80 €.

Üben • Anwenden • Nachdenken

1 Das Schaubild zeigt, wie sich die Wasserstandshöhe verändert, wenn der Becher gleichmäßig gefüllt wird.

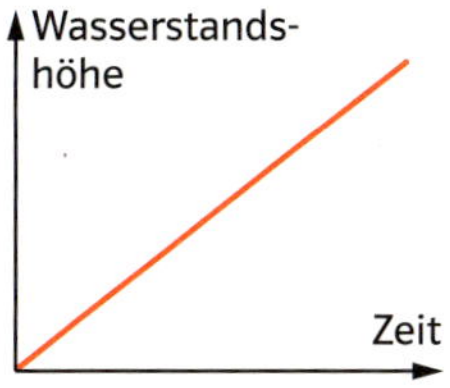

Zeichne für die abgebildeten Gefäße den Verlauf der Wasserstandshöhe in Schaubildern.

a)

b)

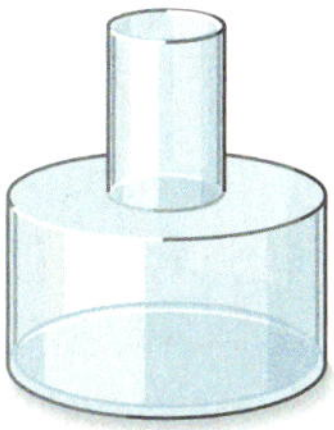

c)

d)

2 Die Rundenlänge eines Radrennens beträgt 12 km. Diese Strecke muss 13-mal durchfahren werden.

a) Die Siegerin benötigte 4 Stunden und 33 Minuten. Wie viele Minuten benötigte sie durchschnittlich für eine Runde?

b) Wie viele Sekunden benötigte sie durchschnittlich für einen Kilometer?

3 Ein Schwimmbecken wird bei voll geöffneter Wasserzufuhr in 4 Stunden zu einem Viertel gefüllt.

a) Bis zu welchem Bruchteil ist das Becken nach 12 Stunden gefüllt?

b) Wie lange braucht man, um das Becken zu drei Fünfteln zu füllen?

c) Nach 15 Stunden wird die Wasserzufuhr abgedreht.

4 Kerzen brennen gleichmäßig ab.

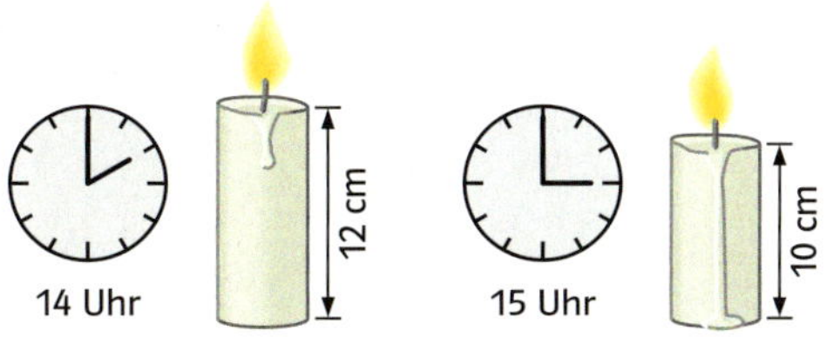

a) Welche Höhe hat die Kerze um 17 Uhr?

b) Wie spät ist es, wenn 8 cm der Kerze abgebrannt sind?

c) Wie spät ist es, wenn die Kerze noch 1,5 cm lang ist?

d) Um wie viel Uhr geht die Kerze aus?

e) Zeichne das Schaubild für das Abbrennen der Kerze.

5 In dem Messbecher steht das Öl 6 cm hoch. In 40 Minuten verbrennen 3,6 ml Öl. Lege eine Tabelle an, in der im 30-Minuten-Abstand die Höhe des Ölstands dargestellt wird. Zeichne das Schaubild.

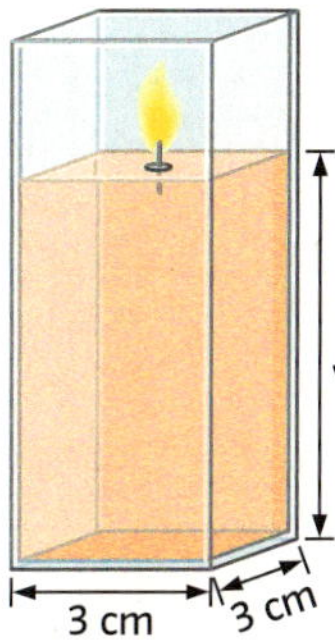

Doppelskalen

Man kann proportionale Zusammenhänge auch in Doppelskalen darstellen.

Beispiel:
100 g Käse kosten 1,50 €.

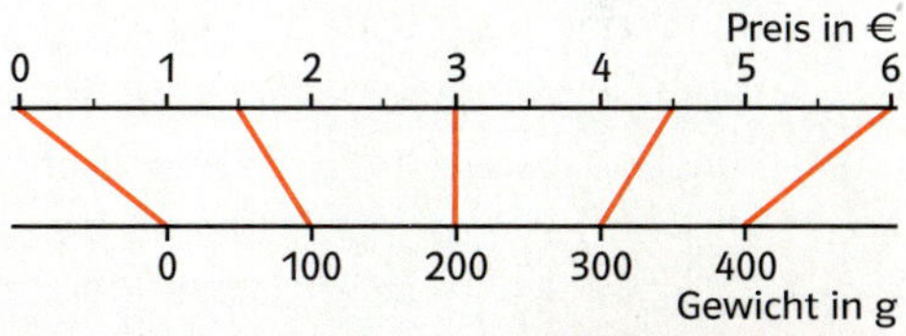

- Zeichne eine ähnliche Doppelskala in dein Heft. Verlängere die roten Strecken nach unten. Was stellst du fest?
- Ein Kilogramm Rindfleisch kostet 7,50 €. Zeichne eine Doppelskala und lies den Preis für 400 g, 750 g, 1,5 kg und 2 kg ab. Lies auch ab, wie viel Rindfleisch man für 5 €, 9 € und 12 € bekommt.
- Auch andere proportionale Zuordnungen kann man als Doppelskala darstellen: An einem bestimmten Tag 2004 war 1 € so viel wert wie 1,25 $. Zeichne eine Doppelskala. Lies verschiedene Werte ab.

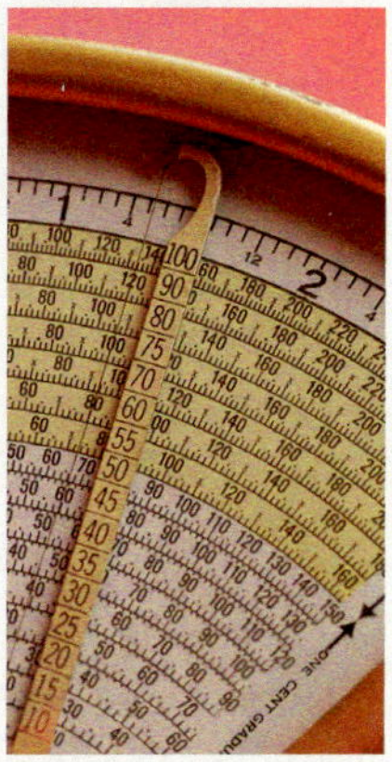

Tiere unterwegs

Tiere, vom Elefanten bis zum Zugvogel, sind viel unterwegs.

■ In den USA zieht der Monarchfalter in 12-stündigen Tagesetappen von mehr als 100 km bis zu 3000 km weit. Man hat Schwärme beobachtet, die 25 km lang und mehrere Kilometer breit waren. Wie lang kann der Durchzug eines Schwarms dauern?

■ Mit 1100 m Tauchtiefe ist der Pottwal Rekordhalter. Er braucht 75 Minuten. Zeichne das Schaubild für den Zusammenhang zwischen der Zeit und der Tauchtiefe. Lass den Riesen auch wieder auftauchen. Aus der Hochachse kannst du eine Tiefachse machen.

■ Ein Kolibri bestimmter Art zieht im Herbst 4000 km weit von Kanada nach Panama. Wenige Wochen vor dem Abflug legt er sich zu seinen 2,5 g Körpergewicht noch 2 g Fettvorrat zu. Wie viel würdest du wiegen, wenn du vor der Klassenfahrt eine Reserve wie der Kolibri anfuttern müsstest?

■ Die Küstenseeschwalbe zieht jährlich über etwa 162 Breitengrade von der Arktis in die Antarktis. 180 Breitengrade entsprechen dem halben Erdumfang, also etwa 20 000 km. Wie weit zieht die Küstenseeschwalbe im Jahr?

6 Auf einer 10-tägigen Kreuzfahrt wurden von den 600 Fahrgästen ungefähr folgende Mengen getrunken und gegessen:

Fisch 900 kg	Cola/Limo 540 l
Fleisch 2100 kg	Weißwein 1320 l
Gemüse 4800 kg	Rotwein 1500 l
Obst 5100 kg	Fassbier 960 l
Kuchen 16 200 Stck.	Wasser 1260 l

a) Berechne den durchschnittlichen Verbrauch pro Person für die ganze Fahrt und pro Tag.
b) Welche Mengen sind für eine 12-tägige Kreuzfahrt mit 400 Personen einzuplanen?

7 Aus zwei proportionalen Zuordnungen kann man auch eine machen.

Beispiel:
- 1 l Diesel kostete 2003 0,80 €.
- Auf 100 km werden 6 l Diesel verbraucht.
- Also entstehen auf 100 km Kraftstoffkosten von $6 \cdot 0{,}80\,€ = 4{,}80\,€$.

a) Stelle zwischen der Fahrstrecke und den Kraftstoffkosten für ein 3-Liter-Auto eine proportionale Zuordnung her, wenn 1 l Benzin 1,10 € kostet.
Gib in einer Tabelle in 100-km-Schritten die Kosten an, die bis 500 km anfallen. Zeichne das Schaubild.
b) Ein Karussell hat eine durchschnittliche Auslastung von 400 Personen pro Stunde. Der Fahrpreis beträgt 3,50 €. Stelle zwischen der Fahrzeit und den Einnahmen eine proportionale Zuordnung her. Zeichne das Schaubild für die Einnahmen von 0 bis 10 Stunden.

8 Für alle Punkte im Schaubild einer proportionalen Zuordnung ist der Quotient Hochwert durch Rechtswert immer gleich groß. Weise die Behauptung mithilfe des Schaubildes nach und gib das Verhältnis an.

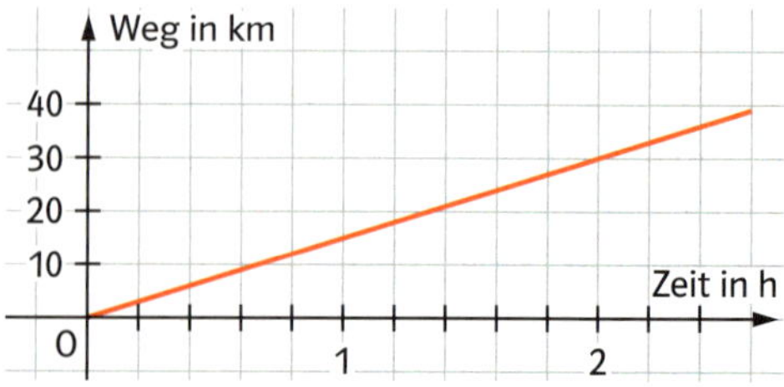

ləgəiqɘʞɔüЯ

Rückspiegel

1 Das Gefäß wird gleichmäßig mit Wasser gefüllt. Skizziere ein Zeit-Wasserstand-Schaubild.

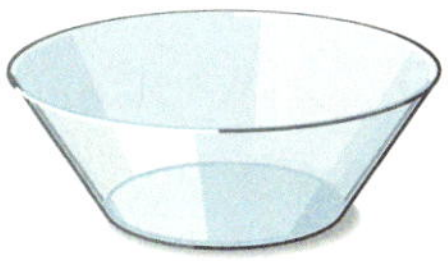

2 Beschreibe Petras Schulweg.

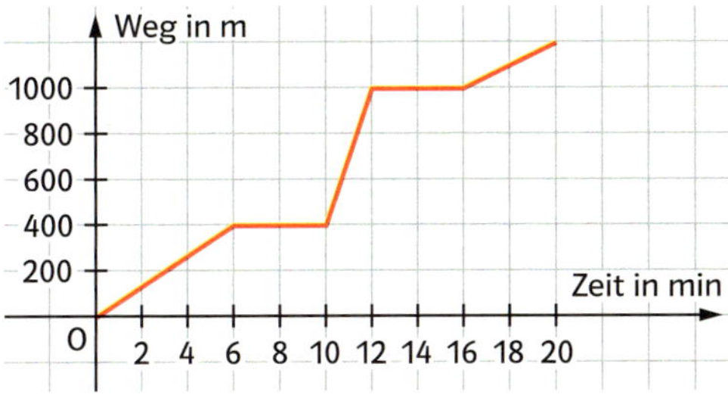

3 Die Betriebskosten eines Autos hängen zum Teil von der gefahrenen Strecke ab (Benzin, Öl, usw.), zum Teil entstehen sie auch, wenn das Auto nicht fährt (Anschaffung, Steuer, usw.). Die Kosten pro Jahr für ein durchschnittliches Auto ergeben sich aus der Rechenvorschrift:
Jahresfahrstecke · 0,12 € + 2700 €.
a) Stelle in einer Tabelle die Kosten für eine Jahresfahrleistung von 5000 km; 10 000 km; 15 000 km und 20 000 km auf.
b) Zeichne ein Schaubild.

4 Du findest ein 1-Cent-Stück. Um es aufzuheben benötigst du 1,2 s. Welchem Stundenlohn entspricht das? Wie sieht es bei einem 2-Cent-, 5-Cent-, 1-Euro-Stück aus?

5 Ergänze die fehlenden Werte der proportionalen Zuordnung.

Zeit in h	0	2	4		9	10
Weg in km			360	720		

6 Eine 105 m² große Wand soll gestrichen werden. Nachdem 12 m² gestrichen wurden, sind bereits 2 l Farbe verbraucht.

1 Wie könnte die Vase für das Schaubild aussehen?

2 Sarah geht von zu Hause zur Straßenbahnhaltestelle und wartet dort auf die Straßenbahn. Mit ihr fährt sie zwei Haltestellen weit, wartet lange auf Moritz und geht mit ihm zur Schule. Zeichne ein Zeit-Weg-Schaubild.

3 Ein Auto kostet im Leasing pro Jahr 1600 €. Steuer, Versicherung und Wartung kosten nochmals 1800 € jährlich. Im Durchschnitt verbraucht das Fahrzeug 10 l Super pro 100 km. Ein Liter Super kostet 1,10 €.
a) Stelle eine Rechenvorschrift auf.
b) Stelle eine Tabelle für die Jahresleistung von 5000 km; 10 000 km; 15 000 km und 20 000 km auf.
c) Zeichne ein Schaubild und lies ab, wie viele Kilometer jemand im letzten Jahr gefahren ist, wenn er 6000 € Kosten hatte.

4 Ein Vier-Personen-Haushalt verbraucht im Durchschnitt täglich 560 l Wasser. Claudia wohnt in einem Dreifamilienhaus zusammen mit 11 weiteren Bewohnern.

5 Ändere eine Zahl so ab, dass die Zuordnung proportional wird.

Zeit in h	0	0,5	2	3	6
Weg in km	0	7	28	52	84

6 Das Leergewicht eines Güterwagens beträgt 8 t. Der mit 10 m³ Sand beladene Güterwagen wiegt 23 t.
a) Im Güterwagen sind 12 m³ Sand.
b) Ein beladener Güterwagen wiegt 20 t.

Tag für Tag

Tagesablauf

Der Schulalltag läuft für jeden einzelnen von euch mehr oder weniger gleich ab.

Veronikas Schulalltag beginnt um 6:30 Uhr. Sie steht auf, wäscht sich, zieht sich an und frühstückt.

Auf den Bildern siehst du den Ablauf eines normalen Schulalltags. Beschreibe.

Wie sieht ein Schulalltag bei dir aus? Welche Zeit benötigst du für die einzelnen Tätigkeiten? Vergleiche mit deinen Mitschülerinnen und Mitschülern.

Wochenplan

Veronika schreibt für eine Woche auf, wie viel Zeit sie für die einzelnen Tätigkeiten benötigt.

Tätigkeit	Mo	Di	Mi	Do	Fr	Sa	So	Summe
Essen, Körperpflege	1:15	1:00	1:00	1:15	1:00	1:45	1:15	
Schulweg	1:15	1:15	1:15	1:15	1:15	–	–	
Unterricht	6:00	6:00	4:30	5:15	5:15	–	–	
Pausen	1:30	1:30	0:45	1:00	1:30	–	–	
Hausaufgaben	0:45	1:15	0:30	0:30	–	1:30	–	
Freizeit	4:00	4:00	7:00	6:00	6:30	10:30	13:00	
Schlafen	9:15	9:00	9:00	8:45	8:30	10:15	9:45	

Was sagt dir die Tabelle?
Stelle dir dazu Fragen wie etwa:

- Für welche Tätigkeit benötigt Veronika am meisten, für welche am wenigsten Zeit?
- Welchen zeitlichen Umfang nimmt die Schule im Vergleich zur Freizeit bzw. sonstigen Tätigkeiten ein?

Erstelle für dich eine solche Tabelle. Für welche Tätigkeit benötigst du am meisten, für welche am wenigsten Zeit?

Vergleiche deine Tabelle mit den Tabellen deiner Mitschülerinnen und Mitschüler. Welche Gründe gibt es für zeitliche Abweichungen?

Schulweg

In der Klasse 6b der Erich-Kästner-Realschule wird eine Erhebung darüber durchgeführt, wie viel Zeit der Schulweg für jeden Einzelnen in Anspruch nimmt. Das Ergebnis wird in einer Liste festgehalten.

Schulweg in Minuten (einfacher Weg) für die Schülerinnen und Schüler der Klasse 6b:

	Strichliste	Anzahl
0–5 Minuten	ǀǀ	2
5–10 Minuten	卌	5
10–15 Minuten	卌 ǀ	
15–20 Minuten	ǀǀǀǀ	
20–25 Minuten	ǀǀǀ	
25–30 Minuten	卌 ǀǀǀ	
30–35 Minuten	ǀ	1
35–40 Minuten	ǀ	
über 40 Minuten	ǀ	
Summe		30

Warum wurde eine Strichliste angefertigt?
Welche Werte fallen dir besonders auf?
Stelle das Ergebnis in einem Diagramm dar.

Führt in eurer Klasse eine solche Befragung durch und stellt das Ergebnis in einem Diagramm dar. Vergleicht euer Diagramm mit dem der Klasse 6b der Erich-Kästner-Realschule.

In diesem Kapitel lernst du,

- wie statistische Erhebungen durchgeführt werden,
- wie man statistische Erhebungen in Listen erfasst,
- wie man statistische Erhebungen grafisch darstellt,
- wie man statistische Erhebungen auswertet,
- was der Mittelwert ist und wie man ihn berechnet.

1 Daten erfassen

In einer Klasse wurde eine Umfrage über die Lieblingssportart durchgeführt. Aus dem Durcheinander der vielen Zettel erhältst du so schnell keine Antwort, welche Sportart am häufigsten oder welche selten gewählt wurde.
→ Wie kannst du dir einen Überblick verschaffen?

Um bestimmte Fragen beantworten zu können, sammelt man Daten. Zur besseren Übersicht über die Datenmenge legt man unter anderem Listen an.

Das Sammeln von Daten wird **statistische Erhebung** genannt.
In einer **Strichliste** kann das Ergebnis einer statistischen Erhebung festgehalten werden.
Werden in der Liste statt der Striche Zahlenwerte angegeben, so spricht man von einer **Häufigkeitsliste**.

Beispiel

In der Jahrgangsstufe 6 wird eine statistische Erhebung darüber durchgeführt, mit welchem Verkehrsmittel jeder normalerweise zur Schule kommt.
Vorab überlegt man sich, wie die Schülerinnen und Schüler zur Schule kommen könnten, und stellt eine entsprechende Tabelle auf.

Die Zählung erfolgt mithilfe einer Strichliste.

Zu Fuß	Fahrrad	Bus	Straßenbahn	Eisenbahn	Auto	Motorrad
卌 卌 卌 卌 卌 卌 卌 |||	卌 卌 卌 卌 卌	卌 卌 卌 卌 卌 卌 卌 卌 ||	卌 卌 卌 卌 |||	卌 卌 ||	卌 ||	

Zur besseren Übersicht wird eine Häufigkeitsliste erstellt.

Zu Fuß	Fahrrad	Bus	Straßenbahn	Eisenbahn	Auto	Motorrad
38	25	42	23	12	7	0

Aufgaben

1 In der Klasse 6a wird gefragt, ob die Schülerinnen und Schüler lieber eine Klassenlehrerin oder einen Klassenlehrer haben. Rechts siehst du das Ergebnis. Was kannst du aus der Strichliste ablesen?

	Klassen-lehrer	Klassen-lehrerin	weiß nicht
Jungen	卌 ||	||||	卌
Mädchen	|||	卌 |||	||||

2 Während eines Schulfestes leihen sich Schülerinnen und Schüler Spielgeräte aus.

Pedalo	卌 卌 卌 卌 卌 ||
Stelzen	卌 卌 |||
Springseil	卌 卌 卌 卌 卌 卌 ||
Inliner	卌 卌 卌 卌 |||
Indiaca	卌 卌 ||
Softball	卌 卌 卌 卌 ||||

a) Wie oft wurden insgesamt Spielgeräte ausgeliehen?
b) Wie beliebt sind einzelne Spielgeräte?

3 In einer Klasse wird nach der Anzahl der Geschwister gefragt.

Anzahl der Geschwister	Strichliste
0	卌 |
1	卌 卌 |||
2	卌 ||
3	|||
mehr	|

a) Was fällt dir an der Liste auf?
b) Fertige eine Häufigkeitsliste an.
c) Vergleicht mit eurer Klasse.

4 In den Jahrgangsstufen 5 und 6 wurden Schülerinnen und Schüler zu ihrem Frühstück befragt.

nichts	39
Brot mit Butter	16
Brot mit Marmelade	22
Brot mit Nusscreme	43
Brot mit Wurst/Käse	33
Müsli/Cornflakes	42
Quark/Jogurt	13
Süßigkeiten	25

a) Nicht zu frühstücken oder nur Süßigkeiten zum Frühstück sind ungesund. Lohnt sich ein Tag des gesunden Frühstücks?
b) Wie sieht es mit dem Frühstück in eurer Klasse aus?

5 Andrea hat in den sechsten Klassen die Schülerinnen und Schüler nach ihrem Lieblingstier befragt.

	6a	6b	6c	6d
Hund	卌 |	卌 卌	卌 ||	卌 ||
Katze	卌 |||	卌	||||	卌
Pferd	卌 ||	卌 ||	卌 卌	卌 ||
Vogel	|||	|||	|	||
Hase		|		|||
Hamster	|		|||	||
Maus	|		|||	
Meer-schwein	||	|||		|
Fisch	||	|		

a) Erstelle eine Häufigkeitsliste.
b) Welche Aussagen kannst du mithilfe der Liste machen?
c) Führt die Umfrage in eurer Klasse durch und vergleicht euer Ergebnis mit dem der Jahrgangsstufe 6.

6 Mareike und Torsten erfassen in einer Strichliste für 10 Minuten den Straßenverkehr vor der Schule.

Pkw	卌 卌 卌 卌 |
Lkw	卌 |||
Motorräder	卌 ||
Motorroller	卌 卌 |
Fahrräder	卌 卌 卌 |
Sonstiges	|

Nicht immer ist es sinnvoll, alle Ergebnisse, die vorkommen können, in einer Häufigkeitsliste aufzuführen. Selten vorkommende Ergebnisse fasst man dann unter „Sonstiges" zusammen.

a) Was könnte „Sonstiges" gewesen sein?
b) Wie viele Zweiräder haben die beiden gezählt?
c) Wie viele Fahrzeuge würden bei diesem Verkehr in einer Stunde vorbeifahren?

2 Daten darstellen

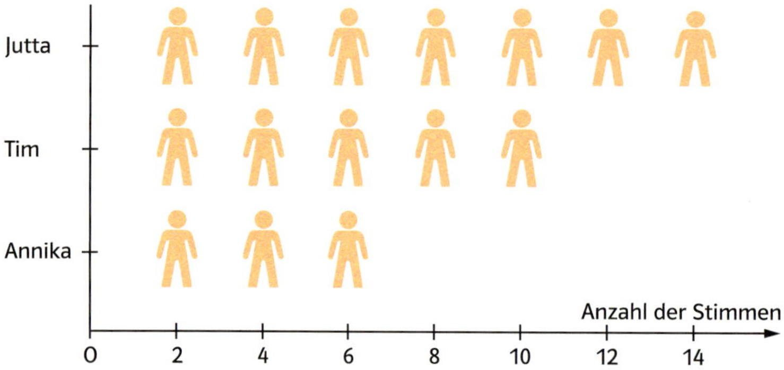

Das Ergebnis einer Klassensprecherwahl wird in einem Diagramm festgehalten.
→ Erkläre das Diagramm.
→ Welche Vor- und Nachteile hat dieses Diagramm?
→ Stelle das Ergebnis der Klassensprecherwahl in anderen Diagrammen dar. Beschreibe Vor- und Nachteile dieser Diagramme.
→ Suche in der Zeitung weitere unterschiedliche Diagramme.

Statistische Erhebungen werden bildlich oft mithilfe von **Diagrammen** veranschaulicht.

Das **Säulendiagramm** oder das **Bilddiagramm** wird meistens gebraucht, wenn man Werte der Häufigkeitsliste ablesen möchte.
Das **Kreisdiagramm** oder das **Streifendiagramm** wird meistens gebraucht, wenn man darstellen möchte, welchen Anteil ein Wert der Häufigkeitsliste am Ganzen hat.

Beispiel

Eine Tüte Luftballons enthält fünf verschiedene Farben. Dirk zählt nach und erstellt eine Häufigkeitsliste.

Farbe	rot	blau	grün	gelb	pink
Anzahl	10	9	5	8	4

insgesamt also 36 Ballons

Im Säulen- oder Bilddiagramm kannst du ablesen, wie viele rote Luftballons in der Tüte waren.

Säulendiagramm

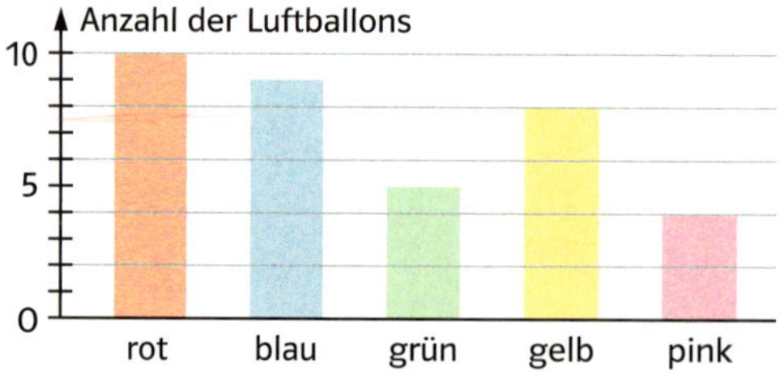

Bilddiagramm

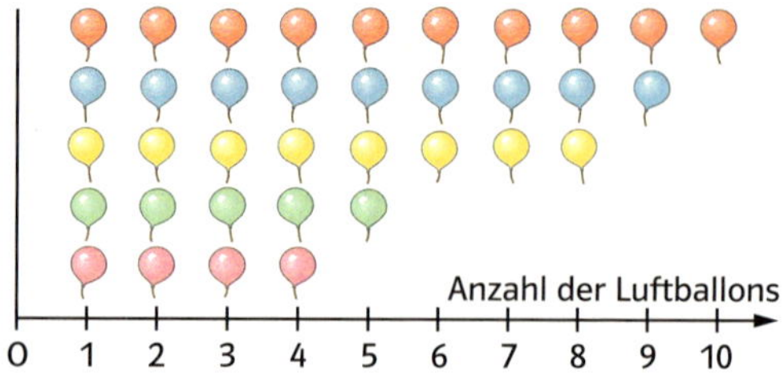

Im Kreis- oder Streifendiagramm kannst du ablesen, dass der Anteil der roten Luftballons in der Tüte am größten ist.

Streifendiagramm

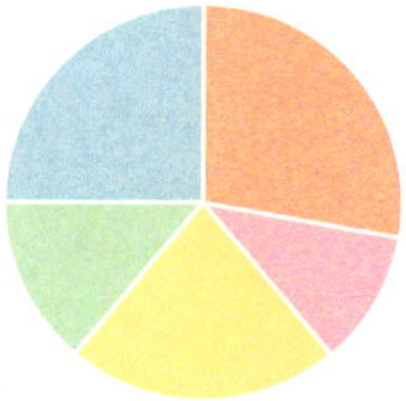

Kreisdiagramm

Aufgaben

1 a) Wie viele Schülerinnen und Schüler der Klasse 6c sind keine Einzelkinder?

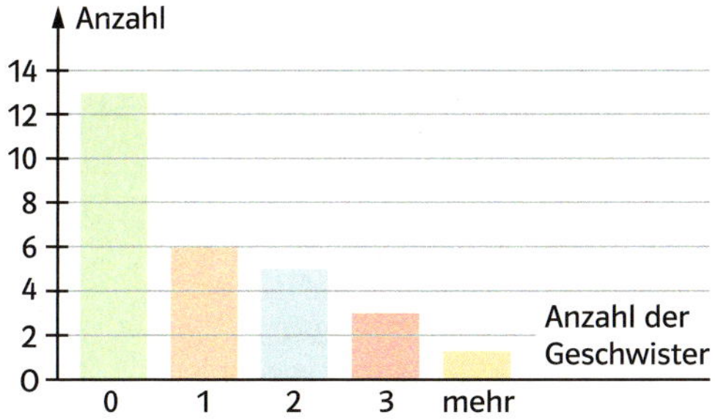

b) Wie viele Kinder haben mehr als ein und weniger als drei Geschwister?
c) Wie oft leben in der Familie mindestens drei Kinder?

2 Die meisten Kinder der Jahrgangsstufe 6 sind in Sportvereinen aktiv: 23 spielen Fußball, 12 gehen turnen, 9 spielen Volleyball, 5 spielen Badminton und 10 gehen schwimmen.
Ergänze das Säulendiagramm im Heft.

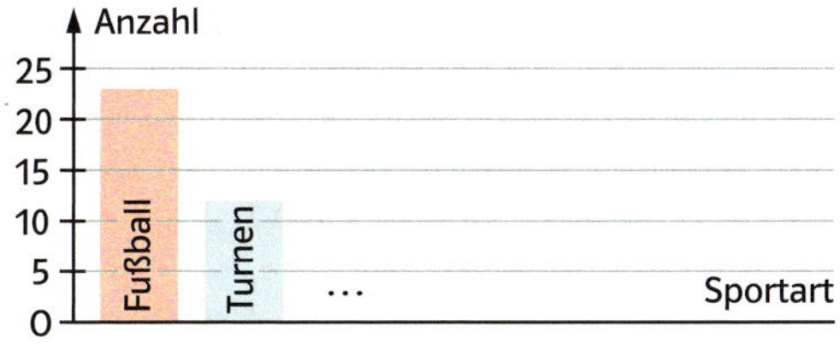

3 In dem Bilddiagramm ist die Erhebung über das Gewicht von Schultaschen dargestellt. Das Bild einer Schultausche entspricht dabei 10 Schultaschen in Wirklichkeit.

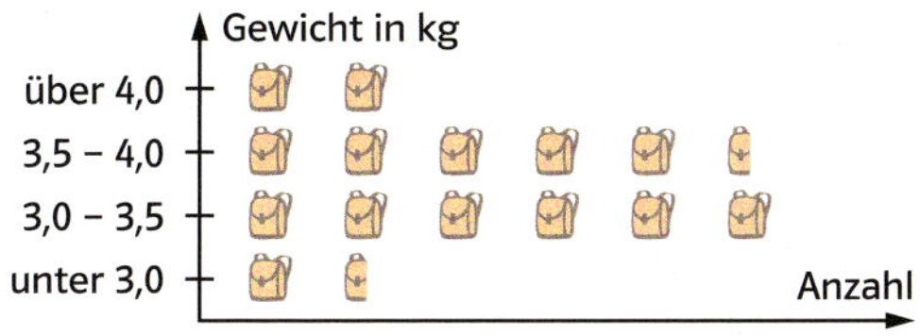

a) Wie viele Schultaschen wurden ungefähr gewogen?
b) Bestimme für jede Gewichtsklasse die ungefähre Anzahl. Fertige eine Häufigkeitsliste an.

Säulen- und Bilddiagramme zeichnen

Diagramme müssen die Häufigkeit möglichst korrekt wiedergeben. Kommt z. B. in der Häufigkeitsliste ein Ergebnis doppelt so oft vor wie ein anderes, so muss im **Säulendiagramm** die Säule dafür auch doppelt so hoch sein.

Beispiel: Häufigkeitsliste der verkauften Getränke

Getränke	Kakao	Milch	Saft	Kaffee	Tee	Sonst.
Anzahl	244	320	124	147	92	73

Zuerst legen wir fest, wie hoch die höchste Säule werden soll. Wählen wir z. B. für die höchste Säule 16 cm, so heißt das, dass die Säule für die am meisten verkaufte Milch 16 cm hoch wird.
Die Häufigkeit 320 entspricht der Säulenhöhe 16 cm.
Die Häufigkeit 1 entspricht der Säulenhöhe $\frac{16}{320}$ cm = $\frac{1}{20}$ cm,
die Häufigkeit 244 der Säulenhöhe $244 \cdot \frac{1}{20}$ cm = 12,2 cm.
Entsprechend verfährt man mit allen anderen Werten der Häufigkeitsliste.
Die Säulenbreite ist beliebig, jedoch für alle Säulen gleich.
Hier siehst du das verkleinerte Säulendiagramm.

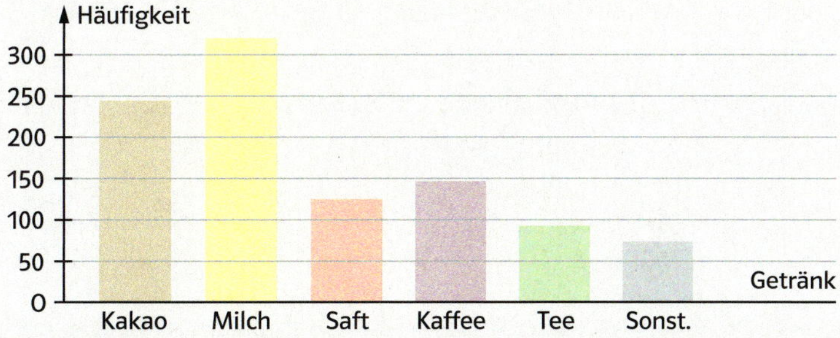

Beim **Bilddiagramm** legt man fest, welche Häufigkeit ein Bild darstellen soll.
Beispiel: Soll ein Bild die Häufigkeit 40 darstellen, so müssen alle Werte der Tabelle durch 40 geteilt werden. Die gerundeten Werte ergeben die Anzahl der Bilder.
So ergibt sich für Kakao: 244 : 40 = 6,1 ≈ 6.

Bei Bilddiagrammen wird häufig auch auf halbe oder viertel Bilder gerundet.

Kreis- und Streifendiagramme zeichnen

Um für eine Häufigkeitsliste ein **Kreis-** oder **Streifendiagramm** zeichnen zu können, muss für jedes Ergebnis die entsprechende Winkelgröße bzw. Abschnittslänge bestimmt werden.

Beispiel:
Häufigkeitsliste der verkauften Getränke:

Getränke	Kakao	Milch	Saft	Kaffee	Tee	Sonst.
Anzahl	178	230	89	105	66	52

Insgesamt wurden
178 + 230 + 89 + 105 + 66 + 52 = 720 Getränke verkauft.

Kreisdiagramm
Die 720 Getränke werden durch den Vollkreis mit 360° dargestellt.
Ein Getränk wird dann durch den Winkel $\frac{360°}{720} = 0{,}5°$ dargestellt.
178 Getränke werden durch den Winkel $178 \cdot 0{,}5° = 89°$ dargestellt. Entsprechend verfährt man mit allen anderen Werten der Häufigkeitsliste.

Getränke	Anzahl	Kreisausschnitt
Kakao	178	89°
Milch	230	115°
Saft	89	44,5°
Kaffee	105	52,5°
Tee	66	33°
Sonstiges	52	26°

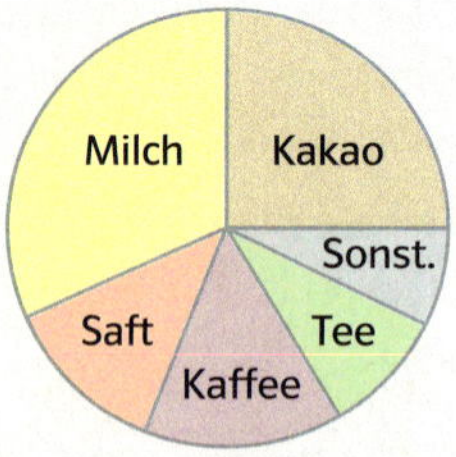

Streifendiagramm
Die 720 Getränke werden durch einen Block dargestellt. Dabei ist die Länge des Blocks frei wählbar. Bei 720 verkauften Getränken bietet sich als Blocklänge 7,2 cm oder ein Vielfaches davon an. In der Tabelle ist die Blockeinteilung mit gerundeten Werten aufgeführt.

Getränke	Kakao	Milch	Saft	Kaffee	Tee	Sonst.
Anzahl	178	230	89	105	66	52
Abschnitt	1,8 cm	2,3 cm	0,9 cm	1,0 cm	0,7 cm	0,5 cm

4 Schülerinnen und Schüler fehlen aus unterschiedlichen Gründen in der Schule. In dem Streifendiagramm ist die Verteilung der Fehlgründe auf die gesamte Fehlzeit dargestellt.

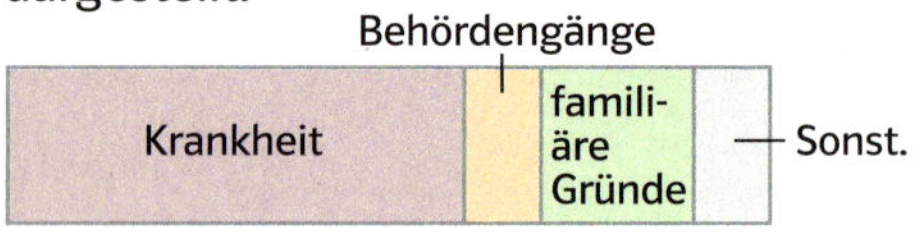

a) Was kannst du aus dem Streifendiagramm ablesen?
b) Zeichne ein Säulendiagramm.

5 Eine Umfrage über die Lieblingsfarbe bei Jugendlichen ergibt Folgendes:

schwarz	128	grün	45
rot	195	weiß	18
blau	95	braun	4
gelb	34	sonst.	17

a) Wie viele Jugendliche wurden befragt?
b) Stelle das Ergebnis in einem geeigneten Säulendiagramm dar.
c) Stelle das Ergebnis in einem Bilddiagramm dar. Wähle für jede Farbe einen Farbtopf in dieser Farbe. Dabei soll ein Farbtopf für 15 Nennungen gezeichnet werden.

6 Erstelle zum Bilddiagramm die Häufigkeitsliste. Ein Bild entspricht vier CDs.

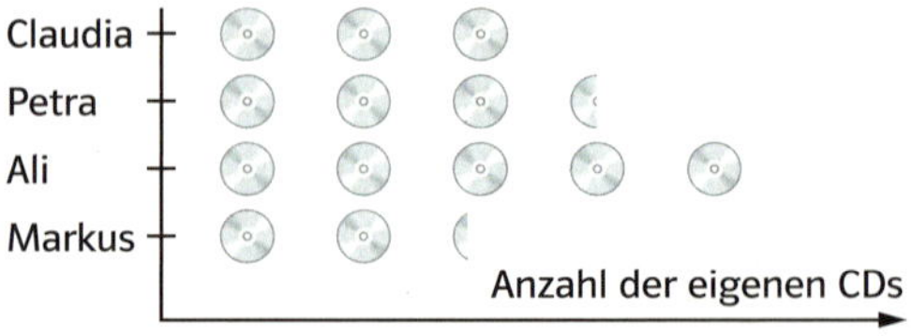

7 Bei einer Fahrradkontrolle wurden folgende Beanstandungen gemacht:

Glocke	12	Bremsen	5
Reifen	2	Licht	8
Reflektor	4		

a) Welche Diagramme eignen sich gut, welche eignen sich nicht zur Darstellung des Ergebnisses?
b) Was musst du voraussetzen, wenn du das Ergebnis in einem Kreis- oder Streifendiagramm darstellen möchtest?
c) Stelle das Ergebnis in einem geeigneten Diagramm dar.

Arbeiten mit dem Computer

Ein gutes Hilfsmittel zur grafischen Darstellung statistischer Erhebungen ist der Computer. Mit einem **Tabellenkalkulationsprogramm** können verschiedene Diagramme schnell, sauber und präzise dargestellt werden.
Ein weiterer Vorteil liegt auch darin, dass man sich die verschiedenen Diagrammtypen zeigen lassen kann, um den ansprechendsten auszuwählen.
Außerdem können Diagramme leicht vergrößert oder verkleinert werden.
Der Einsatz eines Tabellenkalkulationsprogramms empfiehlt sich immer dann, wenn der Umfang der Umfrage besonders groß ist.

Bei der Vertrauenslehrerwahl standen in der Gustav-Heinemann-Realschule neun Lehrerinnen und Lehrer zur Wahl. 1277 Schülerinnen und Schüler haben abgestimmt.

Kandidaten	Stimmenzahl
Herr Werner	155
Frau Tolle	77
Herr Friedrich	211
Frau Müller-Nau	464
Frau Peters	81
Herr Blum-Siebert	114
Frau Simon	17
Frau Treu	103
Herr Fander	42
ungültige Stimmen	13

- Erstelle mit dem Computer verschiedene Diagramme.
- Schau dir auch andere Diagramme an, die dein Computer zeichnen kann. Welches scheint dir zur Darstellung des Wahlergebnisses besonders geeignet zu sein? Begründe deine Meinung.
- Kennst du Diagramme, die du mit dem Computer nicht zeichnen kannst?

8 Beim alltäglichen Lernen gibt es Dinge, die einem leichter oder weniger leicht fallen. Führt in eurer Klasse die Schülerbefragung mit dem vorgegebenen Fragebogen durch.

Aufgabe	sehr schwer	schwer	geht so	leicht	sehr leicht
Lernstoff behalten					
Klassenarbeiten vorbereiten					
regelmäßig üben und wiederholen					
Texte lernen und verstehen					
Nachschlagewerke benutzen					
Hefte ordentlich führen					

Wertet das Ergebnis eurer Befragung grafisch aus. Zeichnet dazu für jede Zeile der Tabelle ein Diagramm.

9 a) Wertet die statistische Erhebung grafisch aus. Geht dabei arbeitsteilig vor. Jeder zeichnet für eine Zeile der Häufigkeitsliste ein Diagramm, z. B. ein Bilddiagramm oder ein Säulendiagramm usw. Auf diese Weise erhaltet ihr für jede Zeile verschiedene Diagramme. Erläutert eure Vorgehensweise und beschreibt, wie ihr eventuell auftretende Schwierigkeiten gelöst habt.

Aussage	trifft voll zu	trifft teilweise zu	trifft kaum zu	trifft nicht zu
zu viel fernsehen	15	11	3	1
zu viel am Computer	10	9	5	8
zu viele Hobbys	3	12	8	7
halte zu wenig Ordnung, suche oft	4	17	4	5
höre viel Musik, auch bei Hausaufg.	12	14	0	4
verschiebe die Arbeit, das lähmt	6	6	12	6
arbeite nur unter Zeitdruck	3	14	11	2

b) Führt eine solche Befragung in eurer Klasse durch und wertet sie grafisch aus. Überlegt, welche Konsequenzen ihr aus eurer Erhebung ziehen könnt.

3 Daten auswerten

Schülerinnen und Schüler der Klasse 6b sammeln für einen wohltätigen Zweck Geld.

→ Wer hat am meisten, wer am wenigsten Geld gesammelt?

→ Wenn alle acht Schülerinnen und Schüler den gleichen Betrag gesammelt hätten, wie viel hätte dann jeder sammeln müssen, um das gleiche Sammelergebnis zu erzielen?

→ Stelle und beantworte weitere Fragen.

Claudia	18,00 €
Florian	21,30 €
Andreas	14,50 €
Nicole	14,00 €
Ali	21,00 €
Olga	9,40 €
Björn	16,80 €
Vitali	13,00 €

Wenn eine umfangreiche Liste mit Daten vorliegt, kann man sich unter verschiedenen Gesichtspunkten schnell einen Überblick verschaffen. Man fragt z. B. nach dem kleinsten oder dem größten Wert, nach dem Unterschied zwischen diesen beiden Werten oder nach einem Durchschnittswert. Wir verwenden verschiedene **Kennwerte**.

Der kleinste Wert heißt **Minimum**.
Der größte Wert heißt **Maximum**.
Die Differenz aus dem Maximum und dem Minimum heißt **Spannweite**.
Die Summe aller Werte geteilt durch die Anzahl der Werte heißt **Mittelwert**.

Beispiele

a) Zu den jährlich stattfindenden Vergleichswettkämpfen stellt die Klasse 6a ihre Basketball-Mannschaft zusammen.

Name	Armin	Daniel	Florian	Ismail	Sven
Größe in cm	145	150	182	148	160

Kennwerte

Minimum: 145 cm

Maximum: 182 cm

Spannweite: 182 cm − 145 cm = 37 cm

Mittelwert: $\frac{145 + 150 + 182 + 148 + 160}{5}$ cm = $\frac{785}{5}$ cm = 157 cm

Dies bedeutet

Keiner der aufgestellten Basketball-Spieler ist kleiner als 145 cm oder größer als 182 cm.
Der größte Spieler ist 37 cm größer als der kleinste Spieler.
Die durchschnittliche Größe der Spieler beträgt 157 cm.

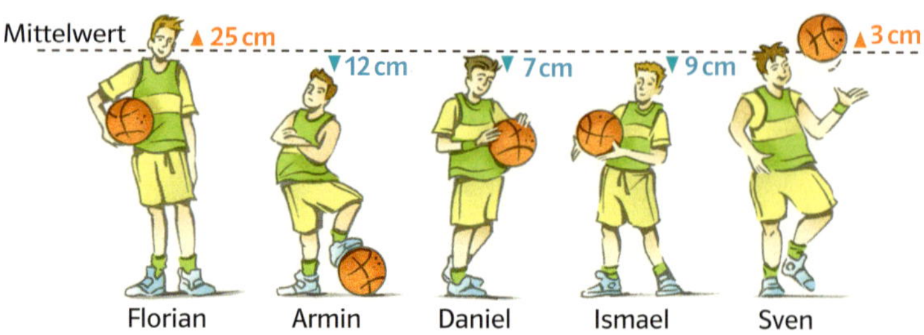

In der Abbildung kann man die Bedeutung des Mittelwerts gut erkennen.
Berechnet man den Unterschied zwischen den einzelnen Werten und dem Mittelwert, so ist die Summe aller Werte, die über dem Mittelwert liegen, gleich der Summe aller Werte, die unter dem Mittelwert liegen.
25 + 3 = 12 + 7 + 9

b) Die Häufigkeitsliste zeigt die Fehlerauswertung eines Diktats.

Anzahl der Fehler	0	1	2	3	4	5	6	8	9	10	12	15	18
Anzahl der Schülerinnen und Schüler	0	4	7	4	2	2	5	1	1	1	1	1	1

Kennwerte:

Minimum: 1 Fehler Spannweite: 18 Fehler − 1 Fehler = 17 Fehler

Maximum: 18 Fehler

Mittelwert: $\frac{0 \cdot 0 + 4 \cdot 1 + 7 \cdot 2 + 4 \cdot 3 + 2 \cdot 4 + 2 \cdot 5 + 5 \cdot 6 + 1 \cdot 8 + 1 \cdot 9 + 1 \cdot 10 + 1 \cdot 12 + 1 \cdot 15 + 1 \cdot 18}{30}$ Fehler

$= \frac{150}{30}$ Fehler = 5 Fehler

Dies bedeutet:

In dem Diktat hat niemand weniger als einen Fehler oder mehr als 18 Fehler gemacht.
Der Schlechteste hat 17 Fehler mehr gemacht als der Beste.
Im Durchschnitt hat jede Schülerin und jeder Schüler 5 Fehler gemacht.

Aufgaben

1 Bestimme Spannweite und Mittelwert.
a) 1; 2; 3; 4; 5; 6; 7; 8; 9; 10
b) 11; 12; 13; 14; 15; 16; 17; 18; 19; 20
c) 2; 4; 6; 8; 10; 12; 14; 16; 18; 20
d) 5; 10; 15; 20; 25; 30; 35; 40; 45; 50
e) $\frac{1}{2}$; 1; $1\frac{1}{2}$; 2; $2\frac{1}{2}$; 3; $3\frac{1}{2}$; 4; $4\frac{1}{2}$; 5

2 Bestimme Minimum, Maximum und Spannweite.
a) 156 m; 84 m; 248 m; 37 m; 312 m; 189 m; 189 m; 55 m; 270 m
b) 44,3 kg; 19,8 kg; 26,1 kg; 12,0 kg; 8,7 kg; 14,3 kg; 12,0 kg; 21,9 kg
c) 4,36 m; 185 cm; 0,59 m; 5,3 dm; 1,08 m; 558 mm; 12 dm; 16,5 dm
d) 2 h 12 min; 2 h 15 min; 1 h 20 min; 50 min; 1 h 30 min; 2 h; 1 h 45 min

3 Bestimme für die drei Listen den Mittelwert und die Spannweite. Was stellst du fest?
1. Liste: 3; 5; 7; 10; 17; 24
2. Liste: 0; 6; 13; 13; 15; 19
3. Liste: 7; 7; 9; 12; 15; 16

4 Bestimme für die drei Listen den Mittelwert und die Spannweite. Was stellst du fest?
1. Liste: 5; 8; 10; 10; 12; 15; 16; 20
2. Liste: 24; 25; 28; 31; 35; 36; 38; 39
3. Liste: 0; 3; 6; 8; 10; 12; 13; 14; 15

5 Die Spannweite für die folgenden Zahlen soll 25 sein. Wie muss die fehlende Zahl heißen?
a) 0; 5; 12; 14; 17; 22; □
b) 13; 18; 21; 21; 21; 25; □
c) □; 26; 27; 28; 29; 30; 31; 32

6 Der Mittelwert für die folgenden Zahlen soll 12 sein. Wie muss die fehlende Zahl heißen?
a) 6; □; 15; 17
b) 7,5; 8,5; □; 15; 20
c) 0; 5; 5; □; 15; 20; 25

7 a) Berechnet die Durchschnittsgröße aller Schülerinnen und Schüler in eurer Klasse.
b) Welche Durchschnittswerte erhaltet ihr für Mädchen und Jungen getrennt?

8 Im Laufe eines Tages wird alle drei Stunden die Außentemperatur gemessen.

Uhrzeit	0	3	6	9	12	15	18	21	24
Temperatur in °C	7	6	7	10	15	14	12	10	9

a) Bestimme Minimum, Maximum, Spannweite und Mittelwert. Welche Bedeutung haben diese Werte?
b) Bestimme die mittlere Tagestemperatur für die Zeit von 6:00 Uhr bis 18:00 Uhr.

9 Was bedeuten folgende Angaben?
a) Durchschnittlich kamen 26 000 Zuschauer.
b) Im Winter liegt bis zu 95 Tage Schnee.
c) Eine deutsche Durchschnittsfamilie hat 1,2 Kinder.
d) Der Pegelstand kann bis zu 6 m schwanken.
e) Der Benzinverbrauch beträgt im Durchschnitt 8,6 l pro 100 km.
f) Die kleinste Schule Baden-Württembergs befindet sich in Stohren und hat 20 Schülerinnen und Schüler.
g) Der Tagesumsatz schwankt zwischen 4000 € und 6000 €.
h) Der Notendurchschnitt lag bei 3,1.

10 Auf die Frage, wie viele Stunden sie täglich fernsieht, antwortet Michaela: „Manchmal gar nicht, manchmal sechs Stunden."
a) Welchen Kennwert hat sie angegeben?
b) Welcher Kennwert wäre zur Beantwortung der Frage interessanter gewesen?

11 Der Mittelwert ist hier schnell berechnet, aber was sagt er aus?
a)

Wochentag	Mo	Di	Mi	Do	Fr	Sa	So
Anzahl der Fernsehstunden	2	1	0	3	4	5	6

b) Anzahl der Besuchstage im Freibad pro Monat: Oktober bis April geschlossen
Mai: 2 Tage
Juni: 5 Tage
Juli: 13 Tage
August: 6 Tage
September: 4 Tage

c) Unterrichtstage pro Monat

Monat	1.	2.	3.	4.	5.	6.
Tage	18	20	23	15	14	17

Monat	7.	8.	9.	10.	11.	12.
Tage	20	0	14	21	17	16

12 In einer anonymen Umfrage wird nach dem Taschengeld pro Monat gefragt. Werte die statistische Erhebung mithilfe von Kennwerten aus.

Taschengeld pro Monat (in €)

20	18	40
15	22	12
12	28	5
25	30	45
20	30	20
24	20	24
50	25	20
40	17	30

13 In den Listen sind die Weiten der Mädchen und Jungen beim Schlagballwurf getrennt aufgeschrieben.

Mädchen
23 m 17 m 14 m
14 m 15 m 32 m
12 m 21 m 29 m
26 m 22 m

Jungen
19 m 20 m 28 m
32 m 23 m 11 m
27 m 12 m 16 m
15 m 21 m 9 m
38 m 39 m 18 m
34 m 40 m

a) Bestimme die Kennwerte für Jungen und Mädchen getrennt.
Welche Gruppe war deiner Meinung nach die bessere?
b) Bestimme die Kennwerte für die ganze Klasse. Kannst du dazu die Kennwerte aus Aufgabe a) benutzen?
c) Erfasst für eure Klasse die Weiten beim Schlagballwurf für Jungen und Mädchen getrennt.
Seid ihr besser?

14 In der Klasse fragt der Lehrer nach der Anzahl der Bücher, die jeder im letzten Jahr gelesen hat.
Der Unterschied zwischen der „Leseratte" und dem „Lesemuffel" beträgt 12 Bücher.
a) Wie viele Bücher könnte der „Lesemuffel", wie viele die „Leseratte" gelesen haben?
b) Wie groß ist in eurer Klasse der Unterschied zwischen dem „Lesemuffel" und der „Leseratte"?

Häufigster Wert

Wird eine statistische Erhebung durchgeführt und das Ergebnis in einer Liste festgehalten, so kann es ein Ergebnis geben, das häufiger auftritt als irgendein anderes. Ein solches Ergebnis heißt **häufigster Wert**.
Der häufigste Wert spielt eine große Rolle bei statistischen Erhebungen, für die der Mittelwert nicht angegeben werden kann. Er stellt dann einen Ersatz für den Mittelwert dar.

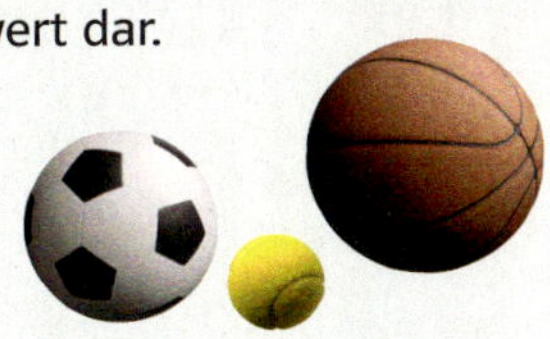

Jugendliche werden nach ihrem Interesse an Sport gefragt.

Interesse	klein	wenig	etwas	viel	sehr viel
Jungen	20	31	118	154	189
Mädchen	22	76	146	157	140

Ein Mittelwert kann für diese Tabelle nicht sinnvoll angegeben werden. Aber man kann einen häufigsten Wert angeben. Für die Jungen liegt er bei „sehr viel Interesse“, für die Mädchen bei „viel Interesse“. Dies zeigt, dass die Jungen dieser Befragung etwas mehr an Sport interessiert sind als die Mädchen.

Manchmal gibt es auch keinen häufigsten Wert.

Schulweg in km	1	2	3	4	5	6
Anzahl	12	10	12	8	9	4

Hier gibt es keinen häufigsten Wert, da die Werte für 1 km und 3 km je 12-mal vorkommen, alle anderen aber seltener.

■ Bestimme für die Aufgaben 1 bis 4 und 8 falls möglich den häufigsten Wert.

15 Welche der statistischen Kennwerte sind für die folgende Erhebung sinnvoll? Bestimme diese Kennwerte.
a) Alter in Jahren: 12; 14; 12; 11; 12; 14; 14; 11; 10; 13; 12; 11; 10; 11; 12
b) Telefonnummern: 8374; 5652; 2895; 2587; 5597; 8725; 6985; 9941
c) Wertung einer Turnübung: 8,7; 8,3; 9,2; 7,5; 9,5; 9,2
d) Ergebnis einer Umfrage: „Wie oft schaust du die Tagesschau?“

immer	häufig	manchmal	selten	nie
5	14	26	15	8

e) Nummern von Kfz-Kennzeichen: 298; 29; 417; 311; 527; 1593
f) Gewicht der Schultaschen in kg: 3,4; 4,8; 2,6; 3,8; 4,1; 2,7; 3,6; 4,0; 4,2
g) Umfrage nach dem Lieblingstier:

Hund	Katze	Pferd	Vogel	Hase	Maus	Fisch
517	428	219	271	88	43	26

16 Marie und Felix treten als Paarläufer im Eiskunstlaufen auf.
a) Bei der Bewertung durch die sieben Punktrichter wird immer die beste und die schlechteste Wertung gestrichen und dann der mittlere Punktwert berechnet. Kannst du dir denken, warum dies so ist?
b) Bei einem Wettkampf erhalten die beiden folgende Wertung:
3,4; 5,2; 5,5; 5,5; 6,0; 5,1; 5,1.
Welchen mittleren Punktwert erhalten die beiden?
Welchen mittleren Punktwert hätten sie erreicht, wenn die Streichungsregel nicht gelten würde?

Zusammenfassung

Statistische Erhebung

Eine **statistische Erhebung** ist eine Sammlung von Daten.

In einer 6. Klasse mit 30 Schülerinnen und Schülern wird ermittelt, wie viele Bücher (außer für den Unterricht) jeder im letzten Jahr gelesen hat.

Listen

Zum Zählen der einzelnen Ergebnisse einer statistischen Erhebung werden **Strichlisten** verwendet.

Anzahl der Bücher	0	1	2	3	4	5	6
Anzahl der Schüler	𝍸	||||	𝍸 ||	𝍸 𝍸		|||	|

Werden in der Liste statt der Striche Zahlenwerte angegeben, so spricht man von einer **Häufigkeitsliste**.

Anzahl der Bücher	0	1	2	3	4	5	6
Anzahl der Schüler	5	4	7	10	0	3	1

Diagramme

In **Säulen-** oder **Bilddiagrammen** können in der Regel die Werte der zugrunde liegenden Häufigkeitsliste abgelesen werden.

Säulendiagramm

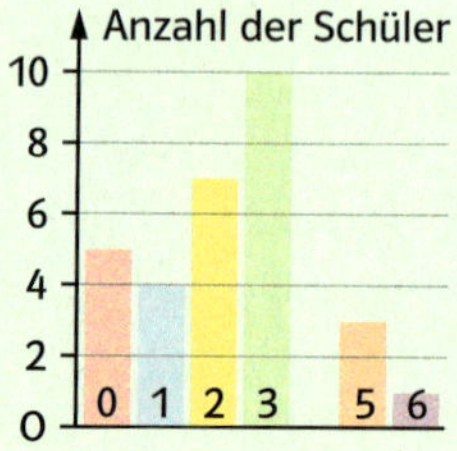

Bilddiagramm

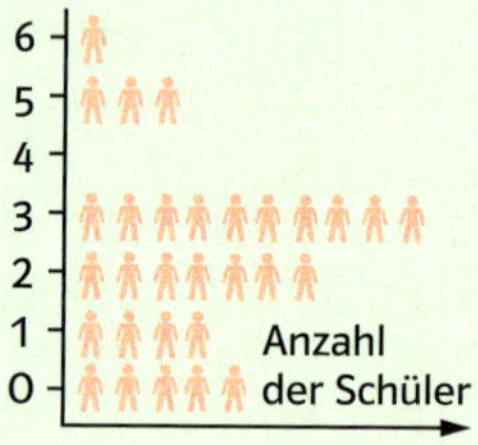

Kreis- oder **Streifendiagramme** machen deutlich, welchen Anteil ein Wert der zugrunde liegenden Häufigkeitsliste am Ganzen hat.

Kreisdiagramm

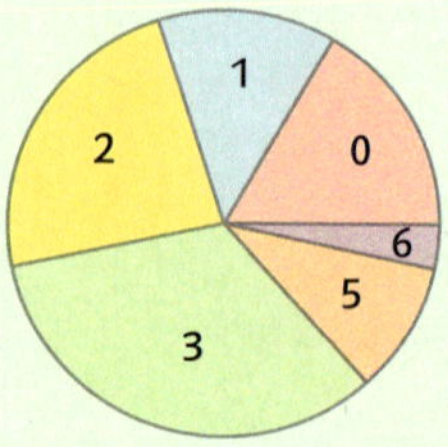

Streifendiagramm

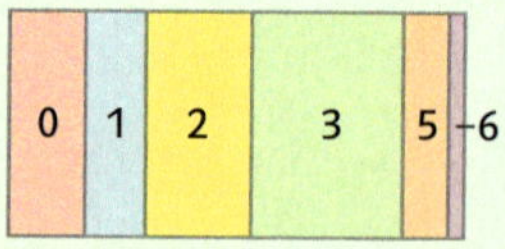

Kennwerte

Der kleinste Wert der Liste heißt **Minimum**.

0 Bücher sind das Minimum.

Der größte Wert der Liste heißt **Maximum**.

6 Bücher sind das Maximum.

Die Differenz aus dem Maximum und dem Minimum heißt **Spannweite**.

6 Bücher − 0 Bücher = 6 Bücher
Die Spannweite beträgt 6 Bücher.

Die Summe aller Werte dividiert durch die Anzahl der Werte heißt **Mittelwert**.

$$\frac{5 \cdot 0 + 4 \cdot 1 + 7 \cdot 2 + 10 \cdot 3 + 0 \cdot 4 + 3 \cdot 5 + 1 \cdot 6}{30}$$

$$= \frac{69}{30} = 2{,}3$$

Im Durchschnitt wurden 2,3 Bücher gelesen.

Üben • Anwenden • Nachdenken

1 In den europäischen Ländern sind die Schulferien nicht gleich lang.

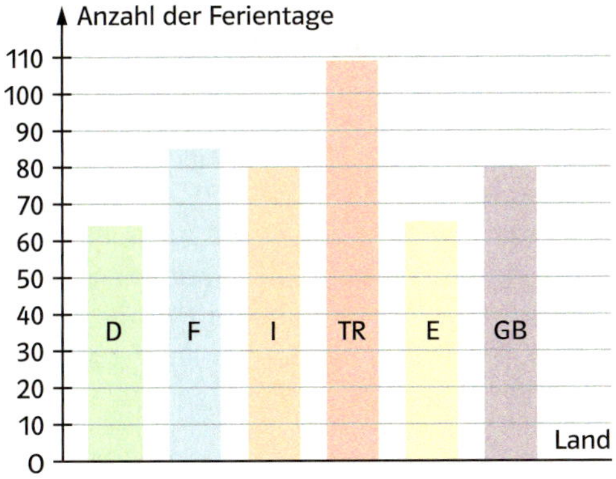

a) Ordne die Länder nach der Anzahl der Ferientage.
b) Wer hat die meisten, wer die wenigsten Ferientage? Wie groß ist der Unterschied?
c) Welche Länder haben mehr, welche weniger Ferientage als Deutschland?
d) Vergleiche die Ferientage von Deutschland mit dem Mittelwert.

2 In dem Balkendiagramm sind für einige Schulformen die jährlichen Ausgaben pro Schülerin bzw. Schüler an öffentlichen Schulen der Bundesrepublik Deutschland aufgeführt.

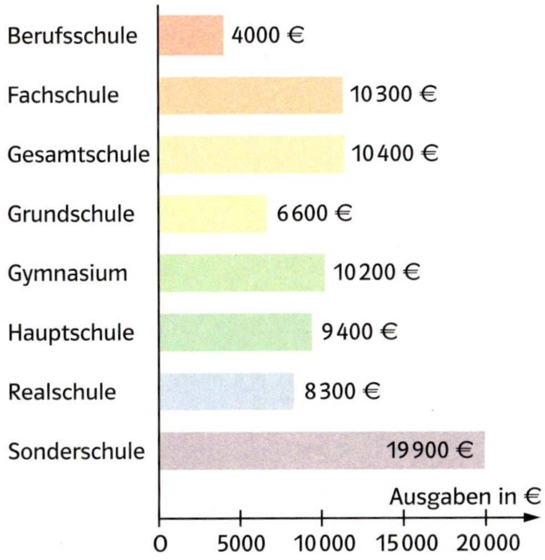

Beschreibe mithilfe von Kennwerten die Kosten der Schulbildung.

3 Die sieben flächengrößten Bundesländer und ihre Einwohnerzahlen:

Bundesland	Fläche in km^2	Einwohner in Mio.
BW	35 751	10,0
BY	70 553	11,6
BB	29 053	2,7
HE	21 114	5,9
MV	23 170	1,9
NI	47 343	7,5
NW	34 070	17,7

a) Stelle die Flächen und die Einwohnerzahlen in einem Säulendiagramm dar.
b) Sortiere die Länder einmal nach der Fläche und ein weiteres Mal nach der Einwohnerzahl. Was stellst du fest?

4 Im Jahre 2000 gab es etwa 6,2 Milliarden Menschen auf der Erde.

Afrika	840 Mio.	Amerika	850 Mio.
Asien	3766 Mio.	Europa	728 Mio.
Australien u. Ozeanien 52 Mio.			

Stelle die Angaben in einem Bilddiagramm dar. (🯅 entspricht 100 Mio. Einwohnern)

5 Stelle die Anteile der einzelnen Erdteile an der gesamten Landfläche in einem Streifendiagramm dar. Warum ist es günstig, 1 mm für 1 Mio. km^2 zu wählen?

Kontinente und ihre Flächen

Europa	*10 Mio. km^2*
Asien	*44 Mio. km^2*
Afrika	*30 Mio. km^2*
Nordamerika	*24 Mio. km^2*
Südamerika	*18 Mio. km^2*
Australien und Ozeanien	*9 Mio. km^2*
Antarktis	*14 Mio. km^2*

6 a) Stelle die Anteile der Ozeane an der gesamten Wasserfläche der Erde in einem geeigneten Streifendiagramm dar.
b) Die Zahlen der Wasserflächen erleichtern das Zeichnen eines Kreisdiagramms. Warum?

Weltmeere und ihre Flächen

Pazifischer Ozean (Pazifik)	*180 Mio. km^2*
Atlantischer Ozean (Atlantik)	*105 Mio. km^2*
Indischer Ozean (Indik)	*75 Mio. km^2*

7 In der Tabelle ist der Nahrungsmittelverbrauch von 1955 und 1990 aufgeführt.

1955	Verbrauch in kg je Person	2000
160	Kartoffeln	70
130	Trinkmilch	90
94	Brot, Mehl	76
71	Obst	134
46	Fleisch	91
42	Gemüse	90
26	Zucker	33

a) Hier siehst du den Anfang eines zweiseitigen Balkendiagramms.

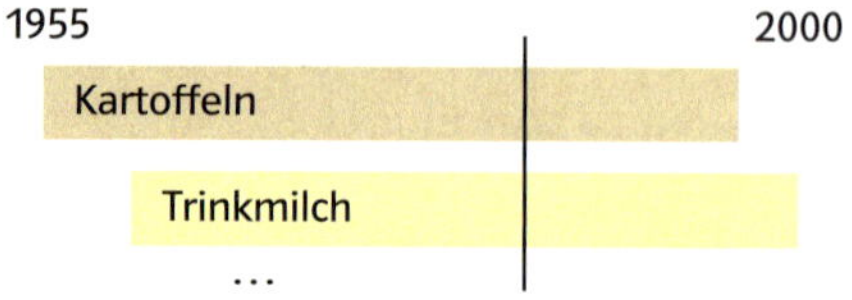

Stelle die Angaben der Tabelle in einem zweiseitigen Balkendiagramm dar.
b) Stelle auch die Unterschiede in einem zweiseitigen Balkendiagramm dar.

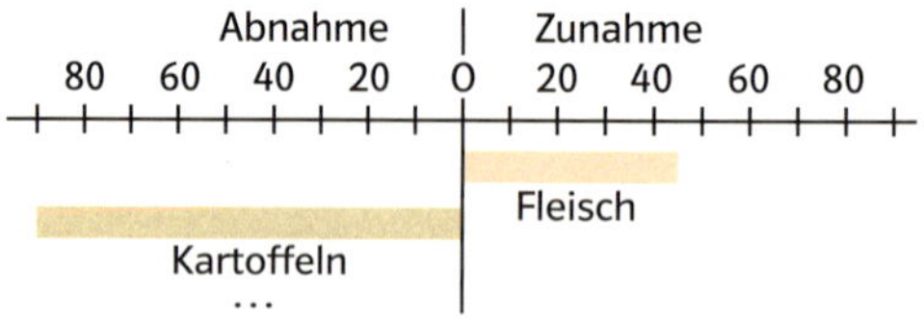

8 In den Streifendiagrammen ist der Nährstoffgehalt von Nahrungsmitteln angegeben.

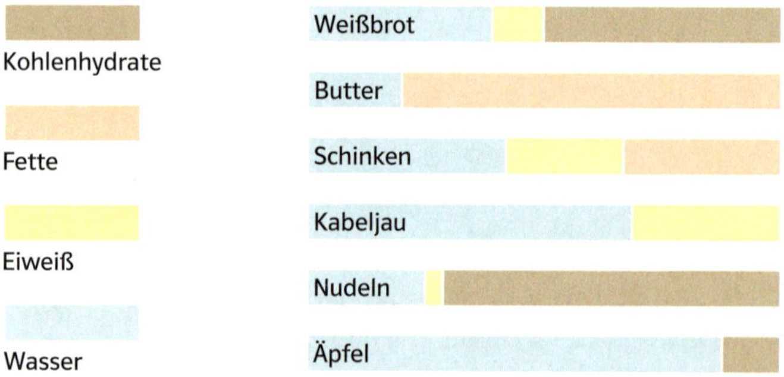

Welche Lebensmittel haben einen hohen Anteil an Kohlenhydraten, welche eignen sich für eine fettarme Kost?

9 In der Liste sind die Niederschlagsmengen in mm von Mumbai angegeben.

Januar:	3	Juli:	617
Februar:	3	August:	340
März:	3	September:	264
April:	2	Oktober:	64
Mai:	18	November:	13
Juni:	485	Dezember:	3

a) Berechne die mittlere jährliche Niederschlagsmenge.
b) Bestimme die Mittelwerte für Januar bis März, April bis Juni, Juli bis September und Oktober bis Dezember. Berechne aus den vier Mittelwerten den Jahresdurchschnitt. Was fällt dir auf?

10 „Auf der Wiese vor unserer Schule blühen jetzt über 10 000 Gänseblümchen", behauptet Eva.
Tim möchte es genauer wissen.
Dazu steckt er auf dem 1500 m^2 großen Wiesenstück zufällig verstreut zehn quadratische Felder mit je 50 cm Seitenlänge ab und zählt die darin befindlichen Gänseblümchen.

Feld	1	2	3	4	5	6	7	8	9	10
Anzahl	35	31	31	28	53	22	57	43	49	51

a) Wie viele Gänseblümchen wachsen durchschnittlich in einem Feld?
b) Wie gut hat Eva geschätzt?

11 Die Anzahl der fehlenden Schülerinnen und Schüler wird stichprobenartig über das Jahr verteilt ermittelt. Es soll damit die durchschnittliche Anzahl der Fehlenden berechnet werden.

Fehltag	1	2	3	4	5	6	7	8	9	10	11	12
Anzahl	9	8	8	7	9	11	8	33	6	11	14	8

a) Berechne den Mittelwert.
b) Berechne den Mittelwert ohne Berücksichtigung des 8. Messwertes.
Warum trifft dieser Mittelwert den Sachverhalt besser? Was könnte am achten Tag passiert sein?
c) Was ist der häufigste Wert? Vergleiche ihn mit den beiden Mittelwerten.

Rückspiegel

1 Bei einer Verkehrszählung wurde folgende Strichliste angelegt:

Lkw	Pkw	Motorrad	Fahrrad	sonst.
𝍸 𝍷𝍷𝍷	𝍸 𝍸 𝍸 𝍸 𝍸 𝍸 𝍸 𝍷𝍷	𝍷𝍷𝍷	𝍸 𝍸 𝍸 𝍷𝍷	𝍷𝍷

a) Fertige eine Häufigkeitsliste an.
b) Zeichne ein Säulendiagramm.

2 Bei einer Umfrage wird ermittelt, wie viele Stunden ihrer Freizeit die Jugendlichen pro Woche mit ihren Freundinnen bzw. ihren Freunden verbringen.
Fertige eine Häufigkeitsliste an und zeichne ein geeignetes Bilddiagramm.
2; 3; 4; 3; 2; 2; 4; 3; 6; 5; 7; 5; 4; 3; 2; 2; 5; 5; 4; 2; 7; 1; 8; 3; 3; 5; 4; 5; 5; 6; 7; 5; 2; 3; 1; 1; 4; 5; 2; 4; 1; 3; 7; 2; 2; 6; 3; 1; 5; 2

3 Silke und Andreas legten auf einer einwöchigen Radtour durch den Schwarzwald folgende Etappen zurück:
(alle Angaben in km)

Tag	Mo	Di	Mi	Do	Fr	Sa	So
Länge	40	52	49	58	34	40	35

a) Welcher Tagesdurchschnitt ergibt sich?
b) Petra und Sabine wollen die gleiche Radtour in fünf Tagen schaffen.

4 Die besten Kugelstoßer der Klassen treten gegeneinander an.
Es wurden folgende Weiten (in m) erzielt:
6a: 4,21; 4,38; 4,27; 4,59; 4,45; 4,56
6b: 4,47; 4,44; 4,55; 4,58; 4,40; 4,38
6c: 4,44; 4,41; 4,48; 4,48; 4,47; 4,60
6d: 4,42; 4,17; 4,47; 4,57; 4,65; 4,30
a) In welcher Klasse ist die Spannweite am größten?
b) In welcher Klasse wurde die durchschnittlich größte Weite gestoßen?
c) Gib die Spannweite und den Mittelwert für die ganze Jahrgangsstufe an.

1 Bei einem Open-Air-Konzert werden einige Besucher gefragt, wie sie von dem Konzert erfahren haben.

Quelle	Zeitung	Plakat	Rundfunk	andere
Anzahl	296	182	106	136

a) Stelle das Ergebnis in einem Kreisdiagramm dar.
b) Stelle das Ergebnis in einem Streifendiagramm dar. Dabei soll 1 cm hundert Nennungen entsprechen.

2 Das Streifendiagramm gibt die Anzahl der Schulbesuchsjahre (allgemeinbildende Schule) für 100 befragte Erwachsene an.

a) Stelle eine Häufigkeitsliste auf.
b) Gib den häufigsten Wert an.

3 Bei den Bundesjugendspielen gewinnt die Klasse, die im Durchschnitt die meisten Punkte erreicht hat.

Klasse	Anzahl der Schüler	Punkte
5	28	46 200
6	26	44 330
7	25	42 600
8	29	48 865
9	24	40 176
10	23	38 272

Berechne die durchschnittliche Punktzahl pro Schüler einer Klasse und lege die Rangfolge fest.

4 Am Ende eines Schuljahres wird in einer Klasse 6 die Zahl der Fehltage ermittelt. Werte die statistische Erhebung mithilfe der Kennwerte Minimum, Maximum, Spannweite und Mittelwert aus.
4; 0; 9; 2; 0; 1; 3; 5; 6; 0; 2; 1; 0; 8; 1; 1; 12; 2; 0; 7; 5; 2; 1; 3; 6; 2; 1; 0

Alles in allem

In den letzten beiden Jahren sind dir im Mathematikunterricht manche Themen immer wieder begegnet. Viele Ideen und Herangehensweisen konntest du wieder aufgreifen und weiterentwickeln. Auch in den nächsten Jahren werden dich einige dieser Leitideen wie rote Fäden durch die Mathematik begleiten:

Daten und Zufall – Um bestimmte Fragen beantworten zu können, werden Daten gesammelt, erfasst, übersichtlich dargestellt und ausgewertet.

Zahl – An Zahlen denken viele Menschen als erstes, wenn sie Mathematik hören. Zählen und Rechnen mit natürlichen Zahlen, aber auch der Umgang mit Brüchen, Dezimalbrüchen … sind unter dieser Leitidee zusammengefasst.

Messen – Geld, Zeit, Gewicht, Länge, Volumen – vieles wird gemessen und verglichen. Dafür werden Maßeinheiten festgelegt und mit den gemessenen Größen gerechnet. Manche Berechnungen werden immer nach dem gleichen Schema durchgeführt, für solche Berechnungen stellt man Formeln auf.

Raum und Form – Bestimmte Figuren, Muster und Formen begegnen uns überall: Vierecke, Kreise, Würfel, Prismen … Wir untersuchen und beschreiben ihre Eigenschaften und Besonderheiten und lernen, womit wir rechnen können.

Modellieren – Alltägliche Erscheinungen müssen wir manchmal erst in die Sprache der Mathematik übersetzen, um sie untersuchen zu können und Fragen dazu zu beantworten. Die Mathematik dient uns als Werkzeug, Antworten zu finden, die wir dann aber wieder in die Alltagssprache übersetzen und überprüfen müssen, ob unsere Antwort auch alltagstauglich ist.

Auf den nächsten Seiten
findest du Aufgaben zu allen Bereichen, die du in den letzten beiden Jahren kennen gelernt hast. Dabei kannst du testen, wie schnell du den roten Faden siehst und an welchen Stellen er schnell reißt.
(Die Lösungen stehen im Anhang.)

Messen und Zahl

1 a) Runde auf Zehner.
1234; 56 760; 70 205
b) Runde auf Hunderter und stelle die Zahlen in einem Balkendiagramm dar.
1356; 843; 145; 799
c) Runde die Besucherzahlen und zeichne ein geeignetes Diagramm.

Di	19 345	Fr	8907
Mi	23 965	Sa	37 490
Do	12 457	So	55 678

	Fläche (in Mio. km²)	Einwohner (in Mio.)
Australien	7,7	19
Kanada	10,0	31
Indien	3,3	1025
Russland	17,0	145
Brasilien	8,5	173
China	9,6	1292
USA	9,4	286

2 Die Tabelle zeigt die Flächengröße und die Einwohnerzahlen der sieben größten Flächenstaaten der Erde.
a) Ordne die Staaten nach der Größe der Fläche und nach der Zahl der Einwohner.
b) Erstelle ein Diagramm für die Anzahl der Einwohner.
c) Ordne die Staaten nach der Anzahl der Einwohner pro km². Beschreibe wie du dabei vorgehst.

3 a) Wandle um.
in **m**: 236 cm; 45 dm 3 cm; 1,345 km
in **kg**: 4500 g; 68,552 t; 12 kg 650 g
b) Wandle in die jeweils nächstkleinere Einheit um.
12 m²; 0,54 kg; 2,3 dm²; 0,355 m³
c) Wandle jeweils in die anderen drei Einheiten um.
12,5 l; 4500 cm³; 0,65 dm³; 0,06 hl

4 a) Berechne.
in **m**: 2345,6 m + 2,5 km − 456 m
in **dm²**: 536 cm² · 25
b) Berechne in der größten vorkommenden Einheit.
23,5 kg + 0,654 t − 123 000 g
9,8 a − 472 m² + 32 450 dm²
c) Berechne in jeder Einheit, die in der Rechnung vorkommt.
1,8 m² + 18,8 dm² − 188,8 cm²
0,75 hl + 6,5 dm³ − 5,5 l

Messen und Raum und Form

5 a) Zeichne die Punkte A(3|1); B(9|3) und C(7|9) in ein Quadratgitter.
Verbinde die Punkte und ergänze einen vierten Punkt D so, dass ein Quadrat entsteht. Gib Rechtswert und Hochwert des Schnittpunks S der Diagonalen an.
b) Ergänze die Punkte A(3|2); B(11|6) und C(9|10) zu einem Rechteck. Zeichne einen Kreis, der durch alle vier Eckpunkte geht. Wie lang ist der Radius des Kreises?
c) Ergänze die Punkte A(1|7); B(7|1) und C(9|6) zu einem symmetrischen Trapez, dessen Symmetrieachse auf $\overline{AB}$ senkrecht steht. Zeichne die Symmetrieachse ein.

6 Trage die Punkte A(3|10); B(18|0) und P(1|1) in ein Quadratgitter ein.
a) Bestimme die Entfernung von A nach B.
b) Die Gerade g verläuft durch die Punkte A und B. Wie groß ist der Abstand von P zur Geraden g?
c) Zeichne eine Parallele h zu $\overline{PB}$, die durch den Punkt A verläuft.
Miss den Abstand von $\overline{PB}$ und h.

7 a) Zeichne drei Kreise mit einem gemeinsamen Mittelpunkt, die die Radien 1 cm; 2,5 cm und 4 cm haben.
b) Zeichne eine 4 cm lange Strecke.
Zeichne um die beiden Endpunkte jeweils einen Kreis mit Radius 3 cm.
Verbinde die Schnittpunkte der beiden Kreise mit den Endpunkten der Strecke.
Beschreibe das entstandene Viereck und miss die Längen der beiden Diagonalen und die Größen der vier Winkel des Vierecks.
c) Zwei Orte A und B sind 5 km voneinander entfernt. Maria wohnt 3 km von A, Martin 4 km von B entfernt.
Zeige mithilfe einer Zeichnung, wie weit Martin und Maria voneinander entfernt wohnen können.
Können die beiden mehr als 10 km voneinander entfernt wohnen?

8 a) Berechne den Umfang und den Flächeninhalt der Figur.

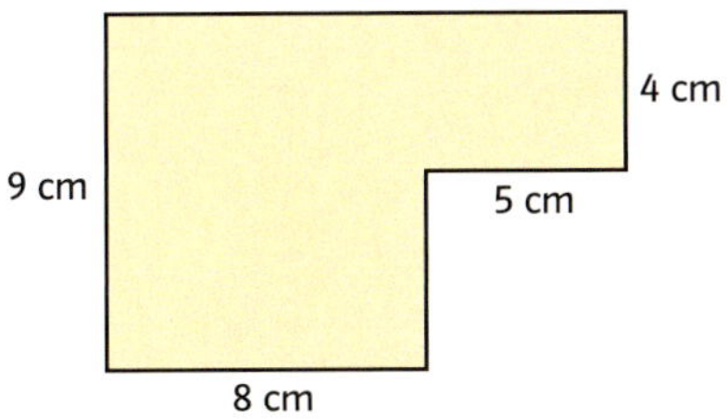

b) Gib mehrere Möglichkeiten zur Berechnung des Flächeninhalts der Figur an.
c) Wie verändern sich Umfang und Flächeninhalt der Figur, wenn die angegebenen Maße jeweils um 1 cm verlängert werden?

9 a) Berechne den Umfang und den Flächeninhalt der Figur.

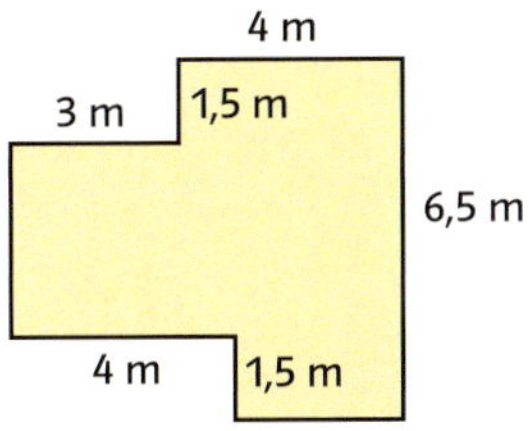

b) Das abgebildete Flächenstück hat einen Flächeninhalt von $34\,cm^2$.
Berechne seinen Umfang.

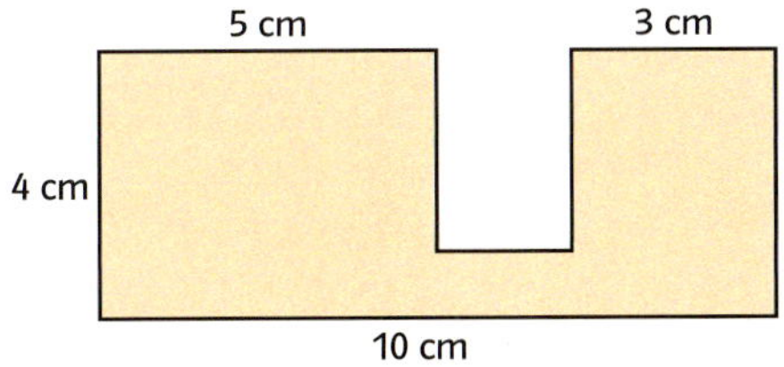

c) Wie groß muss die rote Länge des inneren Rechtecks gewählt werden, damit der grau gefärbte Bereich ein Drittel der Gesamtfläche ausmacht?

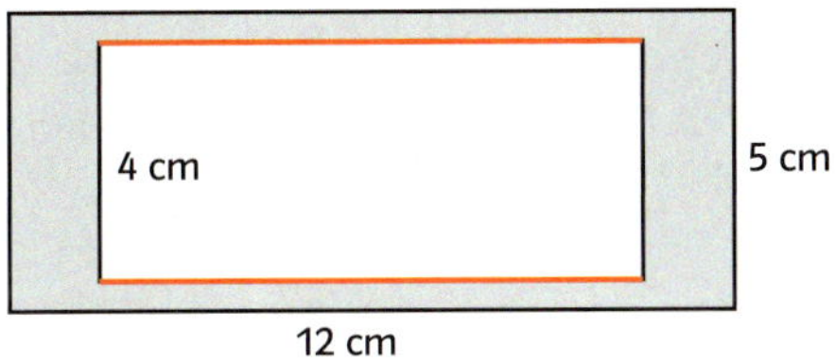

10 a) Berechne den Flächeninhalt der rot gefärbten Fläche.

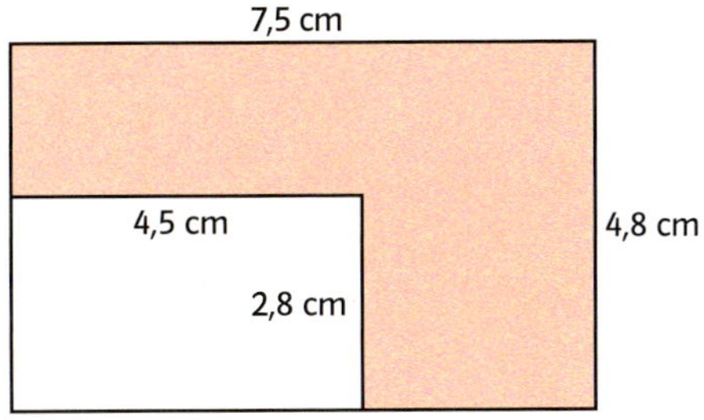

b) Erstelle einen Term zur Berechnung des Flächeninhalts der rot gefärbten Fläche.

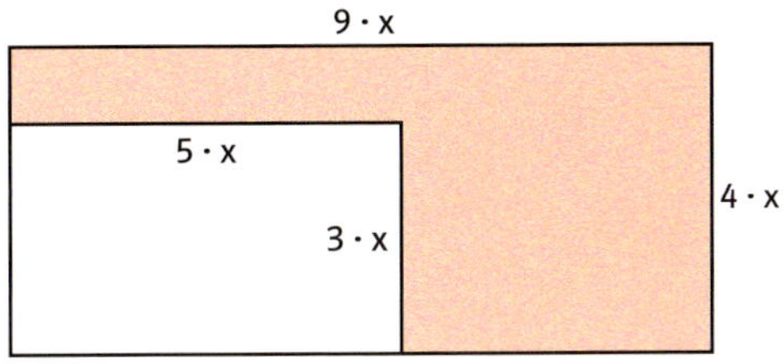

c) Wie kann das weiße Rechteck von Aufgabe b) verändert werden, sodass zwei Drittel der Gesamtfläche rot gefärbt sind?

11 a) Berechne die Oberfläche und das Volumen des Quaders mit den Maßen 4,5 cm; 6 cm und 12 cm.
b) Marvin baut sich ein 60 cm langes, 40 cm breites und 50 cm hohes Aquarium. Wie viel dm^2 Glas benötigt er?
Wie viel Liter Wasser passen hinein, wenn es bis 10 cm unter dem Rand gefüllt wird?
c) Ein würfelförmiges, oben offenes Gefäß hat eine Kantenlänge von 90 cm. Es soll zu einem Drittel mit Wasser gefüllt werden. Reichen dazu 250 Liter Wasser? Wie viel m^2 der Innenfläche werden nass?

12 Eine Seitenfläche eines Würfels ist $50\,cm^2$ groß.
a) Wie groß ist die Oberfläche des gesamten Würfels?
b) Zwei dieser Würfel werden aneinander geklebt. Wie groß ist die Oberfläche des neu entstandenen Quaders?
c) Aus 8 solchen Würfeln kann man einen großen Würfel zusmmensetzen.
Wie groß ist die Oberfläche dieses Würfels?

13 Bestimme die Größe der Winkel α, β und γ ohne zu messen. Die Geraden g und h sind parallel zueinander.

a)

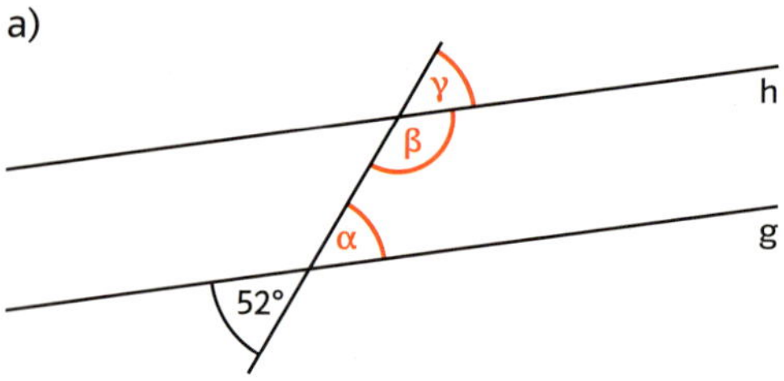

b)

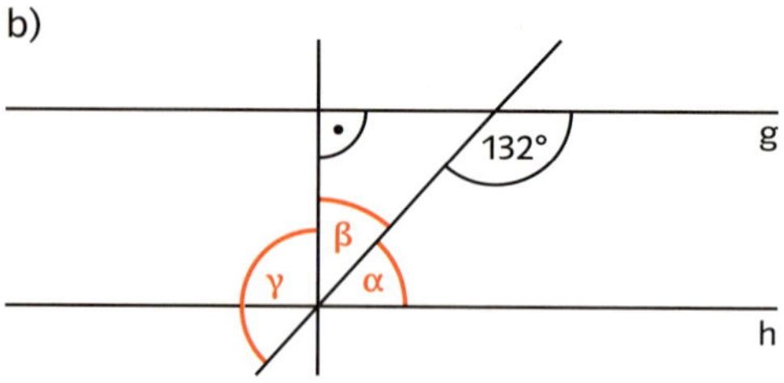

c)

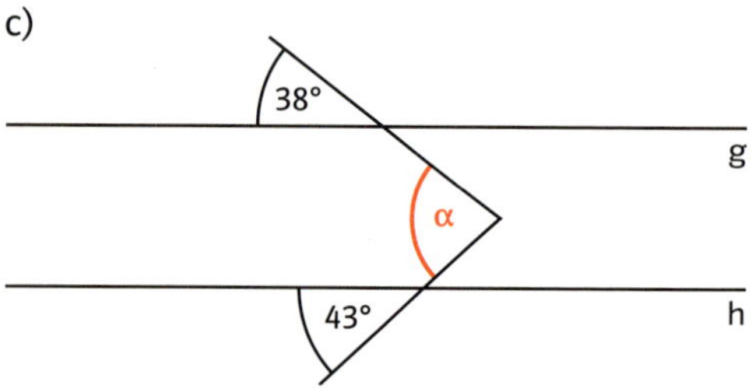

14 Berechne die Größe der Winkel.

a) Es gilt: g ∥ h ∥ i

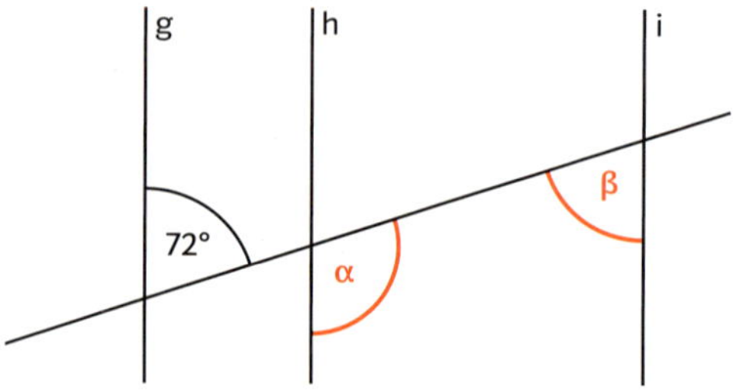

b) Es gilt: g ∥ h

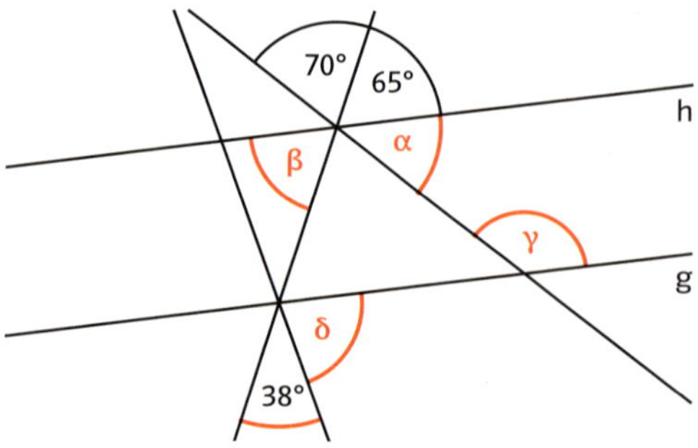

c) Es gilt: g ∥ h

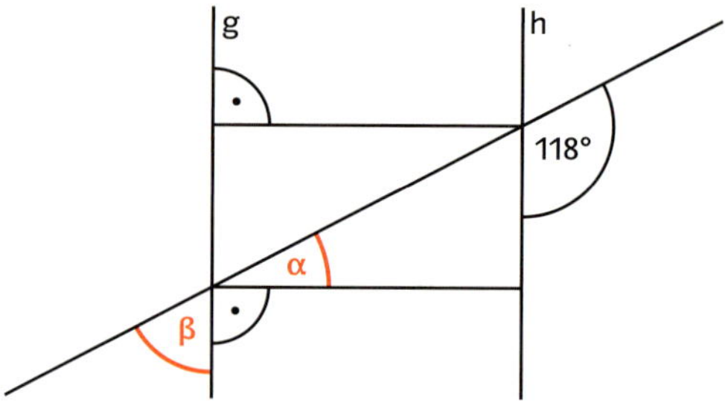

15 a) Bestimme den Winkel α und gib die Winkelart an.

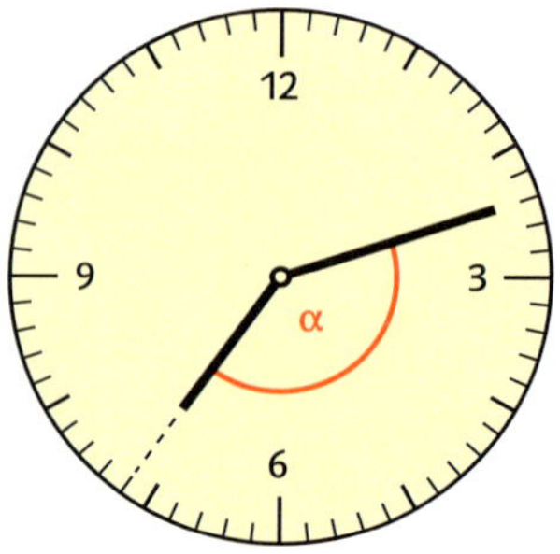

b) Wie groß ist der Winkel, den die Zeiger um 12:30 Uhr einschließen?

c) Wie spät kann es sein, wenn die Zeiger einen rechten bzw. einen gestreckten Winkel bilden? Nenne Beispiele.

16 Die Ergebnisse der Wahl zum Klassensprecher wurden in einem Kreisdiagramm dargestellt.

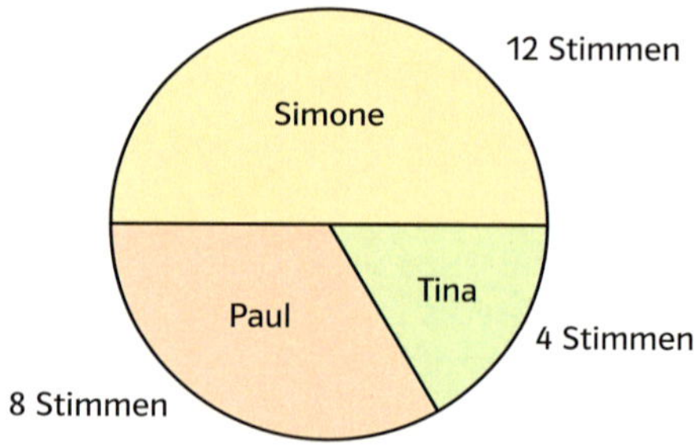

a) Zeichne ein Säulendiagramm.

b) Wie groß sind die Winkel der zugehörigen Kreisausschnitte?

c) Welche Winkel ergeben sich bei einer Klasse mit 30 Schülerinnen und Schülern, wenn die restlichen 6 Stimmen gleichmäßig auf die Kandidaten aufgeteilt werden?

17 a) Nenne alle Teiler von 36.
Wie heißen die ersten 5 Vielfachen von 36?
b) Die Zahl 12 hat mehr Teiler als die Zahl 13. Wie verhält es sich bei den Zahlen 23 und 24? Erkläre.
c) In einer Klasse mit 24 Schülerinnen und Schülern kann man verschieden große Gruppen bilden. Gibt es mehr Möglichkeiten, wenn einer zu der Klasse dazu kommt oder wenn einer fehlt?

18 a) Wie viele Teiler hat die Zahl 42?
b) Thea behauptet: „Eine Zahl, die durch 3 und gleichzeitig durch 5 teilbar ist, ist durch 15 teilbar." Ist damit eine Zahl, die durch 4 und durch 8 teilbar ist, auch durch die Zahl 32 teilbar?
c) Ist 525 570 897 eine Primzahl?
Begründe deine Antwort.

19 a) Welcher Bruchteil ist dargestellt?

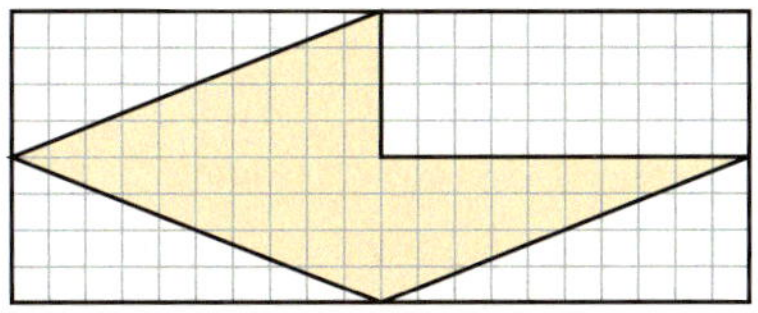

b) Stelle den Bruch als Kreisausschnitt dar.
c) Wie viele Kästchen müssen noch zusätzlich gefärbt werden, damit der Bruch $\frac{1}{2}$ dargestellt ist?

20 a) Welcher Bruchteil der Fläche ist nicht gefärbt?

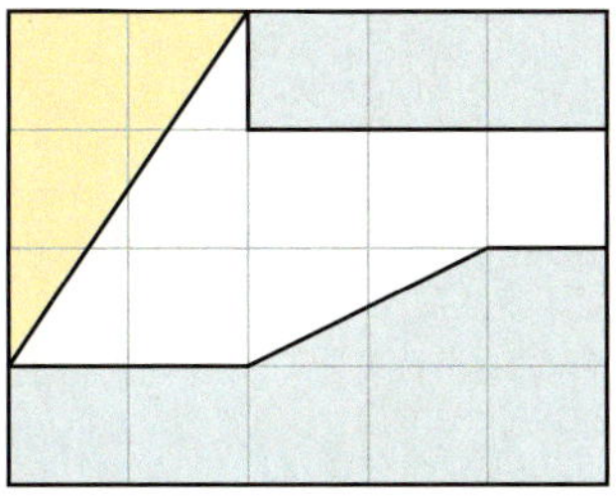

b) Ergänze die blau gefärbte Fläche so, dass $\frac{23}{40}$ der Gesamtfläche blau gefärbt sind.
c) Wie viele blaue Kästchen müssten weiß gefärbt werden, damit 50 % des Rechtecks weiß bleiben?

21 a) Ordne den Bruchbildern die richtigen Brüche zu.

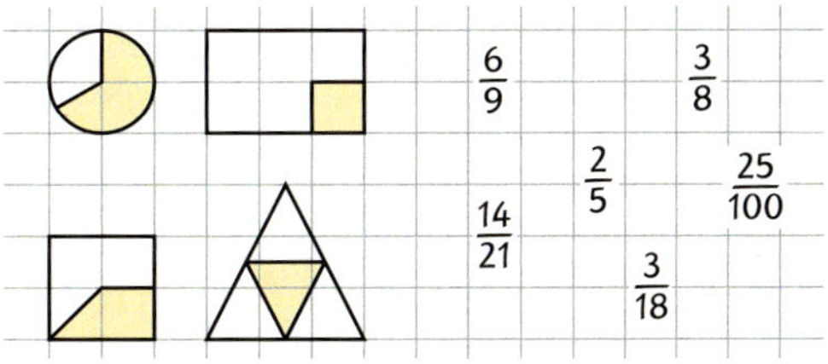

b) Fertige für die folgenden Zahlen Bruchbilder an:

$\frac{3}{4}$; $\frac{5}{12}$ und $\frac{3}{7}$

c) Stelle die Brüche $\frac{3}{10}$ und $\frac{1}{3}$ in einem gleich großen Rechteck dar.

22 a) Welche Brüche sind markiert?

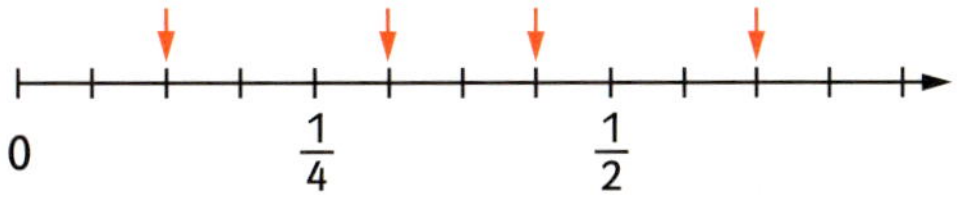

b) Trage die Brüche auf dem Zahlenstrahl ein. Wähle dazu eine geeignete Länge für die Einheitsstrecke.

$\frac{5}{8}$; $1\frac{1}{2}$; $\frac{7}{16}$

c) Die Brüche $\frac{3}{4}$ und $\frac{7}{8}$ liegen auf einem Zahlenstrahl 1 cm voneinander entfernt. Wie weit ist es von der Null bis zur Eins?

23 a) Ordne die unten stehenden Brüche von klein nach groß.

$\frac{3}{8}$; $\frac{4}{5}$; $\frac{1}{4}$; $\frac{2}{3}$

b) Welcher der beiden Brüche ist größer? Man braucht nicht unbedingt einen gemeinsamen Nenner zu bestimmen.

$\frac{19}{80}$ oder $\frac{13}{48}$

c) Liegt der Bruch $\frac{4}{9}$ näher beim Bruch $\frac{3}{7}$ oder näher beim Bruch $\frac{10}{21}$?
Begründe deine Antwort.

24 a) Gib zwei Brüche an, die zwischen $\frac{1}{4}$ und $\frac{1}{3}$ liegen.
b) Gib einen Bruch und zwei Dezimalbrüche zwischen $\frac{1}{2}$ und 0,6 an.
c) Warum kann man nicht alle Dezimalbrüche zwischen 0,35 und 0,36 aufschreiben? Beschreibe deine Überlegungen.

25 Berechne.

a) $\frac{4}{3} + \frac{3}{4}$; $\frac{4}{3} - \frac{3}{4}$; $\frac{4}{3} \cdot \frac{3}{4}$; $\frac{4}{3} : \frac{3}{4}$

b) $\frac{5}{2} + 2{,}5$; $\frac{5}{2} - 2{,}5$; $\frac{5}{2} \cdot 2{,}5$; $\frac{5}{2} : 2{,}5$

c) $3\frac{1}{2} + 2\frac{1}{3}$; $3\frac{1}{2} - 2\frac{1}{3}$; $3\frac{1}{2} \cdot 2\frac{1}{3}$; $3\frac{1}{2} : 2\frac{1}{3}$

26 Berechne.

a) $5 + 0{,}5$; $5 - 0{,}5$; $5 \cdot 0{,}5$; $5 : 0{,}5$

b) $1{,}2 + 0{,}12$; $1{,}2 - 0{,}12$; $1{,}2 \cdot 0{,}12$; $1{,}2 : 0{,}12$

c) $2{,}5 + \frac{2}{5}$; $2{,}5 - \frac{2}{5}$; $2{,}5 \cdot \frac{2}{5}$; $2{,}5 : \frac{2}{5}$

27 Berechne.

a) $\frac{4}{7} - \frac{1}{2} \cdot \frac{3}{4} + \frac{5}{8}$

b) $\frac{1}{3} + 2 \cdot \left(\frac{5}{6} - \frac{2}{3}\right) - \frac{5}{12}$

c) $0{,}1 - \frac{4}{5} - \left(4{,}25 - \frac{7}{8}\right) : 4\frac{1}{2}$

28 Nutze Rechenvorteile.

a) $\frac{8}{17} + \frac{17}{12} + \frac{12}{19} + \frac{9}{17} + \frac{7}{19} - \frac{11}{12}$

b) $\frac{35}{24} \cdot \frac{36}{55} \cdot \frac{17}{105} \cdot \frac{11}{34}$

c) $\frac{3}{5} \cdot \left(0{,}4 - \left(\frac{5}{8} - \frac{1}{4}\right)\right) : 0{,}6$

29 Welche Zahlen sind auf dem Zahlenstrahl markiert?

a)

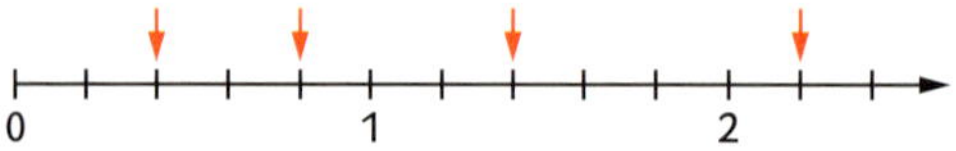

b)

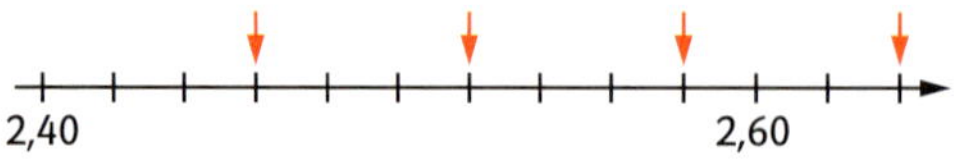

c)

30 Ordne die Zahlen nach ihrer Größe.

a) 0,987; 8,79; 0,798; 9,87; 0,978; 7,98

b) $\frac{3}{8}$; 0,42; $\frac{2}{5}$; $\frac{7}{20}$; 0,36

c) $1\frac{1}{2}$; 1,55; $\frac{15}{11}$; $\frac{11}{15}$

31 Nutze Rechenvorteile und beschreibe dein Vorgehen mit Worten.

a) $12{,}5 - 0{,}26 - 1{,}5 - 0{,}74$

b) $0{,}47 \cdot 34{,}8 + 34{,}8 \cdot 0{,}53$

c) $\left(\frac{3}{4} \cdot \frac{1}{2} - \frac{3}{8} : 1{,}5\right) : 0{,}75$

32 Das Produkt $729 \cdot 591$ hat den Wert 430 839.

a) Bestimme damit das Ergebnis.
$7{,}29 \cdot 5{,}91$
$0{,}0729 \cdot 5910$

b) Kannst du damit auch die Aufgabe $430{,}839 : 5{,}91$ im Kopf berechnen?

c) Woran erkennst du sofort, dass falsch gerechnet wurde?
$3{,}641 \cdot 4{,}321 = 15{,}732762$

33 Erstelle aus den vorgegebenen Zahlen, den Rechenzeichen sowie den Klammern einen Rechenausdruck. Dabei darf jedes Rechenzeichen nur einmal verwendet werden.

: – · +

a) Der Wert soll möglichst groß sein.

12 5 107 43

b) Der Wert soll möglichst klein sein, aber postitiv.

0,5 2,4 4,0 1,5

c) Der Wert des Rechenausdrucks soll möglichst nahe bei der Zahl 1 liegen.

$\frac{4}{5}$ $\frac{5}{6}$ $\frac{1}{2}$ $\frac{1}{4}$

34 Natalie kauft auf dem Markt ein: $1\frac{3}{4}$ kg Tomaten, $\frac{3}{4}$ kg Zwiebeln, $4\frac{1}{2}$ kg Kartoffeln. Der leere Korb wiegt 250 g.
b) Im Sportverein „Blau-Weiß“ sind $\frac{3}{5}$ aller Mitglieder weiblich. $\frac{3}{4}$ der männlichen Mitglieder spielen Fußball. Dies sind 84 Personen. Wie viele Mitglieder sind im Sportverein „Blau-Weiß“?
c) Ein Drittel aller Schüler einer Klasse sind Jungen. Ein Viertel aller Jungen spielt ein Instrument. Von den Mädchen spielt die Hälfte ein Instrument. Welcher Anteil der Klasse spielt kein Instrument?

35 Die Gesamtfläche der Gemeinde Talheim beträgt 1200 ha.
a) Ein Fünftel dieser Fläche ist Wald, $\frac{1}{3}$ davon wiederum Mischwald. Wie groß ist die restliche Waldfläche?
b) Außer der Waldfläche sind 380 ha bebaute Fläche. Der Rest ist Ackerfläche. Wie groß ist der Anteil der Ackerfläche an den 1200 ha Gesamtfläche?
c) Erstelle ein Kreisdiagramm, das die Aufteilung Wald, Ackerfläche und bebaute Flächen darstellt.

36 Die Summe zweier nebeneinander liegender Bausteine ergibt den Wert des darüber liegenden. Vervollständige die Zahlenmauer.
a)

b)

c) Wie muss man die Brüche $\frac{1}{2}$; $\frac{1}{3}$; $\frac{1}{4}$ und $\frac{1}{5}$ in der unteren Reihe einer Zahlenmauer wie in b) anordnen, damit in der Spitze der kleinste Wert entsteht?

Messen und Zahl

37 a) Ermittle das Minimum, das Maximum, die Spannweite und den Mittelwert folgender Liste:
1,85 €; 2,80 €; 0,80 €; 5,25 € und 4,00 €
b) Berechne von den Zahlen 3; 5; 6; 8 und 12 die Differenzen zwischen Mittelwert und Minimum und zwischen Mittelwert und Maximum.
Wie ändern sich diese Differenzen, wenn man 12 weglässt?
c) Die durchschnittliche Größe von Kim, Kai, Tom und Tim beträgt 1,53 m. Kim ist die Kleinste mit 1,46 m, Tim der Größte mit 1,58 m. Tom ist 2 cm größer als Kai. Wie groß sind Kai und Tom?

38 Zwei Basketball-Schulmannschaften, deren Spieler folgende Körpergrößen haben, treffen aufeinander.
Mannschaft A:
1,65 m; 1,60 m; 1,92 m; 1,68 m und 1,70 m.
Mannschaft B:
1,71 m; 1,68 m; 1,66 m; 1,65 m und 1,70 m.
a) Ordne die Spieler jeder Mannschaft nach ihrer Größe.
b) Vergleiche die kleinsten und größten Spieler jeder Mannschaft.
c) Berechne für jede Mannschaft die durchschnittliche Körpergröße.

39 Fabian hat in seinen Klassenarbeiten folgende Noten erzielt:
2,7; 3,3; 1,3; 3,0 und 4,0.
a) Berechne den Durchschnitt auf eine Nachkommaziffer genau.
b) Welcher Durchschnitt ergibt sich, wenn die beste und die schlechteste Note gestrichen werden?
c) Was hätte Fabian in der fünften Klassenarbeit schreiben müssen, um noch eine 2 im Zeugnis zu bekommen?

Daten und Zufall

Raum und Form und Modellieren

40 a) Welche Eckpunkte kommen zusammen, wenn man aus dem Netz den Körper herstellt?

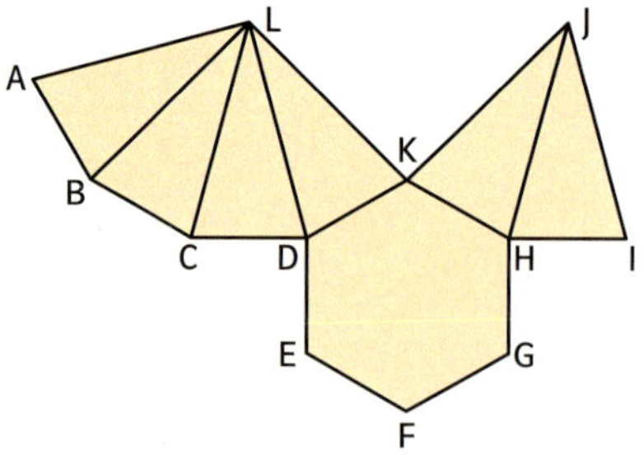

b) Wie viele Klebelaschen müssen am Netz angebracht werden, um ein Sechsecksprisma zusammenkleben zu können?

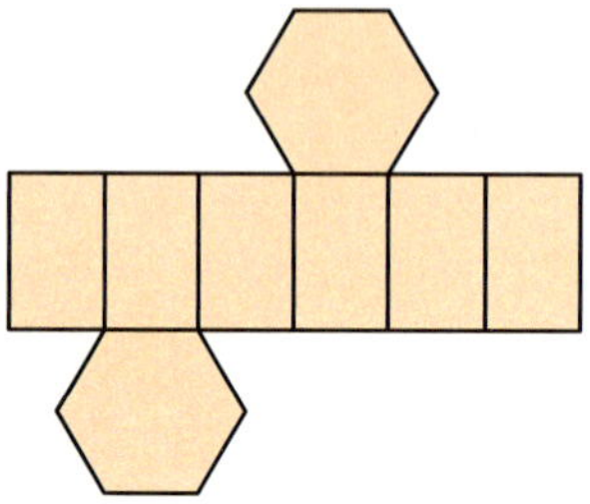

c) Wie viele Klebelaschen sind es beim Netz eines Siebenecks-, Achtecks-, Zwanzigecksprismas? Wie viele Kanten müssen aufgeschnitten werden, um aus dem Körper das Netz zu machen?
Stelle einen Term auf, in dem die Anzahl k der Klebelaschen durch die Anzahl n der Eckpunkte der Grundfläche ausgedrückt wird.

41 a) Zeichne das Dreiecksprisma so, dass die lange Seite des Mantelrechtecks schräg nach hinten zeigt.

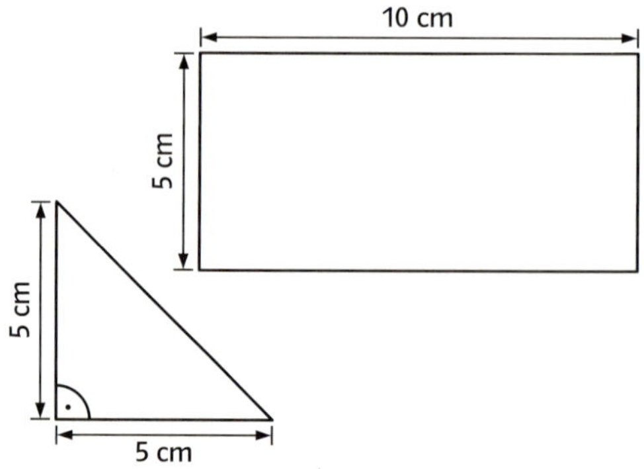

b) Welchen Bruchteil muss man wegnehmen, um aus dem Quader das Fünfecksprisma herzustellen?

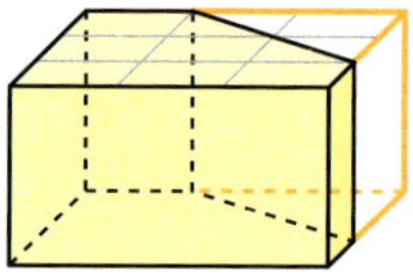

c) Der Würfel ist in drei Richtungen ausgeschachtet. Enthält der Restkörper mehr oder weniger Material als das Vierecksprisma? Begründe deine Antwort.

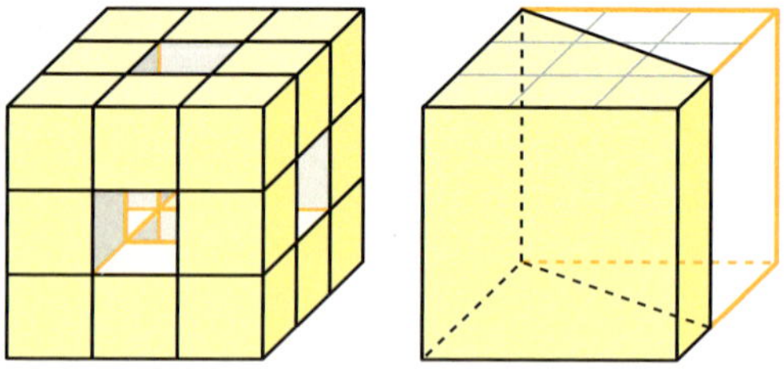

42 a) Zeichne ein Würfelnetz und übertrage den rot eingezeichneten Weg.

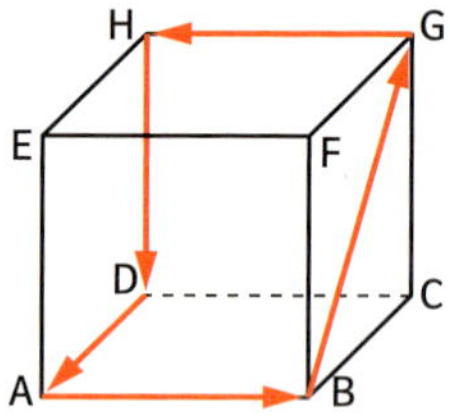

b) Zeichne das Netz maßgerecht und übertrage den roten Weg.

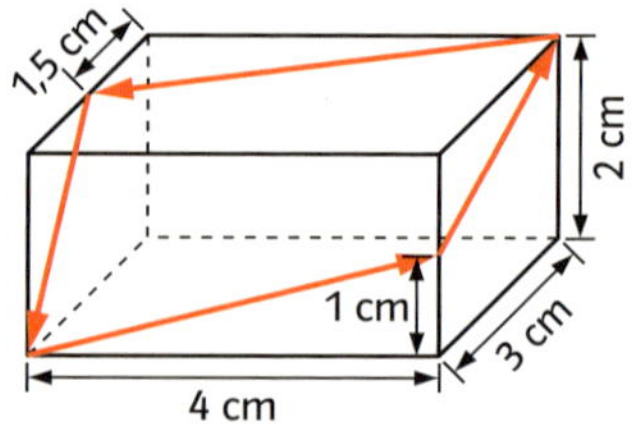

c) Zeichne ein Schrägbild des Würfels mit dem rot eingetragenen Weg.

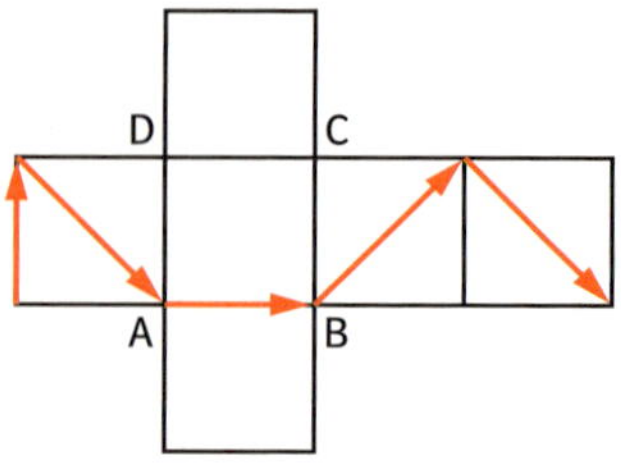

43 a) Bei beiden Netzen fehlt jeweils ein Quadrat.
Welche Körper kannst du herstellen, wenn du das fehlende Quadrat richtig anfügst? Wo lässt es sich anfügen?
Es gibt mehrere Möglichkeiten.

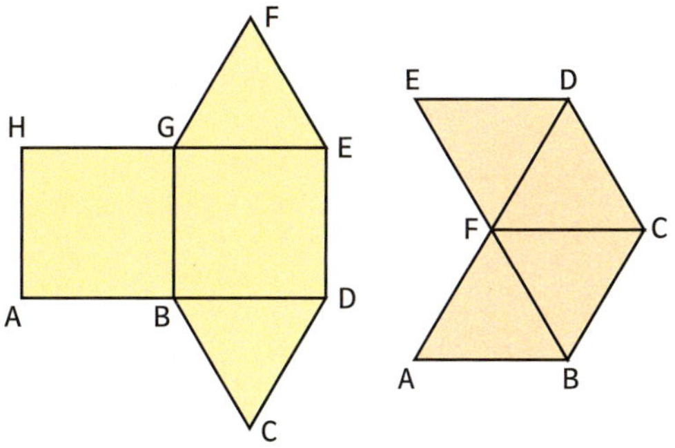

b) Beschreibe einen Körper, den man aus vier Quadraten und acht Dreiecken herstellen kann. Mache eine Skizze.
c) Auf das vordere Mantelquadrat des Dreiecksprismas ist eine Pyramide geklebt. Stell dir vor, auch auf die anderen Mantelquadrate seien Pyramiden geklebt. Wie viele Kanten und Flächen hat der Körper?

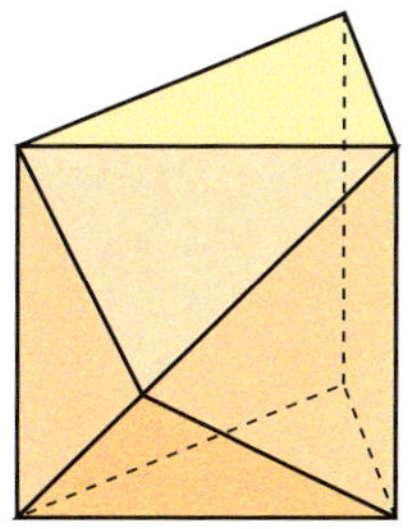

44 a) Stelle Terme zur Berechnung von Umfang und Flächeninhalt der Flächen A und B auf. Vergleiche.

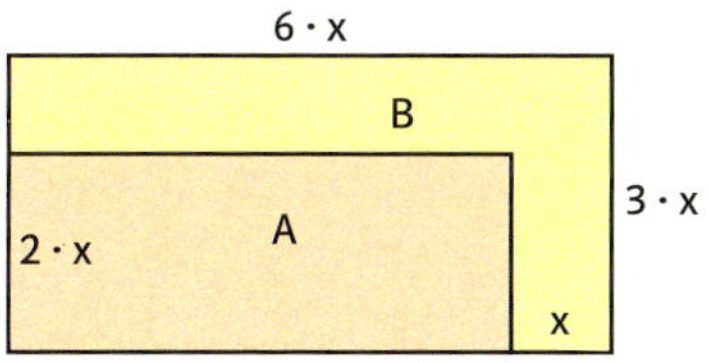

b) Ein Rechteck ist doppelt so lang wie breit. Bezeichne die kurze Seite mit a und stelle Terme zur Berechnung von Umfang und Flächeninhalt auf.
c) Ein Würfel ist aus Stäbchen der Länge x aufgebaut. Stelle einen Term zur Berechnung der Kantensumme auf. Wie lang ist ein Stäbchen, wenn alle Kanten zusammen 180 cm lang sind?

45 a) Setze in den Term $4 \cdot (2 \cdot x - 3 \cdot y)$ für $x = 8$ und $y = 5$ ein. Berechne.
b) Für welche Werte von a und b gilt $3a - 4b = 5$? Du darfst natürliche Zahlen zwischen 0 und 5 einsetzen.
c) Welche natürlichen Zahlen m und n kann man in den Term $6 \cdot m + 5 \cdot n$ einsetzen, sodass der Wert 100 entsteht? Es gibt mehrere Lösungen.

46 Der Quader ist doppelt so groß wie der Würfel.

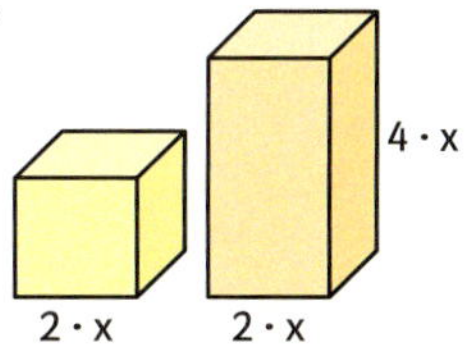

a) Stelle Terme für die Berechnung der Kantensumme und der Oberfläche auf.
b) Vergleiche die Kantensumme K der beiden Körper miteinander.
c) Ein weiterer Quader besteht aus 5 aufeinander gesetzten Würfeln. Bestimme einen Term zur Berechnung der Kantensumme und der Oberfläche.

47 Löse die Gleichungen.
a) $2 \cdot x - 4 = 18$; $2 \cdot (x - 4) = 18$
b) $\frac{x}{2} - 4 = 18$; $\frac{1}{2} \cdot (x - 4) = 18$
c) $2 \cdot x - 4 = x$; $2 \cdot (x - 4) = x$

48 a) Wenn man die Zahl verdoppelt und 3 addiert, erhält man 13.
Wie heißt die Zahl?
b) Wenn man den dritten Teil einer Zahl verdoppelt, erhält man 6.
c) Vom Dreifachen einer Zahl wird 3 subtrahiert. Man erhält das Doppelte der Zahl.

Modellieren und Zahl

Modellieren und Zahl

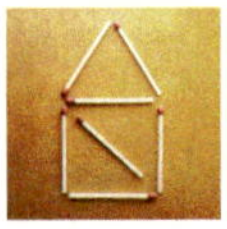

49 Ein Wechselgeldautomat in einem Parkhaus wechselt Geldscheine auf Wunsch in Münzen zu 0,50 €; 1 € und 2 € um.
a) Tobias lässt einen 20-€-Schein in 11 Münzen wechseln.
b) Sabine lässt einen 10-€-Schein in 9 Münzen umwechseln.
c) Denke dir selber Münzkombinationen für 5-€- und 10-€-Scheine aus.

50 Ein 2-Euro-Stück wiegt etwa 10 g.
a) Wie viele Münzen sind in einem 50-kg-Sack?
b) Wie viele 2-Euro-Stücke ergeben eine Million Euro?
Wie schwer sind die 2-Euro-Münzen, die 1 Million Euro ergeben?
c) Schätze zuerst und überschlage dann so genau wie möglich. Wie schwer wird dein Mäppchen, wenn es mit 2-Euro-Münzen voll gefüllt wäre? Beschreibe deine Überlegungen.

51 a) Timo und Eva holen Angebote für den Jahresausflug in einen Freizeitpark ein. Für welches Angebot sollten sie sich entscheiden?

b) Die Klassen 6 a und 6 b machen gemeinsam eine Busfahrt. Für alle 60 Schülerinnen und Schüler kostet der Bus 750 €.
Die Klasse 6 a bezahlt 350 €.
Wie viele Schülerinnen und Schüler sind in der 6 b?
c) Stefanie hat bereits von jedem Schüler der Klasse denselben Geldbetrag eingesammelt. In ihrer Kasse sind 197 €.
Warum wird Stefanie stutzig?

52 Johannes hat 10 €. Er kauft 6 Farbstifte, das Stück für 1,20 €.
a) Wie viele Hefte könnte er noch kaufen, wenn ein Heft 0,80 € kostet?
b) Johannes möchte zu den 6 Farbstiften noch 5 Bleistifte kaufen. Was darf dann ein Bleistift höchstens kosten?
c) Wie ändern sich die Ergebnisse von a) und b), wenn er nur 4 Farbstifte kauft?

53 a) Der PKW von Frau Maurer braucht durchschnittlich $6\frac{1}{2}$ Liter auf 100 km.
Ihre Verwandten wohnen 350 km entfernt.
Reicht eine Tankfüllung von 45 Litern für die Hin- und Rückfahrt?
b) Das Auto von Familie Schuster braucht im Stadtverkehr durchschnittlich 10,5 Liter auf 100 km, auf der Autobahn nur 7,5 Liter.
1 Liter Benzin kostet 1,20 €. Um wie viel Euro sind 500 km Stadtverkehr teurer?
c) Herr Wanner ist eine Strecke von 440 km mit einer Durchschnittsgeschwindigkeit von 80 km/h gefahren. Nach zwei Stunden macht er eine halbe Stunde Pause.
Wie lange war er unterwegs? Welche Strecke hat er nach $3\frac{1}{4}$ Stunden zurückgelegt?

54 a) Ergänze die beiden Tabellen.

Anzahl	5	10	15	20	25
Preis in €	7,50	15,00	22,50		

Anzahl	5	10	15	20	25
Preis in €	10,00	15,00	20,00		

b) Zeichne beide Schaubilder in ein Quadratgitter.
c) Beschreibe für beide Beispiele passende Sachsituationen.

55 Ein Schlüsseldienst berechnet neben den Reparaturkosten auch Fahrtkosten.
Die ersten 10 km kosten pauschal 5 €.
Bis 50 km kostet jeder weitere Kilometer 40 Cent, darüber hinaus 30 Cent.
a) Zeichne das Schaubild bis 100 km.
b) Lies ab, wie viel 25 km; 40 km; 75 km kosten.
c) In der Rechnung von Frau Lemke sind 25 € Fahrtkosten aufgeführt.

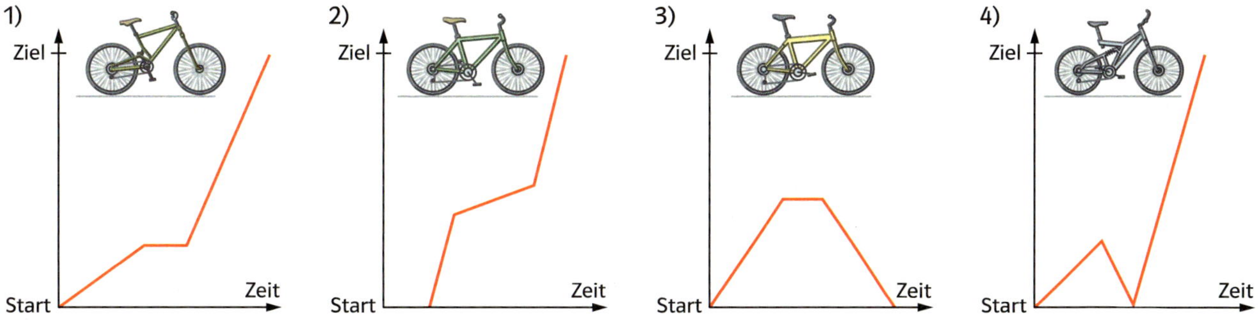

56 Schaubilder erzählen Geschichten.
a) Welches der Schaubilder passt zur Aussage?
A Meike fährt los,
macht eine Pause
und fährt wieder zurück.
B Manuel fährt langsam los,
macht eine Pause
und fährt schnell weiter.
C Merlin fährt ein Stück,
fährt kurz zurück und fährt dann
schneller, um die anderen einzuholen.
D Mara fährt etwas später als die anderen los. Sie legt zunächst ein hohes Tempo vor, wird dann etwas langsamer, um am Ende wieder das Anfangstempo zu erreichen.
b) Schreibe zu dem Schaubild eine passende Geschichte.

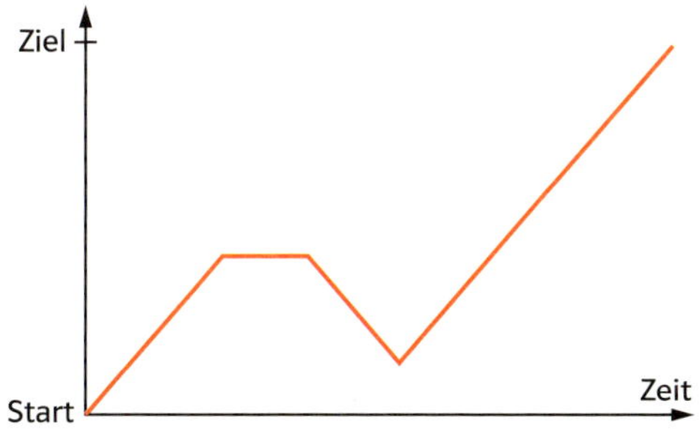

c) Zeichne ein Schaubild zu folgender Geschichte:
„Max und Moritz machen gemeinsam eine Radtour. Max kommt zu spät zur Abfahrt und muss Moritz, der bereits losgefahren ist, nachfahren. Als er ihn einholt, beschließen sie eine kurze Pause zu machen. Anschließend fahren sie in gemütlichem Tempo weiter, Max immer knapp vor Moritz."

57 Miriam und Jan haben gemessen, um wie viel sich eine Feder ausdehnt, wenn man ein Gewichtsstück anhängt.
Ihre Messergebnisse haben sie in einer Tabelle festgehalten.

Gewicht in g	100	200	300	500	750	1000
Ausdehnung in cm	0,8	1,6	2,4	4,0	6,0	8,0

a) Stelle das Ergebnis in einem Schaubild dar. Beschreibe.
b) Hier siehst du das Schaubild einer anderen Feder.

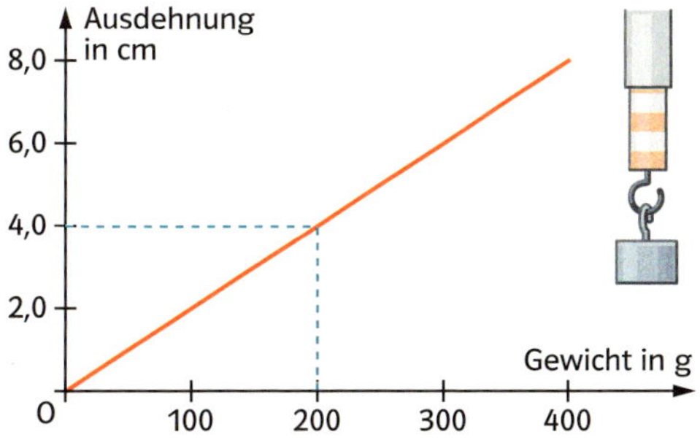

Welche Längenausdehnung wird die Feder für 250 g haben?
Welches Gewicht bewirkt eine Ausdehnung von 7,5 cm?
c) Die Tabelle zeigt die Messergebnisse einer anderen Feder.

Gewicht in g	100	150	200	300	400	520
Ausdehnung in cm	1,6	2,4	3,4	4,8	6,4	8,0

Sind alle eingetragenen Werte korrekt? Wo könnten sich Fehler eingeschlichen haben? Zeichne ein Schaubild mit korrigierten Werten.

Teilbarkeit

31 : 5 ?

teilbar durch

	2	3	5	6	9
75					
96					
144					
180					
225					
243					
270					
324					
444					
555					

1 Setze ein: „teilt" oder „teilt nicht".

a) 7 □ 63; 9 □ 82 b) 4 □ 82; 6 □ 96 c) 5 □ 95; 7 □ 84
d) 11 □ 131; 13 □ 91 e) 14 □ 84; 12 □ 121 f) 16 □ 96; 12 □ 144

2 Bestimme die Teilermengen.

a) T_{36} b) T_{39} c) T_{45} d) T_{72} e) T_{84}

3 Bestimme die Vielfachenmengen.

a) V_8 b) V_{19} c) V_{22} d) V_{16} e) V_{51}

4 Welche Zahlen sind durch 2, 5, 10 teilbar?

a) 56; 80; 206; 305; 700; 1230; 3456
b) 34 567; 90 000; 345 678; 23 985

5 Welche der Zahlen sind durch 2 und durch 3 teilbar?

a) 54 b) 57 c) 78 d) 82
e) 126 f) 144 g) 186 h) 194
i) 264 j) 352 k) 498 l) 662

6 Suche die Zahlen, die durch 3, aber nicht durch 9 teilbar sind.

a) 414 b) 2703 c) 9711
d) 92 748 e) 83 654 f) 76 503
g) 56 016 h) 41 914 i) 27 324

7 Bestimme im Kopf den ggT von

a) 15 und 35. b) 12 und 28.
c) 18 und 36. d) 11 und 15.
e) 24 und 32. f) 27 und 45.

8 Welche Zahlen sind Primzahlen?

a) 31; 51; 61 b) 53; 63; 73
c) 77; 87; 97 d) 29; 49; 59

9 Durch welche der Zahlen 2, 3, 4, 5, 9, 10 sind die Zahlen teilbar?

a) 616 b) 818 c) 920 d) 1027
e) 3430 f) 5642 g) 7755 h) 9872
i) 9980 j) 12 396 k) 76 111 l) 89 154

Benutze die Teilbarkeitsregeln.

Brüche vergleichen

$\frac{1}{4}$? $\frac{2}{8}$

kürze wenn möglich mit

	2	3	4	5	6
$\frac{24}{48}$					
$\frac{30}{90}$					
$\frac{60}{72}$					
$\frac{90}{120}$					

erweitere mit

	2	5	7	12	15
$\frac{2}{7}$					
$\frac{3}{8}$					
$\frac{5}{9}$					
$\frac{4}{11}$					

10 Veranschauliche die Brüche mithilfe von Strecken mit geeigneter Länge.

a) $\frac{2}{3}$; $\frac{5}{6}$; $\frac{9}{12}$ b) $\frac{1}{5}$; $\frac{3}{10}$; $\frac{4}{15}$ c) $\frac{1}{11}$; $\frac{5}{22}$

11 a) Gib in g an: $\frac{1}{2}$kg; $\frac{1}{10}$kg; $\frac{1}{100}$kg; $\frac{1}{20}$kg.
b) Gib in cm an: $\frac{1}{2}$m; $\frac{1}{4}$m; $\frac{1}{5}$m; $\frac{1}{25}$m.
c) Gib in dm² an: $\frac{1}{4}$m²; $\frac{1}{5}$m²; $\frac{1}{20}$m²; $\frac{1}{25}$m².
d) Gib in m² an: $\frac{1}{4}$a; $\frac{1}{2}$a; $\frac{1}{8}$a; $1\frac{1}{2}$a.
e) Gib in min an: $\frac{1}{4}$h; $\frac{1}{2}$h; $\frac{3}{4}$h; $1\frac{1}{2}$h; $2\frac{3}{4}$h.

12 Schreibe als Bruchteile in der nächstgrößeren Einheit.

a) 1 cm b) 200 m c) 750 kg d) 5 m²
e) 200 g f) 20 s g) 8 h h) 8 Mon.

13 Berechne im Kopf.

a) $\frac{1}{2}$ von: 16 m; 40 kg; 200 €; 96 t
b) $\frac{1}{4}$ von: 12 m; 600 g; 72 ha; 96 h
c) $\frac{1}{5}$ von: 50 ct; 10 €; 15 €; 60 €
d) $\frac{3}{4}$ von: 8 t; 36 kg; 44 m; 56 €

14 Erweitere die Brüche im Kopf.

a) $\frac{1}{5}$ mit 9; 12; 13; 15 b) $\frac{1}{7}$ mit 10; 12; 14
c) $\frac{1}{9}$ mit 4; 5; 6; 8 d) $\frac{1}{12}$ mit 5; 7; 10; 11

15 Erweitere. Bestimme die fehlende Zahl.

a) $\frac{2}{3} = \frac{\square}{9}$ b) $\frac{3}{5} = \frac{\square}{20}$ c) $\frac{7}{9} = \frac{\square}{72}$
d) $\frac{2}{5} = \frac{10}{\square}$ e) $\frac{4}{9} = \frac{24}{\square}$ f) $\frac{7}{12} = \frac{84}{\square}$

16 Ergänze die fehlenden Zahlen.

a) $\frac{21}{27} = \frac{\square}{9}$ b) $\frac{15}{25} = \frac{\square}{5}$ c) $\frac{16}{64} = \frac{\square}{16}$
d) $\frac{15}{18} = \frac{5}{\square}$ e) $\frac{25}{45} = \frac{5}{\square}$ f) $\frac{42}{91} = \frac{6}{\square}$

17 Kürze vollständig.

a) $\frac{3}{6}$; $\frac{5}{25}$; $\frac{7}{28}$; $\frac{13}{39}$ b) $\frac{4}{32}$; $\frac{9}{63}$; $\frac{11}{66}$; $\frac{15}{45}$

18 Ordne die Brüche nach der Größe.

a) $\frac{1}{9}$; $\frac{1}{4}$; $\frac{1}{3}$; $\frac{1}{2}$ b) $\frac{3}{17}$; $\frac{9}{17}$; $\frac{2}{17}$; $\frac{10}{17}$

19 Setze > oder < im Heft passend ein.

a) $\frac{2}{3}$ □ $\frac{5}{6}$; $\frac{3}{4}$ □ $\frac{5}{8}$ b) $\frac{5}{6}$ □ $\frac{13}{18}$; $\frac{11}{12}$ □ $\frac{2}{3}$ c) $\frac{4}{5}$ □ $\frac{17}{20}$; $\frac{11}{27}$ □ $\frac{5}{9}$

20 Rechne im Kopf.

a) $\frac{1}{10}+\frac{3}{10}$ b) $\frac{5}{11}+\frac{5}{11}$ c) $\frac{5}{14}+\frac{3}{14}$
$\frac{2}{7}+\frac{3}{7}$ $\frac{8}{15}+\frac{6}{15}$ $\frac{11}{18}+\frac{5}{18}$
$\frac{7}{12}+\frac{4}{12}$ $\frac{11}{20}+\frac{9}{20}$ $\frac{7}{25}+\frac{12}{25}$
d) $\frac{3}{4}-\frac{1}{4}$ e) $\frac{6}{8}-\frac{1}{8}$ f) $\frac{10}{12}-\frac{7}{12}$
$\frac{4}{5}-\frac{3}{5}$ $\frac{7}{9}-\frac{4}{9}$ $\frac{9}{11}-\frac{6}{11}$
$\frac{6}{7}-\frac{5}{7}$ $\frac{7}{10}-\frac{4}{10}$ $\frac{11}{15}-\frac{7}{15}$

21 Rechne und kürze.

a) $\frac{1}{6}+\frac{2}{6}$ b) $\frac{7}{12}+\frac{1}{12}$ c) $\frac{5}{12}-\frac{1}{12}$
$\frac{2}{10}+\frac{3}{10}$ $\frac{3}{16}+\frac{9}{16}$ $\frac{19}{20}-\frac{3}{20}$
d) $\frac{16}{25}-\frac{11}{25}$ e) $\frac{19}{50}+\frac{21}{50}$ f) $\frac{73}{100}-\frac{37}{100}$
$\frac{39}{40}-\frac{3}{40}$ $\frac{71}{84}-\frac{15}{84}$ $\frac{55}{96}+\frac{29}{96}$

22 Addiere und gib das Ergebnis in gemischter Schreibweise an.

a) $\frac{4}{7}+\frac{4}{7}$ b) $\frac{4}{9}+\frac{7}{9}$ c) $\frac{8}{13}+\frac{11}{13}$
$\frac{10}{11}+\frac{7}{11}$ $\frac{8}{11}+\frac{6}{11}$ $\frac{18}{29}+\frac{19}{29}$

23 Rechne aus.

a) $3\frac{4}{5}+\frac{1}{5}$ b) $5\frac{7}{10}+\frac{3}{10}$
c) $\frac{5}{8}+1\frac{7}{8}$ d) $6\frac{5}{12}+10\frac{11}{12}$
e) $12-3\frac{3}{4}$ f) $7-4\frac{7}{9}$
g) $4\frac{1}{5}-\frac{2}{5}$ h) $6\frac{3}{10}-\frac{7}{10}$

24 Berechne. Kürze, wenn möglich.

a) $\frac{1}{3}+\frac{1}{6}$ b) $\frac{1}{8}+\frac{1}{6}$ c) $\frac{1}{4}+\frac{2}{5}$
$\frac{1}{6}+\frac{1}{4}$ $\frac{1}{5}+\frac{1}{20}$ $\frac{1}{6}+\frac{1}{10}$
d) $\frac{1}{2}-\frac{1}{4}$ e) $\frac{1}{4}-\frac{1}{8}$ f) $\frac{1}{4}-\frac{1}{12}$
$\frac{1}{3}-\frac{1}{6}$ $\frac{1}{3}-\frac{1}{9}$ $\frac{1}{2}-\frac{1}{8}$

25 Berechne.

a) $\frac{1}{6}+\frac{5}{12}$ b) $\frac{5}{12}+\frac{1}{3}$ c) $\frac{2}{5}+\frac{2}{15}$
$\frac{5}{14}+\frac{4}{7}$ $\frac{2}{3}+\frac{2}{9}$ $\frac{4}{15}+\frac{2}{3}$
d) $\frac{7}{8}-\frac{3}{4}$ e) $\frac{5}{6}-\frac{2}{3}$ f) $\frac{15}{16}-\frac{5}{8}$
$\frac{11}{12}-\frac{3}{4}$ $\frac{11}{15}-\frac{3}{5}$ $\frac{13}{18}-\frac{2}{3}$

26 Suche zuerst ein gemeinsames Vielfaches der Nenner. Erweitere und addiere.

a) $\frac{3}{8}+\frac{5}{12}$ b) $\frac{4}{21}+\frac{3}{14}$ c) $\frac{5}{24}+\frac{7}{36}$
$\frac{7}{12}+\frac{7}{18}$ $\frac{7}{12}+\frac{4}{9}$ $\frac{2}{9}+\frac{11}{15}$
d) $\frac{8}{15}+\frac{3}{20}$ e) $\frac{7}{12}+\frac{4}{15}$ f) $\frac{11}{36}+\frac{19}{48}$
$\frac{13}{18}+\frac{17}{24}$ $\frac{9}{20}+\frac{15}{16}$ $\frac{10}{21}+\frac{18}{35}$

27 Bestimme einen gemeinsamen Nenner und berechne.

a) $\frac{1}{3}-\frac{1}{4}$ b) $\frac{4}{5}-\frac{3}{4}$ c) $\frac{1}{5}-\frac{1}{8}$
$\frac{1}{2}-\frac{1}{5}$ $\frac{1}{5}-\frac{1}{7}$ $\frac{1}{6}-\frac{1}{9}$

28 Rechne wie im Beispiel:

$5\frac{3}{4}+3\frac{2}{5}=5\frac{15}{20}+3\frac{8}{20}=8\frac{23}{20}=9\frac{3}{20}$

a) $1\frac{3}{5}+\frac{7}{10}$ b) $2\frac{2}{3}+3\frac{4}{5}$ c) $3\frac{5}{8}+6\frac{7}{12}$
$1\frac{1}{4}+\frac{7}{8}$ $4\frac{3}{5}+8\frac{5}{6}$ $7\frac{5}{7}+6\frac{4}{9}$
d) $7\frac{2}{3}+6\frac{1}{2}+9\frac{1}{2}$ e) $2\frac{1}{3}+3\frac{1}{9}+1\frac{5}{18}$

29 Rechne wie im Beispiel:

$4\frac{1}{2}-2\frac{3}{5}=4\frac{5}{10}-2\frac{6}{10}=3\frac{15}{10}-2\frac{6}{10}=1\frac{9}{10}$

a) $1\frac{2}{3}-\frac{3}{4}$ b) $3\frac{2}{9}-2\frac{3}{5}$ c) $12\frac{5}{9}-7\frac{3}{5}$
$1\frac{2}{5}-\frac{1}{2}$ $8\frac{1}{7}-5\frac{3}{5}$ $10\frac{3}{14}-9\frac{1}{4}$

30 Die Pyramide ist aus „Differenzbausteinen“ aufgebaut. Ergänze.

a)

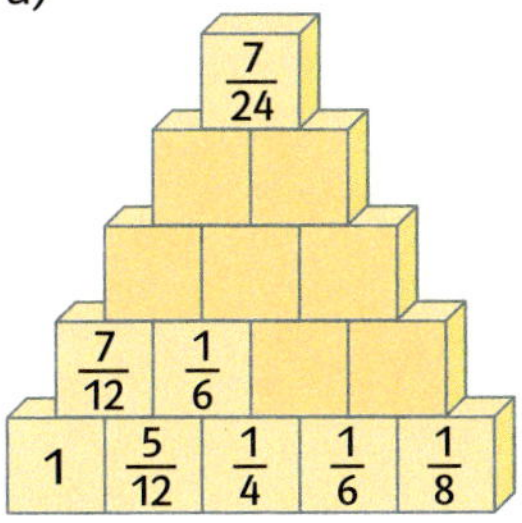

b)

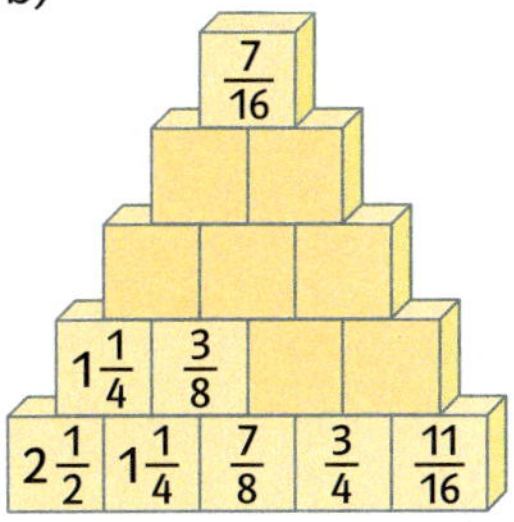

31 Nutze Rechenvorteile.

a) $\frac{3}{4}+\frac{3}{8}+\frac{1}{4}$ b) $\frac{5}{8}+\frac{1}{2}+\frac{3}{8}$
c) $\frac{5}{6}+\frac{2}{3}+\frac{1}{6}$ d) $\frac{4}{9}+\frac{1}{7}+\frac{5}{9}$
e) $\frac{3}{10}+\frac{1}{2}+\frac{2}{10}$ f) $\frac{4}{15}+\frac{1}{3}+\frac{1}{15}$

Addieren und Subtrahieren

$\frac{1}{2}+\frac{2}{3}$

+	$\frac{1}{2}$	$\frac{2}{3}$	$\frac{3}{4}$	$\frac{4}{5}$
$\frac{1}{2}$				
$\frac{1}{5}$				
$\frac{5}{6}$				
$\frac{1}{7}$				
$\frac{5}{7}$				
$\frac{3}{8}$				

−	$\frac{1}{7}$	$\frac{2}{8}$	$\frac{1}{5}$	$\frac{4}{9}$
$\frac{2}{4}$				
$\frac{3}{5}$				
$\frac{6}{7}$				
$\frac{5}{8}$				
$\frac{7}{8}$				
$\frac{6}{9}$				

Multiplizieren und Dividieren

$\frac{2}{3} \cdot \frac{1}{8}$

$\cdot$	$\frac{2}{5}$	$\frac{4}{7}$	$\frac{5}{9}$	$\frac{8}{11}$
$\frac{5}{2}$				
$\frac{7}{8}$				
$\frac{16}{5}$				
$\frac{1}{40}$				
$\frac{3}{13}$				

$:$	$\frac{3}{4}$	$\frac{4}{3}$	5	$3\frac{2}{3}$
$\frac{1}{3}$				
$\frac{3}{7}$				
$\frac{5}{8}$				
$\frac{10}{11}$				
$2\frac{1}{3}$				

32 Multipliziere im Kopf.

a) $5 \cdot \frac{1}{9}$ b) $6 \cdot \frac{1}{11}$ c) $2 \cdot \frac{3}{8}$ d) $4 \cdot \frac{3}{13}$
e) $2 \cdot \frac{2}{3}$ f) $7 \cdot \frac{7}{9}$ g) $8 \cdot \frac{2}{3}$ h) $7 \cdot \frac{3}{8}$

33 Wie groß ist das 24-Fache von

$\frac{1}{6}$; $\frac{3}{8}$; $\frac{10}{11}$; $\frac{13}{15}$; $\frac{19}{30}$; $\frac{23}{72}$?

Wie groß ist das 100-Fache von

$\frac{1}{2}$; $\frac{3}{4}$; $\frac{5}{4}$; $\frac{19}{20}$; $\frac{41}{50}$; $1\frac{1}{2}$?

34 Kürze zuerst, wenn möglich.

a) $6 \cdot \frac{1}{3}$ b) $8 \cdot \frac{3}{4}$ c) $6 \cdot \frac{2}{3}$ d) $4 \cdot \frac{1}{8}$
e) $4 \cdot \frac{3}{11}$ f) $\frac{7}{8} \cdot 4$ g) $10 \cdot \frac{11}{30}$ h) $6 \cdot \frac{5}{12}$

35 Rechne im Kopf.

a) $\frac{1}{3} \cdot \frac{1}{4}$; $\frac{1}{4} \cdot \frac{1}{5}$ b) $\frac{1}{2} \cdot \frac{2}{3}$; $\frac{2}{3} \cdot \frac{3}{4}$ c) $\frac{4}{7} \cdot \frac{4}{9}$; $\frac{7}{5} \cdot \frac{4}{5}$

36 Rechne. Kürze, wenn möglich.

a) $\frac{3}{2} \cdot \frac{5}{4}$; $\frac{6}{7} \cdot \frac{9}{8}$; $\frac{10}{7} \cdot \frac{7}{5}$
b) $\frac{12}{5} \cdot \frac{8}{15}$; $\frac{7}{8} \cdot \frac{16}{21}$; $\frac{8}{25} \cdot \frac{15}{4}$
c) $\frac{7}{11} \cdot \frac{22}{14}$; $\frac{16}{17} \cdot \frac{4}{3}$; $\frac{36}{15} \cdot \frac{10}{24}$
d) $\frac{21}{52} \cdot \frac{4}{35}$; $\frac{34}{21} \cdot \frac{14}{51}$; $\frac{12}{44} \cdot \frac{55}{60}$
e) $\frac{7}{25} \cdot \frac{15}{28}$; $\frac{18}{35} \cdot \frac{7}{24}$; $\frac{39}{27} \cdot \frac{36}{13}$
f) $\frac{42}{45} \cdot \frac{18}{28}$; $\frac{30}{17} \cdot \frac{34}{5}$; $\frac{27}{55} \cdot \frac{40}{9}$
g) $\frac{19}{81} \cdot \frac{27}{38}$; $\frac{24}{66} \cdot \frac{11}{48}$; $\frac{49}{12} \cdot \frac{60}{63}$
h) $\frac{25}{13} \cdot \frac{39}{125}$; $\frac{56}{9} \cdot \frac{7}{32}$; $\frac{69}{60} \cdot \frac{48}{23}$

37 Ersetze das Kästchen durch den entsprechenden Bruch.

a) $\frac{8}{15} = \frac{4}{5} \cdot \square$ b) $\frac{9}{20} = \frac{3}{4} \cdot \square$ c) $\frac{10}{27} = \square \cdot \frac{2}{3}$
d) $\frac{3}{14} = \square \cdot \frac{3}{7}$ e) $\frac{10}{21} = \frac{2}{3} \cdot \square$ f) $\frac{20}{99} = \square \cdot \frac{4}{9}$

38 Rechne im Kopf.

a) $\frac{4}{5}:2$; $\frac{6}{11}:2$; $\frac{10}{13}:2$ b) $\frac{9}{10}:3$; $\frac{12}{14}:3$; $\frac{15}{19}:3$
c) $\frac{6}{7}:6$; $\frac{18}{20}:6$; $\frac{30}{37}:6$ d) $\frac{1}{2}:3$; $\frac{1}{3}:4$; $\frac{1}{4}:5$
e) $\frac{3}{7}:4$; $\frac{3}{5}:4$; $\frac{5}{8}:3$ f) $\frac{2}{5}:4$; $\frac{3}{8}:4$; $\frac{3}{8}:5$; $\frac{7}{9}:4$

39 Achte auf das Kürzen.

a) $\frac{3}{4}:3$ b) $\frac{3}{4}:6$ c) $\frac{3}{4}:18$ d) $\frac{6}{11}:9$
e) $\frac{6}{7}:2$ f) $\frac{6}{7}:12$ g) $\frac{8}{7}:12$ h) $\frac{6}{11}:18$
i) $\frac{9}{11}:27$ j) $\frac{3}{4}:60$ k) $\frac{12}{15}:60$ l) $\frac{36}{39}:72$

40 Dividiere. Achte auf das Kürzen.

a) $\frac{3}{5}:\frac{1}{5}$; $\frac{4}{5}:\frac{2}{3}$ b) $\frac{1}{6}:\frac{2}{3}$; $\frac{1}{3}:\frac{3}{4}$ c) $\frac{3}{8}:\frac{4}{5}$; $\frac{5}{6}:\frac{1}{5}$ d) $\frac{1}{2}:\frac{3}{4}$; $\frac{3}{4}:\frac{8}{9}$
e) $\frac{4}{5}:\frac{3}{2}$; $\frac{4}{9}:\frac{8}{11}$ f) $\frac{3}{8}:\frac{4}{5}$; $\frac{5}{8}:\frac{7}{6}$ g) $\frac{5}{12}:\frac{15}{8}$; $\frac{9}{14}:\frac{3}{7}$ h) $\frac{10}{21}:\frac{15}{14}$; $\frac{21}{16}:\frac{7}{24}$

41 Dividiere die ganzen Zahlen wie im Beispiel.

$5:\frac{1}{6} = 5 \cdot \frac{6}{1} = \frac{30}{1} = 30$

a) $7:\frac{2}{5}$; $5:\frac{3}{4}$ b) $3:\frac{6}{7}$; $6:\frac{8}{7}$ c) $14:\frac{12}{7}$; $18:\frac{9}{13}$ d) $10:\frac{3}{13}$; $10:\frac{6}{13}$

42 Dividiere. Was fällt dir auf?

a) $1:\frac{10}{3}$; $1:\frac{15}{7}$; $1:\frac{20}{19}$; $1:\frac{25}{23}$; $1:\frac{36}{31}$
b) $1:\frac{1}{6}$; $1:\frac{1}{15}$; $1:\frac{1}{62}$; $1:\frac{1}{95}$; $1:\frac{1}{101}$

43 Bestimme Zähler oder Nenner.

a) $\frac{7}{9} \cdot \frac{\square}{35} = \frac{1}{5}$ b) $\frac{3}{7} \cdot \frac{10}{\square} = \frac{10}{49}$
c) $\frac{\square}{4} \cdot \frac{32}{39} = \frac{8}{13}$ d) $\frac{8}{\square} \cdot \frac{12}{5} = \frac{32}{5}$

Gemischte Aufgaben

x+−·:x

x( )x

44 Berechne vorteilhaft.

a) $\frac{1}{2} \cdot \frac{2}{3} \cdot \frac{1}{5} \cdot \frac{5}{6}$ b) $\frac{4}{5} \cdot \frac{3}{4} \cdot \frac{7}{8} \cdot \frac{3}{7}$
c) $\frac{1}{7} \cdot \frac{4}{3} \cdot \frac{3}{8} \cdot \frac{7}{5}$ d) $\frac{5}{2} \cdot \frac{4}{9} \cdot \frac{3}{4} \cdot \frac{11}{5}$

45 Berechne und vergleiche die Ergebnisse.

a) $\frac{3}{4}:\frac{2}{9}$ und $\frac{2}{9}:\frac{3}{4}$ b) $\frac{4}{7}:\frac{8}{5}$ und $\frac{8}{5}:\frac{4}{7}$
c) $\frac{10}{11}:\frac{5}{2}$ und $\frac{5}{2}:\frac{10}{11}$ d) $\frac{18}{7}:\frac{9}{7}$ und $\frac{9}{7}:\frac{18}{7}$

46 Wende die Rechengesetze an.

a) $\frac{1}{3} \cdot \frac{2}{5} + \frac{1}{3} \cdot \frac{1}{5}$ b) $3 \cdot \frac{3}{8} + \frac{1}{8} \cdot 3$ c) $\frac{7}{8} \cdot 19 - \frac{7}{8} \cdot 3$
d) $\frac{1}{2} \cdot \left(\frac{2}{3} + \frac{2}{5}\right)$ e) $\frac{1}{4} \cdot \left(\frac{8}{5} + \frac{8}{15}\right)$ f) $\frac{2}{3} \cdot \left(\frac{3}{8} - \frac{3}{16}\right)$

47 Berechne.

a) $6 - \frac{1}{9} \cdot \frac{2}{7}$ b) $\frac{5}{8} + \frac{7}{8}:\frac{1}{4}$ c) $\frac{8}{5} - \frac{2}{3}:\frac{7}{15}$
d) $\frac{2}{5} \cdot \frac{3}{4} - \frac{1}{4}:\frac{5}{2}$ e) $\frac{1}{3}:\frac{4}{5} - \frac{1}{2}:\frac{4}{3}$ f) $\frac{5}{7}:\frac{10}{11} + \frac{3}{8} \cdot \frac{4}{7}$

48 Zeichne eine Stellenwerttafel und trage folgende Dezimalzahlen ein.

a) 39,86 b) 526 c) 412,541
d) 0,0781 e) 9,725 f) 0,906

49 Schreibe als Bruch oder gemischte Zahl.

a)	b)	c)
0,3	0,09	0,003
0,7	0,008	0,01
0,1	0,34	15,45
2,3	6,002	8,005
d)	**e)**	**f)**
0,8	0,38	3,5
0,09	0,472	4,82
0,004	0,028	15,9
0,0005	0,0101	23,072

50 Schreibe die Größen ohne Komma in einer anderen Maßeinheit.

a) 2,52 €; 17,86 € b) 3,20 €; 0,75 € c) 26,4 m; 13,8 m
d) 0,45 m; 17,638 km e) 2,456 kg; 3,09 kg f) 7,007 t; 3,50 t

51 Setze das Zeichen < oder > ein.

a) 4,96 $\square$ 21,87 b) 3,94 $\square$ 2,987
c) 20,4 $\square$ 20,3 d) 10,767 $\square$ 10,77
e) 7,98 $\square$ 7,899 f) 0,321 $\square$ 0,312
g) 0,05 $\square$ 0,006 h) 3,701 $\square$ 3,71

52 Was ist größer?

a) 4,55 m oder 4,555 m
b) 17,86 l oder 17,688 l
c) 7,03 kg oder 7,3 kg
d) 21,88 a oder 21,879 a

53 Ordne die Dezimalbrüche nach steigender Größe. Benutze das <-Zeichen.

a) 23,847; 795,4; 459,87; 238,26
b) 6,849; 6,871; 6,85; 6,865
c) 0,808 08; 0,800 88; 0,880 08; 0,8008

54 Welche Ziffern kannst du für das Kästchen setzen? Nenne mehrere Möglichkeiten.

a) 10,5$\square$ < 10,6 b) 0,3$\square$6 < 0,356
c) 8,$\square$7 < 8,67 d) 5,$\square$12 < 5,213

55 Nenne je drei Zahlen zwischen

a) 2 und 3; 3,2 und 3,3; 0,02 und 0,03
b) 4 und 5; 6,1 und 6,2; 0,04 und 0,05

56 Runde auf

a) €: 3,40 €; 12,85 €; 7,45 €; 99,50 €
b) Cent: 112,665 €; 0,7638 €; 99,0729 €
c) m: 76 cm; 27 dm; 5488 mm; 6,55 m
d) m^2: 46,5 m^2; 0,254 a; 450 dm^2; 5000 cm^2

57 Rechne im Kopf einen Dezimalbruch um.

a) $\frac{3}{10}$; $\frac{7}{10}$; $\frac{1}{10}$; $\frac{17}{100}$; $\frac{27}{100}$; $\frac{111}{1000}$
b) $\frac{13}{10}$; $\frac{141}{100}$; $\frac{27}{10}$; $\frac{391}{100}$; $\frac{1711}{1000}$

58 Kürze oder erweitere die Brüche geschickt und schreibe sie als Dezimalbruch.
Beispiele: $\frac{12}{40} = \frac{3}{10} = 0{,}3$; $\frac{3}{20} = \frac{15}{100} = 0{,}15$

a) $\frac{6}{20}$; $\frac{8}{40}$; $\frac{12}{60}$; $\frac{24}{80}$ b) $\frac{6}{30}$; $\frac{27}{30}$; $\frac{144}{120}$; $\frac{99}{90}$
c) $\frac{4}{200}$; $\frac{75}{300}$; $\frac{24}{120}$; $\frac{8}{400}$ d) $\frac{33}{330}$; $\frac{36}{60}$; $\frac{56}{80}$; $\frac{63}{90}$
e) $\frac{7}{20}$; $\frac{9}{50}$; $\frac{4}{5}$; $\frac{2}{500}$; $\frac{3}{200}$ f) $\frac{3}{4}$; $\frac{43}{20}$; $\frac{12}{5}$; $\frac{91}{50}$
g) $\frac{3}{8}$; $\frac{4}{25}$; $\frac{9}{40}$; $\frac{4}{125}$ h) $\frac{5}{8}$; $\frac{7}{4}$; $\frac{21}{20}$; $\frac{65}{50}$; $\frac{17}{8}$

59 Verwandle, indem du dividierst, in einen Dezimalbruch.

a) $\frac{1}{4}$; $\frac{3}{5}$; $\frac{11}{20}$; $\frac{15}{25}$ b) $\frac{13}{8}$; $\frac{29}{20}$; $\frac{110}{25}$; $\frac{32}{80}$
c) $\frac{3}{25}$; $\frac{30}{25}$; $\frac{33}{25}$; $\frac{303}{25}$ d) $\frac{1000}{125}$; $\frac{100}{125}$; $\frac{10}{125}$; $\frac{1}{125}$

60 Runde

$0{,}\overline{3}$; $0{,}6\overline{5}$; $0{,}\overline{451}$; $1{,}\overline{05}$; $2{,}\overline{2}$; $3{,}0\overline{45}$

a) auf Zehntel, b) auf Hundertstel,
c) auf Tausendstel.

61 Setze die Zeichen <, > oder = ein.

a) 0,3 $\square$ $0{,}\overline{3}$ b) 0,67 $\square$ $0{,}\overline{6}$
c) 1,45 $\square$ $1{,}4\overline{5}$ d) $0{,}1\overline{2}$ $\square$ 0,123
e) $2{,}3\overline{4}$ $\square$ $2{,}\overline{34}$ f) $4{,}5\overline{2}$ $\square$ $4{,}\overline{51}$

62 Setze die Zeichen <, > oder = ein.

a) $\frac{1}{3}$ $\square$ $0{,}\overline{3}$ b) $\frac{4}{9}$ $\square$ 0,45 c) 1,2 $\square$ $\frac{7}{6}$
d) $0{,}\overline{6}$ $\square$ $\frac{2}{3}$ e) $\frac{5}{3}$ $\square$ 1,66 f) $0{,}\overline{57}$ $\square$ $\frac{4}{7}$

63 Wandle die periodischen Dezimalbrüche in Brüche oder gemischte Zahlen um.

a) $0{,}\overline{6}$ b) $0{,}\overline{5}$ c) $0{,}\overline{26}$
d) $2{,}\overline{4}$ e) $3{,}\overline{6}$ f) $5{,}\overline{36}$
g) $0{,}8\overline{3}$ h) $0{,}1\overline{6}$ i) $0{,}13\overline{6}$
j) $1{,}4\overline{6}$ k) $3{,}1\overline{27}$ l) $2{,}1\overline{63}$

Dezimalzahlen vergleichen

0,2 ? 0,02

Schreibe jeweils in der größten Einheit mit Komma.
6 cm 4 mm
11 m 8 cm
72 ha 25 a
9 ha 54 m^2
6 kg 470 g
5 m^2 78 dm^2
6 m^2 3 dm^2
20 ha 2 a 20 m^2
1 t 1 kg 1 g
3 m 3 dm 3 cm

Runde …

… auf Zehntel:

7,33	19,445
0,05	48,285
16,61	0,451
4,85	0,926
12,39	0,962

… auf Hundertstel:

0,642	0,6991
1,788	2,0082
2,375	4,1204
4,623	7,9998
3,9996	2,9099

… auf Tausendstel:

2,3467	8,76543
4,1295	0,12345
6,3482	2,67892
9,9999	3,12558

Gemischte Aufgaben

x + − · : x   x (   ) x

+	1,1	2,22	3,333
0,9			
0,08			
0,007			

−	0,3	0,22	0,111
1,1			
2,22			
3,333			

·	1,1	2,2	3,3
1,75			
99,9			
0,84			
1,05			
0,707			
9,09			

:	0,8	1,6	2,5
5,2			
10,5			
0,75			
0,1			
0,49			
2,04			

64 Rechne im Kopf.

a) 2,5 + 3,8   b) 4,8 − 2,9
c) 13,7 − 11,9   d) 17,8 + 9,9
e) 0,76 + 0,23   f) 0,73 − 0,45
g) 1,2 − 0,85   h) 0,04 + 0,47
i) 0,7 + 0,4 + 0,12   j) 3,5 − 0,9 − 0,8

65 Rechne schriftlich im Heft.

a) 19,284 + 24,397   b) 0,2243 + 5,7685   c) 0,4861 + 0,0347
d) 2,5685 − 1,3471   e) 8,9315 − 7,4205   f) 36,823 − 28,678

66 Führe eine Überschlagsrechnung durch. Vergleiche mit dem genauen Ergebnis.

a) 1 + 0,1 + 0,45 − 0,567
b) 39,8 + 0,7 + 57,2 − 0,365
c) 47,47 + 52,52 − 19,19 − 63,83

67 Wandle in die größte Einheit um und berechne dann.

a) 6,3 m + 18,9 dm − 436 cm
b) 17 a − 325 m^2 + 4836 dm^2
c) 13,85 km + 83 775 m

68 Multipliziere im Kopf.

a) 0,05 · 100   b) 4,07 · 10   c) 0,04 · 1000
20,3 · 100   5,2 · 100   3,33 · 1000

69 Berechne.

a) 0,04 · 16   b) 1,3 · 50   c) 0,07 · 40
18 · 0,06   2,2 · 400   0,02 · 1,1
17 · 0,03   1,5 · 600   0,4 · 0,5

70 a) Hier musst du im Ergebnis Nullen setzen.

0,002 · 0,4   0,03 · 0,02   0,03 · 0,25
0,7 · 0,01   0,45 · 0,002   0,015 · 0,0011

b) Hier fallen im Ergebnis Nullen weg.

0,5 · 0,12   150 · 0,04   0,30 · 400
20 · 0,008   0,14 · 5   0,05 · 0,18

71 Berechne.

a) 3,4 · 2,6   b) 1,25 · 4,26   c) 0,32 · 0,54
1,3 · 4,5   3,04 · 2,15   0,26 · 0,682
2,9 · 2,1   8,28 · 1,07   0,75 · 0,043

d) 1,2 · 2,3 · 3,4   e) 0,1 · 1,9 · 9,1
9,9 · 8,8 · 7,7   0,9 · 8,08 · 7,07
4,5 · 0,45 · 0,045   3,1 · 1,03 · 10,3

72 Dividiere im Kopf.

a) 40,8 : 10   b) 70,4 : 100   c) 0,2 : 1000
70,11 : 1000   3,07 : 1000   0,05 : 1000
d) 4,8 : 6   e) 25,5 : 5   440,4 : 20
14,2 : 2   18,6 : 6   186,6 : 30

73 Rechne und runde auf Hundertstel.

a) 8,45 : 3   b) 125,6 : 11   c) 3,95 : 7
4,87 : 6   438,2 : 13   7,32 : 9

74 Berechne schriftlich.

a) 3,08 : 1,1   b) 86,76 : 24,1
19,012 : 9,7   1479,28 : 32,8
75,4 : 0,29   383,25 : 17,5
25,89 : 0,3   712,42 : 39,8

75 Berechne auf die erste Dezimale genau.

a) 16,2 : 0,3   b) 1,04 : 0,21   c) 0,38 : 0,06
417,8 : 0,7   7,94 : 1,1   51,39 : 3,9

76 Rechne im Kopf.

a) 5 + 3 · 1,1   b) 0,5 + 3 · 1,5   c) 10 − 4 · 2,1
7 + 4 · 1,2   0,7 + 8 · 0,9   8 − 3 · 1,6
9 + 5 · 1,8   0,3 + 6 · 0,7   6 − 2 · 2,3

77 Berechne.

a) 2,63 + 0,3 · 4,2   b) 9,84 − 1,7 · 4,3
1,94 + 1,6 · 3,2   4,32 − 0,5 · 4,7
7,09 + 4,9 · 1,8   8,25 − 2,3 · 2,5

78 Berechne.

a) (2,6 + 4,2) · 1,8   b) (4,6 − 1,8) · 7,9
2,4 · (7,2 + 3,7)   8,4 · (9,7 − 7,6)
(1,9 + 6,4) · 9,9   (6,3 − 5,7) · 0,4

79 Rechne vorteilhaft.

a) 3,75 · 7 + 1,45 · 7 + 2,3 · 7
b) 2,5 · 3,4 + 2,5 · 6,8 + 2,5 · 9,7
c) 8 · 6,2 + 3,8 · 8 + 8 · 5,55

80 Runde das Ergebnis auf Hundertstel.

a) 200 : 7; 157 : 3; 1200 : 13
b) 4,364 · 9; 19,843 · 72; 99,279 · 109
c) 30,267 : 11; 3,842 · 19; 11,385 · 27

81 Berechne.

(6,5 + 3,8) · (5,9 + 4,6)
(12,3 − 5,6) · (8,7 − 4,5)
(6,8 + 3,6) : (4,5 + 3,5)

Lösungen der Rückspiegel

Rückspiegel, Seite 23, links

4
35°; spitz105°; stumpf
210°; überstumpf 310°; überstumpf

5
a) $\alpha = 27°$ b) $\beta = 124°$
c) $\gamma = 138°$ d) $\delta = 304°$; $\varepsilon = 56°$

6
a) $\alpha = 130°$; $\beta = 50°$; $\gamma = 130°$; $\delta = 50°$
b) $\alpha = 38°$; $\beta = 142°$; $\gamma = 38°$; $\delta = 142°$

Rückspiegel, Seite 23, rechts

2
r = 5; d = 10 und r = 9; d = 18

4
Zeichnen von Winkeln

Bruchteil	rechter Winkel	gestreckter Winkel	voller Winkel
$\frac{1}{2}$	45°	90°	180°
$\frac{1}{6}$	15°	30°	60°
$\frac{2}{3}$	60°	120°	240°

5
a) $\alpha = 88°$; spitzer Winkel
$\beta = 22°$; spitzer Winkel
$\gamma = 70°$; spitzer Winkel

b) $\alpha = 148°$; stumpfer Winkel
$\beta = 72°$; spitzer Winkel
$\gamma = 90°$; rechter Winkel
$\delta = 50°$; spitzer Winkel

6
a) $\alpha = 66°$; $\beta = 66°$; $\gamma = 114°$; $\delta = 114°$
b) $\alpha = 54°$; $\beta = 54°$; $\gamma = 126°$; $\delta = 54°$

Rückspiegel, Seite 51, links

1
a) $T_{18} = \{1; 2; 3; 6; 9; 18\}$
b) $T_{27} = \{1; 3; 9; 27\}$
c) $T_{37} = \{1; 37\}$
d) $T_{48} = \{1; 2; 3; 4; 6; 8; 12; 16; 24; 48\}$

2
Teilbar durch 2 sind die Zahlen 78; 90; 120; 616; 890 und 1200.
Teilbar durch 5 sind die Zahlen 90; 120; 255; 890 und 1200.
Teilbar durch 4 sind die Zahlen 120, 616 und 1200.

3
Teilbar durch 3 sind die Zahlen 123; 609; 729; 3009; 87654; 654321 und 58737.
Teilbar durch 9 ist nur die Zahl 729.
Die Zahl 4321 ist nicht durch 3 teilbar und somit auch nicht durch 9.

4
Primzahlen sind die Zahlen 37; 97 und 103.

5
A: $\frac{2}{12} = \frac{1}{6}$; B: $\frac{3}{12} = \frac{1}{4}$; C: $\frac{6}{12} = \frac{1}{2}$; D: $\frac{8}{12} = \frac{2}{3}$;
E: $\frac{9}{12} = \frac{3}{4}$; F: $\frac{10}{12} = \frac{5}{6}$; G: $\frac{14}{12} = \frac{7}{6} = 1\frac{1}{6}$

6
a) $2\frac{1}{4}$ b) $2\frac{2}{3}$ c) $8\frac{1}{2}$ d) $2\frac{9}{13}$
e) $\frac{15}{8}$ f) $\frac{19}{12}$ g) $\frac{44}{5}$ h) $\frac{109}{10}$

7
a) mit 3 b) mit 4 c) mit 6 d) mit 8
e) mit 5 f) mit 13

8
$\frac{36}{38} = \frac{18}{19}$; $\frac{32}{52} = \frac{8}{13}$; $\frac{27}{54} = \frac{1}{2}$; $\frac{19}{57} = \frac{1}{3}$; $\frac{48}{72} = \frac{2}{3}$; $\frac{64}{72} = \frac{8}{9}$; $\frac{64}{96} = \frac{2}{3}$

9
a) 50 % b) 80 % c) 70 % d) 65 %
e) $\frac{7}{100}$ f) $\frac{12}{100} = \frac{3}{25}$ g) $\frac{32}{100} = \frac{8}{25}$ h) $\frac{85}{100} = \frac{17}{20}$

10
a) $\frac{2}{5} < \frac{7}{15}$; $\frac{11}{24} > \frac{3}{8}$; $\frac{7}{45} < \frac{2}{9}$ b) $\frac{1}{6} > \frac{1}{7}$; $\frac{5}{12} > \frac{2}{5}$; $\frac{5}{7} > \frac{7}{10}$
c) $\frac{7}{8} > \frac{10}{12}$; $\frac{9}{16} > \frac{13}{24}$; $\frac{11}{30} < \frac{17}{45}$

Rückspiegel, Seite 51, rechts

1
a) $T_{49} = \{1; 7; 49\}$
b) $T_{53} = \{1; 53\}$
c) $T_{72} = \{1; 2; 3; 4; 6; 8; 9; 12; 18; 24; 36; 72\}$
d) $T_{100} = \{1; 2; 4; 5; 10; 20; 25; 50; 100\}$

2

Teilbar durch 4 sind die Zahlen 96; 200; 1500 und 5596.
Teilbar durch 2, aber nicht durch 4 sind die Zahlen 82; 150 und 430.

3

Teilbar durch 3, aber nicht durch 9 sind die Zahlen 984; 10 002 und 79 842.

4

Primzahlen sind die Zahlen 211 und 109.

5

A: $\frac{2}{3}$; B: $\frac{5}{3} = 1\frac{2}{3}$; C: $\frac{2}{7}$; D: $\frac{6}{7}$; E: $\frac{10}{7} = 1\frac{3}{7}$; F: $\frac{4}{10} = \frac{2}{5}$; G: $\frac{6}{10} = \frac{3}{5}$

6

a) $1\frac{3}{8} = \frac{11}{8}$ b) $\frac{48}{15} = 3\frac{1}{5}$ c) $\frac{34}{3} = 11\frac{1}{3}$ d) $13\frac{2}{9} = \frac{119}{9}$

7

a) 72 b) 42 c) 13 d) 11 e) 2 f) 17

8

$\frac{32}{44} = \frac{8}{11}$; $\frac{56}{63} = \frac{8}{9}$; $\frac{38}{95} = \frac{2}{5}$; $\frac{85}{102} = \frac{5}{6}$; $\frac{210}{315} = \frac{2}{3}$; $\frac{140}{175} = \frac{4}{5}$; $\frac{336}{420} = \frac{4}{5}$

9

a) 60 % b) 90 % c) 12,5 % d) 125 %
e) $\frac{15}{100} = \frac{3}{20}$ f) $\frac{46}{100} = \frac{23}{50}$ g) $\frac{110}{100} = \frac{11}{10} = 1\frac{1}{10}$ h) $\frac{0{,}5}{100} = \frac{1}{200}$

10

a) $\frac{13}{20} > \frac{1}{2}$; $\frac{24}{37} > \frac{1}{2}$; $\frac{43}{21} > \frac{1}{2}$; $1\frac{5}{6} > \frac{1}{2}$
b) $\frac{13}{20} < \frac{2}{3}$; $\frac{12}{25} < \frac{2}{3}$; $\frac{24}{37} < \frac{2}{3}$; $\frac{45}{97} < \frac{2}{3}$; $\frac{54}{108} < \frac{2}{3}$; $\frac{21}{43} < \frac{2}{3}$

Rückspiegel, Seite 77, links

1

a) $\frac{5}{6}$; $\frac{1}{6}$; $\frac{3}{10}$; $\frac{5}{6}$ b) $\frac{1}{12}$; $\frac{5}{8}$; $\frac{7}{12}$; $\frac{8}{15}$
c) $\frac{8}{35}$; $\frac{13}{35}$; $\frac{8}{21}$; $\frac{9}{20}$

2

a) $\frac{3}{2}$; 5; $\frac{13}{25}$; $\frac{12}{11}$ b) $2\frac{1}{2}$; $\frac{3}{16}$; $1\frac{6}{11}$; $\frac{7}{12}$

3

a) $2\frac{1}{4}$; $\frac{7}{30}$; $\frac{4}{5}$; $\frac{9}{20}$ b) $\frac{35}{36}$; $2\frac{1}{21}$; $1\frac{1}{6}$; 2
c) $1\frac{1}{9}$; $\frac{5}{19}$; $6\frac{5}{9}$; $\frac{15}{16}$

4

a) $\frac{7}{20}$; $\frac{2}{3}$; $\frac{28}{27}$; $\frac{3}{10}$ b) $\frac{3}{4}$; $\frac{3}{10}$; $\frac{1}{6}$; $\frac{5}{3}$

5

a) Ein 26-Zoll-Rad hat einen Durchmesser von $67\frac{3}{5}$ cm.
b) 8″ = $20\frac{4}{5}$ cm; $5\frac{1}{4}$″ = $13\frac{13}{20}$ cm; $3\frac{1}{2}$″ = $9\frac{1}{10}$ cm
c) $\frac{1}{2}$″ = $1\frac{3}{10}$ cm; $\frac{3}{4}$″ = $1\frac{19}{20}$ cm; $\frac{7}{16}$″ = $1\frac{11}{80}$ cm; 16″ = $41\frac{3}{5}$ cm; 28″ = $72\frac{4}{5}$ cm

Rückspiegel, Seite 77, rechts

1

a) $\frac{15}{28}$; $\frac{11}{12}$; $\frac{29}{70}$; $\frac{9}{10}$ b) $\frac{15}{32}$; 34; $\frac{11}{30}$; $\frac{8}{99}$
c) $\frac{33}{35}$; $\frac{21}{25}$; $\frac{11}{84}$; $\frac{35}{48}$

2

a) $6\frac{1}{3}$; $\frac{11}{12}$; $\frac{13}{60}$; $\frac{2}{3}$ b) $6\frac{2}{3}$; $1\frac{5}{7}$; 2; $11\frac{2}{3}$

3

a) $\frac{2}{3}$; $\frac{7}{12}$; $2\frac{4}{5}$; $7\frac{1}{6}$ b) $\frac{6}{7}$; $3\frac{3}{4}$; $1\frac{1}{17}$; $1\frac{1}{8}$
c) $1\frac{1}{35}$; $\frac{1}{51}$; 14; $3\frac{5}{8}$

4

a) $3\frac{1}{3}$; $\frac{16}{35}$; $1\frac{3}{4}$; $1\frac{7}{18}$ b) $1\frac{1}{11}$; $2\frac{1}{3}$; $1\frac{3}{4}$; $\frac{9}{10}$

5

a) In der Flasche ist noch $\frac{1}{4}$ l.
b) $\frac{9}{16}$ l wurden getrunken.
c) Es werden 7 Flaschen benötigt.
d) Insgesamt sind es 2 l.
e) In $1\frac{1}{2}$ kg Fleisch ist 1 kg Wasser.
f) 1 l Benzin wiegt $\frac{3}{4}$ kg.

Rückspiegel, Seite 93, links

1

a) 0,23; 2,345; 0,4; 0,75; 0,7; 0,23
b) 3,8; 0,875; 2,6; 5,35; 8,45

2

a) $\frac{4}{5}$; $\frac{9}{10}$; $\frac{19}{25}$; $\frac{1}{50}$; $\frac{13}{20}$ b) $\frac{7}{5}$; $\frac{66}{25}$; $\frac{3001}{1000}$; $\frac{171}{20}$; $\frac{33}{100}$

3

a) 5,67 m b) 12,034 567 t
c) 45,7805 a

4

a) 12,3456 < 123,456 b) 456,5 cm > 4,56 m
c) 5,89 kg > 5 kg 89 g d) 0,71 > 70 %
e) $\frac{4}{5} = 0{,}8$ f) $0{,}333 < 0{,}\overline{3}$

5

a) 2,345; 2,354; 2,435; 2,543 b) 1,001; 1,010; 1,100; 1,101
c) 0,0909; 0,0990; 0,909; 0,9909

6

a) 1,3; 2,5; 0,8; 14,4 b) 25,83; 1,23; 0,10; 9,09

7

a) $0,\overline{3}$; $0,8\overline{3}$; $0,\overline{4}$; $0,\overline{6}$ b) $0,\overline{45}$; $1,\overline{714285}$; $3,\overline{1}$; $4,8\overline{3}$

8

a) 712,3 b) 3,127 c) 3,712

Rückspiegel, Seite 93, rechts

1

a) 0,75; 0,017; 0,375; 0,16; 0,064
b) 0,6875; 0,325; 0,375; 4,15; 7,2

2

a) $\frac{3}{4}$; $\frac{1}{25}$; $\frac{9}{50}$; $\frac{1}{40}$; $\frac{11}{20}$ b) $4\frac{8}{25}$; $1\frac{2}{25}$; $\frac{101}{500}$; $1\frac{7}{20}$; $3\frac{1}{200}$

3

a) $12{,}02\,dm^2$ b) $300{,}030\,003\,m^3$
c) 205,05 hl

4

a) 4,5678 < 4,5768 b) $12{,}5\,m^2 > 0{,}12\,a$
c) $0{,}75\,l = 750\,cm^3$ d) 0,4 > 4 %
e) $\frac{1}{9} = 0,\overline{1}$ f) $1{,}3 < 1\frac{1}{3}$

5

a) 0,1001; 0,1010; 0,1011; 0,1101
b) $5{,}55\,cm^3$; $0{,}5\,dm^3$; 0,55 l
c) $8,\overline{18}$; $8,1\overline{8}$; $8,8\overline{1}$; $8,\overline{81}$

6

a) 0,36; 3,65; 0,04 b) 9,877; 98,877; 9,009

7

a) $1,\overline{6}$; $0,\overline{5}$; $0,41\overline{6}$; $0,2\overline{7}$
b) $0,\overline{81}$; $1,0\overline{714285}$; $4,8\overline{3}$; $2,\overline{428571}$

8

a) 232 221,0 b) 0,122 223 c) 231,2220

Rückspiegel, Seite 117, links

1

a) 24,6 b) 48,5 c) 8,912

2

a) 30 b) 11,5

3

a) 98,28 b) 5,5 c) 6,8 d) 13

4

a) 2,5 b) 0,2 c) −0,05

5

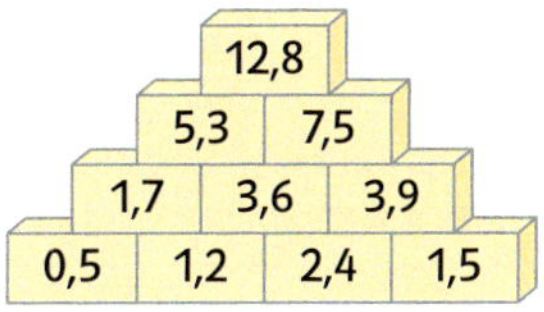

6

a) $5{,}2 \cdot 9 = 46{,}8$ b) $2{,}5 \cdot 9 = 22{,}5$

7

$3{,}2 \cdot 10{,}5 + 6{,}4 = 40$

8

$7 \cdot 0{,}89\,€ + 8 \cdot 0{,}99\,€ + 4{,}98\,€ = 19{,}13\,€$
Die Klasse 6 c muss insgesamt 19,13 € bezahlen.
$20{,}00\,€ - 19{,}13\,€ = 0{,}87\,€$
Der Klassensprecher erhält 0,87 € Rückgeld.

Rückspiegel, Seite 117, rechts

1

a) 14,61 b) 5,86 c) 18,652

2

a) 14 b) 0,5

3

a) 0,17954 b) 7,89 c) 0,01

4

a) 8 b) 1 c) 2,7

5

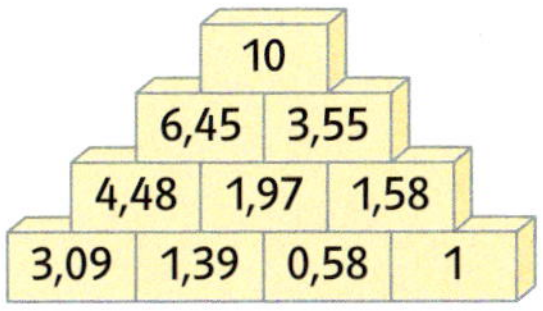

6

a) $0{,}4 : 9{,}8 \approx 0{,}04$ b) $8{,}4 : 9{,}0 \approx 0{,}93$

7

$1{,}7 + 1{,}6 - 7{,}68 : 2{,}4 = 0{,}1$

8

Flächeninhalt: $16{,}8\,m \cdot 25{,}6\,m = 430{,}08\,m^2$
Flächeninhalt: $22{,}4\,m \cdot \square\,m = 430{,}08\,m^2$
Also muss der Bauplatz 19,2 m breit sein.

Rückspiegel, Seite 133, links

1

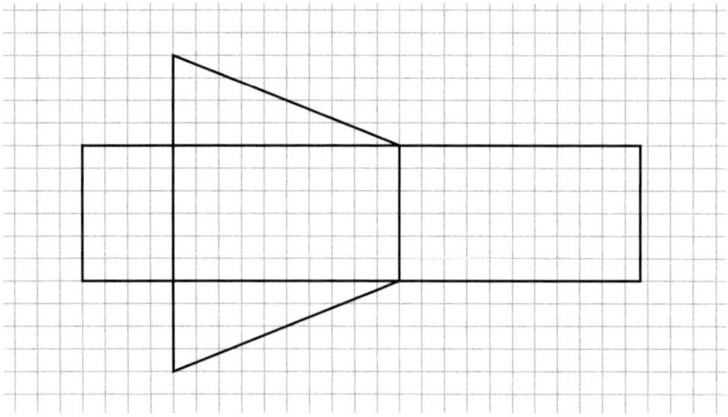

2

a) Die Pyramide mit quadratischer Grundfläche hat 5 Flächen, 8 Kanten und 5 Eckpunkte.
b) Die Pyramide mit sechseckiger Grundfläche hat 7 Flächen, 12 Kanten und 7 Eckpunkte.

3

A kommt mit E zusammen, B mit D; C bleibt allein, F kommt mit H und J zusammen, G bleibt allein und I bleibt allein. Es müssen 6 Ecken sein.

4

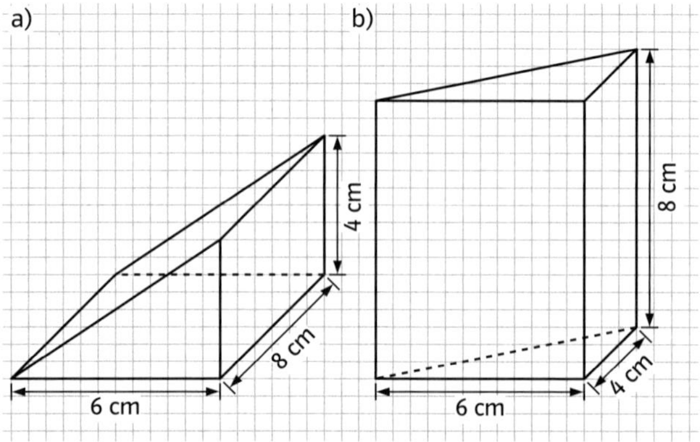

5

Es entsteht ein Zylinder.

Rückspiegel, Seite 133, rechts

1

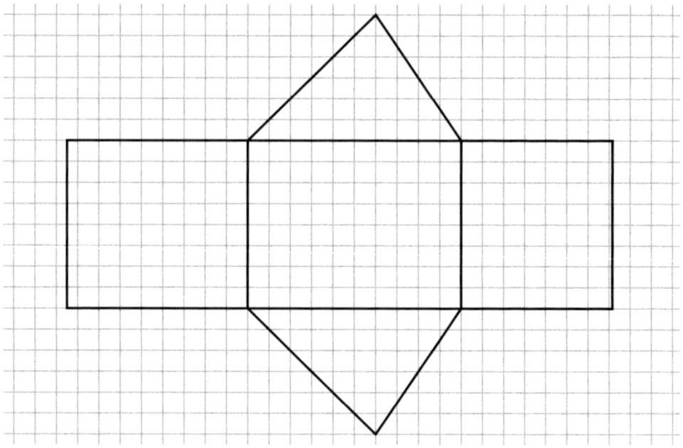

2

a) 7 Flächen, 15 Kanten, 10 Eckpunkte
b) 14 Flächen, 36 Kanten, 24 Eckpunkte

3

A kommt mit K zusammen, B mit F und J; C mit E; G mit I. D, H und L bleiben allein. Es müssen 7 Ecken sein.

4

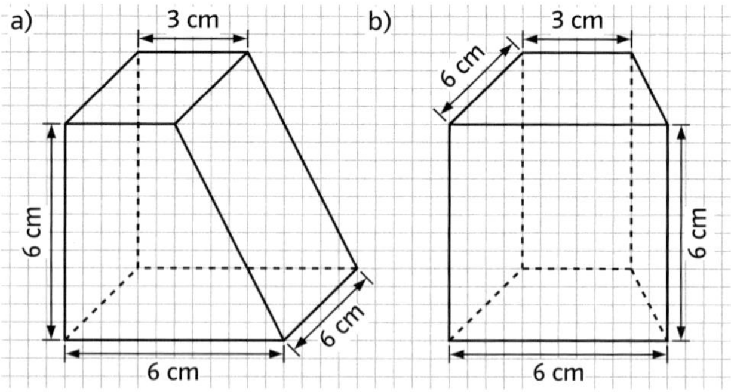

5

Es entsteht eine Kugel.

Rückspiegel, Seite 149, links

1

a) $4 \cdot 2 + 3 = 11$
$4 \cdot 5 + 3 = 23$
$4 \cdot 8 + 3 = 35$

b) $22 + 3 \cdot 2 = 28$
$22 + 3 \cdot 5 = 37$
$22 + 3 \cdot 8 = 46$

c) $5 \cdot (2 - 1) = 5$
$5 \cdot (5 - 1) = 20$
$5 \cdot (8 - 1) = 35$

d) $6 \cdot 2 - 2{,}5 = 9{,}5$
$6 \cdot 5 - 2{,}5 = 27{,}5$
$6 \cdot 8 - 2{,}5 = 45{,}5$

e) $7 \cdot 2 + 3 - 2 \cdot 2 = 13$
$7 \cdot 5 + 3 - 2 \cdot 5 = 28$
$7 \cdot 8 + 3 - 2 \cdot 8 = 43$

f) $10 + 2 \cdot (2 - 1) = 12$
$10 + 5 \cdot (5 - 1) = 30$
$10 + 8 \cdot (8 - 1) = 66$

2

x	1	2	3	4	5	6	7
2 · x + 1	3	5	7	9	11	13	15

3

a) x + 11 b) x − 22 c) 13 · x
d) $\frac{x}{9}$ e) 4 · x + x

4

Summe aller Kanten: 8 · a + 4 · c
Oberfläche: 4 · a · c + 2 · a^2

5

a) 500 g + x · 300 g
b) 4,7 kg = 4700 g
(4700 g − 500 g) : 300 g = 14
Es sind 14 Bücher im Karton.

6

a) y = 11 b) y = 5 c) y = 8 d) x = 10

7

a) (2 + x) − 4 = 6; x = 8 b) 2 · x + 7 = 21; x = 7

Rückspiegel, Seite 149, rechts

1

a) 2 · 3 + 3 · 7 = 27 b) (3 + 2 · 1) · 4 = 20
c) 5 · 7 − 8 · 1 = 27 d) 2 · 7 − 3 + 2 · 1 = 13
e) 6 · 7 + 8 · 1 − 3 = 47 f) 2 · 1 (4 · 3 + 7) = 38

2

x	0	1	2	3	4	5	6
6 · x + 13	13	19	25	31	37	43	49

3

a) 2 · (x · 18) b) $\frac{1}{2}$ · (2 · x − 4) c) $\frac{(2 + x)}{6}$

4

Summe aller Kanten:
4 · (2 · a + 4 · b + 3 · c) oder 8 · a + 16 · b + 12 · c
Oberfläche: 2 · (2 · a · 4 · b) + 2 · (4 · b · 3 · c) + 2 · (2 · a · 3 · c)

5

a) 2,80 € + 36 · n
b) 28,00 € − 2,80 € = 25,20 €
25,20 € : 36 = 0,70 €
Ein Abzug kostet 0,70 €.

6

a) x = 5 b) x = 4 c) x = 3

7

a) x · 4 − 16 = 8; x = 6
b) 6 · x + 17 = 41; x = 4

Rückspiegel, Seite 167, links

1

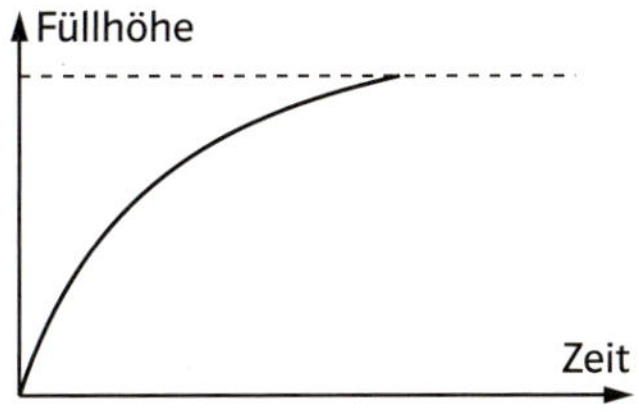

2

Eine mögliche Beschreibung des Schulwegs:
Petra geht in 6 Minuten 400 m von zu Hause bis zur Bushaltestelle. Dann wartet sie 4 Minuten auf den Bus und fährt mit ihm in 2 Minuten 600 m weit. Nachdem sie ausgestiegen ist, wartet sie 4 Minuten auf eine Freundin. Mit ihr schlendert sie gemütlich in 4 Minuten zur 200 m weit gelegenen Schule. Insgesamt benötigt Petra für die 1200 m Schulweg 20 Minuten.

3

a)

Jahresleistung in km	5000	10 000	15 000	20 000
Kosten in €	3300	3900	4500	5100

b)

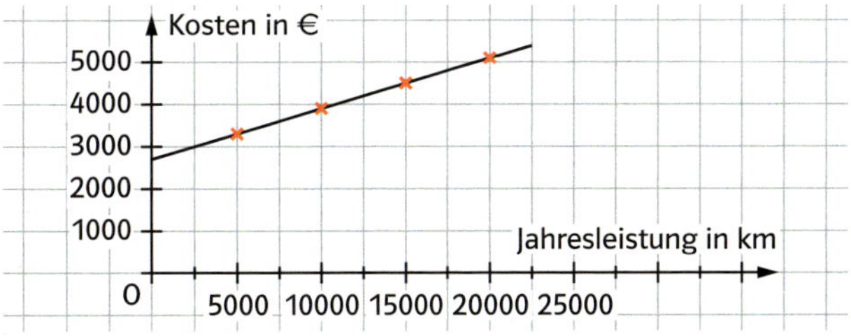

4

Gefundenes Geldstück	Stundenlohn in €
1-Cent-Stück	30,00
2-Cent-Stück	60,00
5-Cent-Stück	150,00
1-Euro-Stück	3000,00

5

Zeit in h	0	2	4	8	9	10
Weg in km	0	180	360	720	810	900

6

Für 2 m² reichen 2 l Farbe.
Für 3 m² reichen 0,5 l Farbe.
Für 105 m² reichen 17,5 l Farbe.
17,5 l Farbe reichen aus, um die 105 m² große Wand anzustreichen.

Rückspiegel, Seite 167, rechts

1

2

3

a) $\frac{\text{Jahresfahrstrecke}}{10} \cdot 1{,}10\,€ + 1600\,€ + 1800\,€$
oder: Jahresfahrstrecke · 0,11 € + 3400 €
b)

Jahresleistung in km	5000	10 000	15 000	20 000
Kosten in €	3950	4500	5050	5600

c)

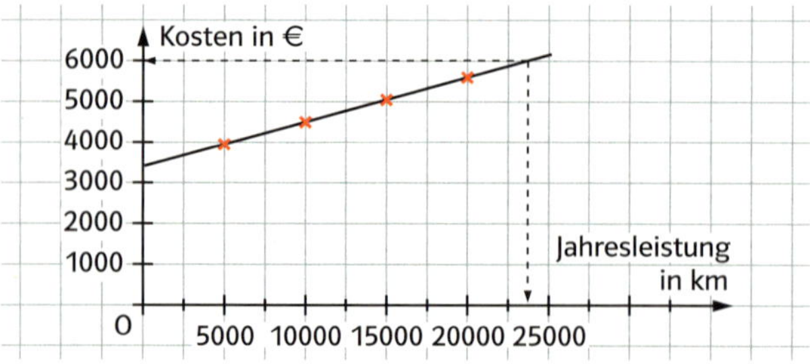

Wenn die Kosten 6000 € betrugen, dann ist man ungefähr 23 500 km gefahren.

4

Vier Personen benötigen täglich 560 l Wasser. Eine Person benötigt täglich 140 l Wasser. 12 Personen benötigen täglich 1680 l Wasser.
In dem Dreifamilienhaus, in dem Claudia wohnt, werden täglich durchschnittlich 1680 l Wasser benötigt.

5

Zeit in h	0	0,5	2	3	6
Weg in km	0	7	28	42	84

6

a) 10 m³ Sand wiegen 23 t − 8 t = 15 t.
1 m³ Sand wiegt 1,5 t.
12 m³ Sand wiegen 18 t.
Der Güterwagen wiegt zusammen mit dem Sand 18 t + 8 t = 26 t.
b) Der Sand des beladenen Güterwagens wiegt 20 t − 8 t = 12 t.
Der Güterwagen hat $\frac{12}{1{,}5}$ m³ = 8 m³ Sand geladen.

Rückspiegel, Seite 183, links

1

a)

Lkw	Pkw	Motorrad	Fahrrad	Sonst.
8	37	3	17	2

b)

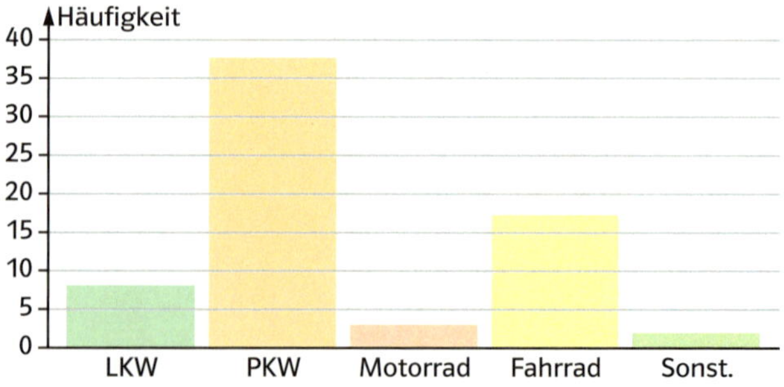

2

Gemeinsame Freizeit in Std.	1	2	3	4	5	6	7	8
Anzahl	5	11	9	7	10	3	4	1

Bilddiagramm:

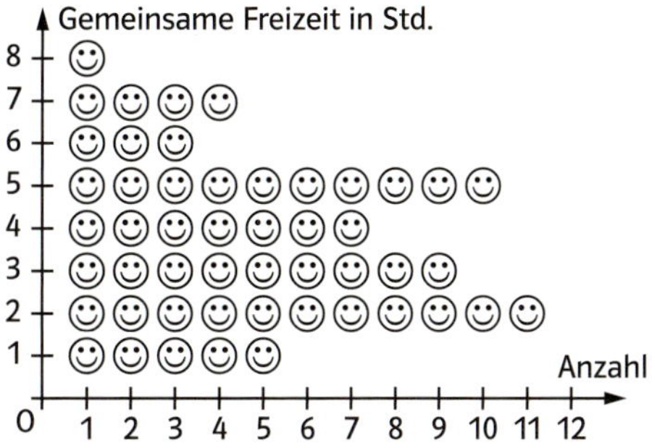

3

a) Tagesdurchschnitt: $\frac{308}{7}$ km = 44 km

b) Um die gleiche Tour in 5 Tagen zu schaffen, müssen Petra und Sabine im Durchschnitt täglich $\frac{308}{5}$ km = 61,6 km zurücklegen.

4

a) Die größte Spannweite liegt mit 0,48 m in der Klasse 6 d vor.

b) Die durchschnittlich größte Weite wurde mit 5,48 m in der Klasse 6 c gestoßen.

c) Für die ganze Jahrgangsstufe beträgt die Spannweite 0,48 cm und der Mittelwert 5,4475 m ≈ 5,45 m.

Rückspiegel, Seite 183, rechts

1

Es wurden insgesamt 720 Personen befragt.

a) Kreisdiagramm:

Zeitung: 296 Nennungen; 148°
Plakat: 182 Nennungen; 91°
Rundfunk: 106 Nennungen; 53°
anders: 136 Nennungen; 68°

b) Streifendiagramm:

Wähle eine Streifenlänge von 72 mm.

Zeitung:	296 Nennungen; 30 mm
Plakat:	182 Nennungen; 18 mm
Rundfunk:	106 Nennungen; 10,5 mm
anders:	136 Nennungen; 13,5 mm

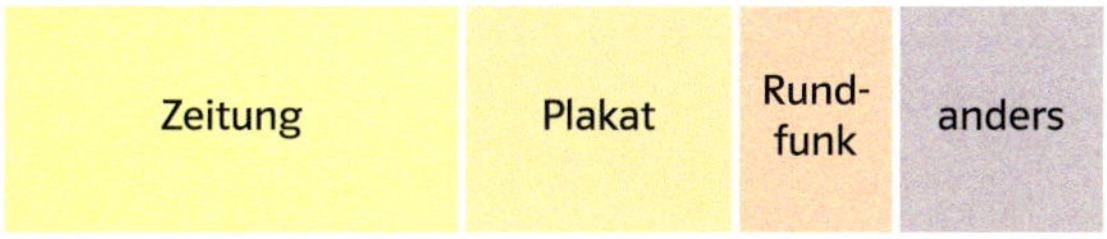

2

a) Häufigkeitsliste

Schulbesuchsjahre	10	11	12	13	14
Häufigkeit	44	8	14	24	10

b) Der häufigste Wert liegt bei 10 Schulbesuchsjahren.

3

Rangfolge der Klassen:

Klasse	6	7	8	9	10	5
Mittelwert	1705	1704	1685	1674	1664	1650

4

Anzahl der erhobenen Daten: 28
Minimum: 0 Tage
Maximum: 12 Tage
Spannweite: 12 Tage
Mittelwert: 3 Tage
Dies bedeutet:
Es gab einige Schülerinnen und Schüler, die in dem Schuljahr keinen Tag gefehlt haben.
Niemand hat in dem Schuljahr mehr als 12 Tage gefehlt.
Der Unterschied zwischen dem, der am meisten, und dem, der am wenigsten gefehlt hat, beträgt 12 Tage.
Die durchschnittliche Fehlzeit pro Schülerin bzw. Schüler beträgt 3 Tage.

Lösungen des Sammelpunktes

1

a) 1230; 56760; 70210

c) gerundet auf 1000er: Di: 19000; Mi: 24000; Do: 12000; Fr: 9000; Sa: 37000; So: 56000; Geeignet ist z. B. ein Säulendiagramm mit 2 mm für 1000 Personen.

2

a) nach Fläche:
Russland; Kanada; China; USA; Brasilien; Australien; Indien
nach Einwohner:
China; Indien; USA; Brasilien; Russland; Kanada; Australien

b)

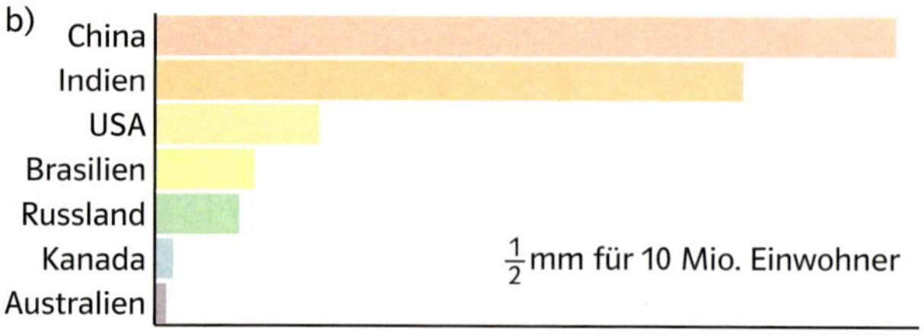

c) Man dividiert die Anzahl der Einwohner durch die Fläche und ordnet die Quotienten (gerundete Werte).
Indien 312; China 134; USA 31; Brasilien 20; Russland 9; Kanada 3; Australien 2

3

a) 2,36 m; 4,53 m; 1345 m; 4,5 kg; 68552 kg; 12,650 kg
b) 1200 dm^2; 540 g; 230 cm^2; 355 dm^3
c) 12,5 l = 0,125 hl = 12,5 dm^3 = 12500 cm^3
4500 cm^3 = 4,5 l = 4,5 dm^3 = 0,045 hl
0,65 dm^3 = 0,65 l = 0,0065 hl = 650 cm^3
0,06 hl = 6 l = 6 dm^3 = 6000 cm^3

4

a) 4389,6 m; 134 dm^2 b) 0,5545 t; 8,325 a
c) 1,96912 m^2 = 196,912 dm^2 = 19691,2 cm^2
7,51 hl = 751 l = 751 dm^3

5

a) D(1|7); S(5|5) b) Radius: 5 Kästchen

b)

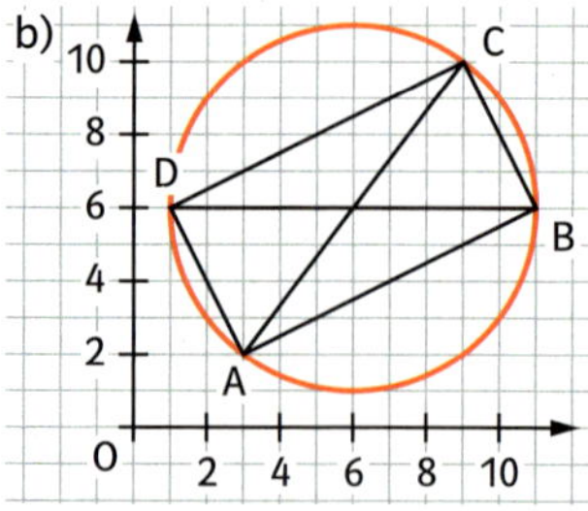

c)

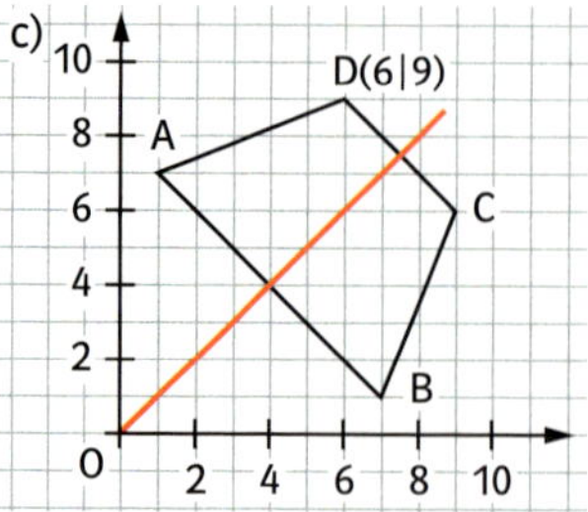

6

a) Entfernung von A nach B: 9 cm
b) Der Abstand von P zur Geraden g ist 4,3 cm.
c) Der Abstand von $\overline{PB}$ und h ist 4,5 cm.

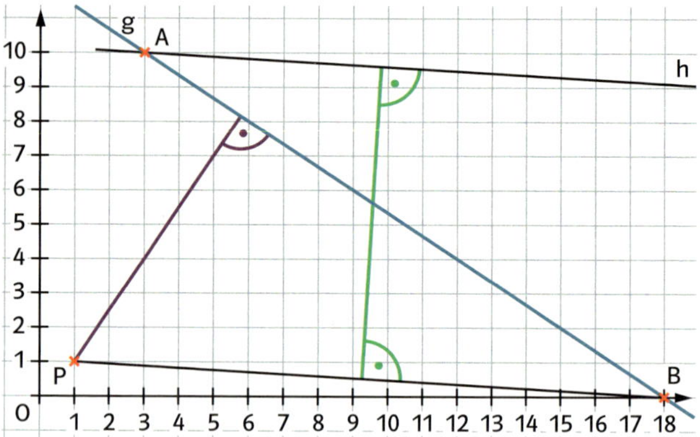

7

a)

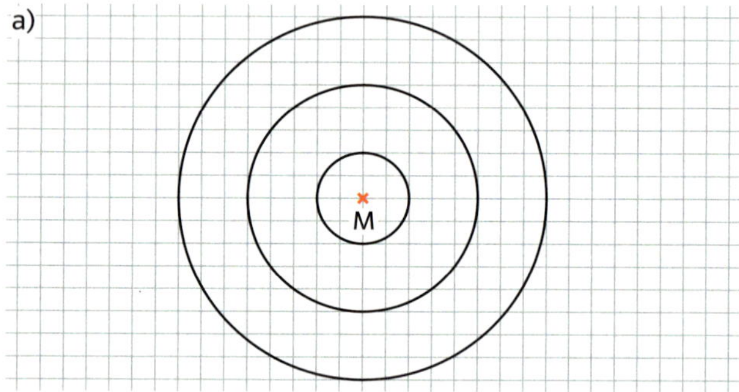

b)

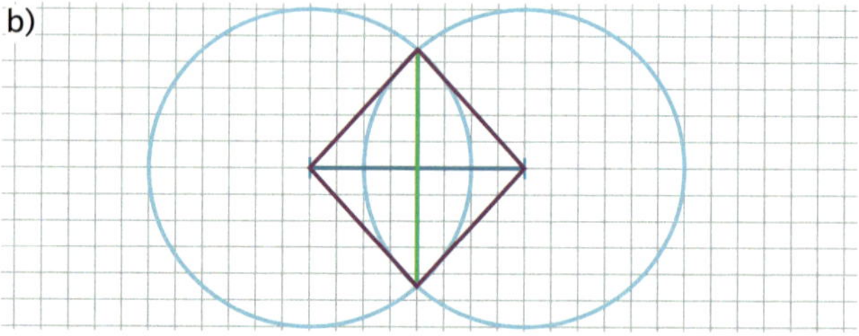

Das entstandene Viereck ist eine Raute. Die Diagonalen sind 4,5 cm und 4 cm lang. Die Winkel sind 84° und 96° groß.
c) Die Entfernung kann 0 bis 12 km betragen.

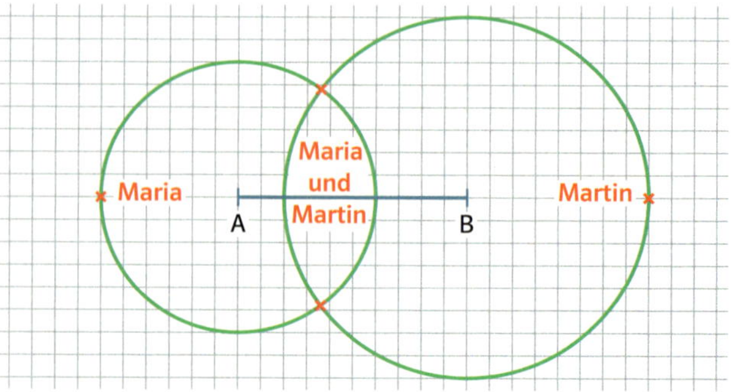

8

a) Umfang 44 cm; Flächeninhalt 92 cm^2
b) 13 cm · 4 cm + 5 cm · 8 cm = 92 cm^2
oder 9 cm · 8 cm + 5 cm · 4 cm = 92 cm^2
oder 13 cm · 9 cm − 5 cm · 5 cm = 92 cm^2
c) Umfang 50 cm; Flächeninhalt 120 cm^2

9

a) Umfang 27 m; Flächeninhalt 35 m^2
b) Die beiden fehlenden Seiten sind 3 cm und 2 cm lang.
Umfang: 34 cm
c) Die weiße Fläche ist zwei Drittel der Gesamtfläche, also 40 cm^2. Dann muss die gesuchte Länge 10 cm sein.

10

a) 23,4 cm^2
b) $9 \cdot x \cdot 4 \cdot x - 5 \cdot x \cdot 3 \cdot x = 36 \cdot x^2 - 15 \cdot x^2 = 21 \cdot x^2$
c) Verkleinert man $5 \cdot x$ auf $4 \cdot x$, dann wird die rote Fläche $24 \cdot x^2$ groß, also zwei Drittel von $36 \cdot x^2$.

11

a) Oberfläche: 306 cm^2; Volumen: 324 cm^3
b) Er benötigt 124 dm^2 Glas; es passen 96 l Wasser hinein.
c) Es wird mit 243 l gefüllt, also reichen 250 l. 1,89 m^2 der Innenfläche werden nass.

12

a) 300 cm^2 b) 500 cm^2 c) 1200 cm^2

13

a) $\alpha = 52°$; $\beta = 128°$; $\gamma = 52°$
b) $\alpha = 48°$; $\beta = 42°$; $\gamma = 138°$
c) $\alpha = 81°$

14

a) $\alpha = 108°$; $\beta = 72°$
b) $\alpha = 45°$; $\beta = 65°$; $\gamma = 135°$; $\delta = 77°$
c) $\alpha = 28°$; $\beta = 62°$

15

a) 144°; stumpfer Winkel b) 165°
c) 3 Uhr oder 6 Uhr oder 9 Uhr; alle anderen Zeiten sind sehr schwer zu bestimmen.

16

a)

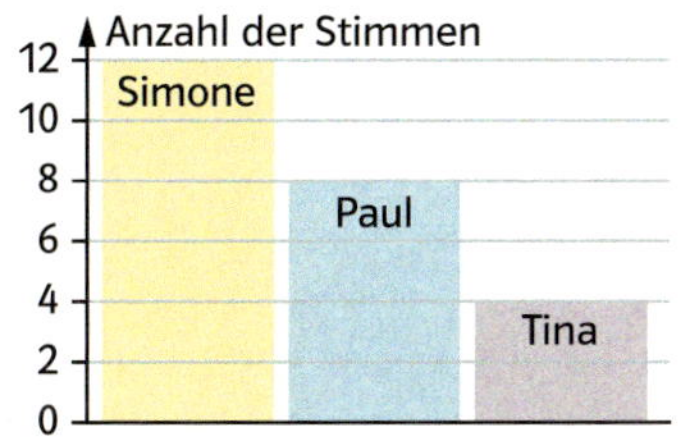

b) Simone 180°; Paul 120°; Tina 60°
c) Simone (14) 168°; Paul (10) 120°; Tina (6) 72°

17

a) $T_{36} = \{1; 2; 3; 4; 6; 9; 12; 18; 36\}$
$V_{36} = \{36; 72; 108; 144; 180\}$
b) $T_{12} = \{1; 2; 3; 4; 6; 12\}$
$T_{13} = \{1; 13\}$
$T_{23} = \{1; 23\}$
$T_{24} = \{1; 2; 3; 4; 6; 8; 12; 24\}$
13 und 23 sind Primzahlen.
c) Mit 24 kann man Gruppen mit 12; 8; 6; 4; 3 oder 2 bilden. Wenn einer dazu kommt, kann man nur 5er-Gruppen bilden. Wenn einer fehlt, kann man keine Gruppen bilden, 23 ist eine Primzahl.

18

a) $T_{42} = \{1; 2; 3; 6; 7; 14; 21; 42\}$
b) Nein, da z. B. 16 durch 4 und durch 8, aber nicht durch 32 teilbar ist.
c) 525 570 897 ist keine Primzahl, weil sie durch 3 teilbar ist. Die Quersumme 48 ist durch 3 teilbar.

19

a) $\frac{3}{8}$ oder $\frac{60}{160}$
c) Es müssen noch 20 Kästchen eingefärbt werden.

b)

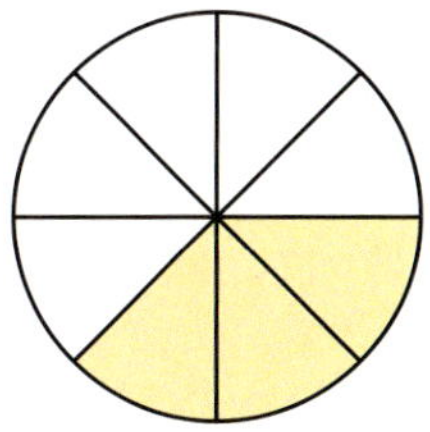

20

a) $\frac{7}{20}$ sind nicht gefärbt.
b) $1\frac{1}{2}$ Kärtchen müssen noch blau gefärbt werden.
c) 3 blaue Kästchen müssten weiß gefärbt werden.

21

a)

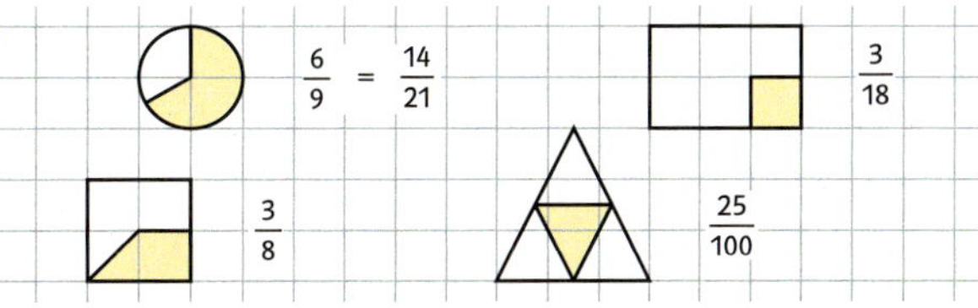

b)

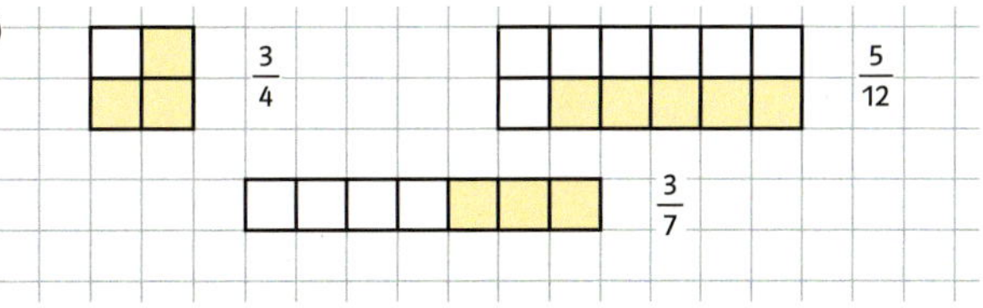

c)

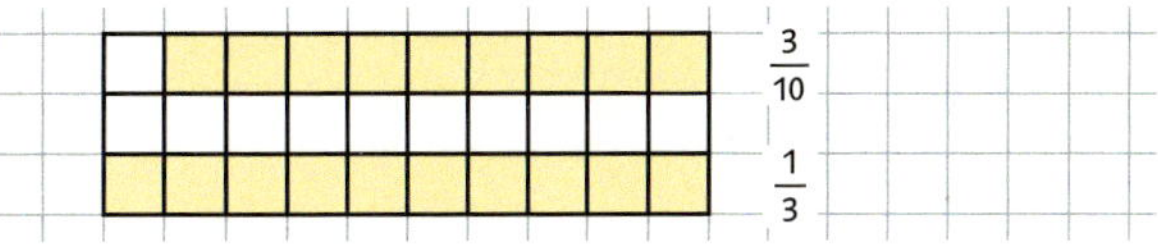

22

a) $\frac{1}{8}$; $\frac{5}{16}$; $\frac{7}{16}$; $\frac{5}{8}$

b)

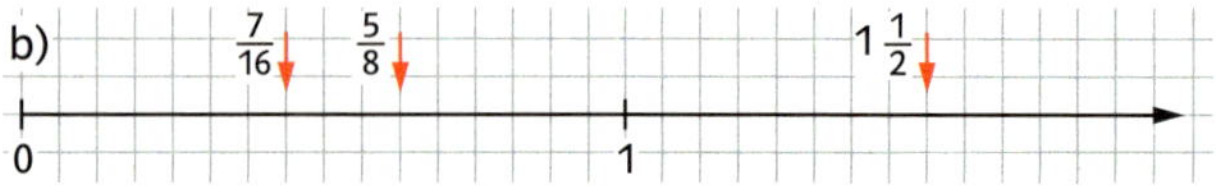

c) $\frac{1}{8}$ entspricht dann 1 cm. Von der Null bis zur Eins sind es dann 8 cm.

23

a) $\frac{1}{4} < \frac{3}{8} < \frac{2}{3} < \frac{4}{5}$

b) $\frac{13}{48}$ ist größer als $\frac{19}{80}$, weil $\frac{13}{48}$ größer und $\frac{19}{80}$ kleiner als $\frac{1}{4}$ ist.

c) $\frac{4}{9} = \frac{28}{63}$; $\frac{3}{7} = \frac{27}{63}$ und $\frac{10}{21} = \frac{30}{63}$

Also liegt $\frac{4}{9}$ näher bei $\frac{3}{7}$.

24

a) $\frac{13}{48}$ und $\frac{15}{48}$ b) $\frac{55}{100}$ und 0,56 und 0,57

c) Weil man zwischen zwei Dezimalbrüchen immer noch einen weiteren Dezimalbruch finden kann.

25

a) $2\frac{1}{12}$; $\frac{7}{12}$; 1; $\frac{16}{9} = 1\frac{7}{9}$ b) 5; 0; $6{,}25 = 6\frac{1}{4}$; 1

c) $5\frac{5}{6}$; $1\frac{1}{6}$; $8\frac{1}{6}$; $1\frac{1}{2}$

26

a) 5,5; 2,5; 4,5; 10 b) 1,32; 0,144; 1,08; 10

c) 2,9; 1; 2,1; $\frac{25}{4} = 6\frac{1}{4} = 6{,}25$

27

a) $\frac{23}{28}$ b) $\frac{1}{4}$ c) $0{,}05 = \frac{1}{20}$

28

a) $\frac{17}{17} + \frac{6}{12} + \frac{19}{19} = 2\frac{1}{2}$ b) $\frac{1}{20}$ c) $\frac{1}{40}$

29

a) 0,4; 0,8; 1,4; 2,2 b) 2,46; 2,52; 2,58; 2,64

c) 0,985; 1,005; 1,02; 1,03

30

a) 0,798; 0,978; 0,987; 7,98; 8,79; 9,87

b) $\frac{7}{20}$; 0,36; $\frac{3}{8}$; $\frac{2}{5}$; 0,42

c) $\frac{11}{15}$; $\frac{15}{11}$; $1\frac{1}{2}$; 1,55

31

a) Ergebnis: 10; Klammer (12,5 − 1,5) + (−0,26 − 0,74).

b) 34,8; 34,8 kann man ausklammern.

c) $\frac{1}{4}$; $\frac{3}{4}:0{,}75 = 1$

32

a) 43,0839; 430,839 b) 72,9

c) An der letzten Stelle muss eine 1 stehen.

33

a) $107 \cdot 43 + 12 - 5 = 4608$ b) $0{,}5 + 2{,}4 \cdot 1{,}5 - 4{,}0 = 0{,}1$

c) z. B. $\frac{4}{5} \cdot \frac{5}{6} + \frac{1}{4}$

34

a) Sie muss $7\frac{1}{4}$ kg tragen.

b) $\frac{3}{10}$ spielen Fußball; es sind 280 Mitglieder.

c) $\frac{5}{12}$ spielen kein Instrument.

35

a) 160 ha

b) (580 ha) $\frac{29}{60}$ der Gesamtfläche

c) Kreisdiagramm: bebaut 114°; Wald 72°; Acker 174°

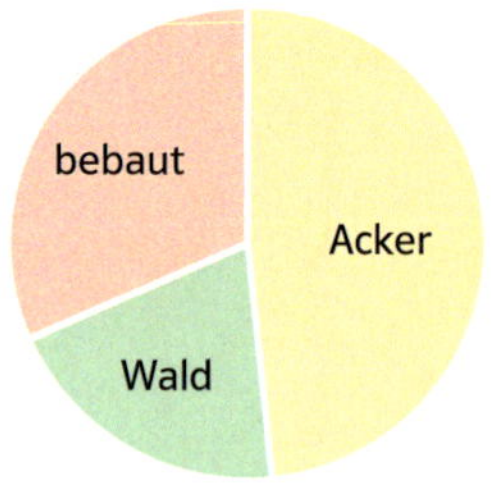

36

a)

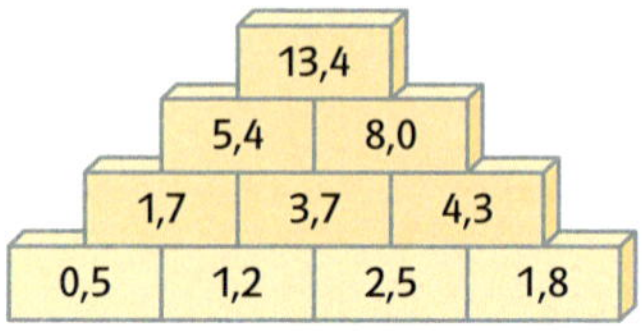

b)

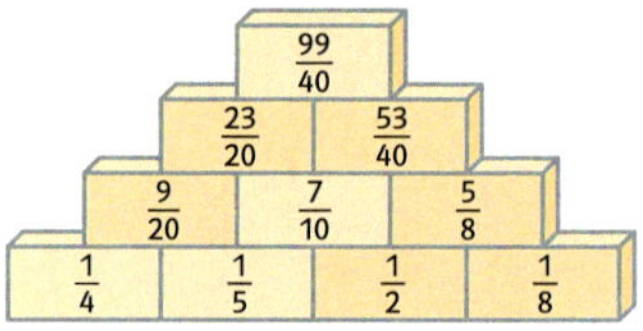

c)

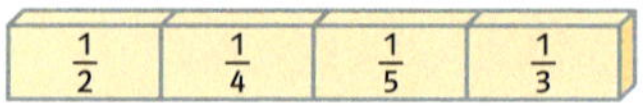

37

a) Minimum: 0,80 €; Maximum: 5,25 €; Spannweite: 4,45 €; Mittelwert: 2,94 €

b) Mittelwert: 6,8 (5,5); Differenz zum Minimum: 3,8 (2,5); Differenz zum Maximum: 5,2 (2,5)

in Klammer ohne 12

c) Kai 1,53 m; Tom 1,55 m

38

a) A: 1,60 m; 1,65 m; 1,68 m; 1,70 m; 1,92 m

B: 1,65 m; 1,66 m; 1,68 m; 1,70 m; 1,71 m

b) A im Vergleich zu B: 1,60 m zu 1,65 m und 1,92 m zu 1,71 m

c) A: 1,71 m; B: 1,68 m

39

a) 2,9 b) 3,0 c) 2 oder besser

40

a) L und J; C und E; B und F; A und G und I

b) 11

c) 13; 15; 29; $k = 2n - 1$

41

a)

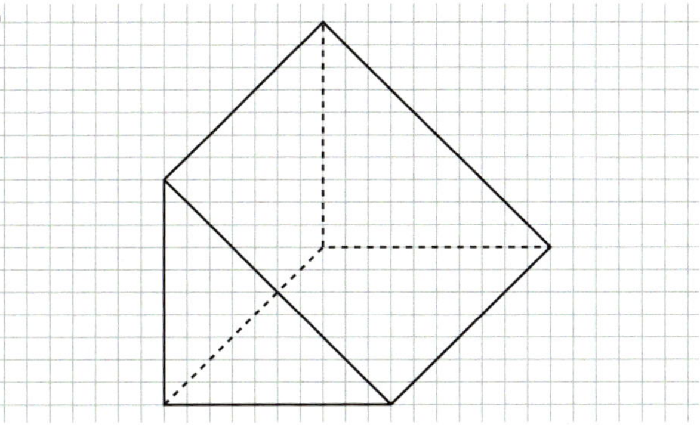

b) $\frac{2}{9}$ muss man wegnehmen.

c) $\frac{7}{27}$ des Würfels sind ausgeschachtet. $\frac{9}{27}$ sind abgeschnitten beim Vierecksprisma. Der Restkörper enthält mehr Material.

42

a)

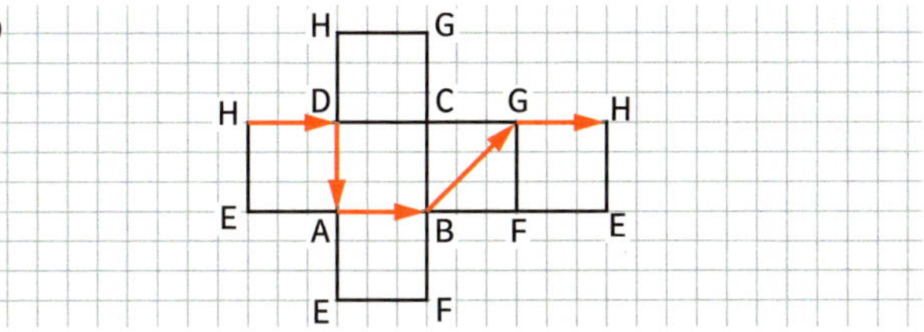

b)

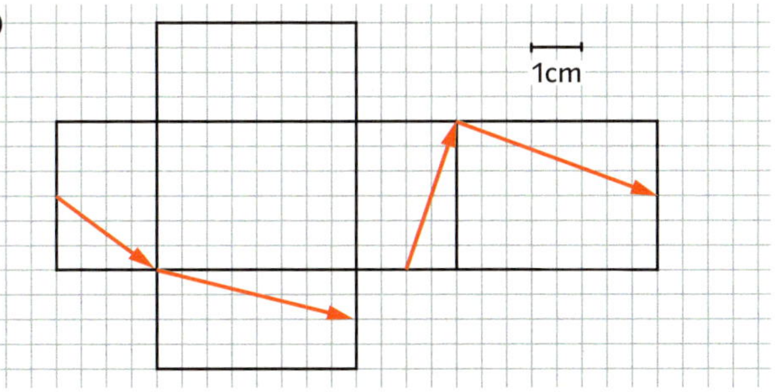

c)

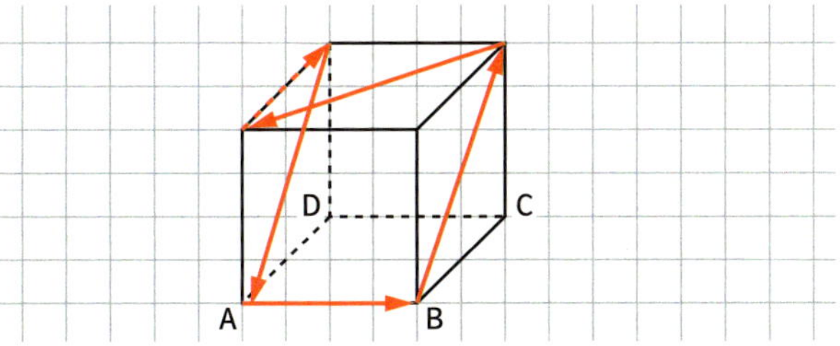

43

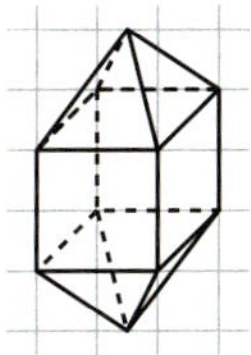

a) Dreiecksprisma und quadratische Pyramide. Das Quadrat lässt sich anfügen beim Prisma an $\overline{AH}$, $\overline{CD}$, $\overline{DE}$, $\overline{EF}$; bei der Pyramide an $\overline{AB}$, $\overline{BC}$, $\overline{CD}$, $\overline{DE}$.

b) Würfel, auf den zwei quadratische Pyramiden aufgesetzt sind.

c) 21 Kanten und 14 Flächen

44

a) A: Fläche $2x \cdot 5x = 10x$, Umfang $2 \cdot (2x + 5x) = 14x$;
B: Fläche $6x \cdot 3x - 2x \cdot 5x = 8x^2$,
Umfang $6x + 3x + x + 2x + 5x + x = 2 \cdot (6x + 3x) = 18x$
A ist größer als B, aber B hat den größeren Umfang.

b) Umfang: $2 \cdot a + 2 \cdot 2a = 6a$; Flächeninhalt: $2a \cdot a = 2a^2$

c) 12x; ein Stäbchen ist 15 cm lang.

45

a) 4

b) a = 3 und b = 1

c) m = 0 und n = 20; m = 5 und n = 14; m = 10 und n = 8

46

a) Kantensumme 24x und 32x; Oberfläche $24x^2$ und $40x^2$.

b) Beim Quader kommen noch 8x dazu.

c) $K = 56x$; $O = 88x^2$

47

a) x = 11; x = 13

b) x = 44; x = 40

c) x = 4; x = 8

48

a) 5

b) 9

c) 3

49

a) 9-mal 2 Euro und 2-mal 1 Euro

b) 1-mal 2 Euro und 8-mal 1 Euro

c) 5 €: 10-mal 0,5 € oder 1-mal 2 € und 2-mal 1 € und 2-mal 0,5 € oder…
10 €: 3-mal 2 € und 4-mal 1 € oder…

50

a) 5000

b) 500 000; 5000 kg = 5 t

51

a) Bei Jutour bezahlt man 27 € pro Person, bei Young Holiday 26,50 €. Sie sollten also das Angebot von Young Holiday wählen.

b) Es sind 32.

c) 197 ist eine Primzahl und hat deshalb nur die Teiler 1 und 197.

52

a) 3 Hefte

b) 0,56 €

c) 6 Hefte für a) und 1,04 € für b)

53

a) Nein, für 700 km braucht man 45,5 Liter.
b) Stadt 63 €; Autobahn 45 €. Stadtverkehr ist 18 € teurer.
c) 6 Stunden; 260 km

54

a)

I

Anzahl	5	10	15	20	25
Preis in €	7,50	15,00	22,50	30,00	37,50

II

Anzahl	5	10	15	20	25
Preis in €	10,00	15,00	20,00	25,00	30,00

b)

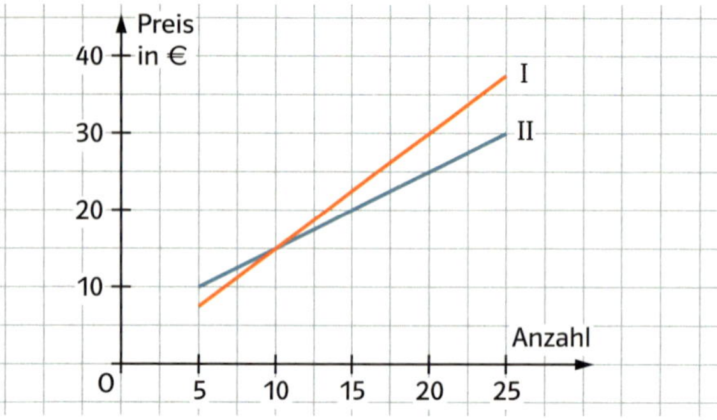

c) Die erste Tabelle könnte die Preisberechnung für DVD-Rohlinge darstellen. Die zweite Tabelle kann mit der Abrechnung von Handykosten verglichen werden (Grundgebühr + Einheiten).

55

a)

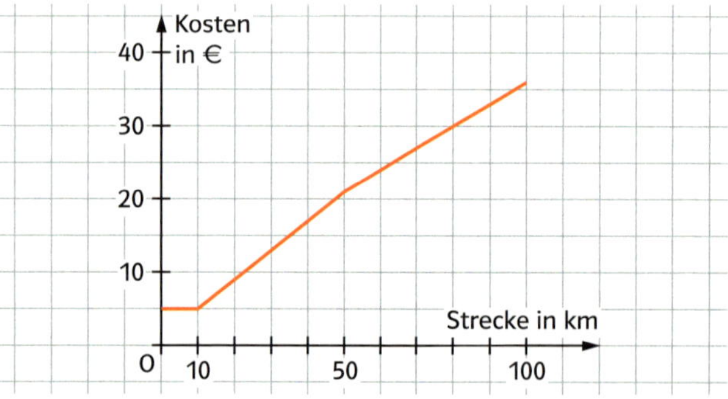

b) 25 km – 11 €; 40 km – 17 €; 75 km – 28 €
c) Es sind etwa 65 km gefahren worden.

56

a) A – 3; B – 1; C – 4; D – 2
b) Beispiel: Fritz fährt los, macht eine Pause, fährt ein Stück zurück und fährt dann im selben Tempo wie am Anfang weiter.
c)

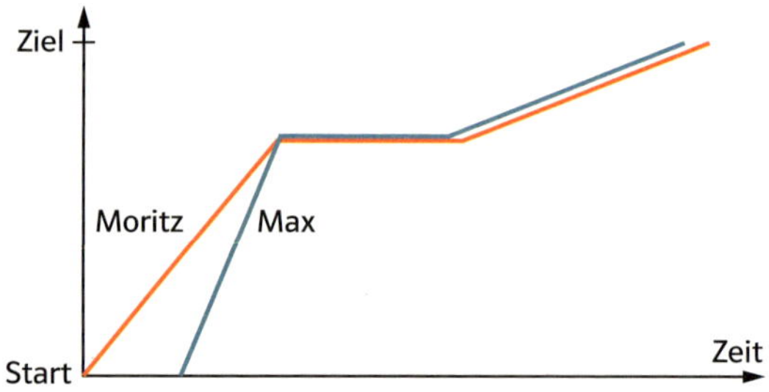

57

a) Je mehr Gewicht angehängt wird, desto mehr dehnt sich die Feder aus. Bei doppeltem Gewicht dehnt sie sich doppelt so weit aus.

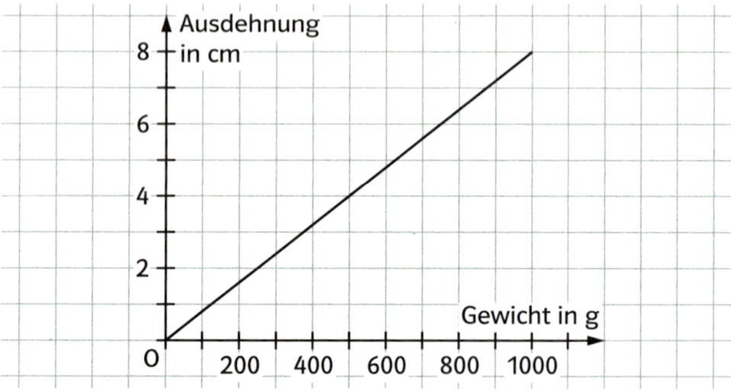

b) Für 250 g 5 cm. Ausdehnung von 7,5 cm bei 375 g
c) Bei 200 g wäre die exakte Ausdehnung 3,2 cm. Bei der Ausdehnung von 8,0 cm waren es vermutlich 500 g.
Beim Messen können Fehler passieren.

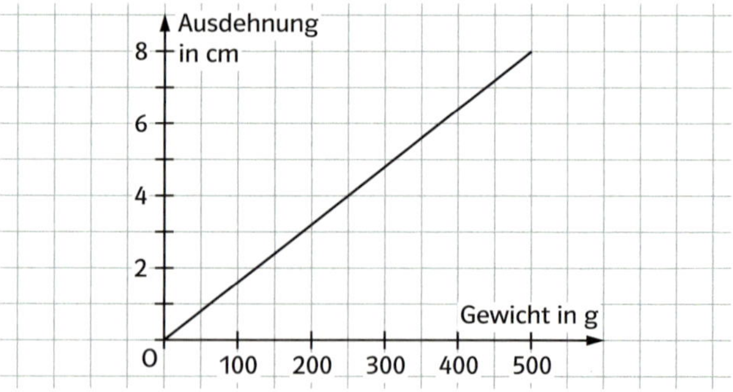

Lösungen des Rechentrainings

1
a) teilt; teilt nicht b) teilt nicht; teilt c) teilt; teilt
d) teilt nicht; teilt e) teilt; teilt nicht f) teilt; teilt

2
a) {1; 2; 3; 4; 6; 9; 12; 18; 36}
b) {1; 3; 13; 39}
c) {1; 3; 5; 9; 15; 45}
d) {1; 2; 3; 4; 6; 8; 9; 12; 18; 24; 36; 72}
e) {1; 2; 3; 4; 6; 7; 12; 14; 21; 28; 42; 84}

3
a) {8; 16; 24; ...} b) {19; 38; 57; ...} c) {22; 44; 66; ...}
d) {16; 32; 48; ...} e) {51; 102; 153; ...}

4
a) 56; 80; 206; 700; 1230; 3456 sind durch 2 teilbar.
80; 305; 700; 1230 sind durch 5 teilbar.
80; 700; 1230 sind durch 10 teilbar.
b) 90 000; 345 678 sind durch 2 teilbar.
90 000; 23 985 sind durch 5 teilbar.
90 000 ist durch 10 teilbar.

5
a) ja b) nein c) ja d) nein e) ja f) ja
g) ja h) nein i) ja j) nein k) ja l) nein

Randspalte

	2	3	5	6	9
75	nein	ja	ja	nein	nein
96	ja	ja	nein	ja	nein
144	ja	ja	nein	ja	ja
180	ja	ja	ja	ja	ja
225	nein	ja	ja	nein	ja
243	nein	ja	nein	nein	ja
270	ja	ja	ja	ja	ja
324	ja	ja	nein	ja	ja
444	ja	ja	nein	ja	nein
555	nein	ja	ja	nein	nein

6
Durch 3, aber nicht durch 9 teilbar sind
b) 2703 c) 92 748 f) 76 503

7
a) 5 b) 4 c) 18
d) 1 e) 8 f) 9

8
a) 31; 61 b) 53; 73 c) 97 d) 29; 59

9
a) 2; 4 b) 2 c) 2; 4; 5; 10 d) keine
e) 2; 5; 10 f) 2 g) 3; 5 h) 2; 4
i) 2; 4; 5; 10 j) 2; 3; 4 k) keine l) 2; 3; 9

10
mögliche Lösungen:

a)

b)
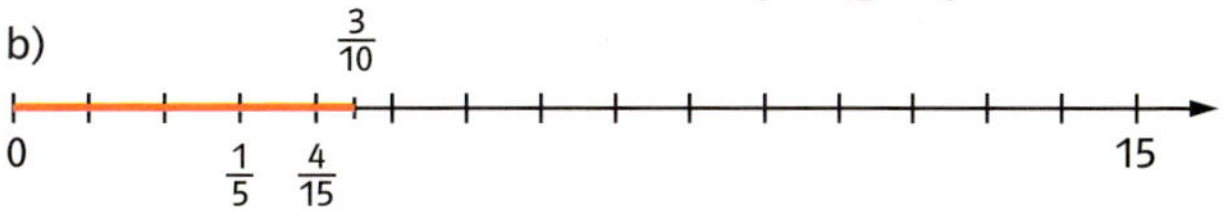

c)
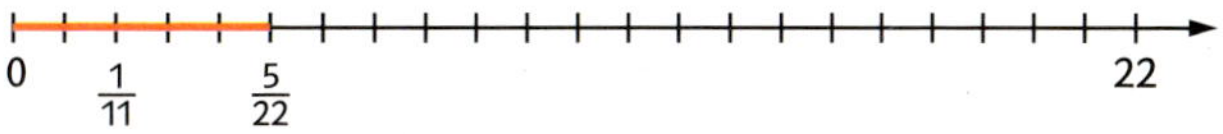

11
a) 500 g; 100 g; 10 g; 50 g b) 50 cm; 25 cm; 20 cm; 4 cm
c) 25 dm^2; 20 dm^2; 5 dm^2; 4 dm^2
d) 25 m^2; 50 m^2; $12\frac{1}{2}$ m^2; 150 m^2
e) 15 min; 30 min; 45 min; 90 min; 165 min

12
a) $\frac{1}{10}$ dm b) $\frac{1}{5}$ km c) $\frac{3}{4}$ t d) $\frac{1}{20}$ a
e) $\frac{1}{5}$ kg f) $\frac{1}{3}$ min g) $\frac{1}{3}$ Tag h) $\frac{2}{3}$ Jahre

Randspalte

	2	3	4	5	6
$\frac{24}{48}$	$\frac{12}{24}$	$\frac{8}{16}$	$\frac{6}{12}$	–	$\frac{4}{8}$
$\frac{30}{90}$	$\frac{15}{45}$	$\frac{10}{30}$	–	$\frac{6}{18}$	$\frac{5}{15}$
$\frac{60}{72}$	$\frac{30}{36}$	$\frac{20}{24}$	$\frac{15}{18}$	–	$\frac{10}{12}$
$\frac{90}{120}$	$\frac{45}{60}$	$\frac{30}{40}$	–	$\frac{18}{24}$	$\frac{15}{20}$

	2	5	7	12	15
$\frac{2}{7}$	$\frac{4}{14}$	$\frac{10}{35}$	$\frac{14}{49}$	$\frac{24}{84}$	$\frac{30}{105}$
$\frac{3}{8}$	$\frac{6}{16}$	$\frac{15}{40}$	$\frac{21}{56}$	$\frac{36}{96}$	$\frac{45}{120}$
$\frac{5}{9}$	$\frac{10}{18}$	$\frac{25}{45}$	$\frac{35}{63}$	$\frac{60}{108}$	$\frac{75}{135}$
$\frac{4}{11}$	$\frac{8}{22}$	$\frac{20}{55}$	$\frac{28}{77}$	$\frac{48}{132}$	$\frac{60}{165}$

13
a) 8 m; 20 kg; 100 €; 48 t
b) 3 m; 150 g; 18 ha; 24 h
c) 10 ct; 2 €; 3 €; 12 €
d) 6 t; 27 kg; 33 m; 42 €

14
a) $\frac{9}{45}$; $\frac{12}{60}$; $\frac{13}{65}$; $\frac{15}{75}$
b) $\frac{10}{70}$; $\frac{12}{84}$; $\frac{14}{98}$
c) $\frac{4}{36}$; $\frac{5}{45}$; $\frac{6}{54}$; $\frac{8}{72}$
d) $\frac{5}{60}$; $\frac{7}{84}$; $\frac{10}{120}$

15
a) 6 b) 12 c) 56
d) 25 e) 54 f) 144

16
a) 7 b) 3 c) 4
d) 6 e) 9 f) 13

17
a) $\frac{1}{2}$; $\frac{1}{5}$; $\frac{1}{4}$; $\frac{1}{3}$
b) $\frac{1}{8}$; $\frac{1}{7}$; $\frac{1}{6}$; $\frac{1}{3}$

18
a) $\frac{1}{9}$; $\frac{1}{4}$; $\frac{1}{3}$; $\frac{1}{2}$
b) $\frac{2}{17}$; $\frac{3}{17}$; $\frac{9}{17}$; $\frac{10}{17}$

19
a) $<$; $>$ b) $>$; $>$ c) $<$; $<$

20
a) $\frac{4}{10}$; $\frac{5}{7}$; $\frac{11}{12}$
b) $\frac{10}{11}$; $\frac{14}{15}$; 1
c) $\frac{4}{7}$; $\frac{8}{9}$; $\frac{19}{25}$
d) $\frac{1}{2}$; $\frac{1}{5}$; $\frac{1}{7}$
e) $\frac{5}{8}$; $\frac{1}{3}$; $\frac{3}{10}$
f) $\frac{1}{4}$; $\frac{3}{11}$; $\frac{4}{15}$

21
a) $\frac{1}{2}$; $\frac{1}{2}$ b) $\frac{2}{3}$; $\frac{3}{4}$ c) $\frac{1}{3}$; $\frac{4}{5}$
d) $\frac{1}{5}$; $\frac{9}{10}$ e) $\frac{4}{5}$; $\frac{2}{3}$ f) $\frac{9}{25}$; $\frac{7}{8}$

22
a) $1\frac{1}{7}$; $1\frac{6}{11}$ b) $1\frac{2}{9}$; $1\frac{3}{11}$ c) $1\frac{6}{13}$; $1\frac{8}{29}$

23
a) 4 b) 6 c) $2\frac{1}{2}$ d) $17\frac{1}{3}$
e) $8\frac{1}{4}$ f) $2\frac{2}{9}$ g) $3\frac{4}{5}$ h) $5\frac{3}{5}$

24
a) $\frac{1}{2}$; $\frac{5}{12}$ b) $\frac{7}{24}$; $\frac{1}{4}$ c) $\frac{13}{20}$; $\frac{4}{15}$
d) $\frac{1}{4}$; $\frac{1}{6}$ e) $\frac{1}{8}$; $\frac{2}{9}$ f) $\frac{1}{6}$; $\frac{3}{8}$

25
a) $\frac{7}{12}$; $\frac{13}{14}$ b) $\frac{3}{4}$; $\frac{8}{9}$ c) $\frac{8}{15}$; $\frac{14}{15}$
d) $\frac{1}{8}$; $\frac{1}{6}$ e) $\frac{1}{6}$; $\frac{2}{15}$ f) $\frac{5}{16}$; $\frac{1}{18}$

26
a) $\frac{19}{24}$; $\frac{35}{36}$ b) $\frac{17}{42}$; $1\frac{1}{36}$ c) $\frac{29}{72}$; $\frac{43}{45}$
d) $\frac{41}{60}$; $1\frac{31}{72}$ e) $\frac{17}{20}$; $1\frac{31}{80}$ f) $\frac{101}{144}$; $\frac{104}{105}$

27
a) $\frac{1}{12}$; $\frac{3}{10}$ b) $\frac{1}{20}$; $\frac{2}{35}$ c) $\frac{3}{40}$; $\frac{1}{18}$

28
a) $2\frac{3}{10}$; $2\frac{1}{8}$ b) $6\frac{7}{15}$; $13\frac{13}{30}$ c) $10\frac{5}{24}$; $14\frac{10}{63}$
d) $23\frac{2}{3}$ e) $6\frac{13}{18}$

Randspalte

+	$\frac{1}{2}$	$\frac{2}{3}$	$\frac{3}{4}$	$\frac{4}{5}$
$\frac{1}{2}$	1	$1\frac{1}{6}$	$1\frac{1}{4}$	$1\frac{3}{10}$
$\frac{1}{5}$	$\frac{7}{10}$	$\frac{13}{15}$	$\frac{19}{20}$	1
$\frac{5}{6}$	$1\frac{1}{3}$	$1\frac{1}{2}$	$1\frac{7}{12}$	$1\frac{19}{30}$
$\frac{1}{7}$	$\frac{9}{14}$	$\frac{17}{21}$	$\frac{25}{28}$	$\frac{33}{35}$
$\frac{5}{7}$	$1\frac{3}{14}$	$1\frac{8}{21}$	$1\frac{13}{28}$	$1\frac{18}{35}$
$\frac{3}{8}$	$\frac{7}{8}$	$1\frac{1}{24}$	$1\frac{1}{8}$	$1\frac{7}{40}$

–	$\frac{1}{7}$	$\frac{2}{8}$	$\frac{1}{5}$	$\frac{4}{9}$
$\frac{2}{4}$	$\frac{5}{14}$	$\frac{1}{4}$	$\frac{3}{10}$	$\frac{1}{18}$
$\frac{3}{5}$	$\frac{16}{35}$	$\frac{7}{20}$	$\frac{2}{5}$	$\frac{7}{45}$
$\frac{6}{7}$	$\frac{5}{7}$	$\frac{17}{28}$	$\frac{23}{35}$	$\frac{26}{63}$
$\frac{5}{8}$	$\frac{27}{56}$	$\frac{3}{8}$	$\frac{17}{40}$	$\frac{13}{72}$
$\frac{7}{8}$	$\frac{41}{56}$	$\frac{5}{8}$	$\frac{27}{40}$	$\frac{31}{72}$
$\frac{6}{9}$	$\frac{11}{21}$	$\frac{5}{12}$	$\frac{7}{15}$	$\frac{2}{9}$

29
a) $\frac{11}{12}$; $\frac{9}{10}$ b) $\frac{28}{45}$; $2\frac{19}{35}$ c) $4\frac{43}{45}$; $\frac{27}{28}$

30
a)

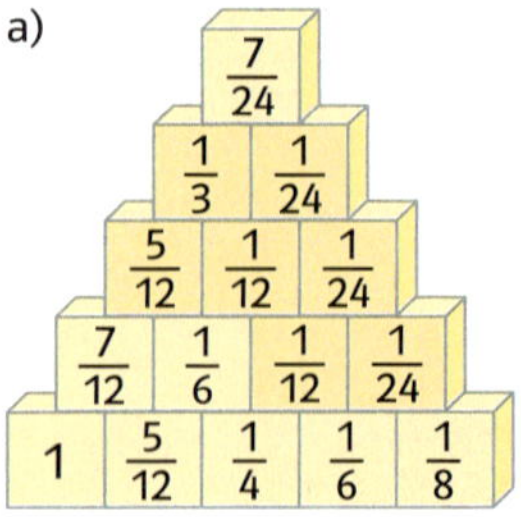

b)

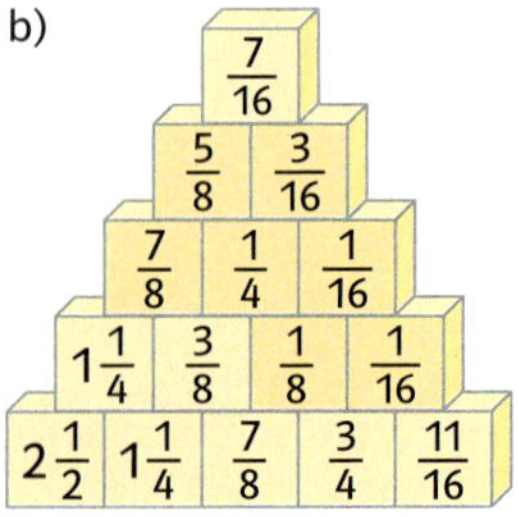

31
a) $1\frac{3}{8}$ b) $1\frac{1}{2}$ c) $1\frac{2}{3}$
d) $1\frac{1}{7}$ e) 1 f) $\frac{2}{3}$

32

a) $\frac{5}{9}$ b) $\frac{6}{11}$ c) $\frac{6}{8}$ d) $\frac{12}{13}$

e) $1\frac{1}{3}$ f) $5\frac{4}{9}$ g) $5\frac{1}{3}$ h) $2\frac{5}{8}$

33

a) $4;\ 9;\ 21\frac{9}{11};\ 20\frac{4}{5};\ 15\frac{1}{5};\ 7\frac{2}{3}$

b) 50; 75; 125; 95; 82; 150

34

a) 2 b) 6 c) 4 d) $\frac{1}{2}$

e) $1\frac{1}{11}$ f) $3\frac{1}{2}$ g) $4^1\frac{1}{30}$ h) $2\frac{1}{2}$

Randspalte

·	$\frac{2}{5}$	$\frac{4}{7}$	$\frac{5}{9}$	$\frac{8}{11}$
$\frac{5}{2}$	1	$1\frac{3}{7}$	$1\frac{7}{18}$	$1\frac{9}{11}$
$\frac{7}{8}$	$\frac{7}{20}$	$\frac{1}{2}$	$\frac{35}{72}$	$\frac{7}{11}$
$\frac{16}{5}$	$1\frac{7}{25}$	$1\frac{29}{35}$	$1\frac{7}{9}$	$2\frac{18}{55}$
$\frac{1}{40}$	$\frac{1}{100}$	$\frac{1}{70}$	$\frac{1}{72}$	$\frac{1}{55}$
$\frac{3}{13}$	$\frac{6}{65}$	$\frac{12}{91}$	$\frac{5}{39}$	$\frac{24}{143}$

:	$\frac{3}{4}$	$\frac{4}{3}$	5	$3\frac{2}{3}$
$\frac{1}{3}$	$\frac{4}{9}$	$\frac{1}{4}$	$\frac{1}{15}$	$\frac{1}{11}$
$\frac{3}{7}$	$\frac{4}{7}$	$\frac{9}{28}$	$\frac{3}{35}$	$\frac{9}{77}$
$\frac{5}{8}$	$\frac{5}{6}$	$\frac{15}{32}$	$\frac{1}{8}$	$\frac{15}{88}$
$\frac{10}{11}$	$\frac{40}{33}$	$\frac{15}{22}$	$\frac{2}{11}$	$\frac{30}{121}$
$2\frac{1}{3}$	$\frac{28}{9}$	$\frac{7}{4}$	$\frac{7}{15}$	$\frac{7}{11}$

35

a) $\frac{1}{12};\ \frac{1}{20}$ b) $\frac{1}{3};\ \frac{1}{2}$ c) $\frac{16}{63};\ \frac{28}{25}$

36

a) $1\frac{7}{8};\ \frac{27}{28};\ 2$ b) $1\frac{7}{25};\ \frac{2}{3};\ 1\frac{1}{5}$

c) $1;\ 1\frac{13}{51};\ 1$ d) $\frac{3}{65};\ \frac{4}{9};\ \frac{1}{4}$

e) $\frac{3}{20};\ \frac{3}{20};\ 4$ f) $\frac{3}{5};\ 12;\ 2\frac{2}{11}$

g) $\frac{1}{6};\ \frac{1}{12};\ 3\frac{8}{9}$ h) $\frac{3}{5};\ 1\frac{13}{36};\ 2\frac{2}{5}$

37

a) $\frac{2}{3}$ b) $\frac{3}{5}$ c) $\frac{5}{9}$

d) $\frac{1}{2}$ e) $\frac{5}{7}$ f) $\frac{5}{11}$

38

a) $\frac{2}{5};\ \frac{3}{11};\ \frac{5}{13}$ b) $\frac{3}{10};\ \frac{2}{7};\ \frac{5}{19}$

c) $\frac{1}{7};\ \frac{3}{20};\ \frac{5}{37}$ d) $\frac{1}{6};\ \frac{1}{12};\ \frac{1}{20}$

e) $\frac{3}{28};\ \frac{3}{20};\ \frac{5}{24}$ f) $\frac{1}{10};\ \frac{3}{32};\ \frac{3}{40};\ \frac{7}{36}$

39

a) $\frac{1}{4}$ b) $\frac{1}{8}$ c) $\frac{1}{24}$ d) $\frac{2}{33}$

e) $\frac{3}{7}$ f) $\frac{1}{14}$ g) $\frac{2}{21}$ h) $\frac{1}{33}$

i) $\frac{1}{33}$ j) $\frac{1}{80}$ k) $\frac{1}{75}$ l) $\frac{1}{78}$

40

a) $3;\ 1\frac{1}{5}$ b) $\frac{1}{4};\ \frac{4}{9}$

c) $\frac{15}{32};\ 4\frac{1}{6}$ d) $\frac{2}{3};\ \frac{27}{32}$

e) $\frac{8}{15};\ \frac{11}{18}$ f) $\frac{15}{32};\ \frac{15}{28}$

g) $\frac{2}{9};\ 1\frac{1}{2}$ h) $\frac{4}{9};\ 4\frac{1}{2}$

41

a) $17\frac{1}{2};\ 6\frac{2}{3}$ b) $3\frac{1}{2};\ 5\frac{1}{4}$

c) $8\frac{1}{6};\ 26$ d) $43\frac{1}{3};\ 21\frac{2}{3}$

42

a) $\frac{3}{10};\ \frac{7}{15};\ \frac{19}{20};\ \frac{23}{25};\ \frac{31}{36}$

b) 6; 15; 62; 95; 101

Das Ergebnis ist der Kehrwert des Divisors.

43

a) 9 b) 21 c) 3 d) 3

44

a) $\frac{1}{18}$ b) $\frac{9}{40}$ c) $\frac{1}{10}$ d) $1\frac{5}{6}$

45

a) $\frac{27}{8}$ und $\frac{8}{27}$ b) $\frac{5}{14}$ und $\frac{14}{5}$

c) $\frac{4}{11}$ und $\frac{11}{4}$ d) 2 und $\frac{1}{2}$

Das zweite Ergebnis ist immer der Kehrwert des ersten.

46

a) $\frac{1}{5}$ b) $1\frac{1}{2}$ c) 14

d) $\frac{8}{15}$ e) $\frac{8}{15}$ f) $\frac{1}{8}$

47

a) $5\frac{61}{63}$ b) $4\frac{1}{8}$ c) $\frac{6}{35}$

d) $\frac{1}{5}$ e) $\frac{1}{24}$ f) 1

48

	H	Z	E	,	z	h	t	zt
a)		3	9	,	8	6		
b)	5	2	6					
c)	4	1	2	,	5	4	1	
d)			0	,	0	7	8	1
e)			9	,	7	2	5	
f)			0	,	9	0	6	

49

a) $\frac{3}{10}$; $\frac{7}{10}$; $\frac{1}{10}$; $2\frac{3}{10}$
b) $\frac{9}{100}$; $\frac{8}{1000}$; $\frac{34}{100}$; $6\frac{1}{500}$
c) $\frac{3}{1000}$; $\frac{1}{100}$; $15\frac{9}{20}$; $8\frac{1}{200}$
d) $\frac{4}{5}$; $\frac{9}{100}$; $\frac{1}{250}$; $\frac{1}{2000}$
e) $\frac{19}{50}$; $\frac{59}{125}$; $\frac{7}{250}$; $\frac{101}{10\,000}$
f) $3\frac{1}{2}$; $4\frac{41}{50}$; $15\frac{9}{10}$; $23\frac{9}{125}$

50

a) 252 ct; 1786 ct
b) 320 ct; 75 ct;
c) 264 dm; 138 dm
d) 45 cm; 17 638 m
e) 2456 g; 3090 g
f) 7007 kg; 3500 kg

51

a) < b) > c) > d) <
e) > f) > g) > h) <

52

a) 4,555 m b) 17,86 l c) 7,3 kg d) 21,88 a

53

a) 23,847 < 238,26 < 459,87 < 795,4
b) 6,849 < 6,85 < 6,865 < 6,871
c) 0,8008 < 0,800 88 < 0,808 08 < 0,880 08

54

a) alle Ziffern
b) 0; 1; 2; 3; 4
c) 0; 1; 2; 3; 4; 5
d) 0; 1; 2

55

mögliche Lösungen:
a) 2,1; 2,4; 2,5
3,25; 3,29; 3,299
0,021; 0,022; 0,025
b) 4,9; 4,91; 4,99
6,15; 6,16; 6,17
0,045; 0,046; 0,0455

56

a) 3 €; 13 €; 7 €; 100 €
b) 112,67 €; 0,76 €; 99,07 €
c) 1 m; 3 m; 5 m; 7 m
d) 47 m²; 25 m²; 5 m²; 1 m²

57

a) 0,3; 0,7; 0,1; 0,17; 0,27; 0,111
b) 1,3; 1,41; 2,7; 3,91; 1,711

58

a) 0,3; 0,2; 0,2; 0,3
b) 0,2; 0,9; 1,2; 1,1
c) 0,02; 0,25; 0,2; 0,02
d) 0,1; 0,6; 0,7; 0,7
e) 0,35; 0,18; 0,8; 0,004; 0,015
f) 0,75; 2,15; 2,4; 1,82
g) 0,375; 0,16; 0,225; 0,032
h) 0,625; 1,75; 1,05; 1,3; 2,125

Randspalte

6,4 cm; 11,08 m; 72,25 ha; 9,0054 ha; 6,470 kg;
5,78 m²; 6,03 m²; 20,022 ha; 1,001001 t; 3,33 m

59

a) 0,25; 0,6; 0,55; 0,52
b) 1,625; 1,45; 4,4; 0,4
c) 0,12; 1,2; 1,32; 12,12
d) 8; 0,8; 0,08; 0,008

60

a) 0,3; 0,7; 0,5; 1,1; 2,2; 3,0
b) 0,33; 0,66; 0,45; 1,05; 2,22; 3,05
c) 0,333; 0,656; 0,451; 1,051; 2,222; 3,045

Randspalte

Runde auf Zehntel: 7,3; 0,1; 16,6; 4,9; 12,4;
19,4; 48,3; 0,5; 0,9; 1
... auf Hundertstel: 0,64; 1,79; 2,38; 4,62; 4;
0,7; 2,01; 4,12; 8; 2,91
... auf Tausendstel: 2,347; 4,13; 6,348; 10;
8,765; 0,123; 2,679; 3,126

61

a) < b) > c) < d) < e) > f) >

62

a) = b) < c) > d) = e) > f) >

63

a) $\frac{2}{3}$ b) $\frac{5}{9}$ c) $\frac{26}{99}$ d) $2\frac{4}{9}$
e) $3\frac{2}{3}$ f) $5\frac{4}{11}$ g) $\frac{5}{6}$ h) $\frac{1}{6}$
i) $\frac{41}{300}$ j) $1\frac{7}{15}$ k) $3\frac{7}{55}$ l) $2\frac{9}{55}$

64

a) 6,3 b) 1,9 c) 1,8 d) 27,7
e) 0,99 f) 0,28 g) 0,35 h) 0,51
i) 1,22 j) 1,8

65

a) 43,681 b) 5,9928 c) 0,5208
d) 1,2214 e) 1,511 f) 8,145

66
Überschlag:
a) 1 + 0,5 − 0,5 = 1 b) 40 + 1 + 55 = 96
c) 50 + 50 − 20 − 60 = 20
Genaues Ergebnis:
a) 0,983 b) 97,335 c) 16,97

67
a) 3,83 m b) 14,2336 a c) 97,625 km

68
a) 5; 2030 b) 40,7; 520 c) 40; 3330

69
a) 0,64; 1,08; 0,51 b) 65; 880; 900 c) 2,8; 0,022; 0,2

70
a) 0,0008; 0,007; 0,0006; 0,0009; 0,0075; 0,000 016 5
b) 0,06; 0,16; 6; 0,7; 120; 0,009

71
a) 8,84; 5,85; 6,09 b) 5,325; 6,536; 8,8596
c) 0,1728; 0,177 32; 0,032 25 d) 9,384; 670; 824; 0,091 125
e) 1,729; 51,413 04; 32,8879

Randspalte

+	1,1	2,22	3,33
0,9	2	3,12	4,233
0,08	1,18	2,3	3,413
0,007	1,107	2,227	3,34

−	0,3	0,22	0,111
1,1	0,8	0,88	0,989
2,22	1,92	2	2,109
3,333	3,033	3,113	3,222

·	1,1	2,2	3,3
1,75	1,925	3,85	5,775
99,9	109,89	219,78	329,67
0,84	0,924	1,848	2,772
1,05	1,155	2,31	3,465
0,707	0,7777	1,5554	2,3331
9,09	9,999	19,998	29,997

:	0,8	1,6	2,5
5,2	6,5	3,25	2,08
10,5	13,125	6,5625	4,2
0,75	0,9375	0,46875	0,3
0,1	0,125	0,0625	0,04
0,49	0,6125	0,30625	0,196
2,04	2,55	1,275	0,816

72
a) 4,08; 0,070 11 b) 0,704; 0,003 07
c) 0,000 2; 0,000 05 d) 0,8; 7,1
e) 5,1; 3,1 f) 22,02; 6,22

73
a) 2,82; 0,81 b) 11,42; 33,71 c) 0,56; 0,81

74
a) 2,8; 1,96; 260; 86,3 b) 3,6; 45,1; 21,9; 17,9

75
a) 54,0; 596,8 b) 4,9; 7,2 c) 6,3; 13,2

76
a) 8,3; 11,8; 18 b) 5; 7,9; 4,5 c) 1,6; 3,2; 1,4

77
a) 3,89; 7,06; 15,91 b) 2,53; 1,97; 2,5

78
a) 12,24; 26,16; 82,17 b) 22,12; 17,64; 0,24

79
a) 52,5 b) 49,75 c) 124,4

80
a) 28,57; 52,33; 92,31 b) 39,28; 1428,7; 10 821,41
c) 2,75; 73; 307,4

81
108,15; 28,14; 1,3

Register

Mathematische Symbole

=	gleich
$<$	kleiner als
$>$	größer als
$\mathbb{N}$	Menge der natürlichen Zahlen
$g \perp h$	die Geraden g und h sind zueinander senkrecht
⊾	rechter Winkel
$g \parallel h$	die Geraden g und h sind parallel
g, h, …	Buchstaben für Geraden
A, B, …, P, Q, …	Buchstaben für Punkte
$\alpha, \beta, \gamma, \delta, \ldots$	griechische Buchstaben für Winkel
$\overline{AB}$	Strecke mit den Endpunkten A und B
A(2|4)	Gitterpunkt mit dem Rechtswert 2 und dem Hochwert 4

Maßeinheiten und Umrechnungen

Zeiteinheiten

Jahr	Tag	Stunde	Minute	Sekunde
1 a =	365 d			
	1 d =	24 h		
		1 h =	60 min	
			1 min =	60 s

Gewichtseinheiten

Tonne	Kilogramm	Gramm	Milligramm
1 t =	1000 kg		
	1 kg =	1000 g	
		1 g =	1000 mg

Längeneinheiten

Kilometer	Meter	Dezimeter	Zentimeter	Millimeter
1 km =	1000 m			
	1 m =	10 dm		
		1 dm =	10 cm	
			1 cm =	10 mm

Flächeneinheiten

Quadrat-kilometer	Hektar	Ar	Quadrat-meter	Quadrat-dezimeter	Quadrat-zentimeter	Quadrat-millimeter
$1\,km^2$ =	100 ha					
	1 ha =	100 a				
		1 a =	$100\,m^2$			
			$1\,m^2$ =	$100\,dm^2$		
				$1\,dm^2$ =	$100\,cm^2$	
					$1\,cm^2$ =	$100\,mm^2$

Raumeinheiten

Kubikmeter	Kubikdezimeter	Kubikzentimeter	Kubikmillimeter
$1\,m^3$ =	$1000\,dm^3$		
	$1\,dm^3$ =	$1000\,cm^3$	
	1 l =	1000 ml	
		$1\,cm^3$ =	$1000\,mm^3$

Bildquellenverzeichnis

U1.1: Mellenthin, Klaus, Stuttgart – 4.1: photonica amana (Noguchi), Hamburg – 4.2: Picture-Alliance (FoodPhotography/Eising); 4.3: (Wartenberg), Frankfurt – 5.1: Getty Images (Banagan), München – 5.2: photonica amana (Photolibrary); 5.3: (Demée), Hamburg – 5.5: Fotosearch RF (Digital Vision), Waukesha, WI – 6.1: photonica amana (Noguchi), Hamburg – 6.4; 7.1: ZEFA (Linda); 7.3: (masterfile/Matt Brasier); 7.4: (R. Spönlein); 7.5: (Grace), Düsseldorf – 11.7: mecom (ddp/Fontane); 13.2: (ssp/Fontane), Hamburg – 13.6: Esther Thylmann, Stuttgart – 20.4: Europäische Zentralbank, Frankfurt – 24.1: Picture-Alliance (FoodPhotography/Eising), Frankfurt – 30.2: Stockfood Photo Stock Agency (Molly Hunter), München – 34.1: Interfoto, München – 37.2: FOCUS, Hamburg – 49.2: Mauritius (fm), Mittenwald – 52.1: Picture-Alliance (Wartenberg), Frankfurt – 66.1: Deutsches Museum, München – 70.1: Fotosearch RF (PhotoDisc), Waukesha, WI – 75.2: AKG, Berlin – 76.2: Corbis (Tom & Dee Ann McCart), Düsseldorf – 78.6: Getty Images (Image Bank), München – 79.3: Picture-Alliance (Altwein), Frankfurt – 80.1: Mauritius (ELI), Mittenwald – 80.2: Picture-Alliance (dpa/Meyer), Frankfurt – 81.1: Fotofinder (Arco Images/Rauschenbach), Berlin – 81.2: Comstock, Luxemburg – 84.1: Stöckle, Claus, Bietigheim-Bissingen – 86.1: MEV, Augsburg – 87.1: mecom (Bilderbox/Wodicka), Hamburg – 94.1: Getty Images (Banagan), München – 94.2: ZEFA (A. Scott), Düsseldorf – 94.3: Säntis Schwebebahn AG, Schwägalp – 94.4: Getty Images (Denis Felix), München – 96.1: Richard Schrade, Winterbach – 97.2: Creativ Collection Verlag GmbH, Freiburg – 99.1: Picture-Alliance (ASA); 99.2; 99.3; 99.4 (dpa), Frankfurt – 100.1: Okapia (Roland Birke), Frankfurt – 100.2: Corel Corporation, Unterschleissheim – 101.1: Creativ Collection Verlag GmbH, Freiburg – 102.1: Getty Images PhotoDisc, Hamburg – 102.2; 102.3: Getty Images, München – 102.4: MEV, Augsburg – 104.2: Mauritius (Beuthan), Mittenwald – 105.2: Deutsche Lufthansa AG (Rolf Bewersdorf), 105.3: (Gerd Rebenich), Köln – 109.1: ZEFA (C. Schneider), Düsseldorf – 109.4: Picture-Alliance (dpa), Frankfurt – 110.3: Getty Images (Botanica), München – 111.1: Corbis (Charles Krebs), Düsseldorf – 112.1: Picture-Alliance (Furtner), 116.1: (dpa/Berg), 116.3: (dpa), Frankfurt – 118.1: photonica amana (Photolibrary), Hamburg – 132.1: Picture-Alliance (dpa/Scholz), Frankfurt – 134.1: photonica amana (Demée), Hamburg – 134.3: Picture-Alliance (Thieme), Frankfurt – 135.2: Fotosearch RF (Stockbyte), Waukesha, WI – 138.1: Creativ Collection Verlag GmbH, Freiburg – 148.3: Dieter Gebhardt, Asperg – 151.5: Getty Images (image bank/Gregory Kramer); 151.6: (Photographer´s Choice/Trigalou), München – 155.1: Fotofinder (Stock4B/Felbert + Eickenberg), Berlin – 155.2: Corbis (Paul A. Souder), Düsseldorf – 158.3: Pilatus-Bahnen, Kriens – 162.1: IFA, Ottobrunn – 163.1: Corbis (Michael Keller), Düsseldorf – 163.3: Corel Corporation, Unterschleissheim – 165.6: Fotosearch RF (EyeWire), Waukesha, WI – 166.1: Okapia (John W. Warden), Frankfurt – 168.1: Fotosearch RF (Digital Vision), Waukesha, WI – 171.1: Juniors Bildarchiv (M. Wegler), Ruhpolding – 178.1: Corbis (Philip James Corwin), Düsseldorf – 179.1; 179.2; 179.3: Getty Images RF (PhotoDisc), München – 179.4: Picture-Alliance (dpa/Thissen), Frankfurt – 181.3: Fotosearch RF (Maps Resources), Waukesha, WI – 184.1: Getty Images (Stone), München – 184.2: photonica amana (Neo Vision); 184.4: (Lotus Hoshikawa), Hamburg – 184.3: Corbis (Randy Faris), Düsseldorf – 184.5: Getty Images (FoodPix), München – 184.6: Mauritius (age fotostock), Mittenwald – 185.1: ZEFA (creasource); 185.2: (Sagel), Düsseldorf

Alle übrigen Fotos entstammen dem Archiv des Ernst Klett Verlages, Stuttgart.

Nicht in allen Fällen war es uns möglich, den uns bekannten Rechteinhaber ausfindig zu machen. Berechtigte Ansprüche werden selbstverständlich im Rahmen der üblichen Vereinbarungen abgegolten.